AF802249

Anna Echterhölter
Schattengefechte

»Wissenschaftsgeschichte«
herausgegeben von
Michael Hagner und Hans-Jörg Rheinberger

Anna Echterhölter

Schattengefechte

Genealogische Praktiken in Nachrufen auf Naturwissenschaftler (1710–1860)

WALLSTEIN VERLAG

Gedruckt mit Hilfe der VG-Wort
und der Gerda Henkel Stiftung

Bibliografische Information der Deutschen Nationalbibliothek
Die Deutsche Nationalbibliothek verzeichnet diese Publikation in der Deutschen Nationalbibliografie; detaillierte bibliografische Daten sind im Internet über http://dnb.d-nb.de abrufbar.

© Wallstein Verlag, Göttingen 2012
www.wallstein-verlag.de
Vom Verlag gesetzt aus der Adobe Garamond
Umschlag: Basta Werbeagentur, Steffi Riemann,
unter Verwendung einer Abbildung eines Notizbuches
von Carl Gauß (Nachlass Gauß, Cod. Ms Gauß Varia 10. S. 23.
Handschriftenabteilung der Staats- und Landesbibliothek Göttingen)
Druck und Verarbeitung: Friedrich Pustet, Regensburg
ISBN 978-3-8353-1071-1

Inhalt

Einleitung 7

Genealogische Inskriptionen 35

Moralische *persona* oder Kommunikation mit Toten 35
Am Grab reden: Formen der Betroffenheit 36
Der Nachruf: Funktionen einer Textsorte 44
Zur Geographie einer Grauzone 58
Säkularisierung des hagiographischen Diskurses 71
Soziale Inszenierung: Schäfer und Öffentlichkeit 79

Optimistische Geschichte 86
… nur das Positive 87
Anekdoten, Überbietung 92
Paradoxe Anfänge der Wissenschaftsgeschichte 96

Expertenverzeichnisse der *Historia eruditorum* 102
Historia literaria: Das Regime der Bibliographie 109
Charlataneria eruditorum: Haltungsfragen 120
Gelehrtenlexika, Listen, Inklusion 126

Ansehen des Ansehens: Zur Sichtbarkeit der Gedenkökonomie . . 137
Gedenkmedaille: Die Zirkulation des Chr. Wolff 139
Gelehrtenportraits: Antiquarisches Ansehen 149
Auszeichnungen: Titel, Preise, Mitgliedschaften 157
Namenszüge: C.F.P. Martius als Sammler 165

Der transformatorische Wissensbegriff 173

Samuel Formey auf Pierre-Louis Moreau de Maupertuis (1759) . . 173
Arbeitsmittel: Nützliche Expeditionen 177
Typus: Der ›Weltweise‹ und der *bel esprit* 184
Reichweite: Galante Mathematik
oder der verkehrte Bildungsgedanke 193
Fixierung: Negative Enzyklopädie 196

Pierre-Louis Moreau de Maupertuis auf
Charles-Louis de Secondat de Montesquieu (1755) 207
Arbeitsmittel: Salon und Landsitz 208
Typus: Der ›esprit juste‹ als Urteilskünstler 209
Reichweite: Gesellschaftliches Glück berechnen 213
Fixierung: Der kalkulierte Regelbruch 217

Die Autorität der Methode 221

Wolfgang Sartorius von Waltershausen auf
Carl Friedrich Gauß (1856) 222
Arbeitsmittel: Stehpult, Schneisen, Instrumente 226
Typus: Genie oder elliptische Leistung 231
Reichweite: Amnesie des Vagen 241
Fixierung: Das Fehlerregime 249
Emil DuBois-Reymond auf Johannes Müller (1858) 253
Arbeitsmittel: Experiment, Hygiene, Zeichenstift 257
Typus: Der Überwinder der Naturphilosophie 294
Reichweite: Reformation der Feindseligkeit 301
Fixierung: Rigorose Kausalität 320

Ergebnisse 329

Literaturverzeichnis 343
Bildnachweise 364
Dank 365

Einleitung

Angeblich war man sich nicht sicher, ob ein Grenzstein des Gottes Terminus auf dem Kapitol für den geplanten Jupitertempel umgesetzt werden konnte. Man befragte die Vögel. Die Vögel verneinten. Seitdem weicht Terminus niemandem mehr, »CONCEDO NULLI« (Abb. 1). Er begann, unverrückbar für das Recht zu stehen und für das zeitliche Ende. Seine Hauptbedeutung aber blieb die Kennzeichnung des räumlichen Endes. Als römischer Gott der Grenzsetzung markiert er das Terrain des sicher Beherrschten und verkörpert den Beginn des Unberechenbaren. Die Marksteine, die ein Feld von Evidenzen aufspannen, werfen aber stets einen Schatten auf das Unbekannte sowie auf das plurivalente, amorphe, kommende Wissen voraus. Die Grenzmarkierungen tragen eine Logik der Expansion in sich. Terminus wäre ein geeigneter Gott der wissenschaftlichen Evidenz, die eindeutig klärt und fixiert, nur um neue Unschärfen zu produzieren.

Seine Züge müssen an dieser Stelle auf den Kontext der Wissenschaft bezogen werden, denn sie sind einer Gedenkmedaille entnommen – einer geldförmigen Ehrung des Erasmus von Rotterdam. Das abgebildete Memorialmedium steht paradigmatisch für die ›Materialität des Ruhms‹. Es ist als Wertungsinstrument des akademischen Erbes entworfen, verbreitet und tradiert worden. Medaillen, Portraits und die hier im Zentrum stehenden Nachrufe auf Naturwissenschaftler stellen eine relativ wenig beachtete, aber gleichwohl historisch orientierende Größe in einer entscheidenden Entwicklungsphase der Naturwissenschaft dar. Sie verweisen auf einen ›wissenschaftlichen Epitext‹, das also, was nach Gérard Genette den gesamten sozialen Rezeptionskontext ausmacht, ein »anywhere out of the book«, das sich auch für wissenschaftliche Theoriebildung stets ergibt.[1] Ausgehend von Nachrufen und funktionsanalogen Inskriptionsformen des 18. und frühen 19. Jahrhunderts ist die schwer

1 Der öffentliche Epitext ist bei Gérard Genette wie folgt definiert: »Ein Epitext ist jedes paratextuelle Element, das nicht materiell in ein und demselben Band als Anhang zum Text steht, sondern gewissermaßen im freien Raum zirkuliert, in einem virtuell unbegrenzten physikalischen oder sozialen Raum. Der Ort des Epitextes ist also ›anywhere out of the book‹.« Genette, Gérard: Paratexte. Das Buch vom Beiwerk des Buches. Frankfurt a. M. 1989. S. 328. Allerdings ist das »irgendwo« bei Genette immer medial verfasst und konkret buchgebunden, es besteht in Verlagswerbung, Briefwechseln, Zeitschriften, öffentlichen Auftritten, Interviews. Zur Debatte um den Externalismus in der Wissenschaftssoziologie vgl. Reinhardt, Carsten: Historische Wissenschaftsforschung, heute. Überlegun-

162 ACADEMIE DES SCIENCES,

me de son age. Il avoit la taille assez petite, mais bien-faite; la complexion delicate, le teint blanc, le visage agreable, les cheveux blonds en sa jeunesse, la voix claire, la langue prompte, & la memoire tres-bonne. Il marchoit en public tousiours honestement couvert d'un habit convenable à son caractere de Prestre, & à sa qualité de Conseiller Imperial: ayant quitté celuy de Chanoine Regulier de Saint Augustin avec la permission des Souverains Pontifes Jule II. & Leon X. depuis qu'estant à Bologne il l'avoit mis en danger de recevoir quelque outrage; parce qu'à le voir ainsi vétu on le prenoit pour le Medecin des Infectez: du moins c'est ainsi que le rapporte Rhenanus. Il se faisoit suivre d'un valet, auquel il commandoit de donner l'aûmone à tous les pauvres qu'il rencontroit en retournant de la Messe. Son Tombeau est encore à Basle avec cette Epitaphe.

Christo Servatori Sacro.

Des. ERASMO ROTERODAMO, *viro omnibus modis maximo, cujus incomparabilem in omni disciplinarum genere eruditionem, pari conjunctâ prudentiâ posteri admirabuntur & prædicabunt: Bonifacius Amerbachius, Hieronymus Frobenius, Nicolaus Episcopius hæredes & nuncupati postremæ suæ voluntatis vindices, patrono optimo; non memoriæ, quam immortalem sibi editis lucubrationibus comparavit, iis, tantisper dum orbis terrarum stabit, superfuturo, & eruditis ubique gentium colloquuturo, sed corporis mortalis, quo reconditum sit, ergo hoc saxum P.P.P. mortuus est* IV. *Idus Jul. jam septuagenarius anno à Christo nato.* M. D. XXXVI.

Fatalis series nobis invidit Erasmum:
Sed Desiderium tollere non potuit.

On voit la figure d'un Terme gravée sur la pierre, avec ces mots.

DES. ERASMUM ROTERODAMUM AMICI SUB HOC SAXO CONDEBANT, QUARTO ID. JULIAS ANNO 1536.

Lors que Philippe II. entra solemnellement en la ville de Rotterdam comme Prince Souverain du Pays-bas, le Senat fit mettre pour son plus grand ornement la Statuë d'Erasme au naturel devant la maison où il estoit né, vétu en habits Ecclesiastique, tenant une plume de sa main droite, & presentant de la gauche au Prince un rouleau, dans lequel on lisoit:

SERENISSIMO HISPANIARUM PRINCIPI D. PHILIPPO A BURGUNDIA DESIDERIUS ERASMUS ROTERODAMUS.

ROTERODAMVS *ego non inficiabor* ERASMVS,
Ne videar cives deseruisse meos.
Ipsorum instinctu, Princeps clarissime, salvum
Ingressum precor ad limina nostra tuum.

ET DES ARTS. LIV. III. 163

Atque hunc, quo possum studio, commendo popellum,
Maxime præsidiis Cæsare nate tuis.
Te Dominum agnoscunt omnes, te Principe gaudent,
Nec quicquam toto chariùs orbe tenent.

SUJET DE LA DEVISE D'ERASME DE ROTTERDAM.

Le sujet qui porta le docte ERASME à prendre le Dieu Terme pour sa Devise fut, que l'Archevéque du titre de Saint André, dont j'ay parlé en cét Eloge, luy ayant à son retour en Ecosse donné quelques joyaux en reconnoissance des bonnes instructions qu'il en avoit receuës; il y avoit entre autres une bague enrichie d'une pierre, en laquelle la figure de ce Terme estoit gravée. ERASME examinant plus particulierement ce petit portrait emblematique, & meditant sur le sens caché de cette fiction; il conceut que cette Divinité fabuleuse estoit celle qui termine toutes les actions des hommes dans la fin de leur vie: il regarda cét anneau comme un avertissement de la sienne; & afin que cette pensée demeurast tousiours imprimée dans son esprit, il choisit ce Terme pour sa Devise; y adjoustant ces deux mots *Concedo nulli*: ensuite il en fit faire un cachet, & une medaille, comme on la voit icy representée.

Ces deux mots *Concedo nulli* picquerent plusieurs esprits, qui accuserent ce sçavant Homme d'une arrogance insuportable. Un Cordelier nommé Carvajal, s'emportant pardessus les autres, l'attaqua chaudement en cet-

X 2 te

Abb. 1: Erasmus wird verzeichnet oder prägt sich ein. Biographischer Artikel aus Isaac Bullarts Personensammlung, der *Académie des Sciences* von 1682.

fassliche soziale Dimension der Naturforschung Thema dieser Untersuchung, die aus Interesse für die Marksteine dieses Feldes unternommen wird.

Diese etwas abseitigen Indizien kollektiver Statuspflege sind keine Erfindung der Aufklärung, sondern konstant zu verzeichnen, obschon in neuer Rahmung. Die Abbildung der Renaissance-Medaille ist beispielsweise einem Portraitwerk entnommen, das an einer entscheidenden Stelle der französischen Akademiegeschichte publiziert wurde: der *Querelle des anciens et des modernes*. Erinnert wird bei Erasmus der kalkulierte Skandal. Erasmus musste die »unerträglich arrogante« Lesart abstreiten, der zufolge er selbst es ist, der sich niemandem beugt, und musste explizit Terminus, den Gott des Todes, zum Sprecher der unnachgiebigen Devise erklären.[2] Man hat dieser Darstellung jedoch nicht

gen zu einer Geschichte der Wissensgesellschaft. In: Berichte zur Wissenschaftsgeschichte 33,1/2010. S. 81-99.

2 Jardine, Lisa: Erasmus, Man of Letters. The Construction of Charisma in Print. Princeton 1993. S. 18.

immer getraut. Erasmus ist 1519, als er die Gedenkmedaille bei Quentin Metsys in Auftrag gibt, an der Verteidigung des neuen intellektuellen Rechtsraumes der Reformation beteiligt. Und die Reformatoren sind es, die im deutschsprachigen Raum Memorial- und Propagandamedien wie Nachrufe, Flugblätter und Gedächtnismünzen umfassend einsetzen, um neue Hegemonien zu erzeugen. Als Virtuosen der Selbstzirkulation nutzten sie die medialen Vehikel von Tod, Gericht und Askese – wie etwa in den auf der Münze verewigten Warnungen über das Ende der Lebenszeit: »Bedenke das Ende eines langen Lebens. Der Tod ist das Ende aller Dinge« (Abb. 1). Spätere Gelehrtenzirkel erben diese Techniken. Die Doppelseite stammt aus einer ›Akademie aus Papier‹, die biographische Informationen, Epitaphen, *bon mots*, Kommentare und Abbildungen der Schreibenden versammelt.[3] Bemerkenswert an Isaac Bullarts Portraitwerk ist die Tatsache, dass es den Brauch der französischen Akademien, verstorbenen Mitgliedern eine *éloge académique* zu widmen, mit inspiriert hat.

Diese in Frankreich weitaus bekanntere Textsorte gilt als aufklärerisches Genre, als rhetorisches Musterbeispiel, und wurde zum *lieux de mémoire* der französischen Nation erklärt. Die Gelehrten der Aufklärung traten hier in Konkurrenz zu den bisherigen politischen Eliten, denen die *éloges funèbres* vorbehalten waren. Jean-Claude Bonnet folgert, dass die Reden von Bürgerlichen auf Bürgerliche als »symbolische Subversion« die Reputation der Herrschenden durch Mimesis zu schwächen vermochten. Von daher sind sie als ein Instrument der Meritokratie zu verstehen.[4]

3 Bullart, Isaac: Académie des Sciences et des Arts, contenant les vies, et les éloges historiques des hommes illustres, qui ont excellé en ces professions depuis environ quatre siècles parmi diverses nations de l'Europe. Avec leurs pourtraits tirez sur les originaux au naturel, et plusieurs inscriptions funèbres, exactement recueillies de leurs tombeaux. Brüssel 1682.

4 Bonnet, Jean-Claude: Les morts illustres. Oraison funèbre, éloge académique, nécrologie. In: Les lieux de mémoire. Hg. v. Pierre Nora. Bd. 2. Paris 1997. S. 1831-1854. Vgl. zu den französischen Elogen zudem: Outram, Dorinda: Scientific Biography and the Case of Georges Cuvier. With a Critical Bibliography. In: The History of Science 1976/14. S. 101-137. Outram, Dorinda: The Language of Natural Power. The ›Éloges‹ of Georges Cuvier and the Public Language of Nineteenth Century Science. In: The History of Science 36/1978. S. 153-178. Paul, Charles, B.: Science and Immortality. The Eloges of the Paris Academy of Sciences (1699 1791). Berkeley 1980. Schmode, Martina: Zwischen Elfenbeinturm und Staatsdienst. Naturwissenschaftler des Ancien Régime im Spiegel von Condorcets Éloges des Académiciens. Berlin, Bern, New York 1995. Papenheim, Martin: Erinnerung und Unsterblichkeit. Semantische Studien zum Totenkult in Frankreich (1715-1794).

Es ist eine Besonderheit der Nachrufe, dass sie Momente dieser Wertungsebene in zweierlei Hinsicht dokumentieren: Sie sind ein wichtiges Instrument der Außendarstellung von Wissenschaft; sie dienen aber auch der innerakademischen Selbstverständigung darüber, was Wissenschaftlichkeit ausmacht. Beides geschieht mit hoher Tiefenschärfe auch für weniger bekannte Forscher, wodurch eine lange geforderte prosopographische Dimension der Wissenschaftsforschung einlösbar wird.[5] Die einsetzende Regentschaft heutiger naturwissenschaftlicher Standards ist zugleich offensichtlich und geisterhaft undokumentiert, da bereits im 18. Jahrhundert die Publikationen direkt mit der Sachbeschreibung beginnen und über die Methode oder das Forschungsprogramm kaum ein Wort verloren wird. Insofern basiert die hier vorliegende Arbeit auf einem Widerspruch zu der Devise auf dem Avers der Erasmusmedaille. Sie lautet: »Seine Schriften geben ein besseres Bild.« Auch wenn viele Memorialmedien explizit von sich fortweisen, um dem Stigma der Eitelkeit entgegenzuwirken, so sind gerade sie es, die den ›wissenschaftlichen Epitext‹ zuallererst herstellen: die Gründungsfiguren, die Kategorie der Unsterblichkeit, den Ruf, die Schulenbildungen, die methodischen Konjunkturen und Grabenkämpfe, den wissenschaftlichen Klatsch und den Markt der epistemischen Werte, die dazu führen, dass wissenschaftliche Publikationen nur die Sachergebnisse enthielten. Wie aber dieses methodische Regime sozial durchgesetzt wurde, welche Rolle Charisma, Gesprächsordnungen, Autoritäten, die volatile Dimension des Rufs und der akademische Habitus spielten, rückt derzeit immer stärker in den Fokus der Wissenschaftsgeschichte.[6]

Epistemologie und Kollektive bei Hacking, Davidson, Elkana

Um der ungewöhnlichen Perspektive gerecht zu werden, die die Nachrufe auf Wissenschaft eröffnen, ist ein Instrumentarium von Beschreibungskategorien notwendig, das mehr als die sachlichen Forschungergebnisse

Stuttgart 1992. Schröder, Volker: Entre l'oraison funèbre et l'éloge historique. L'hommage aux morts à l'Académie française. In: MLN 116/2001. S. 666-680.

5 Shapin, Steven/Thackray, Arnold: Prosopography as a Research Tool in the History of Science. The British Scientific Community 1700-1900. In: History of Science 32/1974. S. 1-28.

6 Clark, William: Academic Charisma and the Origins of the Research University. London, Chicago 2006. Goebel, Eckart: Charis und Charisma. Gewalt und Grazie von Winckelmann bis Heidegger. Berlin 2006. Mulsow, Martin: Die unanständige Gelehrtenrepublik. Stuttgart 2007.

erfasst und über idealisierte Kategorien wie Induktion, Deduktion und Mathematisierung hinausgeht. Immer wieder vermischen sich in der öffentlichen Rechtfertigung der Naturwissenschaften gesellschaftliche Belange mit der Forschungsarbeit, methodische Elemente werden als Instanzen der Selbstführung eingesetzt, und wissenschaftliche Kollektive behaupten sich im Gestus der Rechtschaffenheit gegen konkurrierende Entwürfe – kurz die Wissenschaft erweist sich als durchsetzt von gesellschaftlichen Elementen und Strategien. Der womöglich wichtigste Impuls, mit neuen Beschreibungskategorien zu arbeiten, verdankt sich der Hinwendung zur Materialität der Forschung – ihren Objekten, Instrumenten und Arbeitspraktiken.[7] Eine zweite wichtige Perspektivenerweiterung der Wissenschaftsgeschichte ergab sich aus der Betonung der sozialen Arbeitsumstände. Anvisiert wird hier nicht die immer schon offensichtliche Tatsache der Gruppen- und Schulenbildung in Institutionen. Unter dem Begriff des ›Denkstils‹ untersucht man vielmehr die Bindungselemente auf epistemologischer Ebene, die methodischen Fixierungen, Möglichkeitshorizonte von Fragen und deren Rückwirkungen auf die Akteure. Diese Ansätze der Forschungsbeschreibung werden zunächst vorgestellt. Da sie in erster Linie methodeninterne soziale Dynamiken erfassen, wird anschließend im Rückgriff auf Yehuda Elkanas Konzept der *images of knowledge* die Perspektive der Öffentlichkeitswirksamkeit und Außendarstellung von Wissenschaft erläutert.

Das Nachdenken über Stil beginnt in der Wissenschaftsgeschichte mit dem polnischen Virologen und Medizinhistoriker Ludwik Fleck.[8] Seine Rede vom ›Denkstil‹ entwickelt der naturwissenschaftliche Praktiker vor

7 Latour, Bruno / Woolgar, Steve: Laboratory Life. The Social Construction of Scientific Facts. Princeton 1986. Hagner, Michael / Rheinberger, Hans-Jörg (Hg.): Die Experimentalisierung des Lebens. Berlin 1993. Latour, Bruno: Wir sind nie modern gewesen. Berlin 1995. Rheinberger, Hans-Jörg: Experimentalsysteme und epistemische Dinge. Eine Geschichte der Proteinsynthese im Reagenzglas. Göttingen 2001. Pickering, Andrew: The Mangle of Practice. Time, Agency and Science. Chicago 1995. Spary, Emma C./Heesen, Anke te: Sammeln als Wissen. Das Sammeln und seine wissenschaftsgeschichtliche Bedeutung. Göttingen 2001. Daston, Lorraine: Things that Talk. Object Lessons from Art and Science. New York 2004. Klein, Ursula/Lefèvre, Wolfgang: Materials in Eighteenth-Century Science. A Historical Ontology. Cambridge 2007.

8 Fleck, Ludwik: Entstehung und Entwicklung einer wissenschaftlichen Tatsache. Einführung in die Lehre vom Denkstil und Denkkollektiv. Hg. v. Lothar Schäfer und Thomas Schnelle. Frankfurt a. M. 1980. [1935] Zum kulturwissenschaftlichen Stilbegriff vgl.: Pfeiffer, Ludwig K./Gumbrecht, Hans Ulrich (Hg.): Stil. Geschichten und Funktionen eines kulturwissenschaftlichen Diskurselements. Frankfurt a. M. 1986.

dem Hintergrund der Philosophie der Lwów-Warschau-Schule.[9] Fleck beschreibt die Parallelität des Denkens in einem Laborzusammenhang oder einer gesamten Disziplin, wobei der Denkstil sich zwar als historisch variabel, für den einzelnen Akteur jedoch als verbindlich und limitierend erweist. Ganze Forschergruppen werden durch ihre Anhängerschaft an einen Denkstil zu Kollektiven formiert. Es ist vor allem diese dirigistische Eigenschaft des Denkstils, die in Diskussionen kürzlich wiederaufgenommen wurde.

So von Ian Hacking, der seinen Stilbegriff explizit aus der dreibändigen Studie Alistair Crombies über die »Styles of Scientific Thinking in the European Tradition« entwickelt.[10] Hacking beschreibt fünf Arten, Wahrheit zu erzeugen: den mathematischen, statistischen, taxonomischen, historisch-genetischen und den experimentellen Stil; was die Möglichkeiten nicht prinzipiell erschöpft. Als ausrangierten Denkstil führt Hacking das Denken in Ähnlichkeiten an, das nach Foucault die Renaissance beherrschte. Auch verwandte Überlegungen nimmt Hacking auf, etwa John Forresters Untersuchung zur Rolle der Fallstudie in der Psychoanalyse oder Robert Butts' »epistemology of witchcraft«.[11] Ein wissenschaftlicher Stil ist für Hacking als Machtfaktor im Bereich

9 Schnelle, Thomas: Ludwik Fleck and the Influence of the Philosophy of Lwów. In: Cognition and Fact. Materials on Ludwik Fleck. Hg. v. Robert S. Cohen und Thomas Schnelle. Dordrecht, Boston 1986. S. 231-267. Löwy, Ilana (Hg.): The Polish School of Philosophy of Medicine. From Tytus Chalubinski (1820-1889) to Ludwik Fleck (1896-1961). Dordrecht, Boston 1990.

10 Crombie, Alistair Cameron: Styles of Scientific Thinking in the European Tradition. 3 Bde. London 1994. »When we speak today of natural science we mean a specific vision created within Western culture, at once of knowledge and of the object of that knowledge, a vision at once of natural science and of nature. [...] 1) The simple method of postulation exemplified by the Greek mathematical sciences. 2) The deployment of experiment both to control postulation and to explore by observation and measurement. 3) Hypothetical construction of analogical models. 4) Ordering of variety by comparison and taxonomy. 5) Statistical analysis of regularities of populations, and the calculus of probabilities. 6) The historical derivation of genetic development.« Zit. n. Hacking, Ian: ›Style‹ for Historians and Philosophers. In: ders.: Historical Ontology. Cambridge Mass. 2002. S. 182. Vgl. Hacking, Ian: Inaugural Lecture: Chair of Philosophy and History of Scientific Concepts at the Collège de France (16 January 2001). In: Economy and Society 31,1/2002. S. 1-14. Für eine Adaption vgl. Elwick, James: Styles of Reasoning in the British Life Sciences. Shared Assumptions, 1820-1858. London 2007.

11 Butts, Robert E.: Causes and Signs. The Epistemology of Witchcraft. In: Witches, Scientists, Philosophers. Essays and Lectures. Hg. v. Graham Solomon. Dordrecht 2000. S. 27-34.

des Intellektuellen interessant und dauerhafter als die jeweiligen historischen Inhalte der Wissenschaft: »I believe that understanding the self-authenticating character of styles of reasoning is a step towards grasping the quasi-stability of science.«[12] Für die Entstehung neuer konsensfähiger Denkstile macht Hacking vor allem die Beschäftigung mit neuen Objekten verantwortlich. In dieser Betonung der Dinge, Stoffe und Instrumente liegt die Hauptdifferenz zu Crombie begründet, den Hacking als »historischen Ethnologen« klassifiziert. Dagegen will Hacking sich als »philosophischer Technologe« positionieren, was bedeutet, dass er die Denkstile nicht vom souveränen Subjekt her versteht, sondern von den materiellen Gegebenheiten: »I invite what I call philosophical technology: A study of the ways in which the styles of reasoning provide stable knowledge and become not the uncoverers of objective truth but rather the standards of objectivity.«[13] Die letzte Wendung enthält den entscheidenden Akzent: Der Stil stellt die Regeln, nach denen Wahrheit generiert wird, er ist auf fundamentaler Ebene Aktant der Wissensproduktion, da der erzeugte Konsens zugleich den einzigen Maßstab für Wahrheit bietet.

Bei Arnold Davidson stehen die *styles of reasoning* für andere Wissensdimensionen, jedoch beziehen sich Hacking und er aufeinander und entwickeln durchaus vergleichbare Kategorien. Davidsons Analysematerial entstammt einem Bereich, der nicht mehr ausschließlich wissenschaftliche Disziplin ist: Er entnimmt es der Geschichte der Psychiatrie und der Sexualität. Stil ist dabei der Überbegriff für das, was innerhalb eines bestimmten Wissenschaftsprogramms die einzelnen Aussagen aufeinander bezieht: »What are the conditions under which various kinds of statements come to be comprehensible? Not everything is comprehensible at all times, either for individuals or for entire historical periods.«[14] Im Vergleich zu Hacking ist der Stil bei Davidson prozessualer gefasst, weniger auf die Modi der Evidenzerzeugung bezogen und noch weiter vom klassischen Instrumentarium der Wissenschaftsphilosophie entfernt.

Davidson lässt sich von der Kunstgeschichte anregen, genauer gesagt durch Heinrich Wölfflins »Kunstgeschichtliche Grundbegriffe« (1915). Von Wölfflin übernimmt Davidson zunächst den Anspruch, Dokumente einer historischen Epoche von innen heraus nach ihren eigenen Bedingungen zu verstehen. Diese – auch an Gaston Bachelard erinnernde –

12 Hacking: Style. S. 192.

13 Ebd. S. 198.

14 Davidson, Arnold: Styles of Reasoning. From the History of Art to the Epistemology of Science. In: ders.: The Emergence of Sexuality. Historical Epistemology and the Formation of Concepts. Cambridge, Mass. 2001. S. 126.

historische Toleranzgeste erfordert ein Verständnis, das auch die Limitationen der in Frage stehenden Produzentengruppe mit erfasst. Hierin liegt der Unterschied zu der der Oberflächlichkeit bezichtigten Begriffsgeschichte, die von gleichen Worten auf gleiche Wirkungen im diskursiven Feld schließt. Er fordert mit Wölfflin: »Der Historiker [muss] sich vergegenwärtigen, welche Auswahl von Formmöglichkeiten die Zeit überhaupt hatte.«[15]

Diese Begrenzung des Denkmöglichen macht auch den epistemologischen Stil einer Epoche aus. An dieser Stelle schließt Davidson an eine Parallelisierung von Wölfflin und dem frühen Foucault an, die Paul Veyne vorgenommen hat. Es geht um die Aussage, dass das Kunstwerk zwei Autoren habe, den Künstler und die Epoche.[16] Diese Brüskierung der Originalität und Wahlfreiheit des Künstlers und diese Superiorität des Stils über seine Anwender ist der erste wichtige Punkt, den Davidson aus der Geschichte des Visuellen entnehmen und in das Feld der epistemologischen Machtverhältnisse übertragen will.

Noch in einem zweiten Punkt lässt sich Davidson von Wölfflin anregen. Dieser hatte den Stilwandel von der Kunst des Barock zur Kunst der Klassik anhand von fünf polaren Konzepten erfasst (Das Lineare – das Malerische; Fläche – Tiefe; geschlossene Form – offene Form; Vielheit – Einheit; Klarheit – Unklarheit). Diese Aufschlüsselung des Stils nach Konzepten ist für Davidson ein wirkungsvolles Instrument, die Ebene des epistemologischen Stils überhaupt sichtbar und kartierbar zu machen. Davidson hat in seiner Arbeit als Psychiatrie- und Sexualitätshistoriker deshalb selbst polare Konzepte entwickelt, um gesellschaftliche

15 Wöfflin, Heinrich: Kunstgeschichtliche Grundbegriffe. Das Problem der Stilentwicklung in der neueren Kunst. Basel 1991. [1915] Vorwort zur sechsten Auflage. S. 5. Davidson zitiert diesen Satz in: Styles of Reasoning. S. 131. Es gibt zwei wichtige Bestimmungen, wie Davidson den Stil nicht verstanden wissen will. Mit Wölfflin lässt er denjenigen Einsatzort des Begriffs außer Acht, der lediglich den individuellen Ausdruck eines Künstlers bezeichnet. Dies parallelisiert Davidson mit dem – überraschenderweise nicht sozial, sondern als Ausdruck von Individualität gefassten – Phänomen der Mode. In einer zweiten Abgrenzung wendet sich Davidson gegen Wölfflins Stilbegriff. »I want explicitly to dissociate Wölfflin's view of the development of style from his account of the structure of style. Wölfflin's, in my opinion, philosophically defective conception of stylistic change and development has done much to obscure what is of permanent value in his discussion of the concept of style.« Davidson: Styles of Reasoning. S. 134.

16 Davidson: Styles of Reasoning. S. 135. Nach Veyne, Paul: L'inventaire des différences. Paris 1976. S. 32.

Verständnissysteme voneinander abzuheben.[17] Der Stil ist dabei das, was eine Reihe von Konzepten gruppiert. Andersherum diversifizieren die Konzepte den tiefgreifenden Einfluss des Stils auf die denkmöglichen Inhalte einer Epoche bis auf die Materialebene herunter. Was die Sprachbilder angeht, erläutert Davidson den Konzeptbegriff häufig räumlich: »[A] particular style of reasoning is centrally constituted by a set of interrelated or linked concepts. These concepts are linked together by specifiable rules to form what we might think of as a determinate conceptual space, a space that determines what statements can and cannot be made with the concepts.«[18] Stärker als Hacking füllt Davidson den Konzeptbegriff, auch wenn er zunächst nach einem komplizierten Konstrukt klingt, mit konkreten historischen Inhalten, die die Bedeutung des Wissens für die allgemeine Kultur beweisen.

Davidson verwendet einen Stilbegriff, der alles Ästhetische hinter sich lässt, Wissen stärker als Wissenschaft gewichtet und auf einer prinzipiellen Ebene des Verstehens angesiedelt ist, um die Machtverhältnisse des Wissens in der Gesellschaft zu erschließen. Vor allem seine Verankerung in der Gesellschaft erinnert in vielem und nicht zufällig an Foucault. Aber das Beschreibungsmodell des Stils bietet ein Instrumentarium, das näher an den Akteuren ist als Foucaults früher ›Diskursbegriff‹.[19]

17 Davidson fasst seine polaren Konzepte eines Stilwandels in dem Verständnis der Perversion zusammen als: sex – sexuality; organ – instinct; structure – function; anatomical defect – perversion. Die Möglichkeit, sich als Perversen zu verstehen, existiert erst seit dem 19. Jahrhundert, da zuvor die Kategorien anders aufeinander bezogen wurden. Der vorgängige Erklärungsmodus für Devianz ergab sich aus der Anatomie und berührte noch nicht die psychiatrischen, inneren Fehler. S. 136.

18 Davidson: Styles of Reasoning. S. 136. Am Beispiel der Perversion, die wie der Masochismus und der Sadismus im 19. Jahrhundert eine neue Relevanz für die betroffenen Subjekte bekommt, formuliert Davidson: »[T]he concept of perversion demanded a whole new conceptual space embedded in a new style of reasoning.« S. 137. Oder: »[P]erversion inhabits a conceptual structure not only distinct from but opposed to that of the psychiatric style of reasoning.« S. 140.

19 Foucault definiert den Diskurs in seiner »Ordnung der Dinge« und der »Archäologie des Wissens«. Diskurs ist beim frühen Foucault zunächst das, was das Denken reguliert. Wie es jemandem ergeht, der an dieser Ordnungsleistung, an dieser Denkregel nicht partizipiert, zeigt das Beispiel des Aphasikers. Bittet man einen Aphasiker, Dinge auf einem Tisch in ein Quadrat zu ordnen, ist dieser überfragt: »Es scheint, das bestimmte Aphasiker nicht auf kohärente Weise die mehrfarbigen Wolldocken ordnen können, die man ihnen auf einem Tisch vorweist, als könne dieses Rechteck nicht als homogener und neutraler Raum dienen, in dem die Dinge die zusammenhängende Ordnung ihrer Entitäten oder Unterschiede und das semantische Feld ihrer Bezeichnung gleichzeitig manifes-

In einem Aufsatz »Über Epistemologie und Archäologie«[20] hatte sich Davidson zwischen die Traditionen Bachelards und Foucaults gestellt, die als Schichtmodell vorgeführt werden. Diese Rede bei der Erörterung der richtigen Untersuchungsebene hat eine gewisse Tradition. Auch Foucault selbst ordnet sich in der »Archäologie des Wissens« auf einem Level über der epistemologischen Geschichte der Wissenschaften ein. Er nennt Gaston Bachelard und Georges Canguilhem »Wissenschaftshistoriker der Schwelle«, da sie durch die Frage nach den Entstehungsbedingungen der Wissenschaft auch vorwissenschaftliche Bereiche mit einbeziehen, wobei aber die Hoheitsgebiete von Wahrheit und Irrtum, Rationalem und Irrationalem unangetastet gültig bleiben.[21] Mit diesem Fokus hatte die Forschungsrichtung einen normativen Begriff von ›reiner‹ Wissenschaft zur Voraussetzung – wie etwa Bachelards »Bildung des wissenschaftlichen Geistes« zeigt, der Irrtümer und Abwege von dem Standpunkt eines stets entrüstungsbereiten und abqualifizierenden Rationalismus aus beurteilt. Seinen Begriff von Episteme setzt Foucault ein, um sich genau von dieser normativen Setzung einer ›richtigen‹ Wissenschaft zu lösen: »Auf diesem Niveau dient die Wissenschaftlichkeit nicht als Norm: Was man in dieser archäologischen Geschichte freizulegen versucht, sind die diskursiven Praktiken, insoweit sie einem Wissen Raum geben und dieses Wissen das Statut und die Rolle von Wissenschaft annimmt.«[22] Foucault will also nicht Disqualifikationen fortschreiben, sondern einen grundsätzlicheren, abstrakteren und damit wertungsneutraleren Zugriff etablieren. Dies geschieht um den Preis einer großen Distanz zu den historischen Dokumenten und einer dezidierten Vermeidung der Akteursperspektive. Gewonnen wird allerdings auch ein Wissensbegriff, der für die gesamte

tierten.« Foucault, Michel: Die Ordnung der Dinge. Frankfurt a. M. 1971. S. 20. Vgl. zu einer kritischen Revision des Verhältnisses von Foucault zu Bachelard Privitera, Walter: Stilprobleme. Zur Epistemologie Michel Foucaults. Frankfurt a. M. 1990.

20 Davidson, Arnold: Über Epistemologie und Archäologie. Von Canguilhem zu Foucault. In: Michel Foucault. Zwischenbilanz einer Rezeption. Frankfurter Foucault-Konferenz 2001. Hg. v. Axel Honneth/Martin Saar. Frankfurt a. M. 2003. S. 192-210.

21 Foucault, Michel: Archäologie des Wissens. Frankfurt a. M. 2002. S. 270. »Aufgrund dieser Tatsache selbst nimmt diese Beschreibung die konstituierte Wissenschaft zur Norm; die Geschichte, die sie erzählt, wird notwendigerweise durch den Gegensatz zwischen Wahrheit und Irrtum, Rationalem und Irrationalem, Hindernis und Fruchtbarkeit, Reinheit und Unreinheit, Wissenschaftlichem und Unwissenschaftlichem gegliedert.« S. 271.

22 Foucault, Michel: Archäologie des Wissens. Frankfurt a. M. 2002. S. 271.

Gesellschaft gültig ist und den Universitätsbetrieb weder als privilegiertes Untersuchungsfeld noch als Maßstab benötigt.

Auch Davidson steht auf dem Standpunkt, dass die Episteme als intern steuerndes Regelsystem des Wissens »nicht auf dem geometrischen Niveau des Epistemologen« liegt, Bachelard also an den Theorien und Begriffen zu tief ansetzt.[23] Gleichzeitig positioniert sich Davidson aber im Verhältnis zu Foucault wieder näher an der wissenschaftlichen Praxis, wenn er es mit einem mittleren Abstraktionsgrad zwischen Archäologie und Epistemologie hält: Er geht direkt auf die Diskurse der wissenschaftlichen Disziplinen ein, um die Perspektiven der Epistemologie um wissenschaftliche Praktiken und Objekte zu erweitern. Dieser »Ebenenwechsel« aber steht im Zeichen einer jetzt erst voll entfaltbaren Genealogie des Wissens und dient einer Machtanalyse, die den Ansprüchen Foucaults weit näher steht als denen Bachelards.

Gerade angesichts dieses ›Geschiebes‹ von Abstraktionsebenen und der etwas definitionsarmen Unterscheidung zwischen Wissen (der Gesellschaft) und Wissenschaft (der Forscher) stellen die Überlegungen zum Denkstil bei Hacking wie bei Davidson Untereinheiten für eine diversifizierte Beschreibung bereit. Davidson untersucht den Denkstil aufgrund seiner gesamtkulturellen Effekte und bedient sich zur Charakterisierung dieses Verständnisraums der polaren Konzepte. Bemerkenswert ist, dass diesen Konzepten ein gewisser Zwang zur Rekonstruktion eignet, der sich für die Denkstile als prägend erweist.

Bei Hacking, der sich nicht auf Wölfflin und nur am Rande auf Foucault bezieht, gibt es eine vergleichbare Größe, die einen Denkstil untergliedert. Zwar hatte sich Hacking als philosophischer Technologe des Denkstils positioniert, was eine Betonung der Objekte als Agenten der Wissenschaftsentwicklung nahelegt. Eher zusätzlich als im Widerspruch zu dieser materialistischen Position operiert er jedoch zugleich mit Untereinheiten, bei denen subjektive Perspektiven eingenommen werden: nämlich mit epistemischen Werten wie Allgemeinheit,[24]

23 »Der Epistemologe der sich [wie Bachelard A.E.] mit den internen Normen und Regeln einer Wissenschaft befasst, kann nämlich als Epistemologe die Episteme nicht zum Gegenstand machen, weil sie unter oder hinter den Objekten, Begriffen und Theorien eines bestimmten wissenschaftlichen Diskurses liegt. [...] Die Episteme liegt nicht auf dem geometrischen Niveau des Epistemologen. Aus seiner Position übersieht er sie nicht nur zufällig, sie ist von dort vielmehr unsichtbar.« Davidson, Arnold: Über Epistemologie und Archäologie. S. 204.

24 Hagner, Michael/Laubichler, Manfred (Hg.): Der Hochsitz des Wissens. Das Allgemeine als wissenschaftlicher Wert. Zürich 2006.

Präzision,[25] Objektivität,[26] Empirie,[27] Klarheit[28] oder politischer Neutralität.[29]

Hacking schließt hierin an Überlegungen von Lorraine Daston an, eine Geschichte der Konjunkturen einzelner dominanter Methodenelemente zu schreiben. Explizit erwähnt er mit der *moral economy of science* eine marktwirtschaftliche Metapher,[30] mit der Daston das Zusammenspiel der verschiedenen epistemischen Werte miteinander in eine interessengeleitete Balance aus einzelnen Nachfragen bringt. Zugleich ist die *moral economy* aber wie bei Edward Palmer Thompson eine Szene, in der ein einzelner epistemischer Wert im Sinne einer »legitimizing notion« regiert. Dabei geht es um die mächtigen Interessen oder um epistemische Werte, die ganze Kollektive bewegen, keinesfalls um individuelle Psychologie oder private Motivationen.[31] Im Unterschied zu Robert Mertons universal und substantiell angelegtem wissenschaftlichen Ethos[32] ist die *moral*

25 Wise, Norton (Hg.): The Values of Precision. Princeton 1995. Olesko, Kathryn M.: The Meaning of Precision. The Exact Sensibility in Early Nineteenth-Century Germany. In: The Values of Precision. Hg. v. Norton Wise. Princeton 1995. S. 103-135. Sibum, H. Otto: Reworking the Mechanical Value of Heat. Instruments of Precision and Gestures of Accuracy in Early Victorian England. In: Studies in History and Philosophy of Science 26A / 1995. S. 73-106.

26 Daston, Lorraine/Galison, Peter: Objektivität. Frankfurt a. M. 2007; sowie dies.: The Image of Objectivity. In: Representations 1992. S. 81-128.

27 Daston, Lorraine: The Moral Economy of Science. In: Osiris. 10/1995. S. 3-24.

28 Jones, Matthew I.: The Good Life in the Scientific Revolution. Descartes, Pascale, Leibniz and the Cultivation of Virtue. Chicago 2006. S. 15f.

29 Proctor, Robert: Value-free Science? Purity and Power in Modern Knowledge. Cambridge Mass. 1991. In seiner Geschichte der politischen Funktion der politischen Neutralität der Wissenschaft fasst Proctor die Funktion der Neutralität als »Myth, Mask, Shield and Sword« S. 265. Wissenschaft immunisiert sich so gegen Kritik und Ansprüche und ist zugleich militärisch nützlich.

30 Daston greift selektiv zurück auf: Thompson, Edward Palmer: The Moral Economy of the English Crowd in the Eighteenth Century. In: Past and Present 50/1971. S. 76-136.

31 Daston, Lorraine: The Moral Economy of Science. In: Osiris 10/1995. S. 3-24.

32 »Das Ethos der Wissenschaft ist jener affektiv getönte Komplex von Werten und Normen, der als für den Wissenschaftler bindend betrachtet wird.« Merton, Robert K.: Die normative Struktur der Wissenschaft. In: Ders. Entwicklung und Wandel von Forschungsinteressen. Aufsätze zur Wissenschaftssoziologie. Frankfurt a. M. 1985. S. 88. »Vier Komplexe solcher institutionellen Imperative – Universalismus, Kommunismus, Uneigennützigkeit (disinterestedness), organisierter Skeptizismus – scheinen mir das Ethos der modernen Wissenschaft auszumachen.« S. 90. Allerdings konvergieren diese Werte bei Merton wie automatisch mit denen eines guten, bescheidenen Demokraten und sind unschwer als

economy einem historischen Wandel unterworfen und unterliegt dem Einfluss regionaler Kulturen. Sie erinnert an den Interessenbegriff der Ökonomie, der Akteure fernsteuert, nicht an Werte, nach denen ein Subjekt sich selbst im Sinne eines zeitlos gültigen, autoritativen Moralkodex meistert und regiert. Durch diesen eher kontingenten und durchaus auch einmal ablenkenden »Magnetismus« sind die epistemischen Werte, die Hacking in sein Stilkonzept integriert, entfernt den steuernden Konzepten Davidsons vergleichbar, auch wenn Letzterer die Akteursperspektive an jeder Stelle vermeidet.[33]

Strenggenommen sind epistemische Werte also nicht als ethische Werte anzusprechen, eine Unterscheidung, die man mit Larry Laudan treffen kann.[34] Der Unterschied ist vor allem darin zu sehen, dass sie von dem Kriterium des gelingenden Zusammenlebens abgekoppelt sind. Die aus der Moral oder Religion bekannte Psychodynamik aus Anspruch, Leistung und Rechtfertigung bleibt jedoch im epistemologischen Bereich intakt. Fußend auf diesem Erklärungspotential wird in dieser Arbeit für das Analyseraster der Nachrufe die Kategorie »Fixierungen« eingeführt, die vor allem methodeninterne Aufwertungen versammelt.

Zusammenfassend lässt sich sagen, dass Hackings ›style‹ in erster Linie auf die naturwissenschaftlichen Disziplinen des 20. Jahrhunderts zugeschnitten ist. Davidsons Denkstil erfasst vor allem die Umwertung der Sexualität im 19. Jahrhundert, also einen fundamentalen Wissensbestand der weit jenseits der akademischen Wissenschaft aufgesucht wird. Beide sehen im Denkstil eine lenkende und limitierende Größe, deren Einfluss ermittelt werden soll, beide berücksichtigen dabei stark die materiellen Gegebenheiten, und beide nutzen Untereinheiten, wie die polaren Konzepte und die epistemischen Werte, um die in Frage stehenden

essentialistische Idealnorm entzifferbar. Vgl. zu Mertons Ansatz Shapin, Steven: Understanding the Merton Thesis. In: Isis 79,4/1988. S. 594-605.

33 Ein Wissenschaftshistoriker, der hier ganz im Gegenteil noch stärker von den Satisfaktionshorizonten einzelner Wissenschaftler aus denkt, ist Nicholas Jardine, der seine zentrale Frage, was die Anhängerschaft eines Wissenschaftlers an ein Denksystem ausmacht, detailliert ausarbeitet. Nicholas Jardine: The Scenes of Inquiry. On the Reality of Questions in the Sciences. Oxford 2000.

34 Laudan, Larry: Science and Values. The Aims of Science and their Role in Scientific Debate. Berkeley 1984. »My concern in this book is not with moral values, but with cognitive ones; not with ethical norms and rules of conduct, but with methodological norms and rules.« Vgl. Schönrich, Gerhard (Hg.): Wissen und Werte. Paderborn 2009. Winko, Simone: Wertungen und Werte in Texten. Axiologische Grundlagen und literaturwissenschaftliches Rekonstruktionsverfahren. Braunschweig 1991.

Denkstile zu vermessen. Während Davidson die Gewalt des Wissens immer schon in der Gesellschaft aufsucht, interessiert sich Hacking in erster Linie für die Konfiguration von wissenschaftlichen Disziplinen. Im Gegensatz zu Davidson lässt Hacking die kollektiven Wertungen von Subjekten als Untersuchungsebene zu, was ihn für die rhetorische Darstellung der Wissenschaft in Nachrufen anschlussfähig macht, die Wertungen, Parteilichkeiten und Fixierungen erzeugen will.

Die Überlegungen zum Denkstil sind die wichtigsten Vorgaben für die in Nachrufen dokumentierten Schichten wissenschaftlicher Forschung. Was allerdings etwas aus dem Blick rückt, sind die Rückkopplungen zwischen wissenschaftlicher und öffentlicher Kommunikation, die für die Elogen so bezeichnend sind. Nachrufe operieren auf einer Ebene der wissenschaftlichen Rhetorik, der Ideologie oder einem ›context of public justification‹, der seinerseits nicht einfach mit Popularisierung gleichzusetzen ist. Dennoch wird zur Bestimmung dieses Verhältnisses zunächst die einschlägige Forschung diskutiert.

Gelehrtennekrologe sind keine wissenschaftliche Prosa, wie ein Aufsatz oder ein Lehrbuch. Dennoch richten sie sich als Reden in erster Linie an einen universitären Rezipientenkreis, was eine kleine Differenz zu vielen Popularisierungsversuchen bedeutet. Schon früh ist festgehalten worden, dass jede öffentliche Darstellung von Wissenschaft als Medium der Selbstverständigung auf diese zurückwirkt und zugleich der Vermittlung von ›Wissenschaftlichkeit‹ an die Öffentlichkeit dient. Gerade das diffundierende wissenschaftliche Wissen wurde als hochgradig wirksam und auf ideologische Weise vernachlässigt beschrieben.[35]

Nachrufe sind einer der vielen Verbreitungskanäle von Wissen, die sonst im Einzelnen schon sehr gut erforscht sind: Es liegen Fallstudien

35 Yves Jeanneret: »Son statut interstitiel entre les cultures légitimes indique bien par où la vulgarisation est un objet sensible et révélateur: écriture insuffisamment littéraire, savoir insuffisamment scientifique, cette dernière se situe au carrefour de questions essentielles soigneusement tues. Que le trivial soit crucial pour penser le statut des savoirs confère à la vulgarisation une place privilégiée.« Jeanneret, Yves: Artikel: Vulgarisation. In: Dictionnaire d'historie et philosophie des sciences. Hg. v. Dominique Lecourt. Paris 1999. S. 994. Auch Roger Cooter und Stephen Pumfrey sprechen von »uneasy combination of interest and ignorance surrounding the places of science in popular culture.« Cooter, Roger/Pumfrey, Stephen: Separate Spheres and Public Places. Reflection on the History of Science Popularization and Science in Popular Culture. In: History of Science 32/1994. S. 239.

zur Popularisierung in der Aufklärung,[36] zu Sachbüchern,[37] den akademischen Festen und wissenschaftlichen Vereinen,[38] den technischen Geräten, der Schulenbildung und (Welt-)Ausstellungen vor. Häufig werden dabei die je eigenen Gesetze der verschiedenen Medien bei der Popularisierung analysiert. In der Presse gelten beispielsweise Aktualität, Personalisierung und Lokalbezug als ausschlaggebend; hier sticht die Prominenz den wissenschaftsinternen Wertmaßstab der Reputation aus.[39] Zudem nimmt die Wissensverbreitung die Abstraktion zurück, was als »Wiederverzauberung des Wissens« beschrieben wurde.[40] Dies geschieht sehr häufig durch den Erhabenheitstopos oder durch reästhetisierende und heroisierende Beschreibungen bis hin zum naturwissenschaftlichen Gottesdienst bei den Monisten.[41]

Mein Eindruck ist, dass Nachrufe nicht einfach abstraktes Wissen anderen medialen Gesetzen unterwerfen, um es für ein breiteres Publikum rezipierbar zu machen. Hilfreicher als eine Untersuchung der Verbreitungskanäle erscheint mir in dem hier untersuchten Zusammenhang

36 Nikolow, Sybilla/Schirrmacher, Arne (Hg.): Wissenschaft und Öffentlichkeit als Ressourcen füreinander. Studien zur Wissenschaftsgeschichte im 20. Jahrhundert. Frankfurt a. M. 2007; Hochadel. Oliver: Öffentliche Wissenschaft. Elektrizität in der deutschen Aufklärung. Göttingen 2003. Gipper, Andreas: Wunderbare Wissenschaft. Literarische Strategien naturwissenschaftlicher Vulgarisierung in Frankreich. Von Cyrano de Bergerac bis zur Encyclopédie. München 2002.

37 Azzouni, Safia: Wissenschaftspopularisierung um 1900 als exemplarisch-literarische Rekonstruktion bei Wilhelm Bölsche. In: Das Beispiel. Epistemologie des Exemplarischen. Hg. v. Jens Ruchatz, Stefan Willer, Nicolas Pethes. Berlin 2007. S. 279-293. Vgl. auch das Onlineangebot der Arbeitsblätter für die Sachbuchforschung. Hg. v. David Oels und Stephan Porombka.

38 Landwehr, Achim (Hg.): Geschichten der Wirklichkeit. Beiträge zu einer Kultur- und Sozialgeschichte des Wissens. Augsburg 2002. Kretschmann, Carsten (Hg.): Wissenspopularisierung. Konzepte der Wissensverbreitung im Wandel. Berlin 2003. (Wissenskultur und gesellschaftlicher Wandel 4) Schwarz, Angela: Der Schlüssel zur modernen Welt. Wissenspopularisierung in Großbritannien und Deutschland im Übergang zur Moderne. Stuttgart 1999. Ash, Mitchell: Wissenschaftspopularisierung und bürgerliche Kultur im 19. Jh. In: Geschichte und Gesellschaft 28/2002. S. 322-334. Bensaude-Vincent, Bernadette: Sciences et publics au XXème siècle. Éclairages et réflexions. Séminaire du CRHSST. Paris 1994.

39 Weingart, Peter: Die Stunde der Wahrheit? Zum Verhältnis der Wissenschaft zu Politik, Wirtschaft und Medien in der Wissensgesellschaft. Weilerswist 2001. S. 239.

40 Daum, Andreas: Wissenschaftspopularisierung im 19. Jahrhundert. Bürgerliche Kultur, naturwissenschaftliche Bildung und die deutsche Öffentlichkeit 1848-1914. München 1998.

41 Kleeberg, Bernhard: Theophysis. Ernst Haeckels monistische Philosophie des Naturganzen. Weimar 2005.

Yehuda Elkanas in sich stratifiziertes Modell von Wissenschaft in seinem »Programmatic Attempt at an Anthropology of Knowledge« von 1981.[42] Obwohl die deutsche Übersetzung unter dem Titel »Anthropologie« veröffentlicht wurde, bezieht er sich an keiner Stelle auf die Natur des Menschen, sondern bemüht sich in extremer Weise um die Beschreibung kultureller Kontexte und fasst das Wissen in globalen Spielarten gleichrangig. Elkana entwirft in diesem Zusammenhang so etwas wie eine Relativitätstheorie des Denkens, der zufolge Wahrheit nur dann absolut bestimmt werden kann, wenn man den jeweiligen Rahmen berücksichtigt.[43] Elkanas Projekt wäre von daher weit eher als eine (europäische) Ethnologie der Erkenntnis anzusprechen.

Elkana unterscheidet zwischen Wissensquellen (*sources of knowledge*), Wissenskorpus (*body of knowledge*) und Wissensvorstellungen (*images of knowledge*).[44] Unter das Wissenskorpus fallen die eigentlichen Gegenstände der klassischen Wissenschaftsgeschichte. Es umfasst den Wissens-

42 So der Originaltitel. Ich zitiere nach: Elkana, Yehuda: Anthropologie der Erkenntnis. Ein programmatischer Versuch. In: ders.: Anthropologie der Erkenntnis. Die Entwicklung des Wissens als episches Theater einer listigen Vernunft. Frankfurt a. M. 1986. S. 11-125. [1981]

43 »Wenn man sagt, dass der Wahrheitswert einer Aussage eine Konvention sei, so ist das etwas ganz anderes, als wenn man sagt, dass eine Tatsache nur in Bezug auf einen gegebenen Begriffsrahmen eine Tatsache sei und sie sich in Bezug auf einen anderen als komplexe theoretische Entität (oder sogar eine Nichttatsache) herausstellen könnte. Mit anderen Worten, ich behaupte, dass die beiden Positionen (Realismus und Relativismus) nicht unvereinbar sind. [...] Das verstehe ich unter zweistufigem Denken.« Wie Geschwindigkeiten in der Physik nur in Beziehung zu ihrem Inertialsystem eindeutig bestimmt werden können, sind Wahrheiten bei Elkana erst gültig, wenn ihr kulturelles System benannt ist. Wie aber in der Physik durch und durch kein Zweifel darüber herrscht, ob die Bestimmung der Lichtgeschwindigkeit innerhalb der Systeme eindeutig möglich ist, versucht auch Elkana für den Bereich des Wissens die Kriterien richtig und falsch zu bewahren und grenzt sich von Paul Feyerabends »ungezügeltem« Relativismus ab, da man nicht anders als kulturgebunden und gerahmt denken könne (S. 39). Zudem setzt sich Elkana mit den seiner Meinung nach »vernünftigen Realisten« Hilary Putnam und Mary Hesse auseinander. Dagegen steht der »historische Relativismus« Mary Douglas'. Die unvereinbaren Positionen stellt er wie folgt einander gegenüber: »Die eine [Ansicht] besagt, dass es unmöglich sei, verschiedene Begriffsrahmen objektiv nach ihrem Maß an Rationalität oder dem Maß ihrer Annäherung an eine kontextunabhängige Wahrheit zu ordnen; die andere meint, dass wir, sobald ein Rahmen vorgegeben ist, Kriterien für Rationalität und Wahrheit in Bezug auf diesen festlegen und die Welt innerhalb dieses Rahmens nach jenen Kriterien ordnen können.« Elkana: Erkenntnis. 1986. S. 30.

44 Ebd. S. 44f.

stand einer bestimmten Zeit, es enthält die Methoden, Objekte und Theorien einer bestimmten Disziplin. Zusätzlich führt Elkana aber eine zweite Ebene ein. Die Wissensvorstellungen »legen fest«,[45] was geforscht wird, und »sind Entscheidungsfaktoren für die Problemwahl im Wissenskorpus«.[46] Sie gelten für bestimmte Zeiträume; für ganze Kulturen, kleine Gruppen oder große Disziplinen, für Spezialisten oder Laien. Sie vermitteln soziale Normen und gesellschaftliche Forderungen mit der Forschung, weshalb sie Elkana als die gesuchten Brücken zwischen Wissenschaft und Gesellschaft anspricht. Diese Betonung auf der Vermittlung haben sie den *styles of reasoning* voraus.

Viel von Elkanas Position wird im Widerspruch gegen die Wissenschaftstheorie seiner Zeit entwickelt. Von daher ist er stärker als die ›Kulturtechnologen des Denkstils‹ geneigt, auch Irrationalismus, Glauben, Vorlieben und Überzeugungen zu berücksichtigen. Dies macht ihn aber vor allem für die Beschreibung älterer Wissenschaftsformen anschlussfähig, wie sie sich in den Nachrufen artikulieren. Die Anhängerschaft an ein Forschungsprogramm wird bei Elkana zuweilen auf eine Kategorie zurückgeführt, der eine ähnlich lenkende Funktion wie etwa Davidsons Konzepten zuzusprechen wäre: den *sources of knowledge* oder ›Wissensquellen‹. Die Anhänger einer Wissensvorstellung teilen durch sie vergleichbare Überzeugungsvorlieben. Diese lassen sich verstehen als dasjenige Verfahren, dem man Wahrheitsproduktion zutraut:

> Keine Kulturdimension hat nur eine Wissensquelle; [...] so nimmt z.B. die Offenbarung in der Religion den ersten Rang ein, aber logisches Folgern und Erfahrung spielen dabei ebenfalls eine Rolle. Andererseits sahen etwa die Rosenkreuzer eine offenbarte Wahrheit erst dann als legitimiert an, wenn die Sinne sie bestätigten. In der theoretischen Physik kann der Berücksichtigung von Schönheit oder Symmetrie als – im Vergleich zum experimentellen Beweis – höherer Wissensquelle der Vorrang vor der logischen Folgerung eingeräumt werden.[47]

Hier wird deutlich, welche Arbeit die *sources of knowledge* leisten: Sie sind eben nicht – wie der Begriff missverständlicherweise nahelegt – Ursprungsorte von Erkenntnis, die sich nur hier offenbaren würde, sondern es handelt sich um konkurrierende visuell-gedankliche Verfassungen von Wissen, durch welche Endpunkte und Ergebnisse beglaubigt werden.

45 Ebd. S. 46.
46 Ebd. S. 49.
47 Ebd. S. 46.

Eine vervollständigte Liste bietet Elkana kurz darauf: »Sinneserfahrung, logische Folgerung, Offenbarung, Autorität, Tradition, Analogie, Sachkenntnis, Originalität, Neuheit, Schönheit und vieles andere mehr.«[48] Diese Verfahren und Qualitäten der Evidenzproduktion werden durch die Wissensvorstellungen arrangiert und aufeinander bezogen. Auf der Praxisebene sind es die *sources of knowledge*, die in verschiedenen Mischungsverhältnissen die Fragen beenden, Eindeutigkeit herstellen, Punkte setzen. Sie dienen der »Legitimierung des Wissens«.[49] Es ist auf dieser Ebene, nicht auf der Ebene des *body of knowledge*, wo Entscheidungen über Forschungsrichtungen gefällt und Probleme ausgewählt werden. In letzterer Formulierung liegt schon der letzte Aspekt der Wissensvorstellungen, den ich besonders betonen möchte: »Wissensvorstellungen entscheiden darüber, was [als] wichtig, interessant, lohnend, riskant [...] betrachtet wird.«[50]

Elkana arbeitet in seinem »programmatischen Versuch« nicht an historischem Material, auch wenn er sich in Beispielen detailliert mit dem Energiebegriff, mit Whewell oder Helmholtz auseinandersetzt. Der Rückhalt seiner Position liegt ebenso wenig in der Philosophie, denn trotz seiner Auseinandersetzung mit einer Fülle von wissenschaftstheoretischen Positionen geht Elkana wie aus weiter Distanz an die Sache heran. Häufig werden Aussagen vom Standpunkt des *common sense* gefällt, der historische Praktiken für realer hält als universal gültige und abstrakte Aussagen. Die Vereinigung von Relativismus und Realismus im zweistufigen Denken ist ebenfalls eine Frucht dieser Sichtweise: Der Philosophie wird entgegengehalten, was wir ohnehin tun. Auch Elkanas Weigerung, an den klassischen Elementen der wissenschaftlichen Methode anzusetzen – Induktion / Deduktion, Idealisierung, Mathematisierung, Experimentalisierung –, fällt einfach aus: Das durch rationale Nachkonstruktion systematisierte Denken sei eine *zu gute* Beschreibung und von daher besser als die wissenschaftliche Praxis.[51] Erneut wird hier

48 Ebd. S. 47. An anderer Stelle folgen: Atome, Moleküle, Weltall, Ahnen, Helden, Wassergeister, die die gleiche »Erklärungsfunktion« erfüllen können. S. 62. An der Mischung von theoretischen Modellen und autorisierenden Instanzen fällt auf, dass es Elkana um die Überzeugungseffekte geht, nicht um vergleichbare intellektuelle Verfahren.

49 Ebd. S. 46.

50 Ebd. S. 49.

51 Diese ostentative Gelassenheit den Sanktionen des Rationalismus gegenüber fasst Elkana in das Bild des epischen Theaters. Die Epistemologie will er nicht im hohen Ton der Tragödiendichter veranstalten, sondern eher wie Brecht oder auch Einstein, der sich seinen Experimenten gegenüber humorvoll nachgiebig

beobachtet, und zwar von einer Position des imaginären Feldforschers, der alles registriert und im Anschluss an Clifford Geertz auf dichte Beschreibungen setzt.[52]

Ein starkes Movens dieses »programmatischen Versuchs« ist seine Fairness allen Wissensformen gegenüber, etwa dem Alltagsdenken oder magischen Systemen. Elkana vermeidet archimedische Punkte und ersetzt sie durch Skalierungen, die häufig bestehende Grenzen überbrücken. Ein Beispiel für dieses Vorgehen wäre das Kontinuum von Wissen und Glauben. Zwar hat das Schließen des Grabens (Ernst Gellners ›big ditch‹) und die intellektuelle Geste der Transgression heute einiges von ihrer Potentialität verloren, doch spricht für Elkanas Entwurf, dass sein Text darüber hinaus produktive Typologien anbietet.

Auffällig ist, dass auch Elkana eine Reihe von polaren Konstellationen entwickelt, die zur Klassifikation von Wissenstypen dienen – hierin sind sie den polaren Konzepten Davidsons vergleichbar. Allerdings sind Elkanas Skalen weniger offensiv als Agenten des Denkmöglichen eingesetzt – es handelt sich nicht um präskriptive, sondern um heuristische Polaritäten. Elkana verwendet auch selten historische Verläufe, sondern bietet ein ganzes Bündel systematisierender Skalen. Sie verhandeln die verschiedensten Dimensionen der Wissenschaft oder besser des Wissens und betreffen alle drei Dimensionen des Wissens: *sources of knowledge*, *body of knowledge* und *images of knowledge*.

Eine Wissensform kann nach Elkana auf der Skala »moderne Wissenschaft« – »wildes Denken« angeordnet werden. Dabei kommen verschiedene Rationalitätstypen zum Einsatz. Programmatisch, aber auch skizzenhaft führt Elkana den griechischen Begriff der listigen Vernunft an (Metis), die in Momenten zum Einsatz kommt, die durch messende, distanzierte und quantifizierte Vorgehensweisen (Episteme) nicht gemeistert werden können. Metis bezeichnet die »bloß« praktische Rationalität, den Spürsinn, Opportunismus, die eigene Vorteilsnahme und die

verhielt und dem folgte, was sich ergab, ohne es mit hochgespannten Erwartungen für die Erfüllung des einzig möglichen Schicksals zu halten. S. 118f.

52 Elkana übernimmt den Ausdruck ›thick description‹ von Geertz und Ryle. Nur durch dichte Beschreibung kann die gesamte Komplexität des Denkens zugänglich gemacht werden (S. 40); diese Vorgehensweise sichert auch eine Anbindung an die konkrete Erfahrung (S. 83). Geertz, Clifford: Dichte Beschreibung. Bemerkungen zu einer deutenden Theorie der Kultur. In: ders.: Dichte Beschreibung. Beiträge zum Verstehen kultureller Systeme. Frankfurt a. M. 1983. Ryle, Gilbert: Thinking and Reflecting. In: ders.: Collected Papers. London 1971. Bd II. S. 465-479.

Rhetorik,[53] wohingegen Episteme nicht dem Ego des Redners dient, sondern eine nur den Sachverhalten gegenüber verantwortliche Vernunft bezeichnet.[54] Eine vergleichbare Polarität ist die Unterscheidung zwischen ernstem und unernstem Denken, wobei letzterem, wie auch der ›listigen Vernunft‹, eine große Bedeutung für die Hypothesenfindung zuerkannt wird. Zudem sollte eine Einschätzung des Komplexitätsgrades von Wissen erfolgen (methodisch leicht zu erreichen – schwer zu erreichen). An anderer Stelle berücksichtigt Elkana den Bearbeitungsstand mittels der Skala verschriftlichtes – voroperationalisiertes Wissen.[55] Hieran schließt sich die Frage an, wie bewusst oder wie implizit Regeln und Verfahren in einem bestimmten Wissensbereich zur Anwendung kommen.[56]

Eine weitere Gruppe von Skalen versucht, den metaphysischen Status der Ergebnisse auf einem Kontinuum zwischen »heilig« und »weltlich« einzuordnen, was Elkana am Raumbegriff exemplifiziert.[57] Des Weiteren schlägt Elkana die Klärung des Ortsbezugs von Wissen (Europa – Asien – Afrika) als Kriterium vor sowie eine Bestimmung des Spezialisierungsgrads. Hier sind zunächst die Adressaten des Wissens von Belang (Fachleute – Laien) und zudem der Modus des Wissens (Alltagsdenken – Wissenschaft). Unabhängig vom kulturellen Kontext und Professionalisierungsgrad hält Elkana verschiedene Wissensformen für unterschiedlich stark von Normen oder Ideologien beeinflusst (kontextabhängig – weitestgehend frei davon). Zudem gibt es in Bezug auf die gesellschaftlichen Auswirkungen verschiedene Ansprüche, die die Wissensgenerierenden berücksichtigen (geschlossenes Wissen – transformatorisches, auf Neues ausgreifendes Wissen).

Einige Unterpunkte dieser Liste überschneiden sich, viele hängen zusammen. Hält man die Denkstile Crombies oder auch Hackings dagegen,

53 Elkana: Erkenntnis. S. 50. In der Vorrede heißt es zum selben Thema: »Doch wir wissen aus historischen Untersuchungen der griechischen Literatur sowie aus Studien über die Rhetorik der Klassik und Renaissance, dass es auch eine metische (listige) Vernunft gibt, eine Vernunft also, die die Einstellungen oder Annahmen und die individuelle Geschichte des Zuhörers/Lesers berücksichtigt und ihre Argumente so wählt, dass sie ihn zu überzeugen vermag. Diese Art von Vernunft tritt bei juristischen Verhandlungen und in der Wissenschaft beim Entdeckungsvorgang in Aktion.« Vorrede. S. 15.

54 Certeau, Michel de: Kunst des Handelns. A. d. Frz. v. Ronald Voullié. Berlin 1988 [1980]. S. 24f. Détienne, Marcel / Vernant, Jean Pierre: Les ruses de l'intelligence. La mètis des Grecs. Paris 1974.

55 Ebd. S. 62.

56 Ebd. S. 46.

57 Ebd. S. 46.

so fällt auf, dass Elkana seine Parameter keineswegs direkt von den Verfahren der Einzeldisziplinen abliest. Elkanas Skalen greifen sowohl ins Metaphysische als auch ins Alltägliche aus, was sie für die Beschreibungsebene der Nachrufe geeignet macht. Elkanas ›vergleichende Wissenschaftswissenschaft‹ entwickelt ein Instrumentarium, das Religion, Magie und Kybernetik gleichermaßen zu erfassen versucht. Diese Offenheit der Skalen bei Elkana soll das ermöglichen, was er ›dichte Beschreibung‹ nennt, also eine deskriptive Annäherung an die Praktiken. In diesem Widerstand gegen die Kategorien der Wissenschaftsphilosophie seiner Zeit liegt die Hauptstoßrichtung der gesamten Konzeption.

Allerdings ist die Breite der Beschreibung bei Elkana interessanterweise kein Garant dafür, dass die kulturell wirksamen Elemente der Wissenschaft präzise erfasst werden. Dieser Machtaspekt ist das große Verdienst der Herangehensweise von Davidson, der von den drei besprochenen Positionen am konsequentesten das Wissen in der Gesellschaft verfolgt. Er sucht die Bestandteile eines wissenschaftlichen Diskurses dort auf, wo sie gesellschaftlich zum Tragen kommen. Hacking arbeitet von den drei hier vorgestellten Wissenschaftsmodellen am stärksten mit einem Interesse für die Funktionsweisen der Wissenschaft. Er wie auch Davidson betonen, dass der Denkstil eine Figur der Unfreiwilligkeit ist. Beim einen werden die ›Konzepte‹, beim anderen die ›epistemischen Werte‹ zu Aktanten des Denkens. In Hackings Herangehensweise gibt es über die Kategorie der ›epistemischen Werte‹ eine Schnittstelle zum Affektgefüge des einzelnen Forschers, obwohl Hacking insgesamt die Bedeutung von Objekten, Techniken und Laboratorien hervorhebt. Werte sind in dieser epistemologischen Tradition keineswegs Ansprüche, die ein Subjekt autonom an sich stellt und dann herrlich erfüllt, was noch bei Merton die Forscher zu Ausnahmeindividuen gemacht hatte. Werte zeichnen sich bei Hacking vielmehr als etwas ab, was die Anhängerschaft an einen Denkstil generieren kann. Viel eher als erfüllte Vorsätze bezeichnen diese Wertungen halbexplizite, halbbewusste intellektuelle Vorlieben, die sich zwar auf Anfrage rational begründen und herleiten lassen, die aber gleichzeitig durch irrationale, affektive Parteinahme gestützt werden. Zu denken wäre hier unbedingt an die Figur des Fetischismus, die von Hartmut Böhme als eine lustvoll entgrenzende Begegnung mit dem Anderen in einem Ding beschrieben wurde – als ein zeitweiliges Angeleitetwerden durch seine Attraktion. Zudem hatte er im Zusammenhang mit dem Labor bereits auf die im Wissenserwerb ausgelösten Affekte hingewiesen.[58]

58 Böhme, Hartmut: Fetischismus und Kultur. Eine andere Theorie der Moderne. Reinbek 2006. S. 89.

Hacking, Davidson und Elkana zusammen entfalten Perspektiven auf die Wissenschaft, die eine Erfassung epistemologischer Machtfaktoren erlauben, sie bieten aber auch Ansatzpunkte auf die legitimatorischen Bezugnahmen von Wissenschaft auf allgemeine gesellschaftliche Ziele und die hier angesiedelten inner- und außerakademischen Systeme wissenschaftlicher Autorität. Dabei steht im ersten Teil der Nachruf zunächst als Textsorte und Kommunikationstyp im Zentrum; vergleichbare Inskriptionsformen, ihre Verwendung und Kontextualisierung werden aufgenommen. Anschließend werden anhand von inhaltlichen Nachrufanalysen Grenzsteine, Markierungen und Fixierungen aufgesucht und damit diejenigen Elemente einer Wissenschaftspraxis, die sowohl Überzeugen, als auch Neues versprechen.

Dabei gehe ich davon aus, dass sich bestehende Regeln der Denkkollektive in den Nachrufen niederschlagen, die akademischen Feste aber zugleich ein Vakuum erzeugen, das die Artikulation von konsensfähigen Grundsätzen erzwingt. Dies gibt der typischen Vortragssituation der Nachrufe den Charakter eines epistemischen Labors. Dies gilt mit einer Enschränkung: Es werden nicht die endgültigen und einzig wahren Fakten etabliert. Blickt man jedoch auf die historische Funktion dieses Brauches, so sollte von einem Tribunal die Rede sein, einer Institution, in der nach Georges Canguilhem Legitimitäten erkämpft und durchgesetzt werden.[59]

Plan der Arbeit

Es gibt in der Wissenschaft Schattengefechte, die nicht aufgrund konkreter Inhalte und wissenschaftlicher Sachverhalte geführt, sondern vielmehr aufgrund bestimmter Implikationen der Methode ausgetragen werden. Charakteristisch für diese Auseinandersetzungen ist, dass sie unterschwellig geführt werden, dass ihre Rückhalte ephemer und implizit bleiben und dass die Positionen dennoch mit aller Härte aufeinandertreffen. Dabei kommen auch in den Geisteswissenschaften häufig Elemente der naturwissenschaftlichen Methode mit großem Effekt zum Einsatz, was einen doppelten Grund darstellt, die Entstehung dieses Autoritätssystems anhand der vielschichtigen Konstruktionsformen der naturwissenschaftlichen Reputation zu verfolgen. Die heute gültigen epistemischen Werte wie auch die Entstehung von gesellschaftlichen Er-

59 Canguilhem, Georges: Der Gegenstand der Wissenschaftsgeschichte. In: Georges Canguilhem. Gesammelte Aufsätze. Hg. v. Wolf Lepenies. Frankfurt a. M. 1979. S. 25f.

zählungen über die Forschung haben sich in einer steten Dialektik aus Behauptung und Applaus, aus Setzung und Akzeptanz entwickelt, die es zu verfolgen gilt.

Für diese Analyse ist die Zeit zwischen 1710 und 1860 von besonderem Interesse. Zum einen, weil sich hier der Aufschwung der Naturwissenschaften in Deutschland vollzog,[60] was einen besonderen Legitimationsbedarf vermuten lässt. Zum anderen liegt die Blütezeit der in Frankreich verfassten *éloges historiques*, in den Jahrzehnten vor der Revolution. Nach der Recherche und Lektüre von über 500 Nachrufen aus dem deutschsprachigen Raum wurden für die Einzelanalysen zwei Schlaglichter jeweils um die Jahrhundertmitte gesetzt und im Sinne der unterschiedlichen methodischen Brenn- und Streitpunkte, der Fixierungen und Widerstandszonen analysiert. Die ausgewählten Reden stammen von Samuel Formey, Pierre-Louis Moreau de Maupertuis, Wolfgang Sartorius von Waltershausen und Emil DuBois-Reymond. Sie behandeln Pierre-Louis Moreau de Maupertuis, Charles-Louis de Secondat de Montesquieu, Carl Friedrich Gauß und Johannes Müller, also vorwiegend Mitglieder der Berliner *Akademie der Wissenschaften*.

An erster Stelle steht stets eine Beschreibung der realen Arbeitsweisen des Verstorbenen, da hier zuweilen sehr intime Details über das praktische Vorgehen berichtet werden. Die Frage nach den ›Arbeitsmitteln‹ berücksichtigt die zentrale Bedeutung, die neuen Instrumenten, technischen Verfahren und Materialien in der Wissenschaft zukommt. Die materielle Ausgangssituation eines Denkstils ist erst dann erfasst, wenn neben Instrumenten und der Logistik der Untersuchungsgegenstände auch der Umgang mit den objektiven Gegebenheiten beschrieben wird, weshalb die Arbeitszimmer, Instituts-Neubauten und Vortragsorte ebenso berücksichtigt werden wie die Zeichenstifte, die Materialien und die Inskriptionsweisen der Ergebnisse.

60 Nach Joseph Ben-David erstreckt sich die Konstitutionalisierungsphase der Naturwissenschaften bis ca. 1840. In: The Scientist's Role in Society. Chicago 1971. S. 170. Stichweh lässt das physikalische Fachstudium ab 1850 beginnen. Stichweh, Rudolf: Zur Entstehung des modernen Systems wissenschaftlicher Disziplinen. Physik in Deutschland 1740-1890. Frankfurt a. M. 1984. S. 360. Für Herbert Schnädelbach setzt 1831 mit dem Ende des Idealismus eine neue Phase auch für die Naturwissenschaften ein. In: Philosophie in Deutschland 1831-1933. Frankfurt a. M. 1983. Zudem fällt in die erste Hälfte des 19. Jahrhunderts die verstärkte Spezialisierung und Finalisierung der Wissenschaften. Vgl. Böhme, Gernot/van den Daele, Wolfgang/Krohn, Wolfgang (Hg.): Experimentelle Philosophie. Ursprünge autonomer Wissenschaftsentwicklung. Frankfurt a. M. 1977. Sowie Lepenies, Wolf: Das Ende der Naturgeschichte. München, Wien 1976.

Am stärksten der literarischen Darstellungsform der Nachrufe geschuldet ist die zweite Untersuchungskategorie, in der ›Typen‹ im Mittelpunkt stehen. Hier begegnen einem gewaltbehaftete männliche Stereotype – wie der Reformator, der Überwinder und der Sieger –, die Geschichte und Geschichten gleichermaßen zu bevölkern vermögen. Diese Figuren werden in die Naturwissenschaft transponiert, nicht ohne den beabsichtigten rhetorischen Effekt. Zudem lassen sich soziale Phänotypen ausmachen, die sich direkt aus der Wissenschaft entwickelt haben und insofern als Habitus[61] zu adressieren sind, als eine Haltung, die sich ausprägt, wenn sich Arbeit und Institution in die Persönlichkeit einschreiben. Mit konkretem Bezug auf die Typenbildung in der Wissenschaft haben Otto Sibum und Lorraine Daston das Konzept der *scientific persona* entwickelt.[62] Persönlichkeit oder *persona* werden im Sinne einer Maske verstanden, die aber keineswegs zum Spiel mit Rollen führt, sondern das ›Selbst‹ erst verleiht – wobei die Autoren von Identitätsbildungsprozessen ausgehen, wie sie Marcel Mauss beschrieben hat.[63] Als Überschrift wurde jedoch der etwas freiere Ausdruck ›Typus‹ gewählt, da von einer *scientific persona* nur dann die Rede sein sollte, wenn allgemein wiedererkennbare Stereotypen entstehen, wie etwa die *femme savante*. An einem solchen ›wissenschaftlichen Typus‹ lässt sich zudem häufig ablesen, mit welcher impliziten Hörerschaft gerechnet wird. Für die Naturwissenschaften, die sich lange Zeit außerhalb der Universitäten in Akademien und Salons entwickelten, ist die Veränderung des direkten Rezipientenkreises von größter Bedeutung.[64]

Der dritte gewählte Aspekt der ›Reichweite‹ trifft den Kern der *images of knowledge* bei Elkana. Dieser erfasst damit das Phänomen, dass einzelne Elemente einer Wissenschaft ideologisch werden können und im

61 Bourdieu, Pierre: The Specificity of the Scientific Field and the Social Conditions of the Progress of Reason. In: The Science Studies Reader. Hg. v. Mario Biagioli. London, New York 1999. S. 31-50. Bourdieu, Pierre: Homo academicus. Frankfurt a. M. 1992. Bourdieu, Pierre: Die Regeln der Kunst. Genese und Struktur des literarischen Feldes. Frankfurt a. M. 1999.

62 Daston, Lorraine/Sibum, Otto (Hg.): Scientific Personae. Cambridge 2003. (= Science in Context 16)

63 Mauss, Marcel: Une catégorie de l'esprit humain. La notion de personne celle de ›Moi‹. In: The Journal of the Royal Anthropological Institute of Great Britain and Ireland 68(2)/1938. S. 263-281.

64 Vgl. Hadot, Pierre: Philosophy as a way of life. Spiritual exercises from Socrates to Foucault. Hg. v. Arnold Ira Davidson. Oxford 1995. Jones, Matthew I.: The Good Life in the Scientific Revolution. Descartes, Pascale, Leibniz and the Cultivation of Virtue. Chicago 2006. Biagioli, Mario: Galileo, Courtier. The Practice of Science in the Culture of Absolutism. Chicago 1993.

Zusammenhang mit impliziten gesellschaftlichen oder religiösen Loyalitäten gesehen werden müssen. Zu denken ist hier auch an die Ansätze der »Poetologie des Wissens«, die die orientierenden Überschüsse gesellschaftlicher Wissensbestände ausbuchstabiert.[65] Problematisiert wird in dieser Rubrik, ob ein Forschungsprogramm den Umbau der Gesellschaft versprach, sich von den Geisteswissenschaften abgrenzte oder in welches Verhältnis Wissen und Person zueinander gebracht wurden; ob so etwas wie Persönlichkeit ausgebildet werden sollte, wie für den deutschen Neuhumanismus typisch, oder, andersherum, die Persönlichkeit die Wissensbestände zu nobilitieren hatte, wie anhand eines französischen Newtonianers gezeigt werden soll. In gewisser Hinsicht beschreibt die Kategorie der ›Reichweite‹ das Phänomen der Spezialisierung und Professionalisierung von außen, mit Akzent auf den abgelegten, überflüssig gewordenen und hinderlichen Kontexten der Naturwissenschaft, allerdings auch mit doppeltem Akzent auf der Unmöglichkeit eines gesellschaftlich entkoppelten Wissenschaftsbetriebs, den die automatische Teleologie der Spezialisierung so häufig suggeriert. Die gesellschaftlichen und religiösen Dimensionen der älteren Naturforschung werden keinesfalls aus Nostalgie für ganzheitliche Wissenschaftsformen rekonstruiert, sondern aus Interesse an möglichen Verstärkern und Stabilisatoren von Wissenschaft. In diesem Zusammenhang lassen sich – je später die Nachrufe entstehen, desto klarer – die typischen Narrative der modernen Naturwissenschaften im Totenlob der Nachrufe entziffern. Um die Mitte des 18. Jahrhunderts sucht man sie noch vergebens.

Die letzte Frage, die unter der Überschrift ›Fixierungen‹ an jeden der Nachrufe gestellt wird, ist die nach den emphatisch vorgetragenen Konzepten. Sie werden als Indikatoren für verteidigenswerte Elemente eines Denkstils verstanden, vor allem, wenn intensive Aversionen geäußert werden. Lassen sich Wissenskonfigurationen oder Methodenelemente benennen, denen eine Leitfunktion zukommt und die zum Markenzeichen einer Wissenschaftsform werden? Letztlich zielt diese Frage in die Richtung der ›epistemischen Werte‹ bei Hacking oder der ›Konzepte‹ in Davidsons Verständnis des Denkstils, obwohl die *agency* der ›Konzepte‹ eingestandenermaßen häufig auf einer fundamentaleren Ebene angesiedelt ist, als die Nachrufe bieten, und die von Hacking aufgelisteten ›epistemischen Werte‹ mehrheitlich aus moderneren Phasen der Naturwissenschaft entwickelt wurden. In Yehuda Elkanas Wissensmodell wären Fixierungen vor allem im Bereich der *sources of knowledge* zu finden, also denjenigen intellektuellen Verfahren, mit denen neues

65 Vogl, Joseph (Hg.): Poetologien des Wissens um 1800. München 1999.

Wissen generiert und in evidente Form gebracht wird. Bei Gauß wird es an dieser Stelle um seine Beziehung zu Fehlern gehen. Formey kritisiert Maupertuis' Umgang mit der *certitude*, deren Zuschnitt als mathematische Evidenz von dem hugenottischen Laudator als religiöse Gewissheit missverstanden wird. Die Überschrift ›Fixierungen‹ wurde gewählt, um die Unfreiwilligkeit und den Einflussreichtum affektiver Dynamiken zu betonen. Sie nehmen auf der untersten Ebene der Erzählungen und Praktiken das limitierende und dirigierende Potential auf, das nach Davidson und Hacking den *styles of reasoning* zukommt.

Nachrufe sind nicht einfach nur Informationsträger, sondern interessieren auch als solche – nämlich als Textsorte und Gattung. Sie werden zunächst in ihrer Gesamtfunktion analysiert, hier auch im Vergleich mit Sprach-, Bild- und Ritualformen, die ebenfalls der Erinnerung an Verstorbene dienen.[66] Es liegt auf der Hand, dass in diesem Segment sehr häufig Urheber, Prioritäten und Gründungsfiguren eine Rolle spielen. Diese Memorialmedien konstituieren männliche Familienlinien und behaupten deren Geltung, weshalb man, ohne zu zögern, von genealogischen Praktiken sprechen kann – zumal zahlreiche Strategien direkt aus dem weit länger bestehenden Bereich aristokratischer Familienrepräsentation entlehnt sind. Die Stiftung von Verwandtschaft geschieht durchaus auch dann noch, wenn mit dem Blut das genealogische Fluidum schlechthin entfällt.[67] Doch dies ist nur eine mögliche Lesart der Genealogie, die dem von den akademischen Lobreden und den zugehörigen Gedenkökonomien aufgerufenen Zusammenhängen entspricht.

Diese Objekte und Sprachformen sind gleichermaßen für die philosophische Dimension der Genealogie perspektivierbar. Dann nämlich, wenn man im Sinne von Foucaults Nietzsche-Lektüre eine »Umwertung der Werte« darunter versteht, die die Leitlinien der Selbstführung determinieren.[68] Die Werte Moral, Askese und Erkennt-

66 Vgl. zur visuellen Dimension Därmann, Iris: Tod und Bild. Eine phänomenologische Mediengeschichte. München 2005. Macho, Thomas: Todesmetaphern. Zur Logik der Grenzerfahrung. Frankfurt a. M. 1987.

67 Weigel, Sigrid: Genea-Logik. Generation, Tradition und Evolution zwischen Kultur- und Naturwissenschaften. München 2006. Moretti, Franco: Kurven, Karten, Stammbäume. Abstrakte Modelle für die Literaturgeschichte. Frankfurt a. M. 2009.

68 Foucault, Michel: Nietzsche, die Genealogie, die Historie. In: Ders. Von der Subversion des Wissens. Hg. u. a. d. Frz. von Walter Seitter. Frankfurt a. M. 1996. S. 69-90. Foucault, Michel: Vorlesung vom 7. Januar 1977. In: ders.: In Verteidigung der Gesellschaft. Vorlesungen am Collège de France 1975-1975. A. d. Frz. v. Michaela Ott. S. 7-30. Nietzsche, Friedrich: Zur Genealogie der Moral.

nis,[69] werden als ein Komplex ausgewiesen, der einerseits von Gewalt und Fremddetermination zeugt, andererseits aber auch als Hauptansatzpunkt für Veränderungen figuriert. Die notwendige Voraussetzung hierfür war die Entdeckung der Geschichtlichkeit und Gemachtheit dieses Komplexes, was mit der strikten Entkoppelung der Funktionsweisen der Moral als eines Herrschaftsinstruments und ihrem tradierten Anspruch auf universelle Gerechtigkeit einhergeht. Moralisches Verhalten folgt demnach bloß einem je historisch durchgesetzten oder gesetzten »Guten«.

Dies betrifft die Nachrufe in doppelter Hinsicht, denn zunächst diente die Totenrede in den Kirchen der Einübung in moralisches Verhalten angesichts der vorbildlichen Selbstdisziplinierung der Priester, Heiligen und Häretiker. Zudem sind die Nachrufe nur taktisch denkbar. Sie gehorchen als rhetorische Gattung der Metis und instantanen Vorteilsnahme weit eher als der Episteme und liefern Einblicke in die Nutzung aller brauchbaren Mittel. Wen diese eigeninteressierte Perspektive irritiert, der geht nach Foucault von einem eigenartigen Geschichtsbegriff aus: »Als hätte es in dieser Welt der gesagten und gewollten Dinge nicht Invasionen, Kämpfe, Entführungen, Überlistungen gegeben.«[70]

In: Kritische Studienausgabe. Hg. v. Giorgio Colli und Mazzino Montinari. Frankfurt a. M. 2009. S. 245-413. Saar, Martin: Genealogische Kritik. In: Was ist Kritik? Hg. v. Rahel Jaeggi und Tilo Wesche. Frankfurt a. M. 2009. S. 247-266. Leclerc, Gérard: Histoire de la vérité et généalogie de l'autorité. In: Cahiers internationaux de sociologie 2/2001, Nr. 111. S. 205-231. Saar und Foucault gehen wenig auf die unerträglichen rassischen Anspielungen in Nietzsches Genealogie-Schrift ein, etwa wenn er in einem ungut geduckten Ton gegen die Schwäche wettert und die sehr hell konfigurierte Stärke in gefährliche Nähe zur darwinistischen Natur rückt.

69 Foucault: Nietzsche. S. 71.

70 Foucault: Nietzsche. S. 70.

Genealogische Inskriptionen

Moralische *persona* oder Kommunikation mit Toten

Als biographische Gattung kreist der Nachruf in erster Linie um die Ereignisse und Handlungen, die typischerweise zur Erzählung eines Lebenslaufs herangezogen werden. Diese literarische Überformung lässt das entstehen, was Pierre Bourdieu die »illusion biographique« nennt: die angesichts der Fülle von Ereignissen fast willkürlich erscheinende geschlossene Organisation einer Lebensgeschichte, die erzwungene und gewaltsame Identifikation einer Person mit einem Beruf und einem Ziel, sowie einer Identität, die polizeilicher Befragung standhält.[1] Über diese schriftlich-sprachlichen Biographieformen vermitteln sich immer wieder Komplexe typischer Verhaltensmuster. Die so angelegte Kommunikation über personelle Idealtypen wird jedoch nicht als das gelesen, was sie ist (die Konstruktion des Laudators, der sich in vornehmer Komplizenschaft ganz im Hintergrund hält), sondern sie wird durch die Sprache der Praxis anhand des Beispieltoten selbst als Verhaltensanweisung eingefordert.

Die wiedererkennbaren Typen, die von diesen Texten hervorgebracht werden, lassen sich auf die verschiedensten Felder beziehen. Für die wissenschaftlichen Vorbilder haben Otto Sibum und Lorraine Daston die berufsbezogenen Ausprägungen von Wissenschaftlern untersucht, indem sie das Mauss'sche Konzept der Persönlichkeit als Maske aufgreifen und für den Bereich der Wissenschaft adaptieren.[2] Bei der *scientific persona* geht es um die Suche nach denjenigen Arten oder Kategorien von Verhaltensmustern, wie sie sich in den Gravitationsfeldern von Institutionen und gültigen sozialen Regelsystemen formieren – nicht um die Darstellung von kernhafter, ontologisch gekoppelter Individualität. Dennoch ist es entscheidend, dass in diesem gesellschaftlichen Orientierungsprozess nichts Geringeres als Identität produziert wird, mit allen affektiven Folgen der Inklusion und Exklusion.

Die Grabrede diente unter der Regie der Kirche, neben dem tröstlichen Trauerritual, stets auch der Einflussnahme auf die moralischen

1 Bourdieu, Pierre: L'illusion biographique. In: Actes de la recherches en sciences sociales 62,63/1986, S. 69-72. Dt. in: BIOS 3/1990. S. 75-88.

2 Daston, Lorraine / Sibum, Otto (Hg.): Scientific Personae. In: Science in Context 16(1,2)/2003. Mauss, Marcel: Une categorie de l'esprit humain. La notion de personne celle de ›Moi‹. In: The Journal of the Royal Anthropological Institute of Great Britain and Ireland 68,2/1938. S. 263-281.

Selbstverhältnisse der Zuhörer. Nachrufe sind daher in dieser Tradition verankert, mit der über Vorbilder oder vorgeprägte Typen eine Art Werterziehung im Sinne der christlichen Moral eingeübt werden sollte. Es wird zu beobachten sein, in welcher Form diese Typen- oder Maskenentwürfe als genealogische Technik auch im Feld der Wissenschaft durch Grabreden übernommen werden. Zweifelsohne klingen die je gesellschaftsüblichen Werte in jeder dieser Reden an. Es bleibt aber zu fragen, ob nicht das Totengedenken auch in der Lage ist, Werte aus dem Bereich epistemischer Selbstverständlichkeiten kollektiv zu etablieren und zu verbreiten. Es wird in den folgenden Abschnitten also um das Theater der Persönlichkeitsformen gehen, wie sie in der christlichen Leichenpredigt, den Körperexzessen der Hagiographie und den akademischen Festen der französischen Akademien exemplarisch anhand bestimmter Verstorbener vorgeführt werden. Dabei sind weniger die verschiedenen *scientific personae* von Interesse als ihre Eignung, bestimmte epistemologische Werte zu transportieren und mit den Mechanismen des Sozialen zu verschalten.

Am Grab reden: Formen der Betroffenheit

Anlass der akademischen Selbstbestätigung war stets der Tod eines Gelehrten. Die von Kirchen verwalteten Begräbniszeremonien mit ihren Leichenpredigten und Grabreden sind deshalb ein untrennbarer Kontext. Antoine Léonhard Thomas, der bereits im 18. Jahrhundert seine ausführliche und kritische Geschichte der Eloge in der akademischen Lobrede gipfeln ließ, betont dies, wenn er als frühestes Muster dieser Ehrungen von Gelehrten die Reden zu Philipp Melanchthons Tod anführt.[3] Mit dieser »Eingemeindung« des protestantischen Totenlobs in die Geschichte der Ehrung von Wissenschaftlern verweist Léonard aber auch auf eine höchst eigene religiöse Tradition des Totengedenkens im deutschsprachigen Raum. Denn zu Melanchthons Tod erschienen zwar einige Reden, die sich aus heutiger Sicht als akademische Gedenkreden klassifizieren ließen,[4] sein Name verknüpft sich aber weitaus enger mit der Trauerliteratur der Leichenpredigten.

Die Sterbebräuche und damit auch die Reden anlässlich des Todes werden in der Reformation gründlich erneuert. Leichenpredigten sind

3 Thomas, Antoine Léonard: Essay sur les éloges. Bd. 2. S. 127.

4 Für eine Bibliographie und Analyse des literarischen Echos auf Melanchthons Tod vgl.: Bogner, Ralf Georg: Der Autor im Nachruf. Formen und Funktionen der literarischen Memorialkultur von der Reformation zum Vormärz. Tübingen 2006. S. 42f., S. 381f.

als lithurgische Alternative zur Totenmesse ein höchst erfolgreiches Element dieser Reform. Luthers eigene Leichenpredigten unterscheiden sich nach Eberhard Winklers Analyse kaum von denen, die er zu anderen Anlässen hielt – dies gibt zugleich Aufschluss über ihre wichtigste Bestimmung. Die Leichenpredigt ist kein Lob des Verstorbenen, sondern: »eyne öffentliche reytzung zum glauben und zum christentum«.[5] Die Predigt dient der Einübung der Trauergemeinde in ein religiös konfiguriertes, moralisches Selbstverhältnis. Die Ehrung des individuellen Toten war demgegenüber zweitrangig.

Persönliche Details finden erst dort Eingang in die Predigt, wo die Anwendung der Exegese auf den Einzelfall (*applicatio*) immer genauer ausgeführt wird – was dem Personenkult wiederum Spielräume verschafft.[6] Die Einführung biographischer Elemente in den Leichenpredigten geschieht in den Reden vor allem bei der Darstellung des Todesmoments. Dies hängt mit der besonderen Bedeutung des seligen Sterbens im lutherischen Protestantismus zusammen, in dem ein ruhiger Abschied Festigkeit im Glauben beweist, was wiederum einziges Kriterium für den Erwerb ewigen Lebens ist. Rudolf Moor belegt die in die Sterbeszenen eingelassenen Anfänge des Personenlobs anhand von hessischen Leichenpredigten;[7] Rolf Hartmann führt in seiner Studie über Baseler Leichenreden letzte Worte als erste Stufe der Personalisierung von Predigten an.[8] Horst Schmidt-Grave dagegen hat diese konfessionsgeschichtlichen Erklärungen für die zunehmende Ehrung von Einzelpersonen angezweifelt und weist auf den sich wandelnden Buchmarkt hin. Die biographischen Elemente erklären sich ihm zufolge aus sich erweiternden Käuferschichten, deren Interesse durch die individuellen Elemente geweckt werden sollte.[9] Fest steht, dass sich die Leichenpredigt bis zum Ende des 17. Jahrhunderts »zu einem Objekt der Selbstdarstellung des Gefeierten und seiner Schicht entwickelt«, wie Rudolf Lenz un-

5 Martin Luther zit. n. Winkler, Eberhard: Die Leichenpredigt im deutschen Luthertum bis Spener. München 1967. S. 31.

6 Ebd. S. 128.

7 Moor, Rudolf: Protestantische Theologie und Frömmigkeit im Angesicht des Todes während des Barockzeitalters hauptsächlich auf Grund hessischer Leichenpredigten. Marburg 1964. S. 290ff. Winkler: ebd. S. 187.

8 Hartmann, Rolf: Das Autobiographische in der Baseler Leichenrede. Basel 1963. S. 43ff. S. 47.

9 Schmidt-Grave, Horst: Leichenreden und Leichenpredigten Tübinger Professoren (1550-1750). Untersuchungen zur biographischen Geschichtsschreibung in der frühen Neuzeit. Tübingen 1974. S. 5.

terstreicht.[10] Die gesellschaftliche Bedeutung dieser Gebrauchsliteratur findet ihren Spiegel in der Aufnahme typischer Strukturelemente in der Hochliteratur, vor allem im Trauerspiel.[11] All dies bezeugt, dass die emotional herausgehobene Zeit nach dem Tod einer Person im Barock auf besondere Art zur Konstruktion von Bürgerlichkeit beitrug und gewisse Anteile der religiösen Aufmerksamkeit zu absorbieren vermochte.

Es kommt hinzu, dass die Leichenpredigt so gut wie nie allein veröffentlicht wird. Waren anfangs noch Heftchen von 15 Seiten erschienen, so setzte sich bald die weitaus umfangreichere Publikationsform der Gedenkausgabe durch, in der die Predigt nur ein Element unter vielen war.[12] Titelblatt und die Widmung an Familie, Freunde oder Gönner sind aufwändig gesetzt. Am Anfang steht die Leichenpredigt, die in der Regel in der Kirche von einem Geistlichen gehalten wurde. Anschließend folgen aber jetzt die Personalia: ein Lebenslauf und die am offenen Grab von einem Laien gehaltene Abdankungsrede (Parentation), die sich auf knappe Weise mit Lob, Klage, Trost und Dank an die Anwesenden richtete. Da die Parentation häufig von Lehrern oder Freunden des Verstorbenen am offenen Grab gehalten wurde, berichtet Martin Kazmaier von einer regelrechten Konkurrenz zwischen Predigern und Parentatoren:

> Man höre die Geistlichen in der Stadt, die von gar nichts anderm wissen, (als daß der Geistliche am Grabe selbst, und nicht in der Kirche sprach), ob sie nicht ungleich lieber ans Grab gehen, als daß sie das beim zweiten Act bereits abgekühlte Publikum bei ganz veränderter Scene wieder ansprechen und zu bearbeiten suchen, indeß der An-

10 Lenz, Rudolf: ›De mortuis nil nisi bene?‹ Leichenpredigten als multidisziplinäre Quelle. Sigmaringen 1990. S. 13. Lenz, Rudolf (Hg.): Leichenpredigten als Quelle historischer Wissenschaften. 3 Bde. Köln, Wien und Marburg 1975, 1979, 1984.

11 Schings, Hans-Jürgen: Die patristische und stoische Tradition bei Andreas Gryphius. Untersuchungen zu den ›Dissertationes funebres‹ und Trauerspielen. Weimar 1966. Manger, Klaus: Nekrolog als Biographie. Lohensteins Rede von 1679 auf Hoffmanswaldau. In: Biographie zwischen Renaissance und Barock. Hg. v. Walter Berschin. Heidelberg 1993. S. 277-309.

12 In der Forschung wurde der Begriff Leichenpredigt zuweilen nicht nur für die Predigt, sondern auch für die weitaus umfangreichere, anthologische Publikationsform verwendet. Um diese Fehlidentifikation zu vermeiden, wurde von Bogner neben ›Gedenkausgabe‹ auch der Begriff ›Sammelausgabe‹ vorgeschlagen. Letzterer erschwert allerdings die Unterscheidung von Sammlungen nekrologischer Texte zu einer verstorbenen Person und den gelegentlich erscheinenden Predigtsammlungen einzelner Autoren.

> blick eines offenen Grabes auch auf den Roheren und Kälteren eine beinahe magische Kraft übt.[13]

Betrachtet man die Grabesszene strategisch, so stellt sich die Betroffenheit der Beteiligten als günstiger Moment für die Formung der moralischen *persona* im Sinne christlicher Religiosität dar. Die hier notwendig aufgenommenen privaten und biographischen Elemente zeigten aber zugleich eine Tendenz zur Verselbständigung, ähnlich wie sich der dritte Teil der Gedenkausgaben mehrfach lesen lässt: entweder als Freundschaftsbekundung oder als Statusbeweis. Denn auf die Parentation folgten häufig noch Gelegenheitsgedichte (Epicedien) wie Oden, Epigramme und nekrologische Eklogen, die nach dem sozialen Rang der Einsender angeordnet wurden und die Qualität des Freundeskreises widerspiegeln. Zuweilen finden sich die Noten der Trauermusik, Passagen aus Kondolenzbriefen, Bibliographien und akademische Programme. In einigen Fällen sind Teilnehmerlisten oder gar Illustrationen des Trauerzugs zu finden. Die Abbildung von Emblemata und natürlich Portraits der Verstorbenen ist keine Seltenheit.[14] Insgesamt belaufen sich die Gedenkausgaben mit all diesen Bestandteilen regelmäßig auf über 100 Seiten (die Auflage allerdings übersteigt selten 200 Exemplare), in Einzelfällen kommen sogar bis zu 800 Seiten zusammen.

Diese Gedenkausgaben entwickeln sich im Laufe des 17. Jahrhunderts zu einem literarischen Phänomen ersten Ranges. Die von der Gräfin Sophie-Eleonore zu Stolberg-Stolberg (1669-1745) angelegte Funeraliensammlung verzeichnet 45 000 dieser erbaulichen Biographien,[15] die Bibliothek der Universität Göttingen verfügt über 11 400 Gedenkausgaben,[16] die Herzog August Bibliothek Wolfenbüttel über 36 000 Exemplare von

13 Kazmaier, Martin: Die deutsche Grabrede im 19. Jahrhundert. Aspekte ihrer Funktion innerhalb der bürgerlichen Bestattungsfeierlichkeiten. Tübingen 1977. S. 222. Das Zitat ist einem zeitlich später liegenden Kommentar des »Evangelischen Kirchen und Schulblattes« entnommen, die Situation wird allerdings von Kazmaier als typisch eingestuft.

14 Wilckens, Hans Jürgen von: Porträtbilder in den Leichenpredigten des 17. und 18. Jahrhunderts. Hildesheim 1967. Fürstenwald, Maria: Andreas Gryphius' Dissertationes Funebres. Studien zur Didaktik der Leichenabdankungen. Bonn 1967.

15 Güttlich, Friedrich W.: Katalog der fürstlich Stolberg-Stolbergschen Leichenpredigten Sammlung. 4 Bde. Leipzig 1927-1935. Nach Aussonderung der Doubletten verbleiben immerhin 25 000 Exemplare.

16 Tiedemann, Manfred: Katalog der Leichenpredigtensammlung der Niedersächsischen Staats- und Universitätsbibliothek Göttingen. Bd. 1-3. Göttingen 1954-1995.

einem Gesamtbestand, den Rudolf Lenz in den 80er Jahren auf 250 000 Drucke geschätzt hat und dessen Verteilung auf verschiedenste Bibliotheken durch das »Handbuch des personalen Gelegenheitsschrifttums« rekonstruierbar geworden ist.[17]

Die weite Verbreitung dieser spezifischen Textformen lässt auf eine dichte und lebendige Nutzung schließen. Interessant wird die Betrachtung dieser Zeugnisse vor allem im Zusammenhang mit den ausgefeilten Begräbnisfeierlichkeiten, an denen Martin Kazmaier allerdings hervorhebt, dass sie im Gegensatz zu späteren Ausformungen statusbetont gewesen seien. Die Ausrichtung auf innere Teilnahme ist späteren Datums.[18] Es herrschte zumeist Anwesenheitspflicht für die gesamte Gemeinde. Eberhard Winkler zitiert Vorkehrungen aus zeitgenössischen Kirchenordnungen, nach denen der Wirt abwesende Trauergäste bei Androhung von Geldstrafen zur Kirche nötigen sollte, sowie Ermahnungen, die genau festgelegte Hierarchie des Trauerzugs einzuhalten.[19] Kirchliche und familiale Repräsentation gingen dabei Hand in Hand. So war es beispielsweise für alle sichtbar, wie viele Kleriker den Sarg von der Kirche zum Grab begleiteten – waren es zwei, sprach man von einer Zwei-Herren-Leiche[20] und damit von einem vereinbarten Zeichen sozialen Prestiges. Martin Kazmaier zitiert zudem eine Einleitung aus einer Leichenrede auf einen Esslinger Ratsbeisitzer und Handelsmann von 1681, aus der hervorgeht, dass vor allem die auswärtigen Verwandten die Parentation in fremden Orten als eine Art Visitenkarte zu nutzen gedachten, mit der der gute Ruf der Familie Geschäftspartnern gegenüber belegt werden konnte.[21]

Die Liste der verweltlichten ›Entgleisungen‹ des Totengedenkens lässt sich verlängern. Kirchenordnungen untersagen aus offensichtlich gegebenem Anlass das Braten von ganzen Kälbern, die Bezahlung von Trauerstatisten, das Erkaufen zu positiver Darstellungen sowie Predigten, die mehrere Stunden andauerten. Nach Eberhard Winkler lassen sich ab dem 17. Jahrhundert auch immer wieder sozialkritische Töne in den Bestimmungen finden.[22] Philipp Jacob Spener und der Rostocker

17 Lenz, Rudolf: Leichenpredigten. Eine Bestandsaufnahme. Bibliographie und Ergebnisse einer Umfrage. Marburg 1980. S. 112. Handbuch des personalen Gelegenheitsschrifttums in europäischen Archiven und Bibliotheken. Hg. v. Sabine Beckmann, Klaus Garber, Axel E. Walter. Hildesheim 2005.

18 Kazmaier: Die deutsche Grabrede. S. 32.

19 Winkler: Leichenpredigt. S. 45.

20 Kazmaier: Die deutsche Grabrede. S. 32.

21 Ebd. S. 321.

22 Winkler: Leichenpredigt. S. 45f. und S. 232.

Theologe Heinrich Müller kritisierten die Institution der Leichenpredigt beispielsweise deshalb, weil die Reichen sie zur Selbstdarstellung missbraucht. Zudem zeigt sich jetzt nicht nur in Kirchenordnungen der Versuch, die Predigtzeit auf eine halbe Stunde zu begrenzen, sondern auch Polizeiordnungen sind bestrebt, die unchristliche, fürstliche und für die Angehörigen ruinöse Prachtentfaltung zu beschränken.[23]

Gedenkausgabe und Leichenpredigt sind zunächst protestantische Phänomene. In der römisch-katholischen Kirche gibt es hingegen seit dem Konzil von Rouen (1581) mehrfach offizielle Verbote, das Totenlob zum Allgemeingut zu machen: Es war besonders verdienstvollen Personen vorbehalten.[24] Aus diesem Bekenntnis zur Exklusivität ist gefolgert worden, dass das katholische Gegenstück zur Leichenpredigt, die *oratio funebris*,[25] den Eliten vorbehalten war und anderweitig kaum zur Anwendung kam. Nach Birgit Boge und Ralf Georg Bogner lässt sich dies für den deutschsprachigen Raum nicht aufrechterhalten. Sie argumentieren, dass die wiederholten Verbote von Prunkbegräbnissen durch die katholische Kirche derartige Verstöße eher nahelegen, als dass sie sie ausschließen, und belegen zudem die Existenz gedruckter katholischer Leichenpredigten durch eine umfangreiche Bibliographie. Im Unterschied zur protestantischen Gedenkausgabe erscheinen aber vornehmlich Einzeldrucke von *orationes funèbres* ohne Personalia oder Epicedien.[26] Johann Anselm Steiger kommt nach exemplarischen Vergleichen von Trauerreden der beiden Konfessionen zu dem Schluss, dass in den katho-

23 Lenz, Rudolf: ›De mortuis nil nisi bene?‹ Leichenpredigten als multidisziplinäre Quelle. Sigmaringen 1990. S. 14.

24 »Das Konzil von Rouen von 1581 erlaubte biographische Leichenreden nur für ›gloriosi, illustres et benemeriti‹. Das Konzil von Toulouse von 1590 machte die Leichenpredigten von einer Erlaubnis des Bischofs abhängig.« Fürstenwald, Maria: Andreas Gryphius' Dissertationes Funebres. Studien zur Didaktik der Leichenabdankungen. Bonn 1967. S. 10. Rudolf Lenz ergänzt: »Ebenso verboten zahlreiche Provinzialsynoden katholische Leichenpredigten.« Lenz: ebd. S. 16.

25 Der Begriff *oratio funebris* bezeichnete bereits im alten Rom die öffentliche Rede auf einen verstorbenen Patrizier. Die *oraison funèbre* der französischen Kanzelredner ist hier abgeleitet und wird nicht explizit als katholischer Abgrenzungsbegriff verwendet. Die Mehrzahl der berühmt gewordenen Reden, etwa Bossuets oder Fléchiers, ist allerdings konfessionell eindeutig zuzuordnen.

26 Boge, Birgit/Bogner, Ralf Georg (Hg.): Oratio Funebris. Die katholische Leichenpredigt der frühen Neuzeit. Zwölf Studien mit einem Katalog deutschsprachiger katholischer Leichenpredigten in Einzeldrucken 1716-1795. Amsterdam 1999. S. 4., S. 319. (= Chloe Beihefte zur Daphnis 30)

lischen Reden meritokratische Elemente sogar leichter Eingang finden.[27] Die protestantische Begräbniskultur hat durch die Demokratisierung des Totenlobs und die leichtere Überblendung mit bürgerlicher Repräsentation offensichtlich im deutschsprachigen Raum auch auf katholische Gemeinden abgefärbt, deren Strategie zwar offener für die Darstellung biographischer Details war, diese aber exklusiv genutzt wissen wollte.

An den Universitäten erhielt sich zudem ein höheres Bewusstsein für die Formen und erklärten Ziele der antiken Panegyrik.[28] Es trug zumeist der *Professor eloquentiae* auf Latein vor, wie Horst Schmidt-Grave in seiner Studie über die Gedenkpraktiken an der Universität Tübingen feststellt. Die Rede unterlag der Zensur der Theologischen Fakultät und wurde in Anwesenheit des Rektors, lokaler Adeliger und Studenten verlesen, wobei der Zeitpunkt dieses Festakts deutlich nach dem eigentlichen Begräbnis liegen konnte, an dem die Leichenpredigt im Vordergrund stand.[29] Uwe Bredehorn hat am Beispiel der Trauerreden auf Marburger Professoren ebenfalls gezeigt, dass man sich der antik-humanistischen Tradition verpflichtet sah, obwohl man sich zugleich in der Publikationsform der Gedenkausgabe annäherte.[30]

Für Hans-Henrik Krummacher besteht die Brücke zur antiken Rhetoriktradition, in der immer schon Herrscher, Helden und Halbgötter gelobt wurden, vor allem in der Dreiteilung der Trauergedichte in die Redebestandteile des Lobes (*laudatio*), der Klage (*lamentatio*) und des Trostes (*consolatio*). Er weist sie zuallererst an den Trauergedichten (Epicedien) des Barock nach. Die Ergebnisse lassen sich aber auf Trauerschriften übertragen, die in ungebundender Rede erscheinen.

27 Steiger, Johann Anselm: Oratio panegyrica versus Homilia consolatoria. Ein exemplarischer Vergleich zwischen einer römisch-katholischen Trauerrede (Wolfgang Fuchs) und einer lutherischen Leichenpredigt (Johann Gerhard). In: Boge/Bogner: Oratio Funebris, S. 130.

28 Matuschek, Stefan: Artikel: Epideiktische Rede. In: Wörterbuch der Rhetorik. Hg. v. Gert Ueding. Bd. 2. Tübingen 1998f. S. 1258-1267. Nachrufe sind der rhetorische Tradition der Lobrede (Panegyrik = Zum Fest gehörig) zuzuordnen, die neben Kriegen, Städten und Hochzeiten der Eliten vor allem die Todesfälle als Redeanlass kennt.

29 Schmidt-Grave, Horst: Leichenreden und Leichenpredigten Tübinger Professoren (1550-1750). Untersuchungen zur biographischen Geschichtsschreibung in der frühen Neuzeit. Tübingen 1974. Zwischen 1580 und 1660 zählt Schmidt-Grave 50 Leichenreden und 41 Leichenpredigten auf Universitätsangehörige in Tübingen. S. 64.

30 Bredehorn, Uwe: Marburger Universitätslehrer im Spiegel der Trauerschriften. In: Leichenpredigten als Quelle historischer Wissenschaften. Hg. v. Rudolf Lenz. Bd. 3. Marburg 1984. S. 163-193.

In einem ersten Schritt zeigt Krummacher entsprechende Regeln in damaligen deutschen Poetiken auf – etwa bei Sigmund von Birken: »In den LeichGedichten oder Epicediis, ist hauptsächlich dreyerlei zu beobachten / Des Verstorbenen Lob / die Klage / und der Trost für die Hinterbliebenen.«[31] Diese Redestruktur führt er auf Vossius und Scaliger zurück, die zwar ein erweitertes Schema vorschreiben, von *laudatio*, *lamentatio* und *consolatio* allerdings als Kernbestandteilen ausgehen und bei denen der Rückbezug auf die Antike nun explizit wird.[32] Allerdings sind die Bezugspunkte nicht die Theoretiker der Gerichtsrede wie Cicero und Quintilian, sondern man orientiert sich an den Kennern der Schmuckrede oder Panegyrik wie Ps. Dionysios von Halikarnassos und Menander.[33]

Eine Unterscheidung zwischen antiken, neulateinischen und barocken Epicedien ist bei Krummacher durch Adaption an den intendierten Leserkreis gegeben, der in der Antike privat, im deutschen Epicedium auf Verwandtschaft und direkt Anwesende ausgerichtet war, während die neulateinischen Epicedien in einem größeren Netzwerk zirkulierten, weshalb hier der Trostaspekt in den Hintergrund treten konnte und der Dank entfiel.[34] Da die Dreiteilung auch für die in Prosa erscheinende Trauerliteratur verbindlich ist, gilt für diese Texte der hohe Grad an Kontinuität, der die akademische Gedenkpraxis in eine alternative Tradition zur Leichenpredigt stellt.

Die textuelle Überlieferung beginnt mit dem kollektiven Gedenken an die Gefallenen, das in Athen das Kriegsjahr beschloss. Nicole Loraux hat die Bedeutung dieser Reden für die Bildung von Gemeinschaften und die Entwicklung der Demokratie verfolgt und streicht heraus, wie die Polis durch öffentliche Rede als Erlebnis realisiert wurde.[35] Aber nicht

31 Birken, Sigmund von: Teutsche Rede-bind und Dichtkunst. Nürnberg 1679. Zit. n. Krummacher, Hans-Henrik: Das barocke Epicedium. Rhetorische Tradition und deutsche Gelegenheitsdichtung im 17. Jahrhundert. In: Jahrbuch der deutschen Schillergesellschaft 18/1974. S. 95. Vgl. auch das Kapitel »de oratione figurata« in Weise, Christian: Politischer Redner. Leipzig 1691.

32 Krummacher: Epicedium. S. 145.

33 Menander: Peri Epideiktikon. In: Rhetores Graeci. Hg. v. Leonhard Spengel. Bd. 3. Leipzig 1856. S. 368-446. Ps. Dionysios Halikarnassos: Ars rhetorica. Hg. v. Hermann Usener. Leipzig 1895.

34 Krummacher: Epicedium. S. 115.

35 Loraux, Nicole: L'Invention d'Athènes. Histoire de l'oraison funèbre dans la ›cité classique‹. Paris 1981. Prinz, Karl: Epitaphios Logos. Struktur, Funktion und Bedeutung der Bestattungsreden im Athen des 5. und 4. Jahrhunderts. Frankfurt a. M. 1997.

nur dem Politischen, sondern vor allem auch dem Familiären diente diese Form der Panegyrik. Im 18. Jahrhundert präsenter ist der ausgeprägte politische Ahnenkult des römischen Patriziats, bei dem ein Mitglied der Familie auf dem Forum die *oratio funebris* hielt. Plutarch wie Sueton, als maßgeblichste Biographen der Antike, stellen beispielsweise dar, wie Julius Cäsar mit einer gelungenen Rede auf seine Tante Julia die politische Bühne betreten hat.[36] Nach dem Zusammenbruch des Römischen Reichs wurde das Personenlob vor allem im Einflussbereich von Byzanz gepflegt, hier aber adressierte man eher die noch Lebenden. Als erste wichtige Totenrede der Frühen Neuzeit gilt Poggio Braccolinis Darstellung des Lebens von Francesco Zarabella. Der Redetext von 1417 ist in 14 Handschriften überliefert, da er in Humanistenkreisen zirkulierte, die miteinander durch literarische Gaben verbunden waren.[37]

Die Formgeschichte korrespondiert dabei mit einer kulturell bedeutsamen Lizenz, Andacht und Verehrung direkt auf den Toten auszurichten, was in der Antike vor allen Dingen politischen Zwecken diente. Wie Ralf Georg Bogner bemerkt, ist die theologisch orientierte Leichenpredigt im Vergleich zur zweitausendjährigen Praxis der personenbezogenen Panegyrik ein verhältnismäßig junges Phänomen.[38] Die Kommunikation über moralische Selbstverhältnisse anhand der Totenbilder erweist sich als vorgängig, während die Kirche und die Wissenschaft die Totenrede erst spät adaptieren.

Der Nachruf: Funktionen einer Textsorte

Das Totengedenken ist ein überdeterminiertes Feld, in welchem das Dirigieren von Normen eine lange Tradition hat. Genealogische Praktiken, also Verfahren und Prozesse, in denen es zur Herausbildung, Abwertung und Überschreibung von Werten kommen kann, sind hier auf mehreren Ebenen aufzeigbar. Zunächst soll es um die Funktion der Form dieser Reden gehen, noch nicht um die im Text implizierten Urteile und *images of knowledge*. Wie von Geisterhand folgt die Mehrzahl der Nachrufe identischen Darstellungsstrategien, die weder mit Biographien noch mit

36 Plutarch: Alexander/Caesar. Hg. u. übers. v. Marion Giebel. Stuttgart 1980. S. 119. Sueton, Leben der Caesaren. Hg. u. übers. v. André Lambert. Frankfurt a. M. 1977. S. 11. Shakespeare malt im »Julius Caesar« aus, wie über dessen Leiche die politischen Grabreden kein Ende nahmen.

37 McManamon, John M.: Funeral Oratory and the Cultural Ideals of Italian Humanism. Chapel Hill 1989. S. 7, S. 12, S. 24.

38 Bogner: Der Autor im Nachruf. S. 56.

Lexikoneinträgen in Deckung zu bringen sind. Dieses auffällig stabile rhetorische Konzept reguliert den Ton des Berichts sowie die je auf den Sachverhalt eingenommenen Perspektiven.[39]

Gerade die Forschungen, die die Materialität der Schrift in ihrer Auswirkung auf das Wissen reflektieren, argumentieren nicht ausschließlich mit den Buchstaben, sondern kommen immer wieder auf die grafischen, aber auch literarischen Formen zu sprechen. Angefangen von Jack Goodys Beobachtung, dass Listen das Denken in Kategorien befördern,[40] bis hin zu Arndt Brendecke, der Formulare der spanischen Krone als Generatoren des Konzepts von Einzelfakten versteht, die bei der Nutzbarmachung der Kolonien wichtig wurden.[41]

Allerdings lebt dieses sich derzeit schnell entwickelnde Forschungsgebiet von Fallstudien und verdankt der Materialitätsforschung weit mehr als der bei Käte Hamburger und Emil Staiger verdächtig gewordenen »existenziellen« Gattungstheorie. Bereits Friedrich Sengle forderte in den 1960er Jahren eine Ausdehnung der Literaturwissenschaft über die klassische Gattungstrias von Lyrik, Dramatik, Epik hinaus.[42]

39 Vgl. zur Perspektive in Erzähltheorie und Kunstkritik Osterhelt, Anja: Perspektive und Totaleindruck. Höhepunkt und Ende der Multiperspektivität in Christoph Martin Wielands »Aristipp« und Clemens von Brentanos »Godwi«. München 2010.

40 Goody, Jack: The Domestication of the Savage Mind. Cambridge 1977. Campe, Rüdiger: Die Schreibszene. Schreiben. In: Hans Ulrich Gumbrecht und Klas Ludwig Pfeffer (Hg.): Paradoxien, Dissonanzen, Zusammenbrüche. Situationen offener Epistemologie. Frankfurt a. M. 1991. S. 759-772. Krauthausen, Karin/Nasim, Omar (Hg.): Notieren, Skizzieren. Schreiben und Zeichnen als Verfahren des Entwurfs. Zürich 2010. (= Wissen im Entwurf 3)

41 Brendecke, Arndt: Tabellen und Formulare als Regulative der Wissenserfassung und Wissenspräsentation. In: Oesterreicher, Wulf/Regn, Gerhard/Schulze, Winfried (Hg.): Autorität der Form – Autorisierung – Institutionelle Autorität. Münster 2003. S. 37-55.

42 »Es fragt sich nur, ob diese literarische Toleranzbewegung an der Grenze von Lyrik, Dramatik und Epik haltmachen darf, ob nicht auch die Biographie und die Autobiographie, der Dialog, die Rede, die Predigt, das Tagebuch, der Aphorismus, der Brief, der Essay und die andern Formen der Publizistik, die verschiedenen Formen der wissenschaftlichen Literatur und viele andere altbewährte oder neu entstehende literarische Formen ernst genommen und zu einem Gegenstand der Forschung gemacht werden müssen, der historischen Beschreibung sowohl wie der Theorie.« S. 10. Und: »Die Wissenschaft hat es mit der ganzen Wirklichkeit, die Literaturwissenschaft mit der ganzen literarischen Wirklichkeit zu tun.« Sengle, Friedrich: Die literarische Formenlehre. Vorschläge zu ihrer Reform. Stuttgart 1967. S. 37.

André Jolles' »einfache Formen«,[43] die Text- und Soziolinguistik[44] oder die Barockforschung stellten längere Zeit die Hauptbeiträge einer Erforschung pragmatischer Texte.[45] In den 1970er Jahren wurde mit dem funktionalistischen Gattungsbegriff eine Heuristik entwickelt, die über die Gebrauchsweisen die soziale Dimension verschiedener Textsorten erschloss.[46]

Wesentlich ist zudem die Umkehrung der Einflussrichtung. Nicht nur die Gebrauchsweisen und Haltungen konfigurieren Texte als Ausdruck von Subjektivitäten, vielmehr lenkt auch die semiotische Ordnung von Textsorten die Erlebnisstandards der Subjekte. Eva Horn argumentiert, dass die Trauer, die etwa durch die Psychoanalyse zu Beginn des 20. Jahrhunderts theoretisiert wurde, erst in einer Neukonstellierung von Zeichen und Personen in der Goethezeit entsteht.[47] Die Trauertexte sind keinesfalls auf »stille Trauer«, innere Anteilnahme und Verlusterfahrung des Toten ausgelegt, sondern in der zeit- und todesversessenen Literatur wird an die sichtbaren Zeichen des Todes ein Verweisgeflecht gelehrter Anspielungen geknüpft. Es findet ein Prozess statt, der mit Benjamin »allegorisch« genannt wird, ein andermal »semiotische Überspannung des Barock«, sich aber fundamental von der inneren Anteilnahme und Autentizität der »Erlebnis-Lyrik« der Goethezeit unterscheidet. Die unterschiedlichen Strategien und Ziele der Trauerliteratur üben je in eine

43 Jolles, André: Einfache Formen. Legende, Sage, Mythe, Rätsel, Spruch, Kasus, Memorabile, Märchen, Witz. Halle 1930.

44 Fix, Ulla: Texte und Textsorten. Sprachliche, kommunikative und kulturelle Phänomene. Berlin 2008. Weber-Steiner, Regula: Glückwünschende Ruhm- und Ehrengedichte. Casualcarmina zu Züricher Bürgermeisterwahlen des 17. Jahrhunderts. Frankfurt a. M. 2006. (= Deutsche Literatur von den Anfängen bis 1700, Nr. 43). Heldt, Kerstin: Der vollkommene Regent. Studien zur panegyrischen Casuallyrik am Beispiel des Dresdner Hofs Augusts des Starken. Tübingen 1997. Fleskes, Gabriele: Untersuchungen zur Textsortengeschichte im 19. Jahrhundert am Beispiel der ersten deutschen Eisenbahnen. Tübingen 1996. In Bezug auf kontextualisierende Textsortengeschichte wenig Neues bieten Zymner, Rüdiger (Hg.): Handbuch Gattungstheorie. Stuttgart 2010. Adamzik, Kirsten: Was ist pragmatisch orientierte Textsortenforschung? In: dies. (Hg.): Textsorten. Reflexionen und Analysen. Tübingen 2000. S. 91-112.

45 Segebrecht, Wulf: Das Gelegenheitsgedicht. Ein Beitrag zur Geschichte und Poetik der deutschen Lyrik. Stuttgart 1977.

46 Voßkamp, Wilhelm: Gattungen als literarisch-soziale Institutionen. Zu Problemen sozial- und funktionsgeschichtlich orientierter Gattungstheorie und -historie. In: Hinck, Walter (Hg.): Textsortenlehre – Gattungsgeschichte. Heidelberg 1977. S. 27-42.

47 Horn, Eva: Trauer schreiben. Die Toten im Text der Goethezeit. München 1998.

veränderte Haltung ein. Die literarische Form wäre insofern ein ebenfalls mobil zu denkender Agent der sozialen Praktiken.

Bei ihrer Analyse betont Horn immer wieder die Evokation der Toten durch diese Texte.[48] Dies trifft sich mit der von Hartmut Böhme in Anschlag gebrachten These, dass Tote in den Medien in einer »intermediären Existenzform«[49] begegnen. Beide verweisen auf die Figur der ›Prosopopöie‹, wie sie bei Paul de Man theoretisiert wurde, durch die dem Toten eine Stimme verliehen wird. Sie bezeichnet die durch die Texte evozierte Verschleifung der Grenzen realer und fiktiver Präsenz, die vor allem in der Empfindsamkeit perfektioniert und zuweilen durch das Aufsuchen von Orten verstärkt wurde. Dies legt beispielsweise eine Reiseerinnerung des russischen Literaten Nikolaj Michajlovic Karamzin nahe:

> Nein, Herr Memel, ich werde heute Abend nicht zu Tische kommen. Ich will mich ins Fenster setzen und Weißens Elegie auf Gellerts Tod und Kramers und Denis' Oden auf ihn lesen. Ich werde lesen, empfinden und – vielleicht Tränen vergießen. Ich weihe den heutigen Abend dem Andenken dieses Tugendhaften! Hier lebte er und lehrte die Tugend![50]

48 »Nicht Substitution durchs Bild, durch die Figur, sondern die Zeichenpraktiken der Kontiguität und Indexikalität – Spur, Reliquie und Markstein – sind die Formen einer trauernden Verweisung, der es darum zu tun ist, die materiale Anwesenheit des anderen, seine irreduzible Singularität wenn schon nicht zu re-präsentieren, so doch in der Insistenz des Verweisens virulent zu halten. Die semiotische Überspannung, in der im Barock der Leichnam zum Zeichen ewigen Lebens wird, bewahrt gerade im Auseinanderklaffen von Bild und Bedeutung, Fäulnis und Auferstehung den Verweis auf die Materialität des Bezeichnenden in sich. Dieses nicht-repräsentierende Verweisen überdauert in der Goethezeit als jene markierte Referenz, die sich als Index im ›hier ruht‹ des Grabsteins niederschlägt oder in säkularen Reliquien wie Haaramuletten, Schädeln, Totenmasken und Schattenrissen ihre praktische Umsetzung findet.« Ebd. S. 239.

49 Böhme, Hartmut: Der Wettstreit der Medien im Andenken der Toten. In: Der zweite Blick. Bildgeschichte und Bildreflexion. Hg. v. Hans Belting/Dietmar Kamper. München 2000. S. 32.

50 Karamzin, Nikolaj Michajlovic: Briefe eines russischen Reisenden. Leipzig 1798-1802. [Berlin 1964]. S. 135. Bei den erwähnten Elogen handelt es sich mit einiger Wahrscheinlichkeit um Denis, Michael: Auf Gellerts Tod. Gesungen im Winter 1769. Wien 1770, und Weiße, Christian Felix: Elegie bey dem Grabe Gellerts. Leipzig 1770.

Im Gegensatz zu dieser isolierten Annäherungstechnik ist eine der wichtigsten Bestimmungen der Lobrede, dass diese humanistische Erbauungsliteratur gewöhnlich nicht in der Einsamkeit, sondern kollektiv rezipiert wird. Bis in die Textstruktur ist abgebildet, dass sie zuallererst als öffentliche Reden konzipiert sind, wenn man die Verwendung von Apostrophen berücksichtigt oder die häufig eingesetzte Anfangsfigur der *captatio benevolentiae*. Neben dem Kriterium der todesnahen Publikation[51] ist diese Öffentlichkeitsdimension ein Aspekt, unter dem sich Nachrufe von Biographien unterscheiden lassen. Die Wertungssysteme der als bekannt angenommenen impliziten Hörer dieser Reden erhalten einiges Gewicht. Nicht nur der Laudator und der Laureat bestimmen die Perspektiven, ein Phänomen, das Alexandra Zimmermann die tryadische Struktur der Laudatio genannt hat.[52] Auf die Wertung verpflichtet, muss der Laudator stets die Wertungskriterien seines Publikums berücksichtigen.

Der performative Aspekt der Textsorte ist eine entscheidende Eigenart, die die Nachrufe sehr nah an die Genres der Mündlichkeit rückt. Ihr Aufbau ist einem Regime sozialer Geltung und instantaner Überzeugung weit stärker geschuldet als dem literarischen Gebot ästhetisch komplexer Kommunikation. Insofern sind Nachrufe einzugliedern in eine Typologie alltäglicher, textlich nicht fixierter Gesprächsgattungen, wie etwa dem sozial ungemein wichtigen Modus des Klatsches, zu dem vor allem Forschungsbeiträge aus der Soziolinguistik und der Europäischen Ethnologie vorliegen.[53]

Die Eigenart ihrer Form bietet einen entscheidenden Vorteil der Nachrufe als historischer Dokumente, denn die Texte bieten einen Zugang zur mündlichen Tradition der Universitäten, die in letzter Zeit mehrfach als schwach dokumentierte, aber historisch stark wirkende Dimension der Wissenschaftsgeschichte ausgewiesen wurde. Konkret gewidmet hat sich ihr kürzlich William Clark, der die Verwaltungsarchive und akademischen Programme nach allem durchforstet hat, was die Stimme, den Habitus, die ungeschriebenen Disputationsgesetze, die selbstverständlichen Hierarchien und die Seminarrituale der Universitäten des 17. und 18. Jahr-

51 Bogner: Der Autor im Nachruf. Tübingen 2006. S. 2. Bogner durchbricht seine Unterscheidung aber später und spricht von nekrologischer Biographie (S. 87f.).

52 Zimmermann, Alexandra: Von der Kunst des Lobens. Eine Analyse der Textsorte Laudatio. München 1993. Zimmermann analysiert 283 Lobreden, die an der *Deutschen Akademie für Sprache und Dichtung* in Darmstadt nach 1949 entstanden.

53 Butt, Gavin: Between You and Me. Queer Disclosures in the New York Art World 1948-1963. London 2005. Thiele-Dohrmann, Klaus: Der Charme des Indiskreten. Eine kleine Geschichte des Klatsches. Zürich 1995. Bergmann, Jörg R.: Klatsch. Zur Sozialform der diskreten Indiskretion. Berlin 1987.

hunderts rekonstruieren helfen kann.[54] Auch Martin Mulsow hat sowohl in Studien zu Tischgesprächen als auch zur ludischen Tradition der Enkomiastik zu einer Rekonstruktion dieser Sphäre entscheidend beigetragen.[55]

Nach diesen Bemerkungen zur Funktion literarischer Formen ist es an der Zeit für eine konkrete Beschreibung des Aufbaus akademischer Lobreden. Wie Ralf Georg Bogner verwende ich die Bezeichnung Nachruf, auch wenn sie historisch eher selten auftritt, synonym mit akademischer Lobrede. Das Genre zeigt zwar im akademischen Bereich erstaunlich stabile formale Strukturen, eine einheitliche Bezeichnung ist hingegen nicht auszumachen.[56] Der Nachruf im Sinne der akademischen Lobrede ist eine vor einer Versammlung gehaltene Rede aus Anlass eines Todesfalls, die anschließend gedruckt veröffentlicht wird. Nachrufe im akademischen Kontext sind in einer Prosa verfasst, die von der Redesituation und von der Absicht des Lobens gekennzeichnet ist. Dem Anlass geschuldet ist die Rechtfertigung des Laudators, warum er das Wort ergreift, verbunden mit dem Beklagen des Todes (*lamentatio*). Fortgeführt werden diese Einstiege häufig durch erste rühmende Vergleiche (*comparatio, amplificatio*) und durch die Aufzählung der Ehrentitel, Akademiemitgliedschaften und Posten des Verstorbenen, die den Namen eines Gelehrten zu etwas Besonderem machen.

54 Clark, William: Academic Charisma and the Origins of the Research University. London, Chicago 2006.

55 Mulsow, Martin: Die unanständige Gelehrtenrepublik. Wissen, Libertinage und Kommunikation in der Frühen Neuzeit. Stuttgart 2007. Mulsow, Martin / Stamm, Marcelo (Hg.): Konstellationsforschung. Frankfurt a. M. 2005.

56 Die historisch richtigere Bezeichnung wäre ab ca. 1750 ›Lobrede‹ oder ›Gedächtnisrede‹; es finden sich aber auch ›Gedenkschrift‹, ›Ehrengedächtnis‹, zuweilen ›Denkschrift‹, die allerdings auch ein politisches Memorandum bezeichnen kann, ›akademische‹ oder ›historische Lobschrift‹, ›Denkmal‹, ›Lebensbeschreibung‹, wobei ›Lobrede‹ zwar als Überbegriff Todesfälle bezeichnen kann, aber nicht muss, sondern auch bei Geburtstagen oder Preisverleihungen die treffende Bezeichnung ist. Es findet sich zudem die aus dem Französischen eingedeutschte Bezeichnung ›Eloge‹ oder Variationen zu ›*oratio funebris*‹ oder ›*oraison funèbre*‹. Auch der ›Nekrolog‹, der im Mittelalter die Sterbelisten in Klöstern bezeichnete, findet sich vereinzelt als Überschrift. Der ›Nachruf‹ figuriert erst seit Ende des 19. Jahrhunderts und hier vor allem im Feuilleton als Titel, wurde aber als einfache und heute noch bekannte Bezeichnung privilegiert. Bogner fasst unter Nachruf hochgradig unterschiedliche Textsorten, alle nämlich, die mit aktuellem Todesbezug publiziert werden, wie Oden, Elegien, Epitaphien, Todesanzeigen, akademische Lobreden, Gedenkausgaben und Leichenpredigten. Bogner: Der Autor im Nachruf. Tübingen 2006.

Anschließend setzt in so gut wie jedem Nachruf die chronologische Lebensbeschreibung ein: Es wird von der Geburt und den Berufen der Eltern berichtet. Bei Adeligen und auffälligerweise nur bei diesen kann die Familiengeschichte folgen, die die Qualität des Verstorbenen genealogisch abstützt. Mit der Geburt setzt diejenige Struktur ein, die anhand der historisch einwandfrei fixierbaren Lebensumstände wie Taufe, Schulbildung, Studienort, berufliche Position, Wohnortwechsel, Reisen, Hochzeitstag und die Todesursache eine Laufbahn vermeintlich beschreibt. Zudem werden die wichtigsten Veröffentlichungen oder wissenschaftlichen Leistungen berichtet, was ebenfalls auf Faktenebene geschehen kann – im Extremfall als Bibliographie. In ihrer Funktion sind vor allem letztere Informationen nicht zu unterschätzen, auch wenn die gewisse Zurückhaltung im Entwurf eines Plots oder einer Charakterentwicklung oft als literarischer Mangel der Texte verstanden wurde. In anderen Lobreden sind die Titel der Werke eine Möglichkeit, nicht nur die Berufswelt, sondern auch die Ideen des Verstorbenen zu referieren. Einige Texte fügen eine Einschätzung der Persönlichkeit hinzu, die in eigenen Worten beschrieben wird. Aber sogar noch in den faktenorientiertesten Nachrufen kommt diese Ebene häufig durch stark kodifizierte sprachliche Subformen ins Spiel, namentlich durch Wahlsprüche, *bonmots*, Sentenzen, Anekdoten, Epitaphien und letzte Worte.[57]

Gern wird der Tote auch mündlich aus Briefen oder aus dem Testament zitiert, was einen starken Zeugnischarakter mit sich bringt, wobei allerdings das mündliche Zitat hier ein illegitimes Eigenleben führt, da es nur die Form eines eindeutigen Verweises hat. Es ist das bloße Surrogat eines wissenschaftlichen Belegs, ohne dessen Überprüfbarkeit leisten zu können. Eine der auffälligsten Einheiten der akademischen Lobrede ist die Beschreibung des Sterbens. Selbst in Nachrufen, die lediglich belegbare Fakten auflisten, erfolgt hier zumeist der Wechsel in eine figurative Erzählhaltung. Die Lokalität wird durch Gesten der Anwesenden, durch anschauliche Schilderung der Physiognomien, durch Erwähnung

57 Guthke, Karl S.: Letzte Worte. Variationen über ein Thema der Kulturgeschichte des Westens. München 1990. Bereits öffentliche Exekutionen unter Elizabeth I. inszenierten den Auftritt bekennender Sünder durch einzelne Sentenzen, die sogar auf Flugblättern verbreitet wurden. Guthke führt die religiöse Tradition an, dass Heilige ins Jenseits sehen können, sowie die durch die *Ars-moriendi*-Literatur eingeübte Konzentration der Protestanten auf den letzten Moment, der als Ausweis des gelungenen Lebens galt. Zudem können letzte Worte testamentarische Funktion haben oder eine geistige Position emphatisch bezeugen. Mit der Aufklärung setzt der Versuch ein, letzte Worte als Bausteine für individualisierte Unsterblichkeit zu nutzen.

von Details (Roland Barthes' *effets de réel*) vor Augen geführt, wobei sich das Tempo stets verlangsamt. Dieses historische *close-up* lässt die vorgeführte Gegenständlichkeit jedoch nicht massiv und abgeschlossen erscheinen, sondern durchlässig gerade für das in Kategorien der Materialität schlechthin nicht formulierbare Skandalon des endenden Lebens. Die Funktionalisierung dieser Todesmomente sowie der Pathographien ist auffällig.

Selten endet ein Nachruf mit der Todesbeschreibung. Ein häufig bedientes Schema lässt vielmehr auf den Todesmoment eine Einschätzung des Verstorbenen anhand eines Tugendkataloges folgen, an den sich eine Bemerkung zu seinem Verhältnis zur Religion anschließt. Einige Nachrufe lassen stattdessen relativ nüchtern die Erwähnung der (erfolgreichen) Nachkommen und der (wohlversorgten) Witwe folgen, was die Beurteilung der zivilen Leistung in den Vordergrund rückt. Andere Reden zielen auf ein effektvolleres Ende durch ein letztes Zitat, ein Urteil einer berühmten Person oder einen fulminanten Vergleich. Struktur und Informationsvermittlung der akademischen Lobrede erweisen sich im deutschsprachigen Raum als relativ konstant. Der durchlaufene Wechsel der Wertungskriterien, was einen erfolgreichen Wissenschaftler ausmacht, lässt sich allerdings genau in diesen Schlusspassagen gut verfolgen.

In der Mehrheit der Fälle zeigt sich der Gelehrtennachruf allerdings sachorientiert, gerade im Vergleich zu den Nachrufen auf Schriftsteller, die Bogner detailliert beschrieben hat. Ob diese ab 1800 häufig und heftig geschmähte relative ›Trockenheit‹ der Gelehrtennekrologe allerdings durch die stark limitierten poetischen Fähigkeiten der Laudatoren schon hinlänglich erklärt ist, möchte ich mit Verweis auf die späteren Ausführungen zur Gelehrtengeschichte und ihren abweichenden formalen Rezepten bezweifeln.

Verwandt oder vergleichbar mit dem Nachruf sind jedoch nicht nur die Leichenpredigten oder die Kompendien der *Historia eruditorum*, sondern noch weitere Textsorten. Ralf Georg Bogner rechnet selbst nekrologische Eklogen und Totengespräche zur Trauerliteratur. Zwar ist hier die Todesaktualität nicht immer gegeben, der Bezug auf den Todesfall von ›Prominenten‹ allerdings bietet eine deutliche Strukturparallele. In den kaum bekannten Totengesprächen begegnen sich in der fiktiven Szene der antiken Totenwelt für gewöhnlich zwei berühmte Verstorbene, denen ein Dialog in den Mund gelegt wird. In Frankreich verbindet sich das Genre mit den Namen Fontenelle und Fénelon,[58] in Deutschland

58 Fontenelle, Bernard Le Bouyer de: Nouveaux Dialogues des Morts. Köln 1683/84. Die Totengespräche nehmen Lukians moralisierenden Spott und die Szenerie der

sind vor allem die monatlich als Zeitschrift erscheinenden »Gespräche im Reiche der Todten« zu nennen, die David Faßmann in über 290 Teilen herausgab. Er richtete das Genre nicht moralisch, sondern politisch aus. John Rutledge schätzt, dass zwischen 1680 und 1810 mehr als 500 dieser Dialoge allein in Deutschland erschienen.[59] Vom literarischen Vorbild Lukian wird die Szenerie, aber auch ein häufig respektloser, karnevalesker Ton übernommen.[60] Dies humoreske Element steht in größtmöglicher Distanz zu den Erzählhaltungen des Nachrufs, dennoch sind beide Genres offensichtlich an der posthumen Konstruktion von Persönlichkeiten beteiligt, die mehr ist, als die bloße Information über eine Biographie, wie sie die Personenlexika zu liefern scheinen.

Wie Anekdoten, Sentenzen und *bon mots* thematisieren diese Darstellungsformen in je eigenem Ton ideale oder suboptimale Modi der Selbstführung oder des Sozialverhaltens, ein Set von Regeln also mit der Kategorie der Persönlichkeit. Da sie vor einem Kollektiv und häufig im Namen einer Institution vorgetragen wird, popularisiert die gelungene Lobrede zustimmungsfähige Erzählungen über das, was eine Person zu leisten hat. Sie muss auf Wertungskriterien rekurrieren, die von den Zuhörern akzeptiert werden, und tut sie dies zu wenig, wird sie wegen ›Trockenheit‹ abgelehnt. Gelungene Reden hingegen erbauen eine imaginäre Polis[61] und wenden eine abstrakt benannte Gruppenzugehörigkeit in einen erfahrbaren und affirmierbaren Gegenstand.

Nicht zu vergessen ist schließlich der Effekt, den das gedruckte Wort in Zeiten hat, in denen die mediale Repräsentation vor allem der Aristokratie vorbehalten war. Friederika Baldinger formuliert diesen Eindruck als Zeitzeugin wie folgt:

> Sie [die Tante] las daher alles, was ihr geschmackloser Mann eben hatte: als Gespräche im Reiche der Todten, Gespenstergeschichten,

heidnischen Unterwelt auf, inszenieren allerdings auch Gespräche zwischen den *anciens* und den *modernes*. Fénelon, François de Salignac de La Mothe: Dialogues des morts, composez pour l'éducation d'un prince. Paris 1712.

59 Rutledge, John: The Dialogue of the Dead in Eighteenth-Century Germany. Frankfurt a. M. 1974. Kaschmieder, Käthe: David Faßmanns ›Gespräche im Reiche der Todten‹ (1718-1740). Ein Beitrag zur deutschen Geistes- und Kulturgeschichte des 18. Jahrhunderts. Breslau 1934.

60 Hilker, Annette: Karnevalisierung als Medium der Aufklärung. Fontenelle – Fénelon – Voltaire – Diderot. Hannover 2006. Baumbach, Manuel: Lukian in Deutschland. Eine forschungs- und rezeptionsgeschichtliche Analyse vom Humanismus bis zur Gegenwart. München 2002.

61 Loraux: L'Invention d'Athènes. Paris 1981.

> den Hinkenden-Bothen etc. weil sie gern las. Ihr Mann aber hielt noch alle Gelehrte Zeitungen, und ich kriegte oft eins auf die Finger, wenn ich unter seinen Armen weg, zuerst nach den Göttingischen Gelehrten Anzeigen griff, weil sie sich am vortheilhaftesten für mich, durch ihr sauberes Druckpapier auszeichneten, denn damals hielten die Herrn Göttinger noch etwas darauf. Die Anzeigen so mancher kleinen Umstände von Gelehrten, ihre Beförderung, Todesfälle etc. hatten auf mich eine besondere Wirkung. Ich verglich diese Nachrichten mit denen Anzeigen im Hinkenden-Bothen von Königen und Kaysern, und kriegte damals den ersten Respect für die Gelehrsamkeit, weil gelehrten Männern eben so viel Ehre wiederfuhr, wie denen Potentaten der Erde. Ich wünschte so gar gelehrt zu werden, und ärgerte mich, daß mich mein Geschlecht davon ausschloß.[62]

Es liegt auf der Hand, dass Frauen keine akademischen Lobreden erhielten, da sie keinen Zugang zu den Universitäten und Akademien hatten. Fragt man, wer an diesen Institutionen einen Nachruf erhält, so lässt sich insgesamt der Eindruck bestätigen, den Volker Schröder für die *Académie française* formuliert hat: Hohe Geburt und (wissens)politische Involviertheit steigern die Wahrscheinlichkeit, durch einen Nachruf verewigt zu werden.[63] Dies gilt für die vielen Ehrenmitglieder der Akademien, die als Aristokraten oder Kleriker dort aufgenommen wurden. Eine der prächtigsten, im Format wie Buchschmuck an die Leichenpredigten heranreichende akademische Lobrede gilt keinem Professor, sondern dem Kurator der Universität Göttingen: Gerlach Adolph von Münchhausen.[64] Auch nehmen die Akademien nicht jeden großen Namen auf; Diderot musste ebenso auf eine Mitgliedschaft in der *Académie française* verzichten wie Hegel in Berlin. Weder der Gründungspräsident Leibniz noch die zentralen Figuren Leonhard Euler und Alexander von Humboldt werden in Preußen direkt nach ihrem Tod geehrt.

In der Regel jedoch wird der großen Namen in der Wissenschaft angemessen gedacht. Zuweilen geschieht dies auch im Folioformat und in

62 Lebensbeschreibung von Friderika Baldinger, von ihr selbst verfasst. Hg. u. mit einer Vorrede begleitet von Sophie La Roche. Offenbach 1791. S. 16. Baldinger lebte von 1739 bis 1786.

63 Schröder, Volker: Entre l'oraison funèbre et l'éloge historique. L'hommage aux morts à l'Académie française. In: MLN 116/2001. S. 666-680.

64 Heyne, Christian Gottlob: Rede bei der Trauerfeierlichkeit zur Ehre Seiner Excellenz des Herrn Premierministers Freyherrn von Münchhausen. Im Auftrag des Prorectors u. des akad. Senats gehalten in d. Univ. Kirche 28. Dec. 1770. Aus dem Lateinischen übersetzt. Göttingen 1771.

ansprechender Druckqualität. Vor allem, wenn die Nachrufe den Werkausgaben des Verstorbenen vorangestellt werden. Hierbei ist auch auf den nicht selten monumentalen Gesamtgestus des Druckerzeugnisses zu achten, wie Michael Chan es getan hat, der den Effekt von naturwissenschaftlichen und literarischen Nationalausgaben verfolgt.[65]

Dass Werkausgabe und Nachruf in einen strukturellen Zusammenhang gestellt werden können, zeigt auch eine von Ralf Georg Bogner besprochene Gedenkausgabe, die neben dem Nachruf Originaltexte enthielt. Diese hochinteressante Zwischenform einer nekrologischen Gedenkausgabe hatte zudem die Besonderheit, dass sie zu Ehren einer berühmten Frau herausgegeben wurde: Luise Adelgunde Victorie Gottsched.[66] Das Genre der akademischen Lobreden schließt Frauen ansonsten fast gänzlich aus. Während Lobreden auf Regentinnen selbstverständlich waren, Grabreden selbst Frauen nicht verwehrt blieben und auch die überlieferten Leichenpredigten bei kleinen Unterschieden im Aufbau dennoch auch für Frauen zahlreich nachgewiesen werden können, sind Nachrufe auf weibliche Gelehrte mehr als selten. Der Filter ist hier zuerst in den Berufsverboten zu suchen, die Frauen nicht zu den Positionen zuließen, die für eine Laudatio in Frage kämen. Zu Zeiten, als man die Universität noch stärker als Familienuniversität verstand, war zuweilen eine Erwähnung der verstorbenen Professorengattinen möglich.

Ansonsten führen die dennoch genannten Frauen eine Nebensatzexistenz. Durch die Nennung von Geburten werden sie indirekt erwähnt; zuweilen treten die Arme einer treusorgenden Gattin in der Sterbeszene in Erscheinung. Ein Vermerk über die Versorgung oder besondere Trauer der Witwe rangiert im Vergleich bereits als ausführliche Information. Dass in den Haushalten eine Zusammenarbeit wahrscheinlich war, zeigen die Bemerkungen über assistierende Frauen, etwa die weiblichen Familienmitglieder Jacob Theodor Kleins, der auf exakte Zeichnungen besonderen Wert legte:

> […] aus welchem Grund er sich denn bey den Zeichnungen seiner Abbildungen immer Mühe gegeben, die geschicktesten Künstler zu

65 »Nach dem Vorbild des literarischen Autors, der im neunzehnten Jahrhundert zum Träger der jeweils eigenen Nationalliteratur wird, präsentieren sich wissenschaftliche Gesamtausgaben ab 1850 als konsistent nationale Unternehmungen […] Galilei 1890, Volta 1918, Laplace 1843, Lavoisier 1862, Fresnel 1866, Lagrange 1867, Fourier 1888, Descartes 1897.« Chan, Michael: Wissenschaft im Medium der Typographie. In: Fachschrifttum, Bibliothek und Naturwissenschaft im 19. und 20. Jahrhundert. Hg. v. Christoph Meinel. Wiesbaden 1997. S. 179.

66 Bogner: Der Autor im Nachruf. S. 216f.

> erhalten; wiewohl er auch hierin die Freude hatte, in seinem eigenen Hause, an seinen beyden Frau und Jungfer Töchtern große Hülfe zu finden, als welche in der Geschicklichkeit, die Natur kunstmäßig nachzuzeichnen, es den besten Meistern gleich gethan.[67]

Die Beispiele lassen sich vermehren. Über Hallers Haushalt wird berichtet, dass Schüler wie Kinder zu seiner Arbeit beitrugen und seine Frau eigens das Zeichnen gelernt hatte, um sich nützlich zu machen.[68] Diese Gemeinschaftsarbeit zeigt sich auch bei Pryamus de Candolle, dem in einem eiligen Fall die ganze Nachbarschaft beim Abzeichnen einer kostbaren Pflanzensammlung beisprang.[69] Auch Nees von Esenbeck arbeitete bis ins hohe Alter mit der Hilfe anderer, etwa bei der Übersetzung von Davis' »The great Harmonia«, »welche er seiner Tochter zu dictiren pflegte«.[70] Der erblindete Euler ließ sich im hohen Alter zwar von seinem jüngeren Mitarbeiter Nicolaus Fuß betreuen, seine Frauen waren allerdings ebenfalls gute Zeichnerinnen. Eine lernte er bei der Arbeit in der *Russischen Akademie der Wissenschaften* in Sankt Petersburg kennen, wo sie an der Abzeichnung sämtlicher Kuriositäten der Sammlung beteiligt war. Die zweite Frau stammte aus einer Dynastie von Insektenzeichnerinnen; sie war eine Tochter von Marie Graff und Enkelin von Maria Sibylla Merian.[71]

67 Sendel, Christian: Lobrede auf Herrn Secretär Jacob Theodor Klein. In: Neue Sammlung von Versuchen und Abhandlungen der Naturforschenden Gesellschaft in Danzig. Erster Band. Danzig 1778. S. 314.

68 »[...] Madame Haller elle-même, qui avoit appris à dessiner et à peindre, anfin de se rendre utile; ses amis et ses concitoyens, se faisoient un devoir de contribuer à ses travaux.« Vicq d'Azyr, Felix: Éloge de M. de Haller. In: Œuvres. Hg. v. J. Moreau. Paris 1805. Bd. 2. S. 350.

69 »Zufällig ward ihm einmal auf kurze Zeit eine kostbare Sammlung von Abbildungen mexicanischer Pflanzen anvertraut [...] Auf seine Aufforderung vereinigten sich alle Künstler und Liebhaber der Stadt, und in acht Tagen rastloser Arbeit wurde eine vollständige Copie jener Zeichnungen zu Stande gebracht. Mit leuchtenden Augen erzählte mir De Candolle, dieser Beweis der Achtung und Neigung seiner Mitbürger sey eine der erfreulichsten Erfahrungen seines Lebens gewesen.« Martius, Carl Friedrich Philipp: Augustin Pyramus de Candolle. Gelesen in der k.b. botan. Gesellschaft zu Regensburg, 28. November 1841. In: ders.: Akademische Denkreden. Leipzig 1866. S. 128.

70 Schweikert, Dr. med: Ärztlicher Bericht über die letzten Lebenstage des Verstorbenen. In: Bonplandia. Zeitschrift für die gesamte Botanik. Officielles Organ der K. Leopold.-Carol. Akademie der Naturforscher 6/1858 vom 15. Mai Nr. 8 und 9. S. 150.

71 Wie so oft wird Heirat eher unter der Perspektive der Haushaltung abgehandelt denn als emotionales Ereignis. »Herr Euler hat sich zweymal verheuratehet: das erste mal 1733 mit Mlle Catharina Gsell, der Tocher eines Mahlers aus St. Gallen,

Neben handwerklichem Geschick ist es auch immer wieder die Sprachkompetenz, die Frauen Raum gewinnen lässt. So finden sich in den auf Geschmack und elegantes Deutsch konzentrierten aufklärerischen Sprachgesellschaften einige Frauen und in Einzelfällen sogar Nachrufe. Stellvertretend für die *Deutsche Gesellschaft Göttingen* wird Sophia Eleonora Achenwall von Johann Philipp Murray geehrt als »eine berühmte Dichterin«, »unsere Philosophin«, »unsere geistreiche Dichterin«, »das erhabengesinnte Frauenzimmer«.[72] Trotz des Ruhmes bemüht sich Murray, die feminine Ehre der Laureatin dadurch zu retten, dass er ihre Gattenliebe, ihre Tugendhaftigkeit und ihren fehlenden Ehrgeiz betont, was eine stetige Gratwanderung bedeutet:

> So reif auch Ihre Urtheile über die wichtigsten Betrachtungen waren: so enthielt Sie Sich doch, diese zu fällen, als nur bey Gelegenheiten, da Sie den Anschein vermeiden konnte, als wenn Sie Sich durch Ihr Wissen hervorthun konnte. Allein bei aller Behutsamkeit vermochte Sie es doch nicht, zu verhindern, daß Sie nicht oft von ungefehr verrathen hätte, wie weitsehend Ihr Verstand war.[73]

Dem Nachruf angehängt finden sich einige Gedichte, die auch von weiblichen Gesellschaftsmitgliedern stammen.[74] Dem aufklärerischen Duktus der Sprachgesellschaft entspricht ein Hinweis darauf, dass die junge Sophia Eleonore in der Weltweisheit unterrichtet worden sei, was

den Peter I in Holland in seine Dienste gezogen hatte, und einer Schwester des berühmten Herrn Loen. Seine häusliche Verfassung nöthigte ihn nach dem Verlust dieser Gattin 1776 zu einer zweyten Heurath mit Mlle Salome Abigael Gsell, einer Halbschwester der Verstorbenen, einer Tocher der Maria Graff und Großtochter der Sibylle Merian, welche beyde durch ihre Zeichnungen der Surinamschen Insecten berühmt sind.« Fuss, Nicolaus: Lobrede auf Herrn Leonhard Euler. Basel 1786. Zit. n. Leonhardi Euleri Opera Omnia. Hg. v. Ferdinand Rudio u.a. 77 Bde. Leipzig 1911-1960. Bd. I,1. S. XCIII.

72 Murray, Johann Philipp: Rede welche im Namen der Königlichen deutschen Gesellschaft zum Gedächtnisse ihres verklärten Mitgliedes der Frau Professorin Sophien Eleonoren Achenwall gebohrnen Walther in derselben Versammlungssaale gehalten worden von ihrem Sekretär. Göttingen 1754. S. 20, S. 22, S. 24, S. 25.

73 Ebd. S. 23.

74 Die Autorinnen waren Maria Magdalena von Klettenburg und Polyxene Christiane Auguste Dilthey. Der Witwer Gottfried Achenwall war nicht nur »Vater« der Statistik, sondern auch Lehrer Schlötzers, dessen Tochter als erste Frau gilt, die in Göttingen promoviert wurde.

zugleich wieder ihre Religiosität in Frage stellt.[75] Auch bei der Göttingerin Johanne Rosine Baumann wird diese instabile Harmonie von Religiosität und lebhaftem Verstand unterstrichen, allerdings nur in einer Nebenbemerkung in einem biographischen Bericht über ihren Mann, der in Göttingen Mathematik lehrte.[76]

Die ehrlichste Bestimmung der bisher so gut wie unerforschten Textsorte Nachruf ist das Eingeständnis, dass sie in mehrfacher Hinsicht als literarische Grauzone anzusprechen ist. In Bezug auf die Wissenschaftsgeschichte ist dies positiv gewendet, bietet die Textsorte doch auf einzigartige Weise Zugang zu einer wenig beleuchteten, weil schlecht dokumentierten Dimension der Wissenschaftsgeschichte. Nachrufe erhellen den häufig ausgesparten Epitext der Forschung, die Bei- und Nebentexte, die privaten Verflechtungen, die Kreise von Anhängern, den Klatsch, die Statuszeichen, die Anerkennungspraktiken und -rituale. Es handelt sich alles in allem um eine Zone sehr beredten Schweigens, in der dennoch intensiv um Gültigkeiten und Ansprüche gerungen wird.

Das technische Vokabular der Bibliothekswissenschaft stuft die Nachrufe mit mehreren anderen Textsorten, die nicht als Monographien im Buchhandel erscheinen, als »graue Literatur« ein. Diese findet nicht immer ihren Weg in den Druck; sie wird vielleicht bloß geheftet und nicht

75 Murray referiert über die Erziehung und Meinung des Vaters: »Diese sind es, welche die Seele mit Vorstellungen unterhalten, die allein ihre Befriedigung ausmachen, und das Verlangen erfüllen, welches, bey allem Umfange der weltlichen Gelehrsamkeit, sich vergeblichen Wünschen zu überlassen genöthiget wird. Dieß ist die Zuflucht der Newtone und Bülfinger, wenn sie, auf den Gipfeln der menschlichen Erkenntniß, die Niedrigkeit derselben wahrnehmen, und die Blicke, mit denen sie das Dunkele der irdischen Wissenschaft durchschauet, auf das Licht der Offenbahrung wenden.« (S. 12) »Er entschloss sich daher sie mit den erhabeneren Wahrheiten der Weltweisheit zu beschäftigen, auf welche unser Geschlecht, ich weiß nicht aus welchen Rechten, nur allein einen Anspruch zu haben glaubt. Allein, meine Herren, dieß ist ein Vorurteil, über welches unsere Zeiten sich erheben müssen.« Ebd. S. 18.

76 »Bey einer auf Einsichten gegründeten moralischen Tugend und christlichen Frömmigkeit, besaß sie einen geübten Verstand; eine Begierde nach ernsthaftern und erhabenern Kenntnissen, als sonst die Neugier auch der Frauenzimmer reizen, die sich mit dem Namen Gelehrter schmeicheln lassen und einen Witz, der selbst diese mannigfaltige Kenntnisse geschickt anzubringen wusste. […] Ich durfte bei den Unterredungen mit ihr, nicht immer zu den Gegenständen herunterlassen, zu denen man sich oft bey denen Unterredungen mit Gelehrten herablassen muß.« Baldinger, Ern. Godofr.: Herr Abraham Gotthelf Kästner. In: Biographien jetztlebender Aerzte und Naturforscher in und ausser Deutschland. Jena 1768-1772. Heft 1. S. 63.

gebunden; lediglich unter Betroffenen verteilt; nur in kleinen Auflagen produziert, und sie entgeht deshalb zuweilen den fundamentalen Apparaturen der Wissensadressierung: den Bibliographien und Katalogen.

Der Respekt vor den Verstorbenen relegiert die Textsorte schließlich aufs Neue in einen Zwischenbereich. Nachrufe sind weder ein klar fiktionales Genre noch eine Dokumentation nach den Regeln der wissenschaftlichen Geschichtsschreibung, da sie auf positive Wertung festgelegt sind. Die Bedeutung der akademischen Lobrede für die Wissenschaftsgeschichte macht sie noch nicht zu einer akzeptierten historischen Gattung. Zu sehr greifen die pointierten Wirkungsabsichten ins Fiktive aus. Diese erdachten und verzerrten Elemente der rhetorischen Überzeichnung machen die Texte aber noch nicht zu literarischer Fiktion. Damit ist die Textsorte in die Grauzone zwischen Faktenbericht und Fiktion verwiesen.[77]

Zur Geographie einer Grauzone

Um sinnvoll über die Wirkung akademischer Lobreden im deutschsprachigen Raum sprechen zu können, muss zunächst der an bisher keiner Stelle erfolgte Nachweis ihrer Existenz erbracht werden, weshalb der folgende Abschnitt die Entstehungsorte der Reden kartiert.[78] Selbst Ralf

77 Schon Plutarch, dessen große Charakterbilder einer der wichtigsten Bezugspunkte des Genres sind, grenzt die Aufgabe des Biographen von der des Geschichtsschreibers explizit ab. Über seine selektive Auswahl aus der Fülle von Material zu Alexanders Taten schreibt Plutarch »Denn ich bin nicht Geschichtsschreiber, sondern Biograph, und es sind durchaus nicht immer die großen Heldentaten, in denen sich die Tüchtigkeit oder die Verworfenheit offenbart. Oft sagt ein unbedeutender Vorfall, ein Ausspruch oder ein Scherz mehr über den Charakter eines Menschen aus als die blutigsten Schlachten, die größten Heeraufgebote und die Belagerungen von Städten.« Plutarch: Alexander/Caesar. Hg. u. übers. v. Marion Giebel. Stuttgart 1980. S. 3. Mit Friedrich Leos Standardwerk zur Biographie in der Antike wurden Plutarch (Charakter) und Sueton (Fakten) zu den zwei möglichen Extremtypen der Lebensbeschreibung erklärt. Vgl.: Leo, Friedrich: Die griechisch-römische Biographie nach ihrer literarischen Form. Leipzig 1901. Eine Unterscheidung, die Arnaldo Momigliani mit einigen Modifikationen gelten lässt. Momigliani, Arnaldo: The Development of Greek Biography. Expanded Edition. Cambridge, Mass. 1993. [1971]

78 Eine Pionierstudie zu akademischen Lobreden liegt zeitlich etwas später und lässt Naturwissenschaftler außer Acht: Wulf-Mathies, Monika: Typologische Untersuchungen zum deutschen Gelehrten-Nekrolog des 19. und 20. Jahrhunderts. Dargestellt am Beispiel des Historiker-Nachrufs. Hamburg 1969. Hinzu kommen einige quantitative Analysen zum Berufsbild des Ingenieurs im 20. Jahrhun-

Georg Bogner, dem die verschiedensten Genres der deutschsprachigen Trauerliteratur ihre Aufarbeitung verdanken, stellt die Geschichte der akademischen Gedenkansprache als besonderes Desiderat dar.[79] Diese Recherche führt unweigerlich auf die historischen Institutionen der Naturforschung, ihre Zirkel, Vereine und Versammlungen.

Das Lob verstorbener Wissenschaftler ist keine französische Erfindung, auch wenn die größten *éloges académiques* zweifelsohne in Paris gehalten wurden. Doch auch im deutschsprachigen Raum existiert diese Praxis: Zwar wurden die Reden nicht kanonisiert, und auch die Qualität ist ohne Zögern geringer einzustufen; keinesfalls aber sind diese Gedenkreden deshalb weniger verbreitet. Auffällig ist, dass fast jeder belegbare Nachruf im Kontext einer Sozietät entstand, und selbst innerhalb der Institution ist das Verfassen der Nachrufe häufig noch per Vorschrift

dert: König: Wolfgang: Nachrufe als Quellen für eine Sozialgeschichte der Technik. In: BIOS. Zeitschrift für Biographieforschung und *oral history*. Sonderheft 1998. S. 92-103. König untersucht 433 Nachrufe, die zwischen 1880 und 1975 in der Zeitschrift ETZ erschienen sind, dem Organ des Elektrotechnischen Vereins, einer Vorläuferorganisation des späteren Verbands deutscher Elektrotechniker (VDE). Vgl. auch: Gispen, Cornelis W. R.: Selbstverständnis und Professionalisierung deutscher Ingenieure. Eine Analyse der Nachrufe. In: Technikgeschichte 50/1983. S. 34-61. Gispens Studie basiert auf rund 700 Nachrufen, die zwischen 1870 und 1940 in der Zeitschrift des Vereins deutscher Ingenieure erschienen waren – dem Verbandsorgan des 1856 gegründeten Ingenieursvereins. Mit statistischen Verfahren wird der Qualifikationsgrad, die formale Bildung und der soziale Stand dieses Berufsfeldes erfasst, wobei es Gispen um den Nachweis geht, dass vor allem bei Bauingenieuren und Unternehmern von einer privilegierten gesellschaftlichen Stellung auszugehen sei, womit er sich von einer Vorgängerstudie absetzt, die zu gegenteiligen Ergebnissen gekommen war: Scholl, Lars Ulrich: Ingenieure in der Frühindustrialisierung. Staatliche und private Techniker im Königreich Hannover und an der Ruhr (1815-1873). Göttingen 1978.

79 Bogner: Der Autor im Nachruf. S. 10. Bogner verfolgt die Institution von der Reformationszeit bis in den Vormärz, für alle Schichten der Gesellschaft. Die so entstandene Gattungsgeschichte macht kulturwissenschaftliche und mediengeschichtliche Anleihen, insgesamt bleibt sie aber doch von nationalphilologischem Zuschnitt. Hierdurch geraten Nachrufpraktiken der französischen Wissenschaftsakademien aus dem Blick, die poetologisch den Hauptbezugspunkt der Akademikernachrufe bilden. Für Musiker und Literaten kommen noch Einzelstudien hinzu, die dem literarischen Echo einer Person gewidmet sind: Bogner, Ralf Georg (Hg.): Heinrich Heines Höllenfahrt: Nachrufe auf einen streitbaren Schriftsteller. Dokumente 1846-1858. Heidelberg 1997. Bezold, Raimund: Baumgartens Tod. In: Prägnanter Moment. Studien zur deutschen Literatur der Aufklärung und Klassik. Festschrift für Hans-Jürgen Schings. Hg. v. Peter-André Alt, Alexander Košenina, Hartmut Reinhardt und Wolfgang Riedel. Würzburg 2002. S. 19-28.

gesichert: der Sekretär (an Akademien), der Professor der Beredsamkeit (an Universitäten) ein Vorstandsmitglied (in den zahllosen kleinen naturkundlichen Vereinen) hatte die Nachrufe zu verfassen.

Aus Frankreich bekannt ist zunächst das Ritual der *Académie française*, an der sich ab 1640 die Sitte entwickelt, dass sich jedes neu gewählte Mitglied durch eine Lobrede auf den verstorbenen Vorgänger in die Gemeinschaft der 40 einzupassen hatte. Dies erfolgte anfangs zusätzlich zu einer *oraison funèbre* im kirchlichen Rahmen. Ab 1758 finden zusätzlich öffentliche Redewettbewerbe statt, in denen das Lob verstorbener Gelehrter als Thema vorgeschrieben wurde.[80] Die Pariser *Académie des Sciences et des Arts* führt 1699 Nachrufe auf verstorbene Mitglieder ein, und die *Académie des Inscriptions et des Belles Lettres* veröffentlicht in ihrem Periodikum im 18. Jahrhundert 140 Elogen.[81] Auch Provinzakademien entwickeln diesen Brauch früh. So publiziert die *Académie de Montpellier* zwischen 1706 und 1788 vierzig Elogen.[82] Als Laudatoren treten fast immer die Sekretäre der Gesellschaften auf, die ihre gesammelten Nachrufe häufig in mehreren Sammelbänden zusammenfassen. An der für die Entwicklung der Naturwissenschaften maßgeblichsten Institution, der *Académie des Sciences*, geschieht dies bei: Bernard le Bouvier de Fontenelle,[83] Jean Jaques de

80 Schröder, Volker: Entre l'oraison funèbre et l'éloge historique. L'hommage aux morts à l'Académie française. In: MLN 116/2001. S. 666-680. 1640 hatte Patru mit einem »gelungenes Kompliment« auf seinen Vorgänger die Akademie für sich eingenommen. 1673 wird in der Ära Colbert/Charles Perrault beschlossen, hieraus einen öffentlichen Prozess zu machen. Das Totenlob wird also in öffentlichen Redewettbewerben ausgetragen. Martin Papenheim weist allerdings darauf hin, dass diese öffentliche Demonstration von Eloquenz weder eine Erfindung noch das Privileg der Akademie war – zwischen 1700 und 1710 zählt er 19 Redewettbewerbe in Paris, gegen Ende des 18. Jahrhunderts sind es 175 öffentliche Auftritte – er wertet aber dennoch die Elogen der Akademie als besonders wirkungsvolle Instrumente der Aufklärung.

81 Histoire de l'Académie Royale des Inscriptions et Belles Lettres, depuis son établissement jusqu'à présent. Avec les Mémoires de Littérature tirez des Registres de cette Académie. 50 Bde. Paris 1736-1808.

82 Éloges des Académiciens de Montpellier. Hg. v. Baron Genettes. Paris 1811. (1706-1788). Éloges lus dans les séances publiques de l'Académie Royale de Chirurgie de 1750 à 1792. Hg. v. E. Fred Dubois. Paris 1859.

83 Fontenelle, Bernard Le Bovier de: Éloges des Académiciens de l'Académie Royale des Sciences. Morts depuis l'an 1699. 2 Bde. Nouvelle édition. Libraires Associés 1766. Œuvres complèts. Genf 1968. (69 Stück bis 1740)

Mairan,[84] Jean Paul Grandjean de Fouchy,[85] Jean Antoine Nicolas de Caritat de Condorcet,[86] Georges Cuvier[87] und Dominique-François Arago.[88] Ausgezeichnete Nachrufe veröffentlichen zudem der Anatom und erste Sekretär der *Societé Royale de Médecine* Felix Vicq d'Azyr[89] und Jean le Rond d'Alembert, der zu den berühmtesten akademischen Laudatoren zählt.[90]

Auch im deutschsprachigen Raum lässt sich diese Aufgabenverteilung an großen Sozietäten belegen. Für gewöhnlich ist es der fest angestellte Sekretär der Akademie, der einen Nachruf auf die verstorbenen Mitglieder verfasst. Dies wird auch in den Statuten festgeschrieben. In einem Reglement der Berliner *Akademie der Wissenschaften*[91] heißt es beispielsweise: »Der Klassen-Sekretär ist Geschäftsführer der Klasse, zu welcher er gehört auf Lebenszeit [...]. Er verfasst die Berichte der Klasse, leitet Klassensitzungen und er [...] verfasst auch die Denkschriften auf die verstorbenen Mitglieder seiner Klasse.«[92] Ab 1812 gab es drei öffentliche Sitzungen pro Jahr, in denen die Verlesung von Elogen wahrscheinlich

84 Mairan, Jean Jacques de: Eloges des Académiciens de l'académie royal des sciences morts dans les années 1741, 1742 et 1743. Paris 1747. (ca. 10)

85 Grandjean de Fouchy, Jean Paul: Eloges des Académiciens de l'Académie royale des Sciences, morts depuis l'an 1744. Paris 1761.

86 Condorcet, Jean Antoine Nicolas de Caritat de: Éloges des Académiciens de l'Académie Royale des Sciences. Morts depuis 1666 jusqu'en 1699. Paris 1773. Condorcet, Jean Antoine Nicoals de Caritat de: Œuvres. Bde. 2 und 3. Paris 1847-1749.

87 Cuvier, Georges: Recueil des éloges historiques lus dans les séances publiques de l'institut royale de France. Erster Teil für die Jahre 1800 bis 1810 und zweiter Teil für die Jahre 1811 bis 1818, Paris, Strasbourg 1819. Dritter Teil für die Jahre 1820 bis 1827, Paris, Strasbourg 1827. (Aus der *Académie* wurde in der Revolution das *Institut de France*.)

88 Arago, Dominique-François Jean: Franz Arago's sämmtliche Werke. Hg. v. W. G. Hankel. Bde. 2 und 3. Gedächtnißreden und Biographien. Leipzig 1854-55. [In Originalsprache: Arago: Œuvres. Bd. 1-3. Paris 1854-1862.]

89 Œuvres de Félix Vicq d'Azyr. Hg. v. Jacques Louis Moreau. Bd. 2. Paris 1805. (Zwischen 1776 und 1790)

90 D'Alembert, Jean le Rond: Œuvres complètes. Bd. 2 und 3. Genf 1967. [Reprint der Ausgabe Paris 1821-1822]

91 Diese verkürzende Bezeichnung hat verschiedene Vorläufer: Gegründet 1700 als *Societas scientarum et artium*, wird die Institution im 18. Jahrhundert zumeist als *Académie Royale des Sciences et Belles-Lettres* bezeichnet – zu Deutsch wurde daraus die *Königlich Preußische Akademie der Wissenschaften zu Berlin*, später die heutige *Berlin-Brandenburgische Akademie der Wissenschaften.*

92 Statuten der königlichen Akademie der Wissenschaften in Berlin. Hg. dies. Berlin 1812.

war: Den 3. Juli, der dem Gedenken des ersten Akademiepräsidenten Leibniz gewidmet war, den 24. Januar (Geburtstag Friedrichs II.) und den 3. August (zur Ehrung Friedrich Wilhelms III.). Zu Zeiten Friedrichs II. hatte es die Leibniz-Sitzung noch nicht gegeben. Wer es darauf anlegte, konnte sich gegen Ende des 18. Jahrhunderts allerdings auch in die Arbeitssitzungen der Akademie einführen lassen, wie Friedrich Nicolai in seinem Reiseführer zur Region Berlin und ihren berühmten Gelehrten festhält:

> Die gewöhnlichen Versammlungen sind, wie schon gesagt, alle Donnerstage, außer gewissen Ferien. Wer zu diesen Versammlungen Zutritt haben will, muß sich von einem Mitgliede einführen lassen. Die öffentlichen Versammlungen, welchen jedermann beywohnen kann, sind den Donnerstag nach dem 24sten Jenner, dem Geburtstage des Königs, und den Donnerstag nach dem 31sten Juli bey dem Regierungsantritte des Königs.[93]

Was die Berliner *Akademie der Wissenschaften* angeht, erscheinen diese Reden anschließend in Einzeldrucken und/oder in den jährlich herausgegebenen Zeitschriften, die auch die wissenschaftlichen Vorträge der Akademiesitzungen enthalten. Dies gilt allerdings nicht für die ersten 50 Jahre der Akademie. In der zunächst lateinischen Akademiezeitschrift »Miscellanea Berolinensia ad incrementum scientiarum, ex scriptis Societari Regiae Scientarium exhibitis edita« (1710-1743) finden sich nur die Abhandlungen, zu denen die von der Akademie besoldeten, ordentlichen Mitglieder verpflichtet waren. Erst mit Samuel Formeys Einstellung als Akademiesekretär 1748 (Mitglied ist er seit 1744) erscheinen regelmäßig Nachrufe und historische Notizen. Diese werden vor allem in der »Histoire de l'Académie Royale des Sciences et Belles Lettres« (1745-1769) und den sich anschließenden Titeln (»Mémoires«, »Nouveaux Mémoires«) veröffentlicht, später aber auch als Anthologie publiziert.[94]

93 Nicolai, Friedrich: Beschreibung der königlichen Residenzstädte Berlin und Potsdam und aller daselbst befindlicher Merkwürdigkeiten. Nebst Anzeige der jetztlebenden Gelehrten, Künstler und Musiker, und einer historischen Nachricht von allen Künstlern, welche vom dreyzehnten Jahrhunderte an, bis jetzt, in Berlin gelebt haben, oder deren Kunstwerke daselbst befindlich sind. 2 Bde. Zweite Auflage Berlin 1779. Bd 2. S. 511.

94 Formey, Johann Heinrich Samuel: Éloges des Académiciens de Berlin et de divers autres savans. 2 Bde. Berlin 1757.

Als preußisches Spezifikum darf gelten, dass in einigen Fällen Friedrich II. selbst als Autor der Nachrufe firmiert.[95] Ein abgebrochenes Manuskript einer Eloge auf Voltaire wird von Friedrich II. zur Fertigstellung kurzerhand an den Grafen von Argental gesendet, wie ein Schreiben belegt.[96] Verfasst oder gelesen wurden diese königlichen Nachrufe also häufig von Dritten, etwa Formey oder Dacier.[97] Auch Maupertuis schreibt als Akademiepräsident einige Elogen auf hochrangige Ehrenmitglieder, die stets Nachrufe erhalten, und in besonders gelungenem Ton über Montesquieu, der als auswärtiges Akademiemitglied normalerweise ohne Lobrede ausgegangen wäre. Als Formey 1797 stirbt, übernimmt Johann Bernhard Merian die Mehrzahl der französischsprachigen Nachrufe – Friedrich Nicolai tritt als deutschsprachiger Laudator auf.[98] Auch Friedrich Schleiermacher hält Eröffnungs-, Begrüßungs- und Gedenkreden, als er 1815-1834 das Amt des Sekretärs verschiedener Klassen der Akademie versieht.[99] Ab der Mitte des 19. Jahrhunderts preist Emil DuBois-Reymond in akademischen Fest- und Gedenkreden das wissenschaftliche Programm der modernen Physiologie an, das auch der *Physikalischen Gesellschaft* zuzuordnen ist.

Vergleichbare Verhältnisse finden sich an der Münchner Akademie, die unter dem Namen *Churfürstlich-Baierische Akademie der Wissenschaften* gegründet wurde. Die Verfassung der Münchner Akademie sah ursprünglich einen Geschichtsschreiber vor, der Elogen hätte verfassen sollen, dann aber 1759 gestrichen wurde. Erst später verlautbaren die »Gesetze der Churbaierischen Akademie der Wissenschaften« Absatz XXV: »Dem Secretär liegt ob, verstorbenen Mitgliedern Denkmale zu verfassen, selbe in der Versammlung abzulesen und mit den akademischen Abhandlungen zum Drucke zu befördern.«[100] Lorenz Westenrieder, der

95 Vgl. im Jahrbuch der Akademie: Histoire de l'Académie Royale des Sciences et des Belles-Lettres de Berlin. Berlin 1748, 1749, 1750, 1752.

96 Preußisches Geheimes Staatsarchiv, BPH REP 47 814 und BPH REP 47 1087.

97 Thomas berichtet zusätzlich von einer russischen Eloge Zar Peters auf Lomonossov. Thomas, Antoine Léonard: Essay sur les Éloges. In: Œuvres complètes. Bd. 3. S. 166.

98 Friedrich Nicolai: Gedächtnisschriften und philosophische Abhandlungen. Bearb. v. Alexander Košenina. In: Sämtliche Werke, Briefe, Dokumente. Kritische Ausgabe mit Kommentar. Bd. 6. Erster Teil: Text. Hg. v. P. M. Mitchell, Hans-Gert Roloff, Erhard Weidl. Bern 1995.

99 Schleiermacher, Friedrich Daniel Ernst: Akademievorträge. In: Kritische Gesamtausgabe. Hg. v. Hermann Fischer u.a. Abt. I, Bd. 11. Berlin 2002.

100 Gesetze der Churbaierischen Akademie der Wissenschaften. Zit. n. Hammermayer, Ludwig: Gründungs- und Frühgeschichte der Bayerischen Akademie der Wissenschaften. Kallmünz 1959. S. 356.

tatsächlich als Historiker der Akademie auftritt, bleibt aber auch zu seiner Zeit keineswegs der einzige Lobredner. Stark vertreten in München sind die romantischen Naturwissenschaften. Gotthilf Heinrich Schubert, der Autor der »Ansichten von der Nachtseite der Naturwissenschaft«, erinnert an Heinrich Steffens,[101] der Anatom Ignaz Döllinger würdigt die Leistungen Thomas Soemmerings,[102] Döllinger wird seinerseits von Friedrich Schelling geehrt.[103] Wer in diesen Texten ein demonstratives Bekenntnis zu einer alternativen Naturwissenschaft sucht, eine durch romantische Geselligkeit getragene selbstbewusste Programmatik, der sieht sich getäuscht. Auch Carl Friedrich Philipp Martius' Nachruf auf den paradigmatischen Naturforscher der Romantik, Lorenz Oken, fällt nüchtern aus und bleibt ohne programmatische Sympathie.[104] Martius' wissenschaftlicher Standpunkt, von dem aus die meisten der verstorbenen Naturwissenschaftler der Münchner Akademie aus beurteilt werden, ist der einer empirischen Annäherung an das natürliche System der Naturgeschichte. Er ist damit eher in einer anderen Gesellschaft verankert: Gelegentlich tritt Martius auch als Laudator für Mitglieder der *Königlich-Bayerischen Botanischen Gesellschaft zu Regensburg* auf; einer Stadt, in der es aufgrund des Immerwährenden Reichstages ein reges Gesellschaftsleben gab, was auch die Gründung naturkundlicher Vereinigungen förderte.[105]

101 Schubert, Gotthilf Heinrich von: Ehrengedächtnis des Heinrich Steffens. In: Gelehrte Anzeigen 22/1846. S. 617-648. Schubert, Gotthilf Heinrich von: Denkrede auf Dr. Michale Pius Erdl. In: Gelehrte Anzeigen 17/1848. S. 889-900.

102 Döllinger, Ignaz: Gedächtnisrede auf Samuel Thomas von Sömmering. Gehalten in der öffentlichen Sitzung der königlichen Akademie der Wissenschaften am 25. August 1830. [Nachdruck Stuttgart: Ed Medicina Rara 1876] Der Anatom Ignaz Döllinger (1770-1841) war von 1827 bis 1839 Sekretär der mathematisch-physikalischen Klasse. Ignaz von Döllinger (1799-1890) verfasste zwischen 1861 und 1873 an die 30 Gedenkreden auf Geisteswissenschaftler. Döllinger, Ignaz von: Akademische Vorträge. Bd 2. Nördlingen 1889.

103 Schelling, Friedrich Wilhelm Joseph: Döllinger. Gelehrte Anzeigen. Herausgegeben von der Bayerischen Akademie der Wissenschaften München 64/1841. S. 513-520.

104 Martius, Carl Friedrich Philipp: Lorenz Oken. In: Akademische Denkreden. Leipzig 1866. S. 322-327. Auch über Ritter äußert sich Martius reserviert in: ders. Erinnerung an Mitglieder der mathematisch-physikalischen Classe der k. Bayr. Akademie der Wissenschaften. Eine Rede, vorgetragen in der öffentlichen Sitzung zur Feier des Akademischen Saecularfestes am 29. März 1859. München 1859. S. 23.

105 Die dort entstandenen Nachrufe erscheinen selbständig, wie beispielsweise Martius, Carl Friedrich Philipp: Augustin Pyramus de Candolle. Gelesen in der

Sekretär und Laudator in München ist zudem Friedrich Schlichtegroll. Dieser Sachverhalt ist deshalb bedeutsam, weil er mit den jährlich todesaktuell erscheinenden »Nekrologen der Teutschen« eine maßgebliche Sammelbiographie herausgibt. Viele Einträge verfasst Schlichtegroll selbst, wobei Nachrufe eine willkommene Vorlage sind. In diesem Kompendium finden sich zuweilen auch Nachdrucke gehaltener Laudationen, beispielsweise Christian Gottlob Heynes Nachruf auf Abraham G. Kästner.[106] Die stets aktuell gehaltene Publikation zeigt die personelle wie strukturelle Parallelität von Nachrufsammlung und Nationalbiographie. Diese wird unter dem Titel »Allgemeine Deutsche Biographie« (ADB) zum ersten umfassenden Nachschlagewerk über deutsche und holländische Persönlichkeiten und ab 1783 in 56 Bänden von der Historischen Kommission bei der *Bayerischen Akademie der Wissenschaften* herausgegeben.[107]

Wenn Christian Gottlob Heyne als Lobredner auftritt, so geschieht das qua seines Amtes als *Professor eloquentiae* der Aufklärungsuniversität Göttingen. Die Verflechtungen von Universität und der 1751 von Albrecht Haller mit einer Rede eröffneten *Königlichen Sozietät der Wissenschaften* in Göttingen sind eng. Hier werden die Nachrufe auf Latein verfasst, was es Naturwissenschaftlern wie Abraham Gottlieb Kästner und dem Mediziner Ernst Gottfried Baldinger zuweilen erschwerte, als Laudatoren aufzutreten, da man ihr Latein für mangelhaft hielt.[108]

Die Nähe der akademischen Wortführer des 19. Jahrhunderts zum Feuilleton ist bekannt, auch schon Heynes Nachrufe werden in Übersetzung vom »Hannoverschen Magazin« übernommen und Martius' Gedenkreden in der »Augsburger Allgemeinen Zeitung« gedruckt. Abraham Gottlieb Kästner schreibt zusätzlich derartige Berichte im »Archiv für die

königlich-bayerischen botanischen Gesellschaft zu Regensburg, 28. November 1841.

106 Heyne, Christian Gottlob: Elogium Kaestneri. In: Commentationes Societate Gottingenis XV. und In: Schlichtegroll, Friedrich (Hg.): Nekrolog auf das Jahr 1800. Gotha 1806.

107 Bettelheim, Anton: Leben und Wirken des Freiherrn Rochus von Liliencron. Mit Beiträgen zur Geschichte der Allgemeinen Deutschen Biographie. Berlin 1917.

108 Weitere Professoren der Beredsamkeit in Göttingen sind: Johann Matthias Gesner von 1735 bis 1761, Christian Gottob Heyne bis 1812, Chr. Wilhelm Mitscherlich bis 1842, dem von Carl O. Müller assisstiert wurde. Vgl. die Reihe »Memoriae und Elogia der Göttinger Gesellschaft der Wissenschaften« seit 1751.

gesamte Naturlehre«.[109] Diese Zirkulation der Nachrufe in allgemeinen Zeitschriften, frühen Fachzeitschriften und Personenlexika ist auch in Frankreich beobachtet worden. Georges Cuvier, der ebenfalls weit vor seiner Anstellung als Akademiesekretär Biographien gesammelt und Elogen verfasst hat, ist von 1811 bis 1828 ein wichtiger Beiträger in Michauds »Biographie Universelle«. Seine Elogen werden mehrfach in Sammelbänden aufgelegt und früh für die »New Edinburgh Review« übersetzt.[110]

Verfolgt man die Geschichte des Gelehrtennekrologs also aus der Perspektive wissenschaftlicher Sozietäten, so sind in erster Linie die großen Akademien zuverlässige Produzenten von Gedenkreden; sie haben aber keineswegs das Monopol. Für die Verbreitung der Naturwissenschaften gilt es auch, die übrigen Vereine und Vereinigungen als Spiegel der allgemeinen Kenntnisse zu berücksichtigen. Johannes Müllers Verzeichnis wissenschaftlicher Vereine zählt bis zur Mitte des 19. Jahrhunderts 128 naturwissenschaftlich orientierte Gruppierungen, in deren Periodika sich häufig Nachrufe auf die Mitglieder finden.[111] Dies entspricht der Praxis der Gewerbe-, Geschichts- oder Sprachvereine, in deren Publikationsorganen ebenfalls viele Nachrufe zu verzeichnen sind. So kann der *Pegnesische Blumenorden* eine von 1673 bis 1881 ungebrochene Gedenktradition vorweisen. Auch philologisch orientierte Akademien, wie die *Akademie der Altertümer zu Kassel*, stellten als Preisaufgaben beispielsweise die Verfassung einer Lobrede auf Johann Joachim Winckelmann. Johann Gottfried Herder nahm sich aus diesem Anlass vor, eine »deutsche« Lobrede auf einen »Deutschen« zu verfassen. Dies bezieht sich bei Herder nicht nur auf die Wahl der Sprache, sondern vor allem darauf, den Verstorbenen nicht durch äußere Ruhmeskennzeichen, sondern durch den Wert seiner geistigen Arbeit glänzen zu lassen.[112]

109 Beispielsweise Kästner, Abraham Gottlieb: Dr. Heinrich Voigt. In: Archiv für die gesamte Naturlehre 3/1823. S. 487-500.

110 Outram, Dorinda: The Language of natural power. The ›Eloges‹ of Georges Cuvier and the public language of nineteenth century science. In: History of Science 36/1978. S. 162.

111 Müller, Johannes (Hg.): Die wissenschaftlichen Vereine und Gesellschaften Deutschlands im neunzehnten Jahrhundert. Bibliographie ihrer Veröffentlichungen seit ihrer Begründung bis auf die Gegenwart. 3. Bde. Berlin 1983-87.

112 Herder, Johann Gottfried: Denkmal Johann Winckelmanns. Demselben vor der Fürstlichen Akademie der Alterthümer zu Cassel bei Anlaß der ersten Preisaufgabe im Jahr 1777 errichtet. In: Sämtliche Werke. Hg. v. B. Suphan. Bd. 8. S. 437-483.

Goethes »Zum brüderlichen Andenken Wielands«[113] ist ein Beispiel, das diese Praxis in den Freimaurerorden bezeugt, die zudem eine höchst eigene Begräbniskultur entwickeln.[114] Der Einfluss der Freimaurerei auf die Naturwissenschaften war aufgrund der hohen Mitgliederzahlen vermutlich ebenso signifikant wie in der Einflussrichtung heterogen. Zu unterschiedlich waren die Naturbezüge, die Rudolf Schlögl von Instrumentensammlung und Unterricht in der Strikten Observanz bis zur Ausrufung einer »salomonischen Physik« bei den Rosenkreuzern auffächert, die ihre Initiationsstufen analog zu den Geheimnissen der Natur gestaffelt hatten.[115]

Von höchstem Interesse für die Herausbildung einer naturwissenschaftlichen Forschungsgemeinschaft sind aber die allerorts auftretenden Fachvereine. So entstehen Nachruf-Serien in der *Naturforschenden Gesellschaft in Danzig*, die sich ab 1743 an avancierter französischer Mathematik versucht und reiche Kuriositätensammler zu ihren Mitgliedern zählt.[116] Die nach ihrem Vorbild gegründete *Gesellschaft Naturforschender Freunde zu Berlin* pflegte nach Katrin Böhme-Kaßlers eingehender Darstellung einen Freundschaftskult unter Naturkundigen, die sich dienstags zunächst in geschlossenen Sitzungen trafen, bevor die Versammlung in öffentliche Vorträge und gelehrte Belustigungen

113 Goethe, Johann Wolfgang: Zum brüderlichen Andenken Wielands. In: Wieland's Todtenfeier in der Loge Amalia zu Weimar am 18. Februar 1813. Freymaurer-Analecte. Heft II. Abteilung II. 1813. Auch in: Weimarer Ausgabe. Bd. 41. S. 314. Der Nekrolog erschien zudem in Cottas Morgenblatt am 12. April 1813. Sengle, Friedrich: Goethes Nekrolog »Zum brüderlichen Andenken Wielands«. Die gesellschaftliche und historische Situation. Goethes Rücksicht auf sie in der Beschreibung Wielands. In: MLN 99(3)/1984. S. 633-647.

114 Buttlar, Adrian von: Das Grab im Garten. Zur naturreligiösen Deutung eines arkadischen Gartenmotivs. In: ›Landschaft‹ und Landschaften im achtzehnten Jahrhundert. Hg. v. Heinke Wunderlich. Heidelberg 1995. S. 79-119.

115 Schlögl, Rudolf: Die Moderne auf der Nachtseite der Aufklärung. Zum Verhältnis von Freimaurerei und Naturphilosophie. In: Das achtzehnte Jahrhundert 21/1997. S. 36-59. S. 47.

116 Herausragend gerät der Nachruf auf den naturkundlichen Investor und europäischen Diplomaten Jacob Theodor Klein, den »Reaumur der Deutschen«, »Plinius der neuern Zeiten«, »das Orakel der Danziger Gesellschaft«. Sendel, Christian: Lobrede auf Herrn Secretär Jacob Theodor Klein. In: Neue Sammlung von Versuchen und Abhandlungen der Naturforschenden Gesellschaft in Danzig. Erster Band. Mit illuminierten Kupfern quart Danzig 1778. S. 301. Schriften der Naturforschenden Gesellschaft in Danzig N.S. 9.1896/98-20.1935/38 Nebst Hauptverzeichnis aller Veröffentlichungen bis 1922.

überging.[117] Böhme-Kaßler erwähnt zur Verdeutlichung des Geschichtsbewusstseins der Gesellschaft traditionsbildende Objekte, wie Tagebücher, Register, das Korrespondenzbuch, die Siegel, die gedruckten Gesetze, die in kleinen Ritualen an den nächsten Direktor übergeben wurden.[118] Aber auch an Material für Nachrufe oder Lebensbeschreibungen hatte man bereits früh gedacht. Der Paragraph 20 der Vereinssatzung sieht vor, dass jedes aufgenommene Mitglied einen Lebenslauf einzureichen habe, und dies geschieht explizit auch aus dem Wunsch, Geschichtsschreibung betreiben zu können.[119] Die entstandenen Nachrufe dieser Gesellschaft bezeugen einerseits die rege naturkundliche Sammlungstätigkeit der Mitglieder, die anfangs häufig als Ärzte und Provinzapotheker einiges Geld verdienen mussten, um dieser kostspieligen Beschäftigung überhaupt nachgehen zu können. Andererseits scheint eine wissenschaftliche Erforschung dieser Bestände nur selten ihr Hauptzweck und der Rückzug in die Sammlung selten. Sehr deutlich zeigt sich in den Nachrufen der gesellschaftliche Ehrgeiz, sich über diese Liebhaberei einen gesellschaftlichen Status zu erarbeiten.

An der *Senckenbergischen Naturforschenden Gesellschaft* scheint die Praxis des Totenlobs ohne viel Glanz dennoch existiert zu haben. Die Chroniken der Gesellschaft gehen nicht auf Versammlungen ein, allerdings erscheinen über 10 Hefte mit Festreden und Nachrufen selbständig, insgesamt lassen sich über 170 Nachrufe zwischen 1817 und 1935 nachweisen.[120]

In den über 100 überlieferten akademischen Lobreden der *Königlich Böhmischen Gesellschaft der Wissenschaften zu Prag* ist neben Naturgeschichte auch die experimentelle Forschung bezeugt. Franz Adam Petrina beispielsweise konstruierte eine »elektromagnetische Harmonika«,[121]

117 Böhme-Kaßler, Katrin: Gemeinschaftsunternehmen Naturforschung. Modifikation und Tradition in der Gesellschaft Naturforschender Freunde zu Berlin (1773-1906). Stuttgart 2005. S. 30, S. 95.

118 Ebd. S. 130.

119 [Martini, Friedrich Wilhelm Heinrich]: Entstehungsgeschichte der Gesellschaft Naturforschender Freunde. In: Beschäftigungen der Gesellschaft Naturforschender Freunde 1/1775. S. XXXVX.

120 Gesamt-Verzeichnis der Senckenberg-Schriften (1817-1935). Hg. v. Rud. Richter. Frankfurt a. M. 1935. Mappes, Johann Michael: Festreden. Gehalten im naturgeschichtlichen Museum zu Frankfurt mit einem Beitrag zur Feier der 25-jährigen Stiftung der Senckenbergischen Naturforschenden Gesellschaft am 22. November 1842. Frankfurt a. M. 1842.

121 Sie beruhte auf Nutzung der Zweigströme, »ein elektromagnetischer Inductionsapparat, welcher, durch ein kleines galvanisches Element in Thätigkeit gesetzt, einen nicht unangenehmen Ton gibt.« S. 14. Wobei die ästhetischen

August Joseph Corda nutzte intensiv die neuen Mikroskope und wird zum Pionier der Zelltheorie stilisiert.[122] Große Fackelzüge zu Begräbnissen werden in den Nachrufen mehrfach erwähnt.

Weniger klar liegen die Verhältnisse an den wichtigen überregionalen Verbünden von Naturforschern. Hier ist zunächst die *Leopoldina* zu nennen, die 1652 als *Academia naturae curiosum* mit kaiserlichem Privileg in Schweinfurt gegründet wurde. Sie verfügt zwar heute in ihren Archiven über ein 350 Jahre lang geführtes biographisches Verzeichnis aller Mitglieder. Die Publikationsorgane der Gesellschaft sind allerdings nur spärlich von Nachrufen durchsetzt. Die »Bonplandia – Zeitschrift für die gesamte Botanik« erreicht im Gedenken großer Forschungsreisender der *Leopoldina* eine gewisse Regelmäßigkeit. Erst Mitte des 19. Jahrhunderts wird mit den »Leopoldina. Amtliches Organ« (1858) ein angestammter Publikationsort für die Interna der Akademie geschaffen.

Da die *Leopoldina* sich in den 1820er Jahren nicht entschließen konnte, die Naturkundigen (Naturhistoriker und Mediziner) zu Treffen zu versammeln, entstand unter Lorenz Okens Regie eine zweite wichtige überregionale Vereinigung, die ebenfalls ohne dauerhaften Hauptsitz blieb. Der losere Organisationsgrad ließ erneut das festliche Gedenken in Form von Nachrufen nur sporadisch zu. Die Rede ist von der *Gesellschaft*

Einschätzungen zeigen, dass das Experiment hier im spielerischen Sinne verfolgt wird. Weitenweber, Wilhelm Rudolph: Denkrede auf Prof. Franz Adam Petrina. Abhandlungen der k. böhm. Gesellschaft der Wissenschaften. V. Folge 9. Bd. S. 14.

122 »Während ein Theil der Naturforscher, namentlich in Deutschland, die mit den bisherigen Beobachtungen nicht vereinbarlichen neuen Ergebnisse der Corda'schen mikroskopischen Arbeiten für objective oder subjective Täuschungen, für wesenlose Ausgeburten einer Phantasie oder kurzweg für Grossthuerei erklärte, vindicirte sich ein anderer Theil nach der Hand leichten Kaufs Cordas Entdeckungen als die seinigen, ohne die Priorität darthun zu können.« S. 73. Über einen Vortrag bei der *Versammlung Deutscher Naturforscher und Ärzte* in Prag (1737) heißt es: »Er demonstrierte endlich, mit der Kreide in der Hand, die hexaedrische Zelle, so wie die Bildung der Spiralfasern. [...] Er wies, abermals mit der Kreide in der Hand, nach, wie die Natur von der sphärischen freien Zelle durch Verlängerung, Abtheilung, Aneinanderreihung, Zusammensetzung und steten Wiederholung der mannigfaltigsten Combinationen jene ungeheure Masse von Formen bilde und dem Naturforscher zur Beobachtung darbiete, welche die Pflanzenwelt in sich fasst und wodurch es auch klar werde, dass die genauere Kenntnis der niedersten Organismen das grösste Licht über die Bildung der übrigen Pflanzen zu verbreiten im Stande sei.« Weitenweber, Wilhelm Rudolph: Corda Aug[ust] Jos[eph]. Sein Leben und literärisches Wirken. In: Abhandlungen der k. böhmischen Gesellschaft der Wissenschaften zu Prag. V. Folge. 5. Bd. 1852. S. 75f. Schwann publiziert seine Zelltheorie für Tiere 1838.

Deutscher Naturforscher und Ärzte, von deren Kongressen, Gesängen und Festen aber ein Effekt ausging, der dem gesellschaftsbildenden Aspekt der Nachrufe als panegyrischer Elemente entspricht.

Rege ist die Gedenkpraxis hingegen an den neu entstehenden disziplinorientierten Fachgesellschaften, etwa der Vorläuferorganisation der *Deutschen Physikalischen Gesellschaft*, der *Physikalischen Gesellschaft zu Berlin*[123] oder der *Deutschen Chemischen Gesellschaft* zu Berlin, wo August Wilhelm Hofmann den Löwenanteil der Nachrufe bestreitet.[124]

Ab 1850 steigt die Anzahl der Gelehrtennekrologe in den wissenschaftlichen Sozietäten deutlich an. Allein für die Akademien München und Göttingen listet Pál Vezényi 1290 Nachrufe auf – davon erscheinen 45 bis 1850 und 551 zwischen 1850 und 1900.[125] In erster Linie ist diese Entwicklung auf den stärkeren Institutionalisierungsgrad der Naturwissenschaften und die höhere Anzahl der Akteure zurückzuführen. Ein wichtiges Instrument zur Erschließung der Nachrufe ist, neben dem Poggendorff,[126] eine Bibliographie zu den Veröffentlichungen literarischer Gesellschaften, die der Göttinger Gelehrtenhistoriker Jeremias David Reuß in 16 Bänden herausgegeben hat und die eine eigene Sektion zu Gedenkreden enthält.[127]

Auch in England verändert sich um die Jahrhundertmitte der Umgang mit der Textform Nachruf. Die *Royal Society* veröffentlichte erst seit 1830 Nachrufe in den »Proceedings of the Royal Society of London«, obwohl mit der Gesellschafts-Zeitschrift »Philosophical Transactions« seit 1665 ein Organ zur Verfügung gestanden hätte. Zunächst wird in London

123 Fiedler, Annett: Die Physikalische Gesellschaft zu Berlin. Vom lokalen naturwissenschaftlichen Verein zur nationalen Deutschen Physikalischen Gesellschaft. Wittenberg 1998. S. 91f. Die Gedenkreden werden im Jahresbericht des Vereins, den »Fortschritten der Physik«, veröffentlicht und variieren stark in ihrer Länge.

124 Hofmann, August Wilhelm: Zur Erinnerung an vorangegangene Freunde. Gesammelte Gedächtnisreden. Mit Portraitzeichnungen von Julius Ehrentraut. 3 Bde. Braunschweig 1888. Die Mehrzahl der hier gebotenen Denkreden ist in den regelmäßigen Sitzungen oder in den Jahresversammlungen der *Deutschen Chemischen Gesellschaft* vorgetragen worden. Eine erste Ausnahme machte die Gedächtnisrede auf Liebig, welche vor der *Chemical Society of London* gehalten wurde. Sie ist eine von den Faraday-Lectures, welche die genannte Gesellschaft alle drei Jahre zu Ehren des großen Briten veranstaltete. S. X.

125 Vezényi, Pál (Hg.): Bibliographia Academia Germaniae. München 1971.

126 Poggendorff, Johann C.: Biographisch-Literarisches Handwörterbuch zur Geschichte der exakten Wissenschaften. Leipzig 1864-1940.

127 Reuß, Jeremias David: Repertitorium commentatiorum a societatibus literariis editarum. 16 Bde. Göttingen 1801-1821.

die biographische Darstellung noch in dem Sitzungsbericht mit veröffentlicht, wobei oft der Präsident selbst vortrug. Ab 1859 entsteht eine eigene Sektion am Ende der Proceedings. Aber selbst hier zeichnet sich noch eine Tradition ab, die sorgfältige Empirie über das Persönliche, Private und damit Konfliktträchtige setzte. Denn noch immer werden die Namen der Laudatoren nicht mit ausgestellt, selbst 1880 kennzeichnen höchstens Initialen die erschienenen Gedenkreden. Dies bedeutet jedoch keinesfalls das gänzliche Ausbleiben von Nachrufen andernorts, wie einige voluminöse Bibliographien zeigen.[128] In Italien sticht Andrea Rubbi hervor, der jeden der 12 Bände seiner Lobreden auf Italiener verschiedenster Profession mit einem Vorwort »A suoi amici« versieht.[129]

Säkularisierung des hagiographischen Diskurses

In all diesen Nachrufen steht der Tod eines Gelehrten im Zentrum, der womöglich neben der akademischen Lobrede auch eine Leichenpredigt erhielt. Die bereits erklärte Nähe der verschiedenen Totenreden legt auch die Adaption erfolgreicher Strategien nahe. Die Kirchen verwalten eine besondere Klasse idealtypischer Verstorbener, die durch die Textsorte Hagiographie mitkonstruiert werden: die Heiligen. Nicht nur die Todesnähe, sondern vor allem die mediale Funktionalisierung von Askese, Schmerz und Gewalt dient in diesem Genre der Herstellung geistiger Autorität, was Anlass für eine vergleichende Untersuchung gibt.

Samuel Formey scheut sich keinesfalls, im Vorwort seiner 1757 veröffentlichten Elogensammlung offen auf die Praxis der Kanonisation durch die katholische Kirche hinzuweisen. Er zitiert einen Brief des Abbé d'Olivet an den Präsidenten Bouhier:

> Ich erinnere mich gelesen zu haben, dass der Orden von Citeaux [Zisterzienserorden] […] ein Statut erlassen hat, durch welches angeordnet wurde, dass, angesichts der großen Anzahl ihrer Gläubigen, die in den Katalog der Heiligen aufgenommen worden waren, sie ab sofort die Kanonisierung von niemandem mehr betreiben wollten, aus Angst, die zu große Quantität würde ihren Wert vermindern […]. Wie dem auch sei, ich wäre nicht ungehalten, wenn unsere Akademien ein Statut dieser Art festsetzten, umso mehr, als sie nicht die Unfehlbarkeit

128 Um die Jahrhundertwende tauchen Abbildungen auf, später entstehen eigene Publikationen: Obituary Notices of Fellows of the Royal Society (1932 bis 1954) und Biographical Memoirs of Fellows of the Royal Society (ab 1955).

129 Andrea Rubbi (Hg.): Elogi Italiani. 12 Bde. Venedig 1754-1782.

der Kirche besitzen. Durch den Zwang der Vervielfältigung unserer Helden verlieren die wahren und die falschen gewinnen hierdurch nichts; die Leute werden unsere Apotheosen derart überhaben, dass sie nichts mehr bedeuten werden.[130]

D'Olivet bemängelt die zu weite Verbreitung des Personenlobes an den wissenschaftlichen Akademien und will durch Beschränkungen ihren Wert in der Öffentlichkeit sichern. Formey deckt mit seinem leicht kapriziösen Verweis auf, dass die Elogen Teil einer manipulativen und nur in der Verknappung möglichen Kanonisierungspraxis der Akademien sind, über die sich der Wert der aufgestellten Vorbilder steigern lässt. Es stellt sich die Frage, wie weit die damit benannte Strukturparallele zwischen Hagiographie und Nekrolog trägt.

Die Tradition der Beschreibung des Lebens heiliger Personen beginnt zur Zeit der Christenverfolgung mit der Dokumentation von Märtyrern und deren gerichtlichen Aussagen in den Prozessakten (beispielsweise hl. Polykarp, hl. Perpetua, hl. Felicitas). Michel de Certeau merkt an, dass in der frühen Zeit noch eine enge Bindung zum Gedenken an der Grabstätte bestand: »[Hagiographien] entstanden mit den liturgischen Kalendern und den Gedenkfeiern für Märtyrer an deren Gräbern.«[131] Die direkte Darstellung von Todesfällen und Gerichtsszenen nimmt in den folgenden Jahrhunderten ab, und es werden stattdessen Mönche, Bischöfe und Asketen beschrieben (Sulpicius Severus: hl. Martin von Tours; Athanasius: hl. Antonius in der Wüste). Dies hat Auswirkungen auf die dargestellten Themen: »In der Figur des Heiligen verbinden sich zunehmend Askese und Kontemplation mit missionarischer und politischer Aktivität.«[132]

Verfolgt man jedoch die Entstehung einer Heiligenvita, so zeigt sich doch noch immer die große Nähe zum Begräbnisritual. Gerhard Oexle versteht beispielsweise die Rotuli, also Schreiben, die benachbarte Klöster von bedeutsamen Todesfällen unterrichteten, aus dieser Perspektive: Von der Nachricht über einen Todesfall, der in die Liturgie einbezogen wird, ist es oft nur ein Schritt bis zu einem lokalen Totenkult, der mit-

130 Formey, Samuel: Éloges des Académiciens de Berlin et divers autres savans. Bd. 1. Berlin 1757, S. IX. (Übers. A.E.)

131 Certeau, Michel de: Eine Variante. Hagiographische Erbauung. In: ders.: Das Schreiben der Geschichte. Deutsch von S. M. Schomburg-Scherff. Frankfurt a. M. 1991. S. 200.

132 Leonardi, C./L. u.a.: Artikel Hagiographie. In: Lexikon des Mittelalters. Hg. v. Henri-Robert Bautier. München, Zürich 1989. Bd. 4. Sp. 1843.

unter Potential zu größerer Entfaltung birgt. Als tragenden Faktor hebt Oexle vor allem das gemeinsame Gedenken (Memoria) während der Totenfeier hervor, aus dem sich später historisch-literarisch stabile Personenlegenden entwickeln können. Die Grenzen seien dabei stets fließend: »Die Unterscheidung zwischen hagiographischen und historiographisch-biographischen Aufzeichnungen spielte dabei gewiß eine viel geringere Rolle, als der moderne Historiker zunächst annehmen möchte.«[133]

Einen weiteren Entwicklungsschritt in der Darstellung von Heiligenviten bedeutet die offizielle Einführung der Heiligsprechung durch die Institution der Kirche, da die Viten jetzt unter Umständen planmäßig verfasst wurden, um eine Kanonisation des Verstorbenen zu erreichen.[134] Diesem Verwaltungsapparat sekundiert die Publikationsform der Sammelwerke, die die Lebensbeschreibungen eines ausgewählten Kollektivs abbilden, beispielsweise die »Legenda aurea«, die Jacobus de Voraigne (1230-1298) gegen Ende des 13. Jahrhunderts kompiliert hat, oder die 68-bändige, kalendarisch geordnete Werkausgabe der *Société des Bollandistes*, die das gesamte hagiographische Schrifttum 1643 unter historisch-kritischen Gesichtspunkten versammelt und durch die wissenschaftlichen Standards zugleich in Teilen gefährdet.

Aber auch nach dem Ausschluss »unwahrer Heiligenlegenden« fällt es alles andere als leicht, einheitliche Textstrukturen zu benennen. Neben Viten sind auch Prozessakten verurteilter Christen, Wundersammlungen, Legenden, ausgearbeitete Leidensberichte (Passio), Briefe, Legenden, Hymnen und Predigten unter die Hagiographie zu subsummieren. Der erste große Spezialist der Gattung, Hippolyte Delehaye, findet deshalb zu einer inhaltlichen Definition: »Tout document écrit inspiré par le culte des saints, et destiné à le promouvoir.«[135]

Die Situation wird dadurch verkompliziert, dass die typischen Motive der Aufwertung und die Gesten der Überlegenheit sich fast ebenso häufig in der spätantiken Biographie finden, was in der Forschung zu

133 Oexle, Otto Gerhard: Die Gegenwart der Toten. In: Death in the Middle Ages. Hg. v. Herman Braet und Werner Verbeke. Leiden 1983. S. 36 (= Mediaevalia Lovaniensia, Series I, Studia IX). Als weitere Gattungen nennt Oexle: Gesta episcoporum, Nekrologien (Kalenderform), Sukzessionslisten von Bischöfen und Äbten (Amtsaustritt), Totenannalen (chronologische Ordnung nach Sterbejahr).

134 Dan, Joseph/Plank, Peter/Köpf, Ulrich: Artikel Hagiographie. In: Religion in Geschichte und Gegenwart. Handwörterbuch für Theologie und Religionswissenschaft. Hg. v. Hans Dieter Betz u.a. Bd 3. Tübingen 2000. Sp. 1378.

135 Hippolyte Delehaye zit. n. Uytfanghe, Marc van: L'hagiographie. Un ›Genre‹ chrétien ou antique tardif? In: Analecta Bollandiana 111/1993. S. 146.

einem Prioritätenstreit darüber geführt hat, welche Tradition die andere informiert habe und welcher Tradition die Originalität zuzusprechen sei. Dieses Problem wendet Marc van Uytfanghe zu einem Beweis für seine These einer gemeinsamen Basis der heidnischen wie der christlichen Biographie jenseits der Schrift. Er verwirft eine von der Textform ausgehende Definition der Hagiographie zugunsten des bei Michel de Certeau vorbereiteten Konzeptes des »hagiographischen Diskurses«.[136] Nicht die Ableitung von Text zu Text sei ausschlaggebend, sondern etwas, was er »Erlebnisstruktur« nennt, also vergleichbare Reaktionen auf einen ausgezeichneten Todesfall, der zugleich einen bestimmten Verhaltenskodex vorzuschreiben und zu fordern geeignet ist. Aus diesem naheliegenden werthaften Bezug erklären sich die vergleichbaren Textstrukturen in den Viten, nicht etwa weil sich die gesamte Tradition an Platons »Apologie des Sokrates« orientierte oder umgekehrt die Eliten der Spätantike die Erzählmuster der Christen strategisch kopierten. Van Uythfanghe spricht sich stattdessen für einen gemeinsamen »hagiographischen Diskurs« aus.[137]

Beide Traditionen der Lebensbeschreibung bedienen sich eines besonderen Verhältnisses von Fakten und Geschichte, von Authentizität und Phantastik. Damit wird ein Bogen vom Alltäglichen bis weit ins Extraordinäre gespannt, der für die Zwecke der Apologie ein offensichtlich unentbehrliches Hilfsmittel darstellt. Unübersehbar sind die Anleihen bei der rhetorischen Tradition der Panegyrik. Zentral für den hagiographischen Diskurs sind nach van Uytfanghe zudem Schmerz und Askese. Die geistige Überwindung eines Schmerzes, der den Körpern der exemplarischen Person freiwillig oder durch Fremdgewalt zugefügt wurde, wird geradezu zum Hauptmerkmal der Darstellung. Insgesamt ist der Diskurs als ein Netz von Institutionen, Wirkungsabsichten, Philosophien, Theologemen, bindenden Vorbildern, konstruierten Vorläufern und medialen Praktiken anzusehen, die sehr weitgehende Vorgaben für

136 Uytfanghe, Marc van: L'hagiographie. Un ›Genre‹ chrétien ou antique tardif? In: Analecta Bollandiana 111/1993. S. 148. Certeau, Michel de: Ebd. S. 198-217.

137 Zudem benennt er natürlich auch Unterschiede im Umgang bei Christen und Heiden. »Entre la tradition païenne et la tradition chrétienne il a existé, à n'en point douter, une interaction touchant aussi bien le fond que la forme. Les non-chrétiens observaient apparement d'un oeil inquiet et jaloux l'efficatité de l'Église chrétienne, avec son Dieu incarné, sa Bible, sa doctrine, ses martyrs (et plus tard ses autres saints) et leurs miracles. […] Mais d'un autre côté, les chrétiens étaient eux-mêmes nombreux à admirer (du moins face au monde extérieur) le courage d'un Socrate.« Uytfanghe: Ebd. S. 167.

die Lebensgestaltung jedes Rezipienten entwerfen und über die Darstellung einzigartiger Verstorbener regulieren.

Zur Darstellung kommt so nicht die schöne Geschichte eines verdienstvollen Individuums. Der Diskurs stellt vielmehr eine überindividuell bindende Struktur für affektive Prägungen her, eine Art Hohlform des identifikatorischen Bezugs. Dies trifft sich mit der Maskenhaftigkeit, die de Certeau an der Hagiographie aufgefallen war. Er bezeichnet diese Sonderform von Geschichtsschreibung als »tautologisches Grabmal«.[138] Historische Prozesse werden zwar registriert, dies aber nicht mit dem Ehrgeiz, geschichtliche Details zu bewahren. Die Hagiographie bildet in bezeugten Taten und bezeugten Wundern immer denselben Sinn ab, nicht die Sicherung der Empirie steht im Vordergrund, sondern die didaktische und epiphanische Dimension des Berichtens von Vergangenem.

Um auf die Ausgangsfrage nach der Parallele von akademischer Gedenkrede und Hagiographie zurückzukommen: Es lässt sich festhalten, dass der eingangs zitierte scherzhafte Seitenblick Formeys nicht aus der Luft gegriffen ist: Sowohl in der literarischen Struktur der Texte (Enkomion, Verhältnis von Fakten und Fiktionen, Schreibanlass des Todesfalls), als auch in der Darstellungsabsicht des hagiographischen Diskurses, bestimmte moralische Selbstverhältnisse zu verbreiten und Typen zu prägen, sind die Nachrufe den Hagiographien vergleichbar.

Auf einen gravierenden und signifikanten Unterschied weist Dinah Ribard hin: Die Heiligen und auch die außergewöhnlichen Menschen der Antike waren von jeher durch Partizipation an der Transzendenz ausgezeichnet.[139] Die Wissenschaftler, auch wenn sie als gläubige Christen beschrieben werden, begründen ihre Superiorität nirgends mit einer Teilhabe am Übersinnlichen. Dies gilt insofern mit geringen Einschränkungen, als man die Darstellungsmodi der *precocité* und der Genialität zu berücksichtigen hat. Im ersteren Fall changiert das bereits in der Kindheit durch unglaubliche Leistungen manifeste Talent eines Forschers leicht ins Übermenschliche, und auch das Genie ist eine Figur, deren geistige Fähigkeiten das Normale übersteigen.[140] Diese beiden Figuren, die zu den typischsten Legitimationsformen geistiger Überlegenheit bei For-

138 Certeau: Ebd. S. 202.

139 Ribard, Dinah: Raconter Vivre Penser. Histoire de philosophes 1650-1766. Paris 2003. S. 50.

140 Schmidt, Jochen: Die Geschichte des Genie-Gedankens in der deutschen Literatur, Philosophie und Politik 1750-1745. 2 Bde. Darmstadt 1985. Zilsel, Edgar: Die Geniereligion. Frankfurt a. M. 1990. [1918]

schern gehören, könnten als Restbestände von Metaphysik angesprochen werden, gehören jedoch kaum in den Bereich christlicher Frömmigkeit.

Und noch in einer zweiten Hinsicht ist Dinah Ribards Beobachtung aufschlussreich. In den Nachrufen lässt sich gerade dort, wo Verzicht oder aufrechtes Verhalten angesichts des Todes thematisiert werden, zuweilen geradezu das exakte Gegenteil einer Kommunikation mit übersinnlichen Kräften feststellen: Es sind genau die Sterbeszenen von Gelehrten, in denen säkulare ketzerische Motive auftauchen und die Anerkennung religiöser Transzendenz mit großem Willensaufwand verweigert wird. Auffällig ist, dass die Darstellungsmittel von Hagiographie und Nachruf sehr vergleichbar sind, auch wenn Vernunftvermögen und gerade nicht der Glaube bestätigt wird.

Vor allem um die Jahrhundertmitte und in Nachrufen, die Friedrich II. selbst verfasste, verdichten sich die Anspielungen auf das atheistische Sterben. Am Potsdamer Hof gehörten die Kardinaltugenden des *Libertins* – nach Martin Mulsow sind dies Normrelativismus, Spiel, Religionskritik und erotische Anzüglichkeit[141] – zum guten Ton und im Zusammenhang damit auch das Kokettieren mit dem *mourir en philosophe*.[142] Zudem nannte man, wenn man vom Wahnsinn der Freidenker berichtete, an erster Stelle Namen, die in Potsdam gern gesehen waren, wie etwa »Les Voltaires, les La Metterie, les Toussaints [...].«[143] Zu denken wäre auch an den Marquis d'Argens, der bemerkte: »Ich betrachte die letzten Momente des Lebens als Prüfstein, der den wahren Philosophen von demjenigen unterscheidet, der diesen Namen nur

141 Mulsow, Martin: Vom Lohn der Frechheit. In: ders.: Die unanständige Gelehrtenrepublik. Metzler: Stuttgart 2007. S. 192. Er setzt sich damit von Charles-Dauberts Definition ab, die die Libertinage sozial vor allem auf die Kreise um Mazarin und Richelieu beschränkt hatte und thematisch auf Religionskritik, historische Kritik, Wertrelativismus und Staatsraison-Denken. S. 103.

142 Womöglich schreibt Friedrich II. auch deshalb an den Marquis d'Argens im März 1760: »Pour le Dictionnaire des athées [= le Freydencker-Lexicon de Trinius], il est du dernier ridicule.« In: Œuvres de Frédéric le Grand. Bd. XIX. Berlin 1852. S. 151. Er bezog sich auf: Trinius, Johann Anton: Freydencker-Lexicon, oder Einleitung in die Geschichte der neuern Freygeister. Leipzig, Bernburg 1759. Es richtete sich allerdings vor allem gegen Edelmann und Dippel. Kritischer mit Potsdamer Höflingen ging Giacomo Denina ins Gericht: Denina, Giacomo: La Prusse littéraire sous Frédéric II. Bd. I. Berlin 1790.

143 Anonym: La Folie des pretendus Esprits-Forts, Des Impies, Des Indifferents et des Separatistes, devoilée par divers auteurs. Berlin 1753. S. 2. (Fénelon zugeschrieben)

angeeignet hat.«[144] Philosophie beweist sich demnach vor allem in der Praxis, durch bewiesene Haltung wie der kühl ertragenen Trennung von metaphysischen Vorstellungen, sie beweist sich nicht durch theoretische Erkenntnisse.

Die Kunst, philosophisch zu sterben, lässt sich als eine Säkularisierung der *Ars moriendi* beschreiben. Sie entstand im Rückgriff auf den Epikureismus oder Stoizismus und orientierte sich an antiken Vorbildern wie dem platonischen Sokrates. Zudem wurden aber auch zahlreiche neuere Beispiele erschlossen, etwa von André-François Boureau-Deslandes in den »Réflexions sur les grands hommes qui sont morts en plaisantant«[145] – einer Beispielsammlung bemerkenswert nüchterner Tode. Der Topos ist dabei nicht neu, wie Johannes Ravisius' »Officinae epitome«, ein Steinbruch »curiöser« Redebausteine von 1560, der neben vielen Unglücksfällen und merkwürdigen Todesfällen auch einen Abschnitt über die »gaudio et risu mortui« enthält, belegt.[146]

Witwen und Pfarrer, Zensur und öffentliche Meinung haben sich als wirksame Bollwerke gegen das Bekanntwerden atheistischer Tode erwiesen. Einzelfälle allerdings gelangten zu großer Berühmtheit. Ein Paradigma des beschwingten Sterbens war Jules-César Vanini, der bei seiner Hinrichtung in Toulouse 1619 den Autoritäten das bestätigende Ritual öffentlicher Reue vorenthielt und von dem der letzte Ausspruch »allons, allons allègrement mourir en philosophe« überliefert ist.[147] Mit Nicolas Boindin kannte das Jahr 1751 zumindest einen weiteren Helden des säkularen Sterbens, dem Begräbnis und Eloge verweigert wurden.[148]

144 Zit. n. Geissler, Rolf: Boureau-Deslandes. Ein Materialist der Frühaufklärung. Berlin 1967. S. 64. (Übers. A.E.)

145 Boureau-Deslandes, André François: Réflexions sur les grands hommes qui sont morts en plaisantant. Rochefort 1714. [1712, 1755, dt. 1747]

146 Ravisius, Johannes: Kurzer Inbegriff einer literarischen Werkstatt [Officinae epitome]. 2 Bde. Lyon 1560. Bd. 1, S. 85-86.

147 Michel Fournier hat das im »Mercure français« des Jahres 1619 verzeichnete letzte Wort des Ketzers durch einen Augenzeugenbericht historisch angebunden: »Si ma lettre n'était si longue je vous ferais le discours d'un insigne athée philosophe et médecin de Naples lequel a été sur mon rapport condamné et brûlé. Il est mort athée presévérant toujours le plus beau et le plus méchant esprit que j'ai connu.« Guillaume du Catel an Peiresc. Zit. n. Fournier, Michel: ›Allons allègrement mourir en philosophe.‹ De la mort du philosophe à la mort du libertin. In: Papers of French Seventeenth Century Literature XXXIII (65)/2006. S. 390. Vgl. Didier Foucault: Documents toulousains sur le supplice de Vanini. In: La lettre clandestine 5/1996. S. 25.

148 »Il était si connu pour n'avoir point de religion, même ne pas croire en Dieu, que sa famille n'osa pas demander qu'il fût enterré avec les cérémonies ordi-

Nachdem es in den 1740er Jahren vermehrt zur Verbrennung von Schriften und 1749 zur Einkerkerung Diderots gekommen war, verschärfte sich die Diskussion. Dennoch enttäuschen Montesquieu (1755), Fontenelle (1757) und Maupertuis (1759) die Hoffnungen auf einen philosophischen Tod. Im Falle des Hocharistokraten Montesquieu zeigte sich selbst Papst Benedikt XIV. über den Ausgang beunruhigt und verlangte einen direkten Bericht, wie ein in den vatikanischen Archiven erhaltener Brief des Nunitus Bernhard Routh belegt.[149]

Für die Geschichte der Berliner Akademie kann es wenig überraschen, dass die Nachrufe, die für das philosophische Sterben am relevantesten sind, die beiden Friedrich II. zugeschriebenen Nachrufe auf La Mettrie (1751) und Voltaire (1778) sind.[150] Das Motiv des Scherzens jedoch findet sich in verschiedenen Wendungen auch bei anderen Personen.[151] In all diesen Todesfällen zeigt sich die Umkehrung der hagiographischen Logik: Die Viten transportieren über ihre beispiellose Festigkeit im Glauben an die Nichtexistenz Gottes einen vorbildlichen Atheismus. Die Strategien, mit denen diese Weigerung vorgetragen wird, gleichen allerdings auf ein Haar den religiösen. Es wurde betont, dass vor allem die frühen Hagiographien Transformationserzählungen darstellen, wobei das neue und verteidigte kulturelle System sich paradoxerweise vor allem

naires. Il n'avait point été confessé; on n'avait même appelé aucun prêtre. Le curé de sa paroisse fit enlever le corps sans prière et sans cérémonie, et le fit mettre dans un coin du cimetière où l'on a coutume de mettre les enfants morts sans baptême.« Charles Philippe de Luynes: Mémoires. Bd. XI. April 1752. S. 477-478. Zit. n. Badinter, Elisabeth: Les passions intellectuelles. Bd II: Exigence de dignité (1751-1762). Paris 2002. S. 176.

149 Shackleton, Robert: Montesquieu. A Critical Biography. Oxford 1961. S. 394. In Chaudons »Dictionnaire anti-philosophique Avignon« von 1767 findet sich eine Notiz darüber, wie der Papst die Nachricht erhält: »The Pope received Rouths account of his [Montesquieus] last days, read it with the deepest reverence, and ordered it to be circulated to all nunicos and to the governors of the principal cities in the Papal States.« Zit. n. Shackleton: ebd. S. 398. Allerdings hatte Montesquieu den Papst noch als Prospero Lorenzo Lambertini gekannt, so dass zusätzlich ein persönliches Interesse an dem Todesfall in Betracht kommt.

150 Friedrich II.: Éloge de M. de La Mettrie. In: Histoire 1750. Berlin 1752. S. 3-8. Ders.: Éloge de Voltaire. In: Nouveaux Mémoires 1778. Berlin 1780. S. 5-23.

151 Vgl. Castillon, Friedrich von: Éloge de M. de Castillon, père. Lu dans l'assemblée publique du 26.1.1792. In: Mémoires 1792/93. Berlin 1798. S. 38-60. S. 53, sowie Fuss, Nicolaus: Lobrede auf Herrn Leonhard Euler. In der Versammlung der Kayserlichen Akademie der Wissenschaften zu St. Petersburg den 23. October 1783 vorgelesen. In: Leonhardi Euleri Opera Omnia. Hg. v. Ferdinand Rudio u.a. Leipzig, Berlin 1911-1960. Bd. I,1. S. XC.

dadurch realisiert, dass es den Tod seiner ersten Anhänger bewirkt.[152] Die zahlreichen asketischen Motive in der Darstellung der Naturforscher dienen also einerseits als Bekenntnis zu einem naturwissenschaftlichen Materialismus. Dass die Kunst, den eigenen Körper und die eigenen Interessen hintanzustellen, zudem den Kern der Objektivitätsbemühungen darstellt, liegt auf der Hand. Erneut erscheint die Legende des sich den Puls messenden, sterbenden Haller als die perfekteste Darstellung eines naturwissenschaftichen Todes: »il bat, il bat, il bat plus.«[153]

Soziale Inszenierung: Schäfer und Öffentlichkeit

Für die öffentliche Selbstdarstellung der Wissenschaftler ist nicht nur die Rede in gedruckter Form, sondern ihr »Aufführungskontext« bedeutsam. Elogen sind stets Teil sozialer Inszenierungen wie Gedenkfesten oder sorgsam choreographierten Begräbniszeremonien, die sich zur Vorführung des Vorrangs eignen.[154] Martin Papenheim berichtet sogar von Petitionen der französischen Textilindustrie gegen die berufsschädigende Kleiderordnung der *grande deuil*, die dem gesamten Hof zu lange schwarzes Tuch vorschrieb. Der Beruf der »Tapisseurs du roi« brachte ganze Handwerkerdynastien hervor.[155] Prozessionen sind dabei ein ausgezeichnetes Mittel Geltungsabstufungen zu verdeutlichen, wie folgende Regulierung der Verhältnisse an der Universität Göttingen zeigt:

> Unter sich aber und zwar in Conventibus und Solennitatibus Academicis, da sie ein Corpus ausmachen, oder collegialiter erscheinen, als wohin auch die Leichen-Processiones und Versammlungen in dem ordentlichen Kirchen Stande gehören, haben dieselben nach den vier Fakultäten, und jeder von ihnen nach dem in seiner Facultät ihm angewiesenen loco sich zu rangieren: Und solches Corpus hat als denn

152 Böhme, Hartmut: The Conquest of the Real by the Imaginary. In: Jan N. Bremmer, Marco Formisano (Hg.): Perpetua's Passions. Pluridisciplinary Approaches to the Passio Perpetuae et Felicitatis. Oxford [i. Dr.]

153 An vielen Stellen zitiert. Vgl.: Guthke, Karl S.: Letzte Worte. Variationen über ein Thema der Kulturgeschichte des Westens. München 1990. S. 79f.

154 Macho, Thomas: Das zeremonielle Tier. Rituale – Feste – Zeiten zwischen den Zeiten. Wien 2004. Fischer-Lichte, Erika: Ästhetische Erfahrung. Das Semiotische und das Performative, Tübingen und Basel 2001. Muir, Edward: Ritual in Early Modern Europe. Cambridge 1997. Haug, Walter/Rainer Warning (Hg.): Das Fest. Poetik und Hermeneutik XIV. München 1989.

155 Souchal, François: Les Slodtz. Sculpteurs et décorateurs du Roi (1685-1764). Paris 1967.

> allenthalben vor dem Corpore des Schultheissen, Bürgermeistere und Raths den Vortritt und Vorsitz.[156]

Die Universität behauptet also den Vortritt vor den Stadtoberen. Prozessionen ermöglichen das Ansehen des Ansehens, die räumliche Darstellung selbstverständlicher Autoritäten. Pierre Bourdieu hat betont, dass diese Berufsdarstellungen gerade im Zusammenhang mit Kleidung durchaus zur Fixierung gesellschaftlicher Ungleichheit beitragen:

> In reality, the august array of insignia adorning persons of ›capacity‹ and ›competence‹ – the red robes and ermine, gowns and mortarboards of magistrates and scholars in the past, the academic distinctions and scientific qualifications of modern researchers, all this social fiction which is in no way fictitious – modifies social perception of strictly technical capacity.[157]

Der Aufführungscharakter dieser öffentlichen Feste ist auf die Akademiesitzungen übertragbar.[158] Martina Schmode weist darauf hin, dass die französischen Elogen im »Mercure de France«, in »La Gazette« und in der »Correspondance litteraire« in der Rubrik »spectacle« rezensiert werden.[159] Das journalistische Echo dringt bis in deutschsprachige Zeitschriften. Das »Hamburger Magazin« berichtet beispielsweise über den Ludwigstag (25. August) des Revolutionsjahrs:

> Ein sehr festlicher Tag für Paris. Alles war an demselben in Bewegung. Das Volk hörte Messen und war bei Prozessionen, die gebildeteren Klassen wohnten der Sitzung der Academie françoise bei, und ergos-

156 Statuten der Universität Göttingen. Zit. n. Lesser, Friedrich Christian: Besondere Müntzen welche so wohl auf Gelehrte Gesellschaften nemlich Universitäten, Societäten, Seminaria und Gymnasia als auch auf gelehrte Leute [...] geprägt worden. Frankfurt, Leipzig 1739. S. 102.

157 Bourdieu, Pierre: The Specificity of the Scientific Field and the Social Conditions of the Progress of Reason. In: The Science Studies Reader. Hg. v. Mario Biagioli. London, New York 1999. S. 32.

158 Echterhölter, Anna: Akademisches Totenlob. In: Zeitschrift für Ideengeschichte 4/2008. S. 22-38.

159 Schmode, Martina: Zwischen Elfenbeinturm und Staatsdienst. Naturwissenschaftler des Ancien Régime im Spiegel von Condorcets ›Éloges des académiciens‹. Frankfurt a. M. 1995. S. 90, S. 102.

sen sich wieder unter das Volk, um die Gemähldeausstellung zu mustern, und das große Concert in den Gärten der Tuilerien anzuhören.[160]

Der Beobachter und Korrespondent Friedrich Schulz schildert die Spannung auf den Tribünen der Akademie, die Auftritte der 39 Akademiker sowie des neuen Mitglieds, das sich traditionell mit einer Eloge auf den Vorgänger einzuführen hatte. Gegen Ende der Veranstaltung stehen der Abbé Jean-Jacques Barthélemy und Stanislas de Boufflers als Akteure eines seltsamen Theaters im Zentrum begeisterter Zustimmung:

Ich darf Ihnen wohl nicht erst sagen, daß der Beifall, der jetzt laut wurde, mehr als stürmisch war. Mit einer Art von Trunkenheit, die man in den französischen Parterren aller Art findet, hefteten sich alle Blicke bald auf den Lobredner, bald auf den Gelobten, und beide genossen des Triumphes, die Anbetung ihrer Mitbürger auf eine Weile gefesselt zu haben.[161]

Wie Roger Hahn für die *Académie des Sciences* betont hat, sind es exakt diese Emotionen des Publikums, die von der Errichtung eines »system of shared beliefs« zeugen.[162] Die Einschätzung der *éloge académique* ist zuallererst eine Selbstbeschreibung: Schon Voltaire urteilt über Fontenelle: »Les éloges qu'il prononça des académiciens morts ont le mérite singulier de rendre les sciences respectables.«[163] Die Tatsache, dass Lobreden auch für Prinzen und Militärs in Gebrauch waren, verdrängt man in der »Encyclopédie« auf einen Unterpunkt, dessen Registereintrag lautet: »les éloges prostitué aux crimes heureux des conquérans«.[164]

Hinzu kommt, dass den Forderungen der Wissenschaftler nach Anerkennung (oder vielmehr leistungsbasierter Superiorität) auch ein be-

160 Schulz, Friedrich: Zwei Briefe über eine öffentliche Sitzung der Académie Françoise. In: Neues Deutsches Museum. Hg. v. Heinrich Christian Boie 1/1789. S. 86.

161 Ebd. S. 116.

162 Hahn, Roger: The Anatomy of a Scientific Institution. The Paris Academy of Sciences 1666-1803. Berkeley 1971. S. 4f.

163 Voltaire: Le Siècle de Louis XIV. In: ders. Œuvres Historiques. Hg. v. R. Pomeau. Paris 1957. S. 1163. »Die Elogen, die er auf gestorbene Akademiker hielt, haben das einzigartige Verdienst die Wissenschaften respektabel zu machen.« (Übers. A.E.)

164 Diderot/d'Alembert: Encyclopédie, ou Dictionnaire Raisonné des Sciences, des Arts et des Métiers. Registerband Teil 1. Paris 1780. S. 575. »Die den glücklichen Verbrechen der Eroberer ausgelieferten Elogen«. (Übers. A.E.)

sonderer Raum zur Verfügung stand. Es ist der Versammlungsraum der *Académie française*, zu deren Gründungsmythos die Gleichrangigkeit gehört. Eine Notwendigkeit, die d'Alembert zufolge selbst Richelieu respektierte:

> Er sahe, ungeachtet seiner Neigung zu einem despotischen System, das er so weit ausdehnte, wohl ein, daß sich für einen solchen Staate, als die Republik der Gelehrten ist, die nur durch die Freyheit bestehen kann, die democratische Regierungsform am besten schicke; dieser seltene Mann, der den Werth der Gaben wußte, wollte, daß in der französischen Akademie der Witz in gleicher Linie dem Range und dem Adel zur Seite gehen, und daß alle Titel dem Titel eines Gelehrten weichen sollten.[165]

Die Republik der Gelehrten setzt also vermeintlich eigene Standards und wird zum Freiraum erklärt, auch wenn Martin Papenheim zu Recht anmerkt, dass die Weigerung eines Ludwig XVI., den Raum nicht zu betreten, sich aus einer Konkurrenz der Repräsentation erklärt.[166] Hierin schwingt schon eine gewisse moralische Überlegenheit mit, die zwar nicht Teil der Wissenschaft ist, von ihr aber auch nicht abgelöst gedacht werden kann.

Erneut ist es sinnvoll, diese moralisch getränkten Rechtfertigungsfiguren als *images of knowledge* anzusprechen, die hier meritokratisch gefärbt sind: Was die Elogen als Kommunikationsort für ein bürgerliches Selbstverständnis offen hält, sind nicht konkrete Forderungen oder Vergleiche. Die Argumentation verläuft vielmehr sehr häufig über eine an dieser Stelle etwas unerwartete literarische Figur: den Schäfer. Wenn das Motiv auch nicht immer ganz ausgeführt ist, so sind doch Züge der arkadischen Idylle, der natürlichen Reinheit der Gefühle und das ideologische Beiwerk dieser Figur erkennbar, die ohne das Gegenbild des eigennützigen, französischen Höflings nicht verständlich wird. Die Unterschiede verlaufen im *désintéressement*, also der Fähigkeit der naiven ›Schäfer-Akademiker‹ zu selbstlosem, sachgerechtem Verhalten. Insofern

165 D'Alembert, Jean Le Rond: Versuch über die Gesellschaft der Gelehrten und der Großen, über den Ruhm, die Mäcenen und die gelehrten Belohnungen. In: Hamburgisches Magazin 1,1/1748. S. 619. Der französische Originaltitel lautet: Essai sur la société des gens de lettres et des grands, sur la réputation, sur les mécènes, et sur les récompenses littéraires. In: ders.: Œuvres complètes. Paris 1790. S. 335-373.

166 Papenheim, Martin: Erinnerung und Unsterblichkeit. Stuttgart 1992. S. 155.

empfiehlt sich der *philosophe* stets als altruistische und am Gemeinwohl interessierte Alternative zum eigennützigen und kenntnislosen Aristokraten. Wie Dorinda Outram ausgeführt hat, nutzt Georges Cuvier selbst noch im 19. Jahrhundert das idyllische Schäfermotiv des naturbedingten Friedens, das mit der notorisch zerstrittenen Gelehrtenrepublik niemals recht harmonieren wollte, um den Geltungsanspruch der Naturwissenschaften zu begründen.[167] Von dem Versuch, die Autorität der Wissenschaftler auf die saubere Macht der Natur zu gründen und sie damit der schmutzigen Sphäre sozialer Rangordnungskämpfe und hierarchischer Macht zu entkoppeln, berichtet auch Charles Paul.[168] Ralf Georg Bogner hat Szenen der Ekloge in der Trauerliteratur verfolgt.[169]

Die Betonung des *désintéressements* der wissenschaftlichen Akteure ist nur auf den ersten Blick moralisch. Auf dieser Qualität basiert der Geltungsanspruch der Akademiker, die sich nicht mit dem Ruf innerhalb der Akademien zufriedengeben, sondern sich in der gesellschaftlichen oder politischen Sphäre Geltung verschaffen wollen. Das Lob der bürgerlichen Verdienste ist jedoch keineswegs die traditionelle Funktion von Lobreden, wie ihr Historiker und Kritiker Antoine Léonhard Thomas resümiert:

> Wir haben über den Zeitraum von 25 Jahrhunderten, die wir durchlaufen haben, gesehen, dass das Lob fast immer der Macht zuerkannt wurde. Wir sahen die Panegyristen meistens zu Füßen der Throne, in den Kabinetten der Minister, auf den Schlachtfeldern der Eroberer, bei den Gräbern aller mächtigen Männer, ob tugendhaft oder schuldig, nützlich oder nutzlos für das Vaterland. Wir sahen Redner angesichts nichtswürdiger Asche weinen, wir sahen das Verbrechen durch das Lob geehrt, wir sahen Sklaven untertänig loben und sich für das Gewicht ihrer eisernen Fesseln bedanken, wir sahen das Kalkül, das dem Renommee Lügen diktierte, die Autorität, die den Ruhm zu usurpieren vermeint, und die Niedrigkeit, die ihn zu geben vermeint […] am Ende hat man begriffen, dass es manchmal erlaubt ist, das zu loben, was nützlich ist, ohne mächtig zu sein. Es gibt die großen Männer […] ohne andere Autorität als die ihres Genies. Sie beschäf-

167 Outram, Dorinda: The Language of Natural Power. The ›Eloges‹ of Georges Cuvier and the Public Language of Nineteenth Century Science. In: History of Science 36/1978. S. 153-178.

168 Paul, Charles B.: Science and Immortality. The Éloges of the Paris Academy of Sciences (1699-1791). Berkeley 1980.

169 Bogner, Ralf Georg: Der Autor im Nachruf. Tübingen 2006.

> tigen sich auf der Erde damit, all das Gute zu tun, das sie können. Ihr Ziel ist es nicht, einen einzelnen Menschen zu verbessern, sondern die Menschheit.[170]

Diese besonders reine Formulierung der bürgerlichen Emanzipationsrhetorik blieb nicht ohne Kritiker. Denn die Instanz, der hier letztgültige Anerkennung zugetraut wird, ist zwar nach außen hin der Intellekt oder die Kapazität, gemeinnützige Tätigkeiten auszuüben, aber angesprochen ist keinesfalls das gesamte Volk, kaum auch die bürgerliche Öffentlichkeit. Löst man sich von den wohlmeinenden Bekundungen, so ist nicht von der Hand zu weisen, dass nicht die Anerkennung der Öffentlichkeit allein gesucht wurde, sondern noch immer die der Souveräne. Zumindest bleibt Sebastian Mericers Beobachtung zur Rolle des Akademiesekretärs gültig: »Mais, où parle-t-il? Au Louvre. M. d'Alembert est le courtisan de la verité.«[171] Allerdings berichtet Mercier auch von einem feinen Einverständnis, das d'Alembert bei seinem Publikum hervorzurufen verstand: »Il ne dit presque rien, mais on voit ce qu'il voudrait dire; on l'entend dans ses petites allusions, et l'on bat les mains.«[172] Gerade weil man zwischen den Zeilen lesen, Anspielungen entschlüsseln und Wertungen erst erahnen musste, stellte sich bei den Zuhörern ein Konsens her, der durch geheime Mitwisserschaft verstärkt wurde und durch den Applaus besiegelt.

Das Lob und der gezollte Beifall wurden bald zum Synonym für die französischen Akademien. Dies bezeugt das Staunen eines fingierten persischen Reisenden, in dessen Briefen an einen Haremswächter Montesquieu seine Kritik an den bestehenden Verhältnissen in einer wenig schützenden Herausgeberfiktion bemäntelte. Was in den »Lettres persanes« über die Akademie mitgeteilt wird, ist Folgendes:

170 Thomas, Antoine Léonhard: Essay sur les Éloges. Bd. 2. S. 125f. (Übers. A.E.)

171 Louis-Sébastian Mercier über eine Eloge d'Alemberts. In: ders.: Tableau de Paris. Bd. VIII. Paris 1783. S. 29. »Wo aber sprach er? Im Louvre. D'Alembert ist die Hofschranze der Wahrheit.« (Übers. A.E.) 1793 verbot die Revolution diesen Brauch; Akademien wurden geschlossen oder umbenannt. Schröder, Volker: Entre l'oraison funèbre et l'éloge historique. L'hommage aux morts à l'Académie française. In: MLN 116/2001. S. 617.

172 Mercier, Louis-Sébastian: Le Saint Louis. In: ders.: Tableau de Paris. Bd. VIII. Genf 1979. S. 28 [1783]. »Er sagte fast nichts, aber man sah, worauf er hinauswollte; man verstand ihn in seinen kleinen Anspielungen, und man applaudierte.« (Übers. A.E.)

> Ich habe von einer Art Gericht reden hören, das man die Académie française nennt, aber es gibt wohl kaum eines, dem auf der Welt weniger Respekt entgegengebracht wird. [...] Diejenigen, aus denen die Akademie zusammengesetzt ist, haben keine andere Funktion als ohne Unterlass zu klatschen. Das Lob wird sich wie von selbst in ihr ewiges Geplauder mischen und sobald sie in dessen Mysterien eingeweiht sind, werden sie von einer Lobeswut erfasst, die sie nicht mehr loslässt. [...] Das sind die Seltsamkeiten, die wir in unserem Persien nicht kennen. Für so eigenartige und bizarre Einrichtungen haben wir nichts übrig; in unseren einfachen Sitten und naiven Manieren suchen wir immer die Natur.»[173]

Unschwer erkennt man in diesem vorrousseauistischen Persien das positive Residuum der Aufklärung, in dem strategisches Interesse, Künstlichkeit, frenetisches Lob und Repräsentationskalkül undenkbar sind – ein Gegenbild zu den herrschaftsdurchsetzten Verhältnissen, das die Akademie zu sein beanspruchte und niemals war. Denn mit dem scharfen Blick des europäischen Ethnologen konstatiert Montesquieu, dass gerade Klatsch und Applaus in der Akademie einen Raum »schmutziger«, wenn nicht politischer, so doch diskurspolitischer Macht eröffneten.

Drei Modelle der Rechtfertigung überlagern einander dabei: der Zugewinn an Prestige durch die Beanspruchung der Zeremonien der sozial Höhergestellten, die (Selbst-)Legitimation über Verdienste und Leistungen (Meritokratie) und die Idee der Anerkennung durch die Öffentlichkeit. Vor allem für die letzteren beiden Punkte geben erneut moralische Legitimationsfiguren den Ausschlag. Die durch den Typus des Schäfers aufgerufene natürliche Integrität bürgt dabei für die Strategievergessenheit des *désintéressement*. Aus der Befähigung der Naturforscher zu neutralen, objektiven Urteilen lässt sich so in der politischen Arena Kapital schlagen. Die öffentliche Selbstdarstellung der Wissenschaftler verbindet methodische und moralische Garantien zu einer ebenso optimistischen wie wirkungsvollen Setzung.

All diese Anlässe fasst Pnina Abir-Am nach einem ethnologischen Blick auf das Feld der Wissenschaft unter »commemorative practice« zusammen. Als Ritus also, der bestimmte Daten und hier vor allem Lebensdaten berühmter Toter zum Anlass nimmt, Erinnerungen erneut performativ präsent zu machen und einem komplexen Nachvollzug zu übergeben. Diese kalendarische Kulturtechnik bezeichnet sie in Anleh-

173 Montesquieu, Charles Louis de Secondat de: Lettres persanes. Hg. v. Paul Vernière. Paris 1963. Brief 73. S. 156. (Übers. O. Schulz)

nung an Pierre Noras *lieux de mémoire* als *journées de mémoire*.[174] Die konsequenteste Durchführung der (natur)wissenschaftlichen Festordnung findet sich zweifellos in Auguste Comtes »Calendrier positiviste«.[175]

Optimistische Geschichte

Die im Zusammenhang mit Gelehrtenbegräbnissen generierten Lebensbeschreibungen bilden ein großes Archiv der Wissenschaftsgeschichte, auch und gerade in Zeiten, in denen diese Gesellschaftsbereiche noch nicht Gegenstand historischer Auseinandersetzung waren. Die Textsorte ist von Fontenelle bis Condorcet zudem als genuin aufklärerische Praxis einzustufen, da nicht nur die beteiligten Personen, sondern vor allem die in den Nachrufen propagierten typisch bürgerlichen Hierarchieachsen und Perfektibilitätsvorstellungen das Programm der Aufklärung formulieren. Es ergibt sich also ein paradoxer Anfang, da die Aufklärer über eine zu zentrale gesellschaftliche Praxis wie die Naturwissenschaften in einer rhetorischen, beschönigenden und damit wenig wahrheitsfähigen Gattung Auskunft geben. Die für die poetologische und historiographische Diskussion des 18. Jahrhunderts kennzeichnende Rede vom Ende der Rhetorik ist in letzter Zeit als partiell unzutreffend entlarvt worden.[176] Für die Nachrufe, die eine zentrale Gattung für die Errichtung des naturwissenschaftlich basierten Fortschrittsoptimismus waren, ist der Rhetorikverzicht keinesfalls aufrechtzuerhalten. Die Geschichte der großen Naturwissenschaftler wird in einem Modus von Geschichtsschreibung überliefert, in dem die gattungsgemäße Verpflichtung auf positive Darstellung mit dem ebenfalls aufklärerischen Anspruch auf neutral urteilende Geschichtsschreibung kollidiert.

In den folgenden Passagen wird deshalb die optimistische Ausrichtung der Geschichtsschreibung untersucht. Zunächst geschieht dies anhand

174 Abir-Am, Pnina/Clark, A. Elliott (Hg.): Commemorative Practices in Science. Historical Perspectives on the Politics of Collective Memory. Chicago 1999. S. X. (Osiris 14)

175 Petit, Annie: La commémoration de l'héritage scientifique dans le positivisme. Théories et pratiques. In: La mise en mémoire de la science. Hg. v. Pnina G. Abir-Am. Amsterdam 1998. S. 159-187. Fontenelles und Condorcets Elogen gehören zudem zu den 150 ausgewählten Büchern der »Bibliothèque Positiviste« S. 179.

176 Zelle, Carsten: Fall und Aufstieg der Rhetorik in der Moderne. In: Die Sieben Freien Künste in Antike und Gegenwart. Hg. v. Reinhold F. Glei. Trier 2006. S. 237-263. Till, Dietmar: Transformationen der Rhetorik. Untersuchungen zum Wandel der Rhetoriktheorie im 17. und 18. Jahrhundert. Tübingen 2004.

des Kritikverbots beim Sprechen über soeben Verstorbene. Anschließend wird die Sprachform der Anekdote, die stets ein genuines Problem für die quellenkritische Geschichtsschreibung darstellte, zu einem Vergleich herangezogen. In einem dritten Schritt geht es um hagiographische Tendenzen in der Wissenschaftsgeschichtsschreibung allgemein, die im Muster des Nachrufs abbildbar sind.

Die Geschichtsschreibung der Nachrufe stellt die Wissenschaft in einer Art positivem Negativ dar. Sie zeigen all diejenigen Elemente, die in der versachlichten Darstellung und Selbstpräsentation der Wissenschaft nicht dokumentiert werden: Denn das Hauptwerk etwa eines Geologen zeigt zwar wissenschaftliche Ergebnisse, es zeigt diese Wissenschaft aber nicht verkoppelt mit privaten Schicksalen, geleitet von ideosynkratischen, strategischen Interessen, als Nährboden der Fortschrittserzählungen oder als setzende und behauptende Praxis. In allen drei Abschnitten zeigt sich, dass die Wissenschaftler stets innerhalb sozialer Wertungssysteme beschrieben und positioniert werden und die Sprachform des Nachrufs durchaus mit gesellschaftlichen Programmatiken in Verbindung steht bzw. diese produziert. Die historiographische Einordnung geht also Hand in Hand mit der ideologischen Auswirkung, da ein und dasselbe Stilelement zum Träger weitreichender Versprechungen für die ganze Gesellschaft wird – Naturwissenschaft also an dieser Stelle als Movens des Fortschritts in Erscheinung tritt.

… nur das Positive

Die Lobrede ist auf positive Wertungen verpflichtet, insbesondere bei Reden über Verstorbene: Das Diktum *de mortuis nil nisi bene* schließt dabei die Nachrufe von vornherein als historische Quellen aus. Immer wieder lässt sich beobachten, dass das Persönlichkeitsrecht des Verstorbenen fast als unverletzlicher eingeschätzt wird, dass man dem Toten fast mehr Respekt zollt als dem lebendigen Gegenüber, dem man womöglich ohne Bedenken harte Wahrheiten ins Gesicht gesagt hätte. Diese Unmöglichkeit der Kritik konfligriert mit den Geboten der wissenschaftlichen Geschichtsschreibung, was sich in Einzelfällen immer wieder zeigt.

Einer dieser misslungenen, ehrlich-taktlosen Nachrufe wurde von Johann David Michaelis, dem Orientalisten und Vater einer berühmten Tochter, auf Johann Matthias Gesner gehalten.[177] Gesner gilt als be-

177 Michaelis, Johann David: Memoria auf Johann Matthias Gesner. In: Göttinger Universitätsreden aus zwei Jahrhunderten (1737-1934). Hg. v. Wilhelm Ebel.

deutender Philologe, war Direktor der Universitätsbibliothek, Präsident der Deutschen Gesellschaft, Pionier der Lehrform des philologischen Seminars und hielt als Professor der Beredsamkeit selbst Lobreden auf Mitglieder der Göttinger Universität.[178] Auf diese Erfahrungen als Laudator mag es zurückzuführen sein, dass sich Gesner nach seinem Tode einen »historischen«, also ganz der Wahrheit verpflichteten Nachruf wünschte. Sein Laudator Michaelis beruft sich in seinem Nachruf auf dieses Anliegen:

> Wir werden also nicht so sehr sagen, was ihm zustieß, sondern lieber, wie er war, wobei wir uns größerer Freiheit und Offenheit bedienen werden, weil er auch selber bei der Art von Bildern, in der das Licht durch den Schatten stärker leuchtet und geadelt wird, die Flecken zu zeigen pflegte. Er erlaubte auch sterbend dem von seinen Kollegen, durch den er seine Beerdigung von der Universität bekannt gemacht wissen wollte, dem verstorbenen Professor der Beredsamkeit, gewissermaßen unsrem gemeinsamen Mund, unserer gemeinsamen Stimme, ja, er trug es ihm direkt auf – offen und freimütig seine Meinung zu sagen und auch nicht einmal das zu verhehlen, was vielleicht tadelnswert erscheinen könne.[179]

Diese in Lobreden ungewöhnliche Offenheit bedeutet, dass ein historisch genaues Urteil höher gewertet und die Beleidigung des Verstorbenen in Kauf genommen wird. Die historische Wahrheit löst also das Verpflichtungsverhältnis von Laudator und Laureat tendenziell auf. Michelis urteilt beispielsweise über Gesners Erinnerungsvermögen: »Sein Gedächtnis war nicht zu verachten, aber für einen Philologen eher durchschnittlich.«[180] Die Grobheit dieser Aussage lag nicht in der Erwähnung von Mittelmäßigkeit, die in galanteren Lobreden durchaus hätte angemerkt werden können, sondern in dem fehlenden Versuch, die klassifizierenden Elemente der Rede mit der Würde des Verstorbenen zu versöhnen, wie es etwa ein entschuldigender Nebensatz, ein Vergleich mit herausragenden Stärken oder ein Verweis auf liebenswürdigen Umgang mit der Schwäche ermöglicht hätten. Michaelis zeigt sich auch in

Göttingen 1978. S. 64-81. Seine Tochter war Caroline Dorothea Michaelis – Böhmer – Forster – Schlegel – Schelling.

178 Ebd. S. 73.

179 Ebd. S. 67.

180 Ebd. S. 67.

anderen Passagen der historischen Wahrheit verpflichtet und bezieht seine Wertungen ausschließlich auf diese Skala.

Für das Bild, welches er der Nachwelt übergibt, übernimmt Michaelis volle Verantwortung, nicht aber für die legitimen Interessen seines Freundes und Kollegen, in der Geschichte eine gute Figur zu machen. Das intrikate Wechselspiel von Selbstverkleinerung des Laudators vor der Leistungen des Verstorbenen und die damit zugleich einhergehende Selbstaufwertung des Laudators, der am Ruhm des Toten partizipiert und überhaupt jegliches Zurschaustellen von persönlichen Beziehungen fehlt bei Michaelis – ja, er erwähnt sogar, dass Gesner zuweilen ausgelacht wurde, was das Maximum der sozialen Distanznahme ist. Aber er dokumentiert wahrheitsgetreu, dass man sich in Göttingen über Gesners skrupulöse Genauigkeit lustig machte, wegen derer der alte Philologe zuweilen richtige Ergebnisse in Frage stellte:

> Allerdings wollen wir damit nicht behaupten, daß etwa alles fehlerhaft gewesen sei, was er beanstandete: auch Vernünftiges, sogar Schönes brachte er bisweilen durch Bemerkungen in Verdacht. Er hatte nämlich beschlossen, wie er selber zu sagen pflegte, daß jemand, der seinen eigenen Verstand als Schiedsrichter benutzte, bei jedem Verdacht belle: so sei es gekommen, daß ihm, da er von Natur aus zurückhaltender sei, auch einiges Großartige und Schöne, aber dabei etwas zu Kühne und Gewagte, den Verdacht auf Irrtum einflöße. [...] Dieses Mißtrauen und diese Übervorsichtigkeit beim Beurteilen brachte es mit sich, daß sich auch einige Kollegen, die in den Ruf kommen wollten, begabt und wichtig zu sein, an seinen Fehlereien erheiterten.[181]

Es wird deutlich, dass Michaelis sich an dieser Stelle selbst enthält und durchaus distanziert berichtet. Dabei erweckt er nicht den Anschein von Bösartigkeit, sondern spricht vom Standpunkt aufrichtiger Neutralität, die die Höflichkeit allerdings vernachlässigt. Hierin liegt der eigentliche Affront seiner historischen Lobrede, die für den späteren Herausgeber Abraham Gottlieb Kästner einen Treuebruch darstellte und über die er sich nachhaltig empört zeigte:

> Der Verfasser ist Johann David Michaelis, ein hochberühmter Mann, dem Gesner, solange er lebte, wegen seiner einzigartigen Freundschaft zu ihm und der ihm zugeschriebnen Wahrheitsliebe die Aufgabe anvertraute, in einem öffentlichen Programm (zu schreiben im Namen

181 Ebd. S. 69.

> der Universität), sein Leben eher zu beschreiben als zu rühmen. Es wäre Unrecht, dies zu übergehen, da es zum Ruhme des guten Gesner, den dieser sich gewissermaßen nach dem Tode erwarb, beiträgt, daß er seinen Biographen, den ja keine üblen Gedanken und Gewissensbisse erschreckten, ermahnte, das erste Gesetz der Geschichtsschreibung einzuhalten, nämlich erstens, nichts Falsches sagen zu wagen, zweitens, nichts Wahres verschweigen zu wagen, um beim Schreiben weder den Eindruck von Wohlwollen noch Feindschaft zu erwecken.[182]

Das über der Gattung Lobrede schwebende Verdikt der Schönfärberei bedeutet also zuallererst, sich nicht während der Rede aus der Verantwortung für die Würde des Toten, die eine persönliche Wertschätzung verlangt, zu entlassen. Wird diese Beziehung eingehalten, eine Verehrung transportiert, spricht man so über den Toten, wie man es vielleicht von Angesicht zu Angesicht noch gewagt hätte, so sind auch Kritik und instrumentelle Winkelzüge im Detail sehr möglich. An ihnen ist in der Geschichte der Lobrede kein Mangel. Schwierig wird es erst, wenn wie im ›Fall Michaelis‹, der Laudator ausschließlich sachlich urteilt. Aufs Gesamt gesehen sind die Laudatoren im positiven Urteil befangen, denn dies ist zugleich die Bedingung der rhetorischen Wirkung. Vor allem die ersten Abschnitte der Nachrufe, in denen der Laudator begründet, was ihn zu dieser Rede autorisiert (Exordialtopik), und die damit häufig verknüpfte rhetorische Figur der *captatio benevolentiae* sind für dieses Genre höchst zentrale Passagen, da sich hier die Hierarchiespiele zwischen Laudator, Laureat und Publikum entfalten.

Die *éloge académique* ist als genuin aufklärerische Gattung zu verstehen. Sie ist in ihren Zielsetzungen, Inhalten, Funktionen und von den beteiligten Akteuren her dem Projekt der modernen Wissenschaften verschrieben, denen sie selbst jedoch von der Sprachhaltung her nicht entspricht.

Es darf an dieser Stelle aber keinesfalls übersehen werden, in welch hohem Maße die Laudatoren als Pioniere der Verschriftlichung von Gelehrtenleben zu sehen sind. Der Laudator ist im emphatischen Sinne Historiker, da er nicht wie spätere Biographen die Möglichkeit hat, Werk- und Briefausgaben, verschiedene Nachrufe und edierte Memoiren zu zitieren. Es findet sich daher sehr viel Text, der direkt auf Anschauungen oder Aussagen Dritter beruht. Häufig werden auch Aussagen des Verstorbenen zitiert, ohne dass hier ein Textverweis möglich wäre. Das »mündliche Zitat« erklärt sich also zuallererst aus Mangel an Alterna-

182 Kästner, Abraham Gottlieb: Vorrede zu Michaelis' Nachruf in einer Ausgabe von 1761. Zit. n. Ebd. S. 64.

tiven, nicht aus historiographischer Unreflektiertheit. Der Nachruf ist eine problematische historische Quelle, die in einem Feld entsteht und entstehen muss, das durch einen eklatanten Mangel an dokumentierten Quellen gekennzeichnet ist.

Samuel Formey, der über 40 Jahre die Nachrufe an der Berliner *Akademie der Wissenschaften* verantwortete, erwähnt in seiner Eloge auf Pierre Christophe Charles de Keith deshalb lobend, dass der Verstorbene den Text »Anecdotes de ma vie« hinterlassen habe.[183] Er plädiert in diesem vor allen Akademiemitgliedern gehaltenen Vortrag auch dafür, sich der Verantwortung für die eigene historische Überlieferung zu stellen, was bedeutet, sich selbst durch angefertigte Notizen oder Briefe an der Verschriftlichung des eigenen Lebens zu beteiligen. Formey erwähnt in anderen Elogen auch dankend die Brüder, Gattinnen oder engen Freunde von Verstorbenen, die das notwendige Material geliefert hätten. Überhaupt legt Formey offen, welche Quellen er verwendet hat, etwa existierende Biographien oder Autobiographien. Auch sind es häufig die Laudatoren, die Quellen zu einer Person erst erzeugen. Vor allem briefliche Umfragen bei engen Freunden des Verstorbenen sind häufig belegt. DuBois-Reymond korrespondiert nicht nur, er exzerpiert für seinen Nachruf auf Johannes Müller sogar die Akten des Kultusministeriums und legt eine Sammlung von Zeitungsnotizen und konkurrierenden Nachrufen an.[184]

Anerkannt werden muss also zunächst, dass Lebensbeschreibungen ein wichtiges Scharnier zwischen gelebten Verhältnissen und ihrer Dokumentation darstellen. Unzweifelhaft enthalten Lobreden gerade über die empirisch fixierbaren Stationen eines Lebenslaufs wie etwa Geburt, Bildungsweg, Anstellungen, Hochzeit und Publikationen fast immer zuverlässige Daten. Und selbst Ranke unterzieht in den Archiven ja durchaus auch Lebensbeschreibungen und Briefe seiner Aufmerksamkeit, wenn sie aus erster Hand waren: »Das Wichtigste aber ist ohne Zweifel in Deutschland selbst zu tun. Es sind über diese Zeit Acten, Briefe seiner Aufmerksamkeit, Lebensbeschreibungen, Chroniken von der größten Wichtigkeit vorhanden, für die es aber ist, als wäre die Buchdruckerkunst noch gar nicht erfunden.«[185]

183 Samuel Formey: Éloge de Pierre Christophe Charles de Keith. In: Histoire 1756. Berlin 1758. S. 534.

184 Staatsbibliothek Preußischer Kulturbesitz, Slg. Darmstädter, Nachlass Emil DuBois-Reymond, Kasten 2, Mappe 3, Material zur Vorbereitung der Gedächtnisrede auf Müller.

185 Ranke, Leopold von: Zur Kritik neuerer Geschichtsschreiber. Leipzig 1874. S. 147. [1825]

Nicht im ungenauen, mündlichen Zitat ist aber die begründete Skepsis gegenüber der historischen Verlässlichkeit von Nachrufen zu suchen, sondern in der Verpflichtung gegenüber dem Verstorbenen. Rhetorisch gesehen ist also die vorgeführte Allianz oder Wertschätzung des Laudators eine unersetzliche demonstrative Strategie des Genres. In dieser Wertungstechnik stehen die Texte den Anekdoten ausgesprochen nahe, die ebenfalls auf die Superiorität »großer Männer« oder anderer Formen situativer Überlegenheit hin abgestellt sind.

Anekdoten, Überbietung

Die Gelegenheitsliteratur der Nachrufe ist nicht nur ein Scharnier der Verschriftlichung von Gelehrtenleben. Sie lässt sich auch als wichtiges Dokument für eine Wertungsgeschichte verstehen, allerdings nur, wenn man sich von der Leserichtung der Biographie und den hier aufgebauten Autorenphantasmen löst, die umso strahlender und faktischer erscheinen, je stärker der eigentliche Autor der Biographie in Vergessenheit gerät.

David Nye hat den radikalen Vorschlag gemacht, sich bei der Analyse biographischer Texte von der Möglichkeit einheitlicher Personenbilder zu lösen. Er zeigt am Beispiel von Zeugnissen zu Thomas Edison, dass je nach Genre und Kontext die Edison-Bilder heftig changieren, und gibt triumphierend die Idee des Subjekts als atavistischen Mythos der Präsenz preis.[186] Eine Medienkomparatistik innerhalb biographischer Texte wie Nachrufe, Briefe und Anekdoten ist mehr als angebracht, da sich die genretypischen Selbststilisierungen sehr voneinander unterscheiden. Diese Ergebnisse lassen sich bestätigen, wenn man etwa Hallers heroisches Sterben in den Nachrufen mit seinen Tagebüchern und Briefen vergleicht. Die Laudatoren hatten aus einem der für Haller überlieferten letzen Worte, »il bat, il bat, il bat plus«, einen Mythos der Objektivität entwickelt, da sich der heroisch ungerührte Arzt bis in die letzte Sekunde selbst nur diagnostisch analysiert und von jeglichem Schmerz und sehr berechtigter Sorge unbefangen zeigt. Anekdoten über seine Besessenheit beim Arbeiten deuten in die gleiche Richtung. Vergleicht man jedoch die Briefe aus der Zeit, so offenbart sich ein hypochondrischer Haller,

186 Nye, David: The Invented Self. An Anti-Biography from Documents of Thomas A. Edison. Odense 1983. Nye, David: Biography's Myth of Presence. Thomas Edison as Invention. In: Prospects 7/1982. S. 177-186.

der mit größtmöglicher Zärtlichkeit seinen Körper belauscht und bewacht und in Briefkonsultationen befreundete Ärzte um Rat angeht.[187]

Die Leserichtung biographischer Literatur verleitet den Rezipienten dazu, die Berichte als historische Ereignisse zu verstehen und den jeweiligen Schreibanlass und die Absichten des Verfassers vollkommen zu vernachlässigen. Deshalb wird in der vorliegenden Arbeit der Versuch unternommen, auf die Rekonstruktion letztgültiger Bilder der Biographisierten vollständig zu verzichten. Hans Erich Bödeker hat auf eine zweite mögliche Leserichtung hingewiesen: »Die Biographie lässt sich sowohl als Medium der Reflexion der Geschichtlichkeit des Biographisierten als auch des Biographen verstehen.«[188] Die Nachrufe eignen sich nicht für eine historisch gerechte Einschätzung der Laureaten, erinnern aber vorzüglich an die Wertmaßstäbe der Laudatoren und bieten gerade dadurch eine Innenansicht der zeittypischen Wissenschaftskonzeption, weil sie Idealisierungen, Kolportage und Anekdoten enthalten. Auf diese Elemente, die allesamt dazu dienten, die ungute Tradition »Großer Männer« zu konstruieren, soll dennoch zurückgegriffen werden.[189] Dies geschieht im Interesse einer Wertungsgeschichte, die vielleicht an einigen Stellen Intentionalitäten von Laudatoren berücksichtigt, dies aber, um zu beobachten, welche medialen, sozialen, materiellen und ideologischen Faktoren zusammentreffen müssen, um ein Wissenschaftsprogramm zu stabilisieren. Anknüpfungspunkte für eine solche Wertungsgeschichte bietet die Theorie der Anekdote, dieser in der wissenschaftlichen Geschichtsschreibung so ungeliebten historiographischen Kleinsteinheit.

Die Anekdote ist nach Heinz Schlaffer eine kurze, pointierte Geschichte, die einer wirklichen Person nachgesagt wird. Und in diesem »nachgesagt« ist elegant auch die Crux der vielgeschmähten Gattung mit in die Definition eingegangen.[190] Denn Anekdoten werden zumeist mündlich tradiert, gewinnen und verlieren dabei Nuancen und bewei-

187 Ausführungen hierzu Echterhölter, Anna: Objektivierendes Sterben. Funktionen der Pathographie in Nachrufen auf Albrecht Haller 1777. In: Patientendokumente. Krankheit in Selbstzeugnissen. Hg. von Philipp Osten. Stuttgart 2010. S. 61-81.

188 Bödeker, Hans Erich: Biographie. Annäherungen an den gegenwärtigen Forschungs- und Diskussionsstand. In: ders. (Hg.): Biographie schreiben. Göttingen 2003. S. 55.

189 Zur Tradition der »großen Männer« vgl. Zilsel, Edgar: Die Geniereligion. Ein kritischer Versuch über das moderne Persönlichkeitsideal, mit einer historischen Begründung. Frankfurt a. M. 1990. [1918]

190 Schlaffer, Heinz: Art. Anekdote. In: Reallexikon der deutschen Literaturwissenschaft. Hg. v. Harald Fricke u.a. Bd. 1. Berlin 1997. S. 87-89.

sen doch, wie Diogenes Laertius' Philosophiegeschichte zeigt, im Kern eine erstaunliche Stabilität und historische Dauerhaftigkeit. Sie werden nachgesagt oder zugeschrieben und lassen denjenigen, der auf eine Verifikation angewiesen ist, zumeist frustriert zurück. Dennoch erheben sie den irreleitenden Anspruch auf historische Autentizität, worin sie den Nachrufen vergleichbar sind, die ebenfalls als verbürgte Fakten auftreten.

Was genau aber ist der Wahrheitsaspekt der Anekdote. Die historischen Ereignisse, die miterlebte oder berichtete Faktenebene zielt dabei nie auf Sachlichkeit, sondern ist stets gefiltert. Denn Anekdoten laufen auf Pointen zu, die eine Übersteigerung des Geschehens erfordern. Es gibt also einen durch die Zuspitzung ins Fiktive spielenden Anteil dieser Redeverfassung, und genau in ihm ist nach Lionel Gossman die Leistung dieser sprachlichen Kleinform zu sehen.[191] Sie bildet die Meinungen und emotionalen Überzeugungen, die zu einer gewissen Zeit möglich waren, getreuer und zuverlässiger ab als die historischen Ereignisse. Von daher ist sie ein wichtiges Reservoir emotionaler Realitäten.

Joel Fineman zufolge gehorcht die Anekdote vor allem den Gesetzen der Oralität,[192] was sich in geringerem Grade auch auf Nachrufe übertragen ließe. Denn wie bereits dargestellt wurde, ist ihre Aussagefreiheit durch bestimmte Urteilstabus konditioniert und auf eine direkte Redesituation hin angepasst. Die Form Anekdote verleiht den Aussagen zudem eine gewisse Dauerhaftigkeit und bildet zugleich ein Vehikel der Verbreitung auch unter den bildungsferneren Schichten. Solche Effekte, auch die Beobachtung von Aleida Assmann, dass die Anekdote in bestimmte kollektive Erinnerungen einübt, sind auf die Nachrufe übertragbar und machen beide Genres für eine Untersuchung der Breitenwirkung von Naturwissenschaft interessant.[193]

Von der Forschung bisher weniger beachtet wurde der rezeptionsästhetische Aspekt der anekdotischen Pointen. Dabei fordert der Höhepunkt dieser sprachlichen Szenen stets zu einer besonders intensiven Teilnahme auf. Fast immer gibt es einen Sieger, der seine Überlegenheit demonstriert, sei es durch ein *bon mot*, eine Prügelei oder eine souveräne Handlung. Fast immer lädt die Pointe zum Lachen ein, also zum körperlichen Nachvollzug der vorgetragenen Hierarchie. Dabei ist bereits von

191 Gossman, Lionel: The Anecdote in History. In: History and Theory 42(2)/2003. S. 159.

192 Fineman, Joel: The History of the Anecdote. Fiction and Friction. In: The New Historicism. Hg. v. H. Aram Veeser. London 1989. S. 49-76.

193 Assmann, Aleida: Erinnerungsräume. Formen und Wandlungen des kulturellen Gedächtnisses. München 1999.

Henri Bergson beschrieben worden, in welchem Ausmaß Lachen auf Anerkennung der Normen von Gruppen basiert.[194] Lionel Gossmann weist darauf hin, dass allgemein akzeptierte Normen zum Tragen kommen,[195] geht aber nicht auf die Reaktionen der Hörer ein.

Nachruf und Anekdote sollen insofern parallelisiert werden, als beide Genres auf die mündliche und kollektive Rezeption hin strukturiert sind, wobei die Anekdote in privaten Runden am Platz ist und der Nachruf in offiziösen Versammlungen. Beide Sprachformen eignen sich zur Popularisierung und nehmen vor allem »Große Männer« auf, seit dem 18. Jahrhundert mit Raynals und Hillers Anekdotensammlung verstärkt auch Bürgerliche und Wissenschaftler.[196] Die Protagonisten werden überzogen und pointiert dargestellt, was die Genres einerseits zu einem Reservoir historisch realer Wertungssysteme werden lässt, andererseits die Protagonisten zu überrealen Figuren stilisiert. Hierbei arbeitet die Anekdote mit plumperen Gewinner-Verlierer-Schemen; der Nachruf überhöht am besten, wenn der Laudator dem Redegegenstand gegenüber ein tiefes Verpflichtungsverhältnis an den Tag legt. Der Prominente redet hier nicht oder nur selten für sich.

Zusammenfassend lässt sich das Verhältnis der Nachrufe zur Geschichtsschreibung wie folgt bestimmen: Wie die brieflichen Umfragen der Laudatoren zeigen, sind Nachrufe zunächst ein Genre, in dem Geschichte in großem Maßstab verschriftlicht wird. Dabei sind die Laudatoren einerseits zur positiven Manipulation aufgefordert, andererseits bei aller Instrumentalisierung auf die Einhaltung von Höflichkeitsstandards dem Toten gegenüber verpflichtet. Dies ergibt eine Ausgangssituation, die Nachrufe als Quelle über den Verstorbenen zu einem schwierigen Genre machen. Was allerdings der Vergleich mit dem Mikrobaustein Anekdote zeigen sollte, sind die Nachrufe eine ausgezeichnete Quelle für eine Wertungsgeschichte, vor allem der Laudatoren. Zu guter Letzt gelten die Nachrufe, vor allem die glanzvollen Reden an den französischen

194 Bergson, Henri: Das Lachen. Ein Essay über die Bedeutung des Komischen. Übers. v. Roswitha Plancherel-Walter. Zürich 1972.

195 Gossman, Lionel: The Anecdote in History. In: History and Theory 42(2)/2003. S. 167.

196 Raynal, Thomas François: Anecdoten zur Lebensgeschichte berühmter französischer, deutscher, italienischer, holländischer und anderer Gelehrten. Hg., übers. u. erw. v. Johann Adam Hiller. 7 Bde. Leipzig 1762. Hilzinger, Sonja: Anekdotisches Erzählen im Zeitalter der Aufklärung. Zum Struktur- und Funktionswandel der Gattung Anekdote in Historiographie, Publizistik und Literatur des 18. Jahrhunderts. Stuttgart 1997.

Akademien, die Gegenstand der nächsten Passage sind, als Anfang der Wissenschaftsgeschichtsschreibung.

Paradoxe Anfänge der Wissenschaftsgeschichte

Die Problematik des Lobens und damit aller Formen der Panegyrik ist in der Aufklärung keinesfalls übersehen worden. Aus dem Konflikt zwischen aufwertender und dennoch wissenschaftlich korrekter Darstellung der verstorbenen Akademiker resultieren in Frankreich, dem Kernland des akademischen Totenkults, zwei Strategien: die Unterlassung und der moderate Ton.[197] D'Alembert empfiehlt in der Tat, Dinge zu verschweigen, wenn er an Wissenschaftler erinnert, die dieser Ehrung wenig Stoff boten:

> Was den Charakter und die Sitten betrifft, ist es zwar die Pflicht der Historiker, die Fehler der Gelehrten, die sie der gewöhnlichen Klasse der Menschheit zuordnen, nicht zu verbergen, noch wichtiger aber ist es, ihre Laster zu verbergen, die manchmal den Glanz ihrer Leistungen getrübt haben. Das Ziel der literarischen Elogen ist es, die Wissenschaften ehrwürdig zu machen, und nicht, sie zu entwerten. Wenn nun unglücklicherweise, und solche Fälle hat es gegeben, das Verhalten die Werke entehrt hat, wie soll man sich verhalten? Die Werke loben. Und wenn umgekehrt das Verhalten tadellos war, aber die Werke wertlos, was soll man dann sagen? Besser schweigen.[198]

197 Vgl. zu den Éloges: Marchal, Roger: L'institution littéraire des lumières d'après les éloges de Fontenelle et de d'Alembert. In: Travaux de Littérature 19/2006. S. 327-338. Moureau, François: Sociabilité savante et autobiographie ›à la dérobée‹. Les éloges de Fontenelle pour l'Académie des sciences. In: Travaux de Littérature 19/2006. S. 237-249. Dhombres, Jean: Entre objectivité et allégorie, la poésie de la jubilation scientifique. Un genre littéraire culminant avec les Idéologues et avec eux disparu. In: De la science en littérature à la science-fiction. Hg. v. Danielle Jacquart. Paris 1996. S. 99-117. Kapp, Volker: Les qualités du scientifique et le prestige social des sciences dans les éloges académiques de Fontenelle. In: Fontenelle. Actes du colloque tenu a Rouen du 6 au 10 octobre 1987. Hg. v. Alain Niderst. Paris 1989. S. 441-455. Weisz, George: The Self-Made Mandarin. The Éloges of the French Academy of Medicine, 1824-47. In: History of Science XXVI/1988. S. 13-40. Delorme, Susanne: Des éloges de Fontenelle et de la psychologie des savants. In: Mélanges G. Jamaty. Paris 1956.

198 D'Alembert, Jean le Rond: Réflexions sur les éloges académiques. In: Œuvres complètes. Reprint der Ausgabe 1821-1822. Bd. 2 Genf 1967. S. 150-154. S. 151. (Übers. O. Schulz)

Kann man die Person nicht loben, lobt man die Werke. Kann man die Werke nicht loben, hat man zu schweigen. Das Schweigen empfiehlt d'Alembert jedoch keineswegs aus Respekt vor der Würde des Verstorbenen. Es resultiert vielmehr aus der übergeordneten Stategie, die Wissenschaft durch die Wissenschaftler aufzuwerten – ein sehr aufklärerischer Anspruch, der aber ausgerechnet die Vernachlässigung der historischen Faktentreue und Sachlichkeit erfordert.

Dabei war das Genre von Fontenelle, der als erster großer akademischer Laudator noch lange poetologischer Bezugspunkt bleibt, explizit als »historisch« ausgezeichnet worden. In einem Vorwort zu seiner ersten Elogensammlung führt Fontenelle seinen Titel als Beglaubigungsstrategie ein: »ces éloges ne sont qu'historiques, c'est-à-dire vrais.«[199] Zu Fontenelles Zeiten hatte die Bezeichnung »historique« jedoch nicht ausschließlich den Beigeschmack einer neuen, von wissenschaftlichen Standards informierten historischen Richtigkeit. Das von Fontenelle so eingesetzte Wörtchen »historique« erweist sich vielmehr als bereits länger strapaziertes Signal für sorgfältige oder zumindest auf dem Buchmarkt beteuerte vertrauenswürdige Kompilatorik. Es ist mithin kein Wort, das ausschließlich eine neue Sachlichkeit kennzeichnet, (*éloge historique* statt *éloge funèbre* mit ihren emotionalen, fiktiven und wenig informativen Inhalten).[200] Diese Verifizierungsstrategien, ebenso wie das Wort *éloge historique*, verweisen vielmehr auf einen älteren Kontext, der bisher selten Erwähnung fand. Nicht nur die kirchlich institutionalisierten Trauerreden, auch die Sammlungen von Biographien, wie die Kollektivbiographien des Humanismus, verwenden das Wort Eloge. Zu nennen wären hier etwa Titel wie »Les éloges des hommes savans« von 1683, eine Sammlung von Gelehrtenleben, die Antoine Theissier einem Vorgän-

199 Fontenelle: Œuvres complètes. Hg. v. G. B. Depping. [1818]. Nachdruck Genf 1968. Bd. I. S. 209.

200 »Le titre d'éloges n'est pas trop juste, celui de Vies l'êut été davantage; car ce ne sont proprement que de Vies, telles qu'on les aurait écrites, en rendant simplement justice. J'en puis garantir la verité au Public. J'ai sû par moi-même un assez grand nombre des faits que je rapporte, j'ai tiré les autres des Livres de ceux dont je parle, même de Livres faits contre eux, ou de Mémoires fournis par les personnes les mieux instruites. Je n'ai pas eu la liberté, et encore moins le dessein de faire des Portraits à plaisir de Gens dont la mémoire étoit si recente. Si cependant on trouvoit qu'ils n'eussent pas été assez loués, je n'en serois ni surpris, ni fâché.« Fontenelle, Bernard Le Bovier de: Avertissement. In: Histoire du Renouvellement de l'Académie des Sciences en 1699 et des éloges historiques de tous les Académiciens morts depuis ce Renouvellement. Bd. 2. Amsterdam 1720. S. 2.

gerwerk entnimmt.[201] Wie Schröder bemerkt, erscheint der Begriff *éloge historique* bereits früh in dem Titel von Isaac Bullarts Portraitwerk von ähnlichem Typus, der »Académie des sciences et des arts, contenant les vies et les éloges historiques des hommes illustres«[202] (Abb. 1). Auch Claude Cristin betont, wie wenig neu Fontenelles Lob der Schreibenden war, indem die Geschichte der Gelehrten an frühere Prosopographien anbindet.[203]

Beteuerte das Adjektiv »historique« die genaue Kongruenz von Schrift und Abschrift und garantierte den Käufern der kompilierten Hauptwerke der *viri-illustribus*-Literatur sachliche Richtigkeit, so ist im Kontext der großen Redewettbewerbe der Aufklärung eine Umwertung und Neubesetzung zu verzeichnen. Die historische Eloge verspricht nun zugleich eine Mäßigung im Ton, eine Konzession an neutrales Urteilen, ohne dass man die Verpflichtung auf die positive Wertung deshalb ganz hätte aufgeben können. Die Sachlichkeit wird von Fontenelle also einerseits aus der antiquarischen Tradition umgewertet und andererseits nur im Feld der Panegyrik behauptet, nämlich in Abgrenzung von den *oraisons funèbres* der französischen Kanzelredner, nicht im Feld der Geschichte selbst. Bei genauerem Hinsehen sucht er nach einem dritten Weg, wenn er die fabelhafte Geschichte der Alten und rein faktenbasierte Berichte als Antithesen einander gegenüberstellt und neue Inhalte fordert:

> Ce n'est point l'histoire des révolutions des etats, des guerres et des marriages des Princes qu'il faut étudier; mais sous cette Histoire il faut développer celle des erreurs et des passions humaines qui y est cachée, et donner tous ses soins à l'apprendre exactement.[204]

201 Theissier, Antoine: Les éloges des hommes savans, tirez de l'histoire de M. de Thou. Avec des additions, contenant l'abrégé de leur vie, le jugement et le catalogue de leurs ouvrages. 2 Bde. Genf 1683 [2 Bde. Lyon 1696, 4 Bde. Leiden 1715, enthält über 500 Elogen mit längeren Kommentaren], bezieht sich auf Thou, Jacques Auguste de: Grande histoire latine. 1604-1608. [Jahr für Jahr werden die verstorbenen Gelehrten mit kurzen Elogen erwähnt von 1543 bis 1607.]

202 Bullart, Isaac: Académie des sciences et des arts, contenant les vies et les éloges historiques des hommes illustres, qui ont excellé en ces professions, depuis environ quatre siecles, parmy diverses nations de l'Europe. Avec leurs portraits tirez sur des originaux au naturel, et plusieurs inscriptions funèbres, exactement recueillies de leurs tombeaux. 2 Foliobände. Paris 1682.

203 Cristin, Claude: Aux origines de l'histoire littéraire française. ›Les éloges des Hommes sçavans. Tirez de l'histoire de M. de Thou par Antoine Teissier‹ (1683-1715). In: Revue d'histoire littéraire de la France 2/1972. S. 238-246.

204 Fontenelle: Sur L'histoire. In: Œuvres de Monsieur de Fontenelle. Nouvelle édition. Bd. 9. Paris 1761. S. 369.

Eine Geschichte der menschlichen Fehler und Besessenheiten schwebt Fontenelle vor, dies allerdings in exakter Form. Dass dies nicht bloß ein Lippenbekenntnis darstellt, zeigt die Kritik eines gleichfalls erfolgreichen Laudators, der eine mehrbändige Geschichte der Eloge verfasst hat: Antoine Léonhard Thomas. Er feiert Fontenelle zwar als Vorbild, dennoch spricht er sich an einer Stelle vehement gegen einen Stil aus, der sich zu weit von der Rhetorik entfernt und den er »éloge froidement historique« nennt.[205] Reine Sachlichkeit gefährdet für ihn die Macht der Eloquenz. Zudem charakterisiert Thomas den zu kalten Ton als ein Phänomen der Schriftlichkeit, denn in der Redesituation kommt es für Thomas zu einer Art bewegender Wahrheit der Emphase, die durch die Mimik des Redners sowie durch die Teilnahme der Zuhörer hergestellt wird. Nur dieser durch Körpersprache dirigierte, affektive Gleichschritt der Zuhörer, nur dieses unsachliche, allseitige Stimmungshoch garantiert ihm zufolge die gewollte Wirkung der öffentlichen Laudatio.[206] Erzielt wird durch den gesamten Prozess des öffentlichen Vortrags ein Resonanzraum für Wertungshierarchien.

Gegen diese quasi-magische Einflussnahme steht bei Fontenelle das Wörtchen »historique« im Sinne einer verneinten, dennoch in der Gattung angelegten übergriffigen, rhetorischen Redeweise, die nur mager durch die ältere Beteuerung der Faktentreue und sachlichen Richtigkeit – das zweite Bedeutungsfeld des Wortes – bemäntelt wird. Denn liest

205 »Et croyez-vous produire ces effets sans éloquence? Sera-ce après la lecture d'un éloge froidement historique que l'on tombera dans cette rêverie profonde qui accompagne les impressions fortes? Sera-ce alors que l'on descendra dans soi-même, que l'on interrogera sa vie, que l'on se demandera ce que l'on a fait de grand ou d'utile, que l'on prendra la résolution de se consacrer enfin à des travaux pour l'état ou pour soi-même, que le fantôme de la postérité qui n'existoit point pour l'ame indifférente, se réalisera enfin à ses yeux, et qu'elle consentira à mépriser la fortune, à irriter l'envie? Non: l'homme froid et tranquille laisse la même tranquillité à tout ce qui l'entoure: c'est la loi générale.« Thomas, Antoine Léonard: Essay sur les Éloges. In: Œuvres complètes. Bd. III und IV. Paris 1803. S. 175f. [Kursive A.E.]

206 »Je sais qu'il y a beaucoup de différence entre l'orateur qui parle, et l'écrivain qui ne doit être que lu. Le premier peut et doit être plus aisément passionné. Une grande assemblée élève l'ame. Les sentimens passent de l'orateur au peuple, et reviennent du peuple à l'orateur. Ces milliers d'hommes sur lesquels il agit, réagissent sur lui. D'ailleurs, son ton, ses yeux, sa voix, tous ses mouvemens, de concert avec la passion qui l'anime, persuadent que cette passion est vraie. Il frappe, il agite les sens; et c'est ainsi qu' il s'empare de l'ame et qu'il la trouble. Mais pour l'écrivain, tout est calme.« Thomas, Antoine Léonard: Essay sur les Éloges. In: Œuvres complètes. Bd. III. und IV. Paris 1803. S. 176.

man Berichte von vorgetragenen Elogen, so ist es unstrittig, dass auch und gerade in den Akademien die historischen Elogen mit großem Eclat verlesen wurden und zum Teil euphorischen Beifall ernteten, der nichts weniger als unintendiert war.

Auch Historiker der Wissenschaftsgeschichte haben mehrfach darauf hingewiesen, dass sich gerade die Dokumentation der exakten Wissenschaften durchaus nicht durch objektive Berichterstattung auszeichnet. Georges Canguilhem hat darauf hingewiesen, dass die ersten Wissenschaftsgeschichten an den französischen Akademien des 18. Jahrhunderts entstehen und hier explizit als literarisches Genre.[207] An diesem sei auffällig, dass ein großes Sendungsbewusstsein von Anfang an Teil der Überlieferung gewesen sei. Die Wissenschaftsgeschichte entsteht also bereits als deutlich tendenziöse Geschichte, als eine *whig history of science*,[208] die die eigenen Wertmaßstäbe in die Vergangenheit projiziert, legitimiert und feiert, als eine Geschichte, die Irrtümer, Fehler und Katastrophen ausblendet, und als eine Geschichte, die auf Grundlage der modernen Physik eine gesamtgesellschaftliche Teleologie entwirft: das wissenschaftlich-technisch basierte Fortschrittsdenken. Durchgesetzt und verbreitet wurde diese Perspektive auf die Wissenschaften vor allem durch die Positivisten. Angelegt ist der »historische Optimismus« aber, nach Canguilhem, bereits in der literarischen Produktion der Akademien, allen voran in den Popularisierungen und akademischen Lobreden

207 »[L]'histoire des sciences, genre littéraire né au XVIIIe dans les Académies scientifiques, a été introduite dans les mœurs et les institutions françaises de la culture par les soins d'une école philosophique qui déclarait fonder son autorité et faire reposer son crédit sur la nécessité de son propre avènement, en vertu d'une loi de développement historique de l'esprit humain. Il s'agit de l'école positiviste.« Canguilhem, Georges: Fontenelle, philosophe et historien des sciences. In: Etudes d'histoire et de philosophie des sciences. Paris 1968. S. 55.

208 Der Begriff wurde von Herbert Butterfield geprägt. Im Entstehungskontext richtet er sich allerdings nicht auf die Disziplin der Wissenschaftsgeschichte, sondern kritisiert die politische Historiographie im Großbritannien der 20er Jahre. Butterfield spricht als Katholik selbst aus einer Minderheitsposition und tritt für eine Diversifikation der Geschichtsfelder u.a. eine spezialisierte Wissenschaftsgeschichte ein. Zudem gibt er zu, dass es schwierig ist, der Perspektive der Sieger ganz zu entkommen: »There is a tendency for all history to veer over into whig history.« Butterfield, Herbert: The Whig Interpretation of History. New York 1965. [1931]. S. 6. Erst nach dem 2. Weltkrieg wurde der Ausdruck für den triumphierenden, eindimensionalen Rationalismus in der Wissenschaftsgeschichtsschreibung reserviert. Vgl. Jardine, Nicholas: Whigs and Stories. Herbert Butterfield and the Historiography of Science. In: History of Science XLI/2003. S. 125-140.

Fontenelles.[209] Die Lobreden werden deshalb als wichtiges Instrument der Wissenschaftsgeschichtsschreibung bezeichnet, weil sie der Ausfechtung von Geltungshoheiten dienen. Sie wirken wie eine »Schule« oder ein »Tribunal«. Beide Institutionen hatte Canguilhem an anderer Stelle zu Generalmetaphern der Epistemologie erklärt, da Urteile gesprochen und etabliert werden, nicht geschichtslose Sachverhalte erkannt.[210]

Wenn die Elogen also bei Fontenelle und den Positivisten der Zuschreibung eigener Bedeutsamkeit dienen, so ist dies einerseits eine unausweichliche Funktion von Geschichtsschreibung. Fest steht aber auch, dass diese mögliche Funktion der Geschichtsschreibung in den Elogen eine besondere Ausformung und Betonung erfährt. Durch ihre Koppelung an die Hörererwartungen, durch die Festlegung auf das Positive wird in diesen Reden eine rechtfertigende, optimistische und legitimierende Dimension der Lebensbeschreibung vollständig entwickelt und ausgebaut. Dass Wissenschaft und Gesellschaft dabei in eine sich gegenseitig begründende Konstellation geraten können, zeigt am deutlichsten das Beispiel von Condorcets Nachruf auf Voltaire. Wie David Williams dargestellt hat, nimmt die »Vie de Voltaire« entscheidende Argumente von Condorcets »Esquisse d'un tableau historique des progrès de l'esprit humain« vorweg – einem der reinsten Formulierungen des auf intellektuellen Leistungen beruhenden Fortschrittsdenkens.[211] Auch wenn Fontenelle, die Positivisten und Condorcet je unterschiedliche Perspektiven entwickeln, scheint doch die Eignung der Textsorte Nachruf für die Verknüpfung der Wissenschaft mit gesamtgesellschaftlichen Belangen außer Frage zu stehen. Der Wissenschaft wird hier also eine gesellschaftliche Reichweite angefügt, oder, um es mit Yehuda Elkana zu sagen, es entwickeln und dokumentieren sich an dieser Stelle *images of knowledge*.

Wissenschaftshistoriker haben für den deutschsprachigen Raum ähnliche Anfänge ihrer Disziplin bezeichnet und sahen sich gezwungen, vergleichbare Vorwürfe zu erheben. Christoph Meinel kontestiert, dass die Geschichte der Wissenschaft im deutschsprachigen Raum lange Zeit fast ausschließlich durch Nachrufe geleistet wurde, da die beiden möglichen

209 »Cet optimisme historique inspire continûment un genre d'exercices que Fontenelle a créé indiscutablement et auquel il a conféré d'emblée une certaine forme de perfection. Il s'agit des ›Éloges‹ académiques de savants.« Canguilhem, Georges: Fontenelle – Philosophe et historien des sciences. In: Etudes d'histoire et de philosophie des sciences. Paris 1968. S. 56.

210 Canguilhem, Georges: Der Gegenstand der Wissenschaftsgeschichte. In: ders.: Gesammelte Aufsätze. Hg. v. Wolf Lepenies. Frankfurt a. M. 1979. S. 26.

211 Williams, David: Biography and the Philosophic Mission. Condorcet's Vie de Voltaire. In: Eighteenth-Century Studies 18(4)/1985. S. 494-502.

Publikationsorte einer professionelleren Erarbeitung (Fachzeitschriften und die Universalgeschichte) sich erst später etablierten.[212]

Ein wenig erwartetes Ergebnis der Lektüre sehr vieler deutschsprachiger Nachrufe ist, dass die selbstbewussten Argumentationsstrukturen der französischen Aufklärung nur schwach übernommen werden und in der poetologischen Diskussion eher ein neidisches Echo erzeugen: Deutschland figuriert als der Ort, an dem Gelehrte weit weniger geehrt werden als im Nachbarland. Zwar werden auch hier interessante Begründungsstrategien entwickelt, der exklusive, ja arrogante Ton, mit dem sich Naturwissenschaftler selbst zum Movens der gesellschaftlichen Entwicklung erklären, begegnet im deutschsprachigen Raum jedoch erst in den 1840er Jahren. Genau hier wird dem großen Festtagsredner der Berliner Universität, Emil DuBois-Reymond, von Nicholas Jardine ebenfalls der Entwurf einer falschen Wissenschaftsideologie angelastet, die sich negativ auf die Wissenschaftsgeschichtsschreibung ausgewirkt habe.[213] Dies bestätigt erneut die These, dass es die zwangsoptimistische und rhetorische Formvorgabe der Lobreden ist, die der vereinseitigenden *whig history of science* Vorschub leistet und den Ton der Wissenschaftsgeschichtsschreibung vorgibt.

Expertenverzeichnisse der *Historia eruditorum*

Betrachtet man die Nachrufe von ihrer Funktion her, so dienen sie in der französischen Aufklärung zur Aufwertung der Naturwissenschaften, ein Prozess, der sich im deutschsprachigen Raum erst wesentlich später nachweisen lässt. Zwar gibt es mit Andreas Hallbauer auch einen Vertreter der vernünftigen Oratorie, der wie Fontenelle auf Sachlichkeit in den Totenreden drängt. Auch er war als *Professor eloquentiae* von Amts wegen

212 Meinel, Christoph: German History of Science Journals and the German History of Science Community. In: Journals and the History of Science. Hg. v. Marco Baretta/Claudio Pogliani/Pietro Redoni. Florenz 1998. S. 79. Die Universalgeschichte bringt ein ebenso herausragendes wie erschöpfendes Sammelwerk zur Wissenschaftsgeschichte hervor: Geschichte der Wissenschaften in Deutschland. Hg. v. Leopold von Ranke. 32 Bde. 1864-1913. Als erste Zeitschrift benennt Meinel das 1846 in Breslau gegründete Fachblatt »Janus. Zeitschrift für Geschichte und Litteratur der Medicin«.

213 Jardine, Nicholas: The Mantle of Müller and the Ghost of Goethe. Interactions between the Sciences and their Histories. In: History and the Disciplines. The Reclassification of Knowledge in Early Modern Europe. Hg. v. Donald R. Kelly. Rochester 1997. S. 297-317.

auf das Lob der Akademiker verpflichtet. So instruiert, veröffentlichte er neben seiner »Teutschen Oratorie« eine Unterscheidung zwischen den pedantischen und den vernünftigen Parentationen, die jeweils der barocken Schmuckrhetorik eine Absage erteilten.[214] Dennoch liegt in der Art der Rezeption dieser Totenreden eine entscheidende Differenz zu den ebenfalls vernünftigen, verständigen und sachlichen Elogen Fontenelles. Zu der Zeit können die deutschsprachigen Nachrufe in weit geringerem Maße als ein Medium der Verständigung über Standards der Gelehrten gelten als die französischen *éloges académiques*. Carsten Zelle und Dietmar Till sind allerdings dem Eindruck entgegengetreten, dass die geringe Sichtbarkeit der deutschsprachigen Rhetorik das Verschwinden ihrer Kompetenzen bedeutet, die ganz im Gegenteil in Bereichen wie der Ästhetik, Brieflehre oder der Psychologie fortdauern.[215] Auch die Funktion des Zusammenschlusses und der Kommunikation über wissenschaftliche Standards lässt sich nicht nur in rhetorischen Lobreden, sondern auch in anderen Textsorten ausmachen. Es handelt sich um eine Institution, auf die Hallbauer mit den Stichworten Mencke und Lilienthal auch in seiner Handreichung für Redner bereits hinweist, nämlich die Wissenschaftsmode der *Historia eruditorum*, die vor allem in der Erstellung von kommentierten Listen, Bibliographien und Expertenverzeichnissen bestand.

In der Frühaufklärung existierte unter dem Oberbegriff Gelehrtengeschichte oder *Historia eruditorum* eine umfassende Form der Bibliographie, also der Verwaltung, Beschreibung und thematischen Auflistung von Büchern und ihren Autoren. Kaum zu unterschätzen ist die Auswirkung dieser überaus geläufigen Selbstbeschreibung der Tätigkeit vieler Mitglieder der Philosophischen Fakultät: Mehrere typische Publi-

214 »In collectaneis [...] findet man die Titel und Materien nicht aus ihren Wesen, gründlich ausgeführet; sondern das allermeiste darunter sind Realien, die ausser den Wesen der Sachen sind, Historien, Exempel, Gleichnisse, Gebräuche, Zeugnisse, auch wol Emblemata, Münzen u.d.g. und also wird ein Parentator, der aus collectaneis redet, doch allemal mit ganzen Wolcken solcher Sächelchen aufgezogen kommen, fremd Zeug vortragen, nichts gründlich ausführen, Unverständiger Ohren auf eine kurze Zeit kützeln, Niemand Überzeugen, Niemand bessern, und mit einem Worte nach Art der Pedanten reden.« Hallbauer, Andreas: Vollständige Anweisung zum Parentieren. In: ders.: Zehenden der auf der Jenaischen Academie gehaltenen Parentationen. Jena 1730 [1727]. S. 7-41, hier S. 61.

215 Till, Dietmar: Transformationen der Rhetorik. Untersuchungen zum Wandel der Rhetoriktheorie im 17. und 18. Jahrhundert. Tübingen 2004. Zelle, Carsten: Fall und Aufstieg der Rhetorik in der Moderne. In: Die 7 Freien Künste in Antike und Gegenwart. Hg. Reinhold F. Glei. Trier 2006. S. 237-263. (= Bochumer Altertumswissenschaftliches Colloquium 72)

kationsformen sind erkennbar, Vorworte wenden sich an die »Liebhaber der Gelehrtengeschichte«, und man führt die Bezeichnung gerne im Titel. Dies ist wichtig zur Charakterisierung des gänzlich anderen Kontexts, in dem sich die deutschen Elogen erst weit später als Entwicklungsort wissenschaftlichen Selbstverständnisses etablieren konnten als die französischen. Während die Leichenpredigt in erster Linie als ein Vorläuferphänomen der Eloge oder als ihr religiöses Pendant zu deuten ist, sind die biobibliographischen Wissenschaftsmoden der Gelehrtengeschichte eine direkte Konkurrenz. Dies ist aber nur der erste Grund für eine eingehende Analyse in dieser Arbeit.

Versteht man die Gelehrtengeschichte nicht von ihrer kulturgeschichtlichen Funktion her, sondern betrachtet sie aus einer gattungsgeschichtlichen Perspektive, so fallen zahlreiche Parallelen zu den Nachrufen auf. Durch beide Gattungen werden Biographie und Schriftenverzeichnis von Gelehrten verknüpft und verfügbar gehalten, wobei sich die Gelehrtenhistoriker gerne aus Leichenpredigten oder Lobreden bedienen. Beide Textsorten organisieren zudem den Umgang mit Büchern und sind insofern ein Kapitel aus der Geschichte der Bibliographie. In dieser seit dem 19. Jahrhundert mehr und mehr in Vergessenheit geratenen Wissenschaftsmode wurden durch verschiedene Subdisziplinen nicht nur die zu lesenden Bücher, sondern auch die Schreibtische und Bibliotheken, die methodischen Schulen und akademischen Feste verzeichnet – kurz alles, was von den Haltungen der Gelehrten überhaupt notationsfähig war. Das Thema umfasst also den gesamten Bereich der akademischen Ökonomie des Ansehens, den Nachrufe ebenso produzieren. Dieser vergleichbare Aufgabenbereich konnte dazu führen, dass die Gelehrtengeschichte in Deutschland zum Träger der Selbstverständigung der *scientific community* wurde, die in Frankreich weit stärker im Zusammenhang mit den *éloges académiques* stattfand.

Die Anordnung von Büchern erforderte von jeher Klassifizierungsprinzipien, die häufig nicht beim Thema, sondern bei den Autoren ansetzten. Dies zeigen frühe biobibliographische Bibliothekskataloge, die nach Wilhelm Totok Lebensdetails enthalten oder sogar genealogische Tendenzen zeigen.[216] Als wichtigstes Beispiel ist hier Konrad Gesners

216 Wilhelm Totok führt verschiedene Beispiele an: die überlieferten Biobibliographien des Kallimachos (Bibliothek von Alexandria), die fast genealogische Liste des Johannes Trithemius: De scriptoribus ecclesiasticis. Basel 1494, die der kirchliche Schriftsteller chronologisch auf sich selbst zulaufen ließ, und die medizinorientierte Zusammenstellung von Symphorion Champier: De medicine claris scriptoribus. Lugduni 1506. Die ›reine‹ Titelbibliographie beginnt

»Bibliotheca universalis« von 1545 zu nennen.[217] William Clark weist auf die Selbstdarstellung der Sammler von Barockbibliotheken hin, sei es im gedruckten Bibliothekskatalog, in dem die Rarität und Qualität seiner Sammlung ins rechte Licht gesetzt wurde, oder sei es über die Darstellung der auf den Spender oder Besitzer hin organisierten Aufstellung in den Bibliotheken, die visuell, nach dem Gesamteindruck angeordnet war. Die Emanzipation der Themen aus der Umklammerung der involvierten Persönlichkeiten sieht Clark im Göttinger Realkatalog vollzogen, der das Herzstück der professionalisierten Aufklärungsuniversität ausmachte.[218]

Doch selbst in sehr privaten Formen des Umgangs mit Schriftstellern, etwa der alphabetischen Ordnung nach Namen in Florilegien,[219] Exzerptbüchern und Zettelkästen, sind die Autorennamen aus der Ordnung des Wissens nicht wegzudenken, wie der registerlose Zettelkasten von Joachim Jungius zeigt. Christoph Meinel hat Jungius' radikalen Verzicht auf die Schemata der vier Fakultäten oder gar die arbiträre Wissensordnung des Alphabets bei den überlieferten 45 000 Blatt für gescheitert erklärt, da sich keine natürliche, ›eigentliche‹ Ordnung entwickeln ließ.[220] Diese

nach Totok um 1522 mit Giovanni Nevizzanos: Inventarium librorum in utroque iure hactenus impressorum. Lugduni 1522. Totok, Wilhelm: Geschichte der älteren Fachbibliographie am Beispiel der Philosophie. In: Die Erforschung der Buch- und Bibliotheksgeschichte in Deutschland. Hg. v. Werner Arnold. Wiesbaden 1987. S. 4f.

217 Gesner, Konrad: Bibliotheca univeralis. Sive catalogus omnium scriptorum locupletissimus in tribus linguis: Latina, Graeca & Hebraica. Zürich 1545-1555. [Osnabrück 1966]

218 Bereits die Klassifikationstheorie der Romantik fällt auf den Autorenkatalog zurück. Clark, William: The Library Catalogue. In: ders.: Academic Charisma and the Origins of the Research University. Chicago 2006. S. 297-335.

219 Als Florilegium (lat. florilegium in der Laienübersetzung die Blütenlese) Sammlung von Lesefrüchten wie z.B. Redewendungen, Passagen berühmter Autoren oder auch Bibelverse. Sie sind ab dem 9. Jahrhundert dokumentiert und bis in die Frühe Neuzeit bei Studenten und Gelehrten sehr gebräuchlich. Die Notiztechnik eignet sich zudem zur bloßen Vortäuschung von Belesenheit und breiter Literaturkenntnis. Rauner, B. u.a.: Art. Florilegia. In: Lexikon des Mittelalters. Hg. v. Robert-Henri Bautier. München 1989. Bd. 4. Sp. 566-572.

220 Meinel bezweifelt, dass Jungius' Befreiungsversuch eine erfolgreiche Loslösung aus mentalen Strukturen und überkommenen Anordnungen leistete: »Aus einer Welt artifiziell-hierarchischer Wissenssysteme, die er für falsch hielt, hat sich Jungius mit Hilfe der empirischen und kritisch zergliedernden Methode zu befreien gesucht. Auch wenn diese zunächst bloß als epistemologische und didaktische Vorstufe zur eigentlichen Wissenschaft gedacht war, so führte doch von den Exzerpten des Zettelkastens am Ende kein Weg zur systematischen

Unvermeidlichkeit des Alphabets brachte einen Abstraktionszuwachs der Ordnungssysteme mit sich. Zugleich sicherte genau dieses Regime der Buchstaben die zentrale Stellung der Autorennamen in der Adressierung jeglicher Information. Diese Namen bildeten nun ihrerseits Leerstellen, die keineswegs abstrakt verstanden wurden, sondern die zu »Autoren« ausgebaut und mit venerativen Energien besetzt werden konnten.

Die Gelehrtengeschichte schließt die Lücke zwischen Gelehrten und Studenten, zwischen Interessierten und Themen, zwischen Bibliotheken und Nutzern. Sie erweitert die Grundform der Biobibliographie über Kommentare und Systematik zu einer wissenschaftlichen Landkarte für Studenten, Laien, aber auch Kollegen. Diese Kompendien, die zu Beginn des 18. Jahrhunderts den Buchmarkt überschwemmen, gehören zu den auffälligsten Publikationsphänomenen ihrer Zeit, wobei die Begriffe Literärgeschichte und Gelehrtengeschichte von den Akteuren synonym verwendet wurden, obwohl die Gelehrtengeschichte sich als Oberbegriff durchgesetzt hat. Im engeren Sinne bezeichnet Gelehrtengeschichte alphabetisch geordnete Personenlexika mit Werkverzeichnis, im weiteren Sinne umfasst sie auch bebilderte Personenlexika, biographisch strukturierte Universitätshistorien,[221] propädeutische Werke und satirische Anekdotensammlungen aus dem gelehrten Bereich.

Die *Historia literaria* lässt sich in diesem Feld als eigenes Genre ausmachen. Es ist schnell gesagt, was die *Historia literaria* nicht ist: Sie bietet keine Literaturgeschichte, die nach Inhalten, Linien, kausalen Abfolgen und Autorenstandpunkten strukturiert wäre. Martin Gierl hat versucht, die *Historia literaria* durch Vergleiche zu fassen: Sie erfüllt eine Vorläuferfunktion für Literatur-, Kultur- und Wissenschaftsgeschichte einerseits und für die technischeren Disziplinen Bibliographie, Buchkunde, Biographie und historische Hilfswissenschaften andererseits.[222] Dadurch

Darstellung der Wirklichkeit, ja ohne auch nur die einfachsten Findhilfsmittel war das Material sogar heuristisch kaum zu benutzen.« Meinel, Christoph: Enzyklopädie der Welt und Verzettelung des Wissens. Aporien der Empirie bei Joachim Jungius. In: Enzyklopädien der Frühen Neuzeit. Beiträge zu ihrer Erforschung. Hg. v. Franz M. Eybl, Wolfgang Harms, Hans-Henrik Krummacher und Werner Welzig. Tübingen 1995. S. 187.

221 Wie beispielsweise: Pütter, Johann Stephan: Versuch einer academischen Gelehrten-Geschichte von der Georg-Augustus-Universität zu Göttingen. 4 Bde. (Fortgeführt von F. Saalfeld/G. H. Osterley) Göttingen 1765-1838.

222 Gierl, Martin: Bestandsaufnahme im gelehrten Bereich. Zur Entwicklung der ›Historia literaria‹ im 18. Jahrhundert. In: Denkhorizonte und Handlungsspielräume. Historische Studien für Rudolf Vierhaus zum 70. Geburtstag. Göttingen 1992. S. 79.

ist die spezifische Mischung dieser Kompendien aber noch unzulänglich beschrieben: die nicht enden wollenden Titelreihungen zu verschiedensten Themen, die Rücksicht auf die kleinsten Eigenheiten der Gelehrten, die Hinweise zum Buchgebrauch beim Exzerpieren und Memorieren, die einführenden Erläuterungen zu Institutionen und Fachgebieten, die Reflexionen auf Sprache und Ursprung des Wissens. Bücher wie Gelehrte werden ohne Analyse kartiert, sie werden als feste Einheiten in ihrer beeindruckenden Fülle vorgeführt und arrangiert, ohne je auf die Ebene der Buchinhalte vorzudringen, was nicht vorschnell durch Unvermögen erklärt werden sollte.

Martin Gierl hat seiner Vorläuferthese deshalb noch eine zweite Perspektive hinzugefügt: die *Historia literaria* als Schwundstufe polyhistorischen Universalitätsdenkens.[223] Geschwunden ist der Anspruch, die präsentierte Ordnung des Wissens könne die eigentliche sein. In einem frühen Beispiel der *Historia literaria* – Daniel Morhofs »Polyhistor« – findet Wilhelm Schmidt-Biggemann die Wissensordnung der *loci communis* rhetorisch gewendet vor: Die Wissenssystematik zieht sich von den »Kernbereichen des Seins« zurück und wird pragmatisch.[224] Das gleichgeschaltete, disponierte Material sollte als Ort der Invention von Rede frei verfügbar sein. Mit diesem rationalen, säkularen Endzweck erschöpft sich die Aufgabe der Anordnung. Auch Conrad Wiedemann betont die frühaufklärerische Abwendung von den großen Sinnzusammenhängen, die im Barock von der Emblematik evoziert oder zu pansophischen Systemen ausgearbeitet wurden (Comenius, Lull). Morhof setzt die Polymathie dagegen und öffnet so die Bahn für die Eklektik.[225]

Die jüngere Forschung[226] zur *Historia literaria* lässt den Untersuchungszeitraum nicht erst mit Morhof 1688 beginnen, sondern setzt be-

223 Ebd. S. 55.

224 Schmidt-Biggemann, Wilhelm: Topica universalis. Eine Modellgeschichte humanistischer und Barocker Wissenschaft. Hamburg 1983. S. 265f.

225 Wiedemann, Conrad: Polyhistors Glück und Ende. Von Daniel Georg Morhof zum jungen Lessing. In: Heinz Otto Burger/Klaus von See (Hg.): Festschrift für Gottfried Weber. Bad Homburg 1967. S. 215-235. »Morhofs kritische Einwände richten sich konkret gegen das, was hier – zugegebenermaßen etwas pointiert – als spezifisch für das deutsche Barock herausgestellt worden ist: Das pansophische, kombinatorische, sinnbildlich-analogische Denken.« S. 223. (Lull, Kircher, Kuhlmann, Comenius) Vgl. auch: Chatelain, Jean-Marc: Philologie, pansophie, polimathie, encyclopédie. Morhof et l'histoire du savoir global. In: Mapping the World of Learning. Hg. v. Françoise Waquet. Wiesbaden 2000. S. 15-31.

226 Vollhardt, Friedrich/Syndikus, Anette/Grunert, Frank: Neuordnungen des Wissens. Formen und Funktionen der ›Historia literaria‹ in der frühneuzeit-

reits bei Peter Lambeck um 1659 an,[227] von wo aus sie das Phänomen bis 1800 verfolgt. Eine ältere Studie des Wolfenbüttler Bibliothekars Wilhelm Herse diagnostiziert um die Jahrhundertwende die notwendige Desintegration der Disziplin, die von der Dynamik des Buchmarktes gesprengt werden musste.[228]

In den folgenden Abschnitten wird die Gelehrtengeschichte in ihren verschiedenen Sub-Genres dargestellt und als historisches Wissenschaftsprogramm präsentiert, wie es sich im Feld der Kollektivbiographie bzw. Biobibliographie artikulierte. Zuerst wird mit Johann Andreas Fabricius ein Vertreter der *Historia literaria* betrachtet, der 1752 ein letztes Mal versucht, durch ein propädeutisches Metabuch alle anderen Bücher zu erschließen. Anhand des Bacon-Bezugs wird die These diskutiert, ob die Gelehrtengeschichte das geisteswissenschaftliche Pendant zu den wundersamen, baconischen Tatsachen der Naturhistoriker darstellt, also als frühe empirische Wissenschaftsgeschichte zu verstehen ist. Anschließend werden die Zusammenhänge der *Historia literaria* mit der literarischen Episode der *Charlataneria eruditorum* verfolgt. Diese Form der Gelehrtensatire, mit ihren Protagonisten Michael Lilienthal, Johann Burckhardt Mencke und Johann Adam Bernhard, ist für die Gesamtdynamik des

lichen Wissensgeschichte. In: Berichte zur Wissenschaftsgeschichte 29/2006. S. 67-69; sowie Grunert, Frank/Vollhardt, Friedrich (Hg.): Historia literaria. Studien zum kulturellen Gedächtnis der Frühen Neuzeit. Berlin 2007. Einleitung S. VI-IX.

227 Vor Morhof erschienen, aber eher der Plan zu einer *Historia literaria*: Lambeck, Peter: Prodromus historiae literariae. Et tabula duplex chronographica universalis. Hamburg: Lambecius 1659. Morhof, Daniel Georg: Polyhistor literarius, philosophicus et practicus. Lübeck 1688. Martin Lipenius, Rektor des Lübecker Gymnasiums, beginnt 1679 ebenfalls eine Universalbibliographie nach den vier Fakultäten. Zu Letzterem Totok: Geschichte der älteren Fachbibliographie. S. 12.

228 Herse, Wilhelm: Lessing und die Gelehrtengeschichte. In: Zentralblatt für Bibliothekswesen 46(8-9)/1929. S. 424-433. Nach Martin Gierl ist die *Historia literaria* bereits nach 1730 zu ihrem Ende gekommen. Gierl, Martin: Pietismus und Aufklärung. Theologische Polemik und die Kommunikationsreform der Wissenschaft am Ende des 17. Jahrhunderts. Göttingen 1997. S. 516. Dieser eklatante Unterschied in der Periodisierung hängt mit Gierls engerem Begriff der Gattung zusammen. Er parallelisiert die *Historia literaria* stark mit der Eklektik und der Welle von Disputationen im Stile der *Charlataneria eruditorum*. Letzteres Publikationsphänomen sowie das mit ihm einhergehende Interesse an curiösen Einzelfakten wird nach 1730 schwächer. Literärhistorische Kompendien zur Einführung an Universitäten hingegen sowie der Zuschnitt des Untersuchungsbereiches wird auch in Titeln des späteren 18. Jahrhunderts noch durch das Stichwort Gelehrtengeschichte signalisiert.

Wissenschaftprogramms der Gelehrtengeschichte von zentraler Bedeutung. Der Unterschied zur *Historia literaria* im engeren Sinne liegt in der Spezialisierung auf die Sitten und Unsitten der schreibenden Zunft sowie dem durchgängig satirischen Tonfall. Gemeinsam ist beiden Untergattungen jedoch die Grundstruktur der kommentierten Bibliographie. Zuletzt untersuche ich die auf Personenlexika hinauslaufenden Kompendien (Christian Gottlieb Jöcher), die über Inklusion und Exklusion in den Kosmos der Schrift entscheiden. Bebilderte wie unbebilderte Personenlexika teilen ihre publizistische Systemstelle mit der sehr lang zurückreichenden Tradition der *viri-illustribus*-Literatur eines Cornelius Nepos, Sueton oder Petrarca.[229] Insofern werden die Lexika als wichtiger Baustein in einer rühmenden Geschichte der Gelehrten verstanden, auch wenn ihre Einträge nicht auf der Wortebene rhetorisch sind. Auch wenn diese biographischen Sammlungen häufig beiläufig entstehen, haben sie doch wie die Nachrufe den Effekt, dass die Lebensbeschreibungen der Gelehrten überall zugänglich sind und die Leser bei ihrer Lektüre immer wieder an bewundernswerten Einzelleistungen vorbeilenken. Dies wertet die Gesamtheit der katalogisierten Wissenschaftler auf; durch den umfassenden Zuschnitt der Gelehrtengeschichte umfasst, verwaltet und indiziert sie aber auch die naturkundlichen Fächer.[230]

Historia literaria: Das Regime der Bibliographie

Zu den Hauptwerken der *Historia literaria* gehört neben dem bereits erwähnten »Polyhistor« Daniel Morhofs auch Jacob Friedrich Reimmanns »Versuch einer Einleitung in die Historiam Literariam«[231] und als einflussreichster Beitrag Christoph August Heumanns »Conspectus Rei-

229 Herse, Wilhelm: Literärgeschichte (Gelehrtengeschichte) als Wissenszweig des Bibliothekars. In: Zentralblatt für Bibliothekswesen 50/1933. S. 528-535.

230 Bis auf die Medizin, die Pharmazie und zumeist die Chemie waren zudem alle Naturwissenschaften (Mathematik, Biologie, Geologie, Physik und Astronomie) an der Philosophischen Fakultät angesiedelt, an der die Propädeutik der Gelehrtengeschichte zuallererst ihren Ort hatte.

231 Reimmann, Jacob Friedrich: Versuch einer Einleitung in die Historiam Literariam. So wohl insgemein als auch in die Historiam Literariam derer Teutschen insonderheit. Darinnen man die Liebhaber dieser höchstnöthigen und nützlichen Wissenschaft auf einen neuen nähern und bequemern Weg zu der Erlangung ihres Zweckes zu führen beflissen ist. Magdeburg 1708. Vgl. zu Reimmann: Mulsow, Martin/Zedelmaier, Helmut (Hg.): Skepsis, Providenz, Polyhistorie. Jakob Friedrich Reimmann (1668-1743). Tübingen 1998.

publicae Literariae« von 1718, der bis 1791 acht weitere Auflagen erlebte[232] und von Hieronymus Gundling,[233] Gottlieb Stolle[234] und Carl Joseph Bouginé[235] in den eigenen Vorlesungen und Publikationen explizit aufgegriffen wurde.[236]

1736 wurde Heumann nach einem Intermezzo als Gymnasiallehrer sogar zum ersten Professor für Gelehrtengeschichte an der Universität Göttingen berufen. Nur Königsberg verfügte über einen noch älteren Lehrstuhl.[237] Heumanns Professur beinhaltete die Leitung der Universitätsbibliothek. Wenn auch in anderen Bereichen der Gelehrtengeschichte häufig Pfarrer, Liebhaber und Gymnasiallehrer auf sich aufmerksam machten, entstanden die großen Standardwerke der *Historia eruditorum* doch vor allem an bedeutenden Bibliotheken. Von Peter Lambeck in Wien über Daniel Georg Morhof in Kiel bis hin zu Christian Gottlieb Jöcher und Johann Christoph Adelung in Leipzig standen viele der bekannteren Autoren von Gelehrtengeschichten einer großen Bibliothek vor.

Die Verbindungen zur Philosophischen Fakultät, die im 18. Jahrhundert noch als Einführung in die Wissenschaft gedacht war, waren ebenfalls eng. Gerade hier hatte die *Historia literaria* zuallererst ihren Ort, denn sie wurde als Lehrbuch für die allgemeine Einführung ins Studium

232 Heumann, Christoph August: Conspectus Reipublicae Literariae sive via ad historiam literariam iuventuti studiosae aperta. Hannover 1718. [8. Auflage, 1733, fortgeführt von Joh. Nic. Eyring]

233 Gundling, Hieronymus: Vollständige Historie der Gelahrtheit, Oder Ausführliche Discourse, So er in verschiedenen Collegiis Literariis, so wohl über seine eigenen Positiones, als auch vornehmlich über Christophori Augusti Heumannii Conspetum Reipulicae Literariae gehalten. Frankfurt, Leipzig 1734.

234 Stolle, Gottlieb: Anmerkungen über D. Heumanns Conspectum Reipublicae Literariae. Allen Liebhabern der Historie der Gelahrtheit zuliebe an den Tag gegeben. Jena 1738. Sowie Stolle, Gottlieb: Anleitung zur Historie der Gelahrtheit, denen zum besten, die die Freyen Künste und der Philosophie obliegen. 3 Teile. Halle 1718.

235 Bouginé, Carl Joseph: Handbuch der allgemeinen Litterärgeschichte nach Heumanns Grundriß. 6 Bde. Zürich 1789-1802.

236 Lehmann-Brauns, Sicco: Kritische Gelehrsamkeit und mystische Gelehrsamkeitskritik – C. A. Heumann und G. Arnold im Spannungsfeld von ›Knowledge and Belief‹. Berlin, MPIWG Preprint 284.

237 Gierl: Bestandsaufnahme. S. 73. Gierl beschreibt zwar die Verwendung der literärgeschichtlichen Standardwerke weit nach dem von ihm anvisierten Ende der *Historia literaria*, stellt allerdings auch fest, dass die Lehre der Ordinarien in die Enzyklopädie übergeht.

verkauft, wobei man auch mit hochwertigen Titelkupfern die Buchinteressierten zu locken verstand.

Der Unterricht in der *Historia literaria* hatte zwar immer propädeutischen Charakter, wurde aber gerade in Göttingen um die Jahrhundertmitte des 18. Jahrhunderts sehr ernst genommen. Martin Gierl ist in Vorlesungsverzeichnissen auf bis zu 16 angekündigte Veranstaltungen im Jahr gestoßen: Heumann las die allgemeine Literaturgeschichte, Johann Stephan Pütter die juristische,[238] und niemand Geringeres als Albrecht Haller hielt die Studenten zur kritischen Revision der gesamten botanisch-medizinischen Literatur an.

Ein späteres Werk, das aber in jeder Hinsicht zur engeren Tradition der *Historia literaria* zu rechnen ist, wurde von Johann Andreas Fabricius verfasst: »Abriß der allgemeinen Historie der Gelehrsamkeit« von 1752.[239] Fabricius findet zu folgender Kapiteleinteilung, die sich noch nicht weit von Morhof entfernt hat:[240] Ursprung der Gelehrsamkeit, Sprachen, Freie Künste (Reiten, Fechten, Grammatik, Altertümer), Philologie. Innerhalb des klassischen Programms der Philosophischen Fakultät wird mit der Betonung von Mathematik und Weltweisheit ein Akzent auf die Tradition des hallensischen Rationalismus gesetzt. Dann folgt ein Durchgang durch die drei oberen Fakultäten Theologie, Jura, Medizin sowie je ein Kapitel über Lehranstalten, Journale, Bibliotheken und Bücher.

238 Pütter hat darüber hinaus eine buchorientierte Institutionengeschichte der Universität Göttingen vorgelegt, die zwischen Biobibliographie, Reiseführer und Vorlesungsverzeichnis angesiedelt ist und voller Informationen für Studenten und Forscher steckt, ohne im heutigen Sinne geschichtliche Begründungen zu liefern. Es wird in diesem Buch keine einzige Entwicklung erklärt. Pütter, Johann Stephan: Versuch einer academischen Gelehrten-Geschichte von der Georg-Augustus-Universität zu Göttingen. 4 Bde. (F. Saalfeld/G. H. Osterley) Göttingen 1765-1838.

239 Fabricius, Johann Andreas: Abriß einer allgemeinen Historie der Gelehrsamkeit. 3 Bde. Leipzig: Weidmann 1752-1754. Johann Andreas Fabricius (1696-1769) ist nicht zu verwechseln mit dem späteren Herausgeber von Morhofs Polyhistor Johann Albert Fabricius (1668-1736).

240 Bei Morhof lautete die Einteilung 1) LITERARIUS: Bibliothecarius, / Methodicus / Parasceuasticus (Exzerpierkunst) / Grammaticus / Criticus / Oratorius / Poeticus / 2) PHILOSOPHICUS: Philosophico-historicus / Physicus / De artibus Divinatoribus et Magia / Mathematicus / Logico-Metaphysicus / 3) PRACTICUS: Ethicus / Politicus / Oeconomicus / Historicus / Theologicus / Juridicus / Medicus. Morhof, Daniel Georg: Polyhistor literarius, philosophicus et practicus. Aalen 1970. [1688, der Nachdruck orientiert sich an der Lübecker Ausgabe von 1747.]

Vor allem die letzten Kapitel zeigen die enge Verschränkung von Literärgeschichte im Sinne der Bibliographie und Gelehrtengeschichte als Einweisung in die Verhaltensweisen der Schreibenden. Denn auffälligerweise wird vor allem der Paratext der Bücher beschrieben, in dem sich Statusfragen artikulieren: die Vorrede, die Titel, die drohenden Verbote (»Von verbrannten Büchern«), die Fälschungen, die Zensur (»Vom Castriren der Bücher«), die Fußnoten, die Register, die Raritäten und Gattungen der Kampfschrift. Noch deutlicher wird diese Konzentration auf den Gelehrten selbst in der sich anschließenden Typologie der Bücherschreiber, der Sammler, Bücherdiebe und Plagiatoren, der gelehrten Frauenzimmer und pseudonymen Skandalautoren, der Polygraphis und Agraphis, der Vielschreiber und Nichtschreiber.

Fabricius richtet sein Kompendium explizit auf diesen Aspekt aus: Selbst Morhof als Begründer der Disziplin hält es für seinen Geschmack zu sehr mit den Büchern (also Titelverweisen) und zu wenig mit den Autoren.[241] Die Hauptquellen seiner Unternehmung benennt Fabricius im Kapitel »Von den Schriften die zur Historie der Gelehrsamkeit gehören und dienen«. Er nennt: Lexika, Bibliothekskataloge, Journale, Lebensbeschreibungen, Leichenpredigten und Briefwechsel von Gelehrten. Hinzu kommen Ana, im Sinne von Sammlungen der zu einer Person gehörigen Miscellen,[242] und *Micrologiis litteraiis*, was Fabricius mit »Kleinigkeiten in der Historie der Gelehrtheit« übersetzt.[243] Auch Gelehrtenanekdoten wäre treffend gewesen. Er erwähnt lobend, dass einige Liebhaber der Gelehrtengeschichte Sammlungen von Leichenpredigten angelegt hätten, um diese Anekdoten zu sammeln.[244] Mit seinem Interesse für eine Empirie der Kleinigkeiten steht Fabricius keineswegs allein, wie auch

241 »[Morhof] gehöret unter die Scribenten der Historie der Gelehrsamkeit nach der Synthetischen oder Technologischen Methode, und gehet mehr auf die Kenntniß der Bücher, als der gelehrten Sachen, Personen und Geschichte, und die letzten Theile desselben sind zu kurz geraten.« Fabricius, Johann Andreas: Abriß einer allgemeinen Historie. S. 686. Der Abgrenzungsversuch gegenüber Literärgeschichten, die die Schreibenden vernachlässigen, erfolgt mehrfach: »Des Simonis Pauli, eines Straßburgischen Buchhändlers […] herausgegebene Historia litteraria ist nur ein Verzeichniß der Bücher in seinem Buchladen, und so giebt es noch wol mehrere dergleichen Bücher, welche den Namen der Historie der Gelehrsamkeit führen und doch dergleichen nicht sind.« Fabricius: Abriß einer allgemeinen Historie der Gelehrsamkeit. S. 688.

242 Beugnot, Bernhard: Forme et Histoire. Le statut des ANA. In: Mélanges offerts à Georges Couton. Lyon 1981. S. 85-101. Wild, Francine: Naissance du genre des Ana (1574-1712). Paris 2001.

243 Fabricius: Abriß einer allgemeinen Historie der Gelehrsamkeit. S. 682.

244 Ebd. S. 680.

Reimmanns Forderung nach einer *Historia eruditorum anekdoton* und Heumanns Abschnitt über *Micrologiis literariis* zeigen.[245]

Ein gemeinsamer Bezugspunkt, auf den in den Verweissystemen von Morhof, Reimmann und Fabricius vieles zuläuft, ist Francis Bacon, der die *Historia literaria* als Desiderat beschrieben hatte.[246] Sie war in Analogiebildung zur Naturgeschichte derjenige Teil der Empirie, der von Büchern, Gelehrten, ihren intellektuellen Bemühungen und Institutionen zu handeln hatte und als Systematik der unteren Fakultät keineswegs einführend, sondern grundlegend gedacht war:

> For that such a Narration, as we have described, in our opinion, may much conferre to the wisdome and judgement of Learned Men, in the use and administration of Learning: and that the passions and perturbations; the vices and virtues; as well about Intellectuall matters, as Civill, may be observed; and the best Presidents for pracise may be deduced therefrom.[247]

245 Heumann, Christoph August: Conspectus Reipublicae Literariae sive via ad historiam literariam iuventuti studiosae aperta. Hannover 1718. S. 400f. Zu Reimmann vgl. Gierl, Martin: Bestandsaufnahme im gelehrten Bereich. Göttingen 1992. S. 72.

246 Als Teil der geplanten »Instauratio Magna« arbeitet Bacon um 1623 an einer Präsentation aller von der Geschichte betroffenen Gebiete: »natural and civil«. Auf die *Historia literaria* kommt er dabei an zwei Stellen zu sprechen. Vgl. Bacon: De Dignitate et Augmentis Scientiarum. On the Dignity and Advancement of Learning. In: The Works of Francis Bacon. Hg. v. Spedding, Ellis und Heath, London 1857-1874. 14 Bde. Lat. Bd. 1/Engl. Bd. 4. Stuttgart-Bad Cannstatt 1963-1994. Bei Bacon ist die *Historia literaria* als Geschichte der Intellektualität aber auch an Ursprüngen interessiert, wie ein Eintrag zeigt: »Historia literarum«: But a just story of Learning, containing the Antiquities and originals of Knowledge, and their Sects; their Inventions, their Traditions, their diverse Administrations, and Managings; their Flourishings, their Oppositions, Decayes, Depressions, Oblivions, Remoues; with the causes, and occasions of them and all other events concerning Learning, through the ages of the World; I may truly affirme to be wanting.« Zit. n. Flügel, Ewald: Bacon's Historia Literaria. In: Anglia N.F. 9=21. Heft 3/1899. S. 263. Flügel führt die Übersetzungen von Gilbert Wats mit der lateinischen Version nach Spedding et al. parallel und kommentiert ausführlich.

247 Bacon, Francis: On the Dignity and Advancement of Learning. Zit. n. Flügel, Ewald: Bacon's Historia Literaria. In: Anglia N.F. 9=21. Heft 3/1899. S. 267. Vgl. auch: The Works of Francis Bacon. Hg. v. Spedding, Ellis und Heath, London 1857-1874. 14 Bde. Stuttgart-Bad Cannstatt 1963-1994. Bd. 1. S. 495.

Alle Einzelheiten werden als Statthalter einer Erfahrungsmöglichkeit wichtig. Denn nicht die Schriften Augustinus' bilden einen Bischof – wie Bacon fortfährt –, sondern die Kirchengeschichte; nicht die Theorie, sondern die Menge rauer, historischer Teilansichten. Es sind also Beispiele aus der Praxis und unabgeschlossene Einzelheiten, nicht große Systeme, anhand derer man die Schreibenden und die Schriften, kurz die Wissenschaft, begreift und das eigene Handeln orientieren kann. Diese Empfehlungen erinnern an das so erfolgreiche Programm der Tatsachensammlung in der Naturgeschichte. Katharine Park und Lorraine Daston haben gezeigt, dass es zunächst vor allem wundersame Tatsachen waren, die die Seiten der frühen Fachjournale füllten und die Wissenschaftsdynamik prägten.[248] Durch die nüchterne Überprüfung des Seltsamen ermöglichte jedoch ausgerechnet die sprunghafte Natur die Einübung in das Konzept der reinen Tatsachen.

Im Unterschied zu den baconischen Tatsachen der Naturgeschichte sind die literärhistorischen Grundeinheiten doppelt prekär konzipiert. Zunächst sind die *Micrologiis literariis* nicht geeignet, Inhalte zu erfassen. Zudem sind sie Bacon zufolge ein gefährliches Terrain: Die eingehende Beschäftigung mit den Forschern und ihren Sitten darf keinesfalls in Verehrung münden:

> As touching the use of this Work, it is design'd to this end, not that the Honour and State of Learning usher'd in by so many Images and Ghosts of the Learned, should be celebrated; or that for the earnest affection we bear to Learning, we desire, even to a curiosity, to inquire, and to know, and to conserve whatsoever to the state of Learning may any way appertaine; but chiefly, for a more serious and grave purpose.[249]

248 Vgl. d. Kap. »Strange Facts« in: Daston, Lorraine/Park, Katharine: Wonders and the Order of Nature. New York 1998. S. 215-246.

249 Bacon zit. n. Flügel, Ewald: Bacon's Historia Literaria. In: Anglia N.F. 9=21, Heft 3/1899. S. 267. Latein: »Quod ad usum attinet, haec eo spectant; non ut honor litterarum et pompa per tot circumfusas imagines celebretur; nec quia, pro flagrantissimo quo literas prosequimur amore, omnia quae ad earum statum quoquo modo pertinent usque ad curiositatem inquirere et scire te conservare avemus; sed preacipue ob causam magis seriam et gravem.« Works of Francis Bacon. Bd. 1. S. 503. Übersetzung bei Spedding: »It is not so much to swell the honour and pomp of learning with a profusion of images; nor because out of my exceeding love for learning I wish the inquiry, knowledge, and preservation of everything that relates thereto to be pursued even to curiosity, but for a purpose more serious and important.« Works of Francis Bacon. Bd. 4. S. 301.

Dieser Wissenschaftszweig droht sich in eitlen Details, Selbstbespiegelungen, unklarer Verehrung zu verlieren und durch Affirmation Idole zu produzieren. Der begründete und richtige Respekt vor den Wissenschaften, zu denen sich Bacon selbst als erster bekennt, wird als eine Art Instinkt beschrieben, der zwar der Bewahrung und Dokumentation der Gelehrten Vorschub leistet, ansonsten aber abgewertet wird. Dennoch wiegen die weitaus ernsteren und wichtigen Früchte dieser Beschäftigung mit der *Historia literaria* diese Gefahr wieder auf:

> And surely the History of the World destitute of this, may be thought not unlike the statue of Polyphemus, with his eye out, that part of the Image being wanting, which doth most shew the nature and spirit of the Person. And though we set downe this as deficient, yet we are not ignorant, that in divers particular sciences there are made some slight Memorialls and small relations of Sects, Schools, Books, Authors and such like successions of sciences.[250]

Informationen über Bücher und Gelehrte, Wissenschaftsschulen und Sekten müssen nach Bacon deshalb verstärkt gesammelt werden, weil nur durch sie die Weltgeschichte sichtbar und fassbar wird. Einer Wissenschaftsgeschichte der Medien und Institutionen, der Diskurse und Animositäten wird also die herkömmlich der Philosophie zugeschriebene Integrationsleistung des Wissens zugetraut. Bacons Programm der *Historia literaria* verfehlt die Inhalte der Bücher, verzeichnet aber den häufig

250 Bacon zit. n. Flügel, Ewald: Bacon's Historia Literaria. In: Anglia 21/1899. S. 264. Flügel beruft sich hier auf einen englischen Originalentwurf Bacons. Die Übersetzung der Stelle, die im Abschnitt über die *Historia literaria* als Desiderat deklariert ist (Kap. IV), lautet bei Spedding: »History of Learning – (with which the history of the world seems to me as the statue of Polyphemus without the eye; that very feature being left out which most marks the spirit and life of a person) I set down as wanting. – The argument is no other than to collect out of the records of all time what particular kinds of learning and arts have flourished in what ages and regions of the world; their antiquities, their progresses, their migrations (for sciences migrate like nations) over the different pars of the globe; and again their decays, disappearances, and revivals. [...] To these should be added a history of the sects, and the principa, controversies in which learned men have been engaged, the calumnies to which they have been exposed, the praises an honours by which they have been rewarded; an account of the principal authors, books, schools, successions, academies, societies, colleges, orders – in a word, everything which relates the state of learning.« Bacon: On the Dignity. In: Works. Hg. v. Spedding. Bd. 4. S. 300.

vernachlässigten ›öffentlichen Epitext‹ der Wissenschaft, also die Praktiken, Netzwerke, Wertungssysteme und Materialitäten.

Die frühaufklärerischen Anhänger der *Historia literaria* haben das Bild des ohne sie blinden Riesen Polyphem seit Morhof dankbar aufgegriffen.[251] Sie übernahmen die Aufgabe, die Gelehrsamkeit von den Anfängen bis in die gegenwärtige Breite und bis in die persönlichsten Bereiche zu registrieren. Diese Information sollte nicht nur einen Orientierungseffekt innerhalb einzelner Disziplinen generieren, sondern er erstreckt sich auf die Ausrichtung der Wissenschaft selbst, was sich darin ausdrückt, dass der mächtige akademische Wissenskörper durch diese Empirie der Sitten, Gebräuche und Gebrauchsgegenstände selbst sehend wird. Hierin liegt die Legitimation der bloß sammelnden *Historia literaria*. Bis hin zu Fabricius steht sie aber auch immer unter dem Verdacht der Oberflächlichkeit und Eitelkeit – von daher sind apologetische Töne der ständige Begleiter dieser beharrlichen, minutiösen Katalogisierung gelehrter Praktiken. Auch die seltsame Anziehungskraft gerade der indiskreten privaten Details wird immer wieder behandelt wie ein Laster, wird immer wieder ein Anlass zur Abgrenzung von der trivialen Neugierde und wird doch stets aufs Neue tradiert: Ana seien so in Mode gekommen »wie der Schnupf-Taback«,[252] schreibt Nicolai Gundling leicht abfällig und setzt dann an zu einer umfänglichen Literaturempfehlung.

Der Anschluss an Bacon ist mehr als ein weiterer Literaturverweis. Zu sicher sind sich die Autoren in ihrem Vertrauen auf die Sammlung curiöser Absonderlichkeiten, und zu deckungsgleich ist der ungewöhnliche Blickwinkel auf die Wissenschaft, der als Dispositiv der Gelehrsamkeit nicht falsch umrissen wäre. Nur so ist es zu verstehen, dass neben den bereits erwähnten Leichenpredigten auch noch zersplittertere Spuren der Gelehrten von Fabricius als wichtige Quelle bezeichnet werden:

> Eine besondere Gattung von Schriften zur Geschichte der Gelehrsamkeit sind in ana, darin man allerhand merkwürdige Thaten, Reden und Urtheile verstorbener Gelehrten zusammen getragen und heraus-

251 Garberson, Eric: Libraries, memory and the space of knowledge. In: Journal of the History of Collections 18(2)/2006. S. 117f.

252 »Hiernächst so sind die Bücher, in ana, heute zu Tage, so Mode geworden, wie der Schnupf-Taback. Herr Wolfius, Jh. Chr. in Casauboniania, specificiert dieselben, ›keine suite nur pensees detachees und Nachrichten, welche theils wahr, theils falsch.‹ Die Menagiana sind noch am besten. Die Sarcmasiana halten Streitschriften in sich. Luthers Tischreden hätten Lutherana heißen können.« Gundling, Nicolai Hieronymus: Historie der Gelahrtheit. Bd. 4. Frankfurt, Leipzig 1736. S. 6085f.

> gegeben hatte, [...] Die Erfindung derselbigen ist so neu nicht, man will schon bey den Alten Lynceana, Caesariana, Ciceroniana, Corydiana, etc. anmerken, man will auch Lutheri Tischreden, die crises Melanchtonianas, ausser welchen man noch besondere Melanchtoniana hat, Verulamiana, Wigandiana, Grotiana, hier bringen, die ersten aber, welche diesen Namen eigentlich führen, sind die Scaligerana, darauf folgen die Saremasiana, Baconiana, Bouhoursiana, Perroniana, Thuana, Valesiana, Menagiana, Antimenagiana, Sorberiana, Furetieriana, Seldeniana, Vasconiana, Saloniana, Borboniana, Bourdelotiana, Daumiana, Ancilloniana, Parrhasiana, Chevraeana, Naudaeana, Patiniana, Anonymiana, Pithoeana, Marvilliana, S. Euremontiana, Huetiana, Conringiana, Arlequiniana, Casauboniana, Taubmanniana, Burmanniana, Origeniana, Parrhasiandriana, Gundlingiana, Leibniziana, Poggiana, Carpenteriana, Schurzfleischiana.[253]

Im Anschluss an seine imposante Liste erwähnt Fabricius, dass einige der angeführten Bücher nie herausgekommen sind. Es folgt, wie so oft, der Verweis auf Parallelstellen im eigenen Werk und, als sei dies der propädeutischen Zirkularität noch nicht genug, folgt die Liste der Parallelstellen in den früheren Literärgeschichten.

Versteht man die *Historia literaria* in Analogie zur Naturgeschichte als den Versuch, eine empirische Breite an Tatsachen zu etablieren, also als Baconianismus in den Geisteswissenschaften, so ist die besondere Einzugsebene zu berücksichtigen, die sich im Bereich der Gesellschaft weder von indiskreter, weil privater Neugierde noch vom Buchmarkt lossagen kann. Fabricius geht einerseits auf Distanz zu den *Micrologiis literariis*, dennoch sollen andererseits Informationen über frühzeitige Gelehrte, gelehrte Hurenkinder, große Gelehrte, Tabak rauchende Schriftsteller, Federn und Schreibzeug der Gelehrten idealerweise als aufgearbeitetes Materialreservoir den Lesern zur Verfügung gestellt werden, damit diese sie dann »im Vorbeigehen anmerken« können.[254] Direkt anschließend folgt allerdings ein positives Bekenntnis zu diesen Kleinigkeiten. Sie bilden die Basis des Gesamtunternehmens und müssen mit großer Aufmerksamkeit taxiert werden:

> Weil nemlich die allgemeine Historie der Gelehrsamkeit aus der besondern und allerbesondersten erwächset, und davon abgezogen wird, so ist es nicht undienlich, wenn die allerbesondersten dazu nützlichen

253 Fabricius: Abriß. Bd. 1. S. 667.
254 Ebd. S. 683.

> Sachen, in besondern Schriften ausgearbeitet werden, und dergestalt vorhanden sind, dass man nur drauf in der allgemeinen Historie der Gelehrsamkeit verweisen darf. [...] Es wäre also nicht unrecht, wenn man sichere und zuverlässige Nachrichten von dem Gemüthscharakter, Tugenden und Fehlern, Schicksalen, Lehrarten und Bemühungen dieses und jenes Gelehrten insbesondere, oder von diesem und jenem Buche und auch einzelnem Stücke in den Wissenschaften dergleichen zuverlässigen unparteiischen Unterricht, bey der Hand hätte, dessen man sich bedienen und darauf man sich berufen könnte. Es kommt vielmals in der Historie der Gelehrsamkeit auf die Bemerkung gewisser kleiner Umstände an, die man leicht übersiehet und daher in Irrthümer verfallen kann; jene in Acht zu nehmen und diese zu vermeiden, wird eine grosse Aufmerksamkeit, Belesenheit, Geduld, Musse, und unterweilen viele Kosten erfordert, dergleichen nicht iedermanns Werk ist, darauf würden also die Verfasser der Lebensbeschreibungen der Gelehrten und der Recensionen ihrer Schriften, auch die Besitzer grosser Bibliotheken zu sehen haben.[255]

Wie die Reihung der Ana bei Fabricius nahelegt, ist nicht die Neugierde die treibende Kraft in der *Historia literaria*, sondern die Stoffbeherrschung durch Listen wird zum Generator des Textes. Die Textsorte wäre unvollständig beschrieben, wenn man ihre impertinent eintönige Form nicht berücksichtigte. Selbst vor unsicheren Einträgen schreckt man nicht zurück, wenn nur der Vollständigkeit und Neuheit der Themenbereiche Genüge getan ist. Diese Lust am Verweisen funktioniert aber weit unterhalb des Hypertextes, der sich erst aus der gegenseitigen Modifikation neu konstellierter Zitate auf Inhaltsebene ergeben würde. Zugleich erzeugt die Liste einen Wissenschaftseffekt, indem sie vorgibt, das Gebiet vollständig bewältigt und offengelegt zu haben. Dabei agiert diese Form der Buchbeschreibung auf einer Ebene, die sehr weit von den Inhalten entfernt ist und Wissenschaft geradezu als Trockenübung vorführt. Dennoch suggeriert die *Historia literaria* Kompetenz und macht das Labyrinth des Wissens vom Gestus her beherrschbar, ohne je selbst aus der Buchkunde herauszuführen.

Berücksichtigt man die mit diesen Texten einhergehenden Praktiken, so lassen sich die Zitatexzesse auch als Folge der Verlagerung von einer mündlichen Gelehrsamkeit zu einer primär schriftlichen verstehen. Der Reiz der Textkenntnis ist nicht mehr länger das unter der Hand gegebene Versprechen, sich in einer Konversationssituation durch Zitate ins

255 Ebd. S. 684.

rechte Licht rücken zu können. Pierre Bayle zufolge liebten besonders die Deutschen es, sich durch gelehrte Abschweifungen zu produzieren.[256] Für diese Anlässe war die Memorialkultur der *locis communis* besonders geeignet. Die Literärgeschichte dagegen ist vielmehr als Handreichung zum genauen Studium und schriftlichen Zitat von Bedeutung.

Für Pascale Hummel – die der Rolle der Schrift in der *Historia literaria* eine Studie gewidmet hat – opfern »sich« die Autoren hier innerhalb eines Verweisungsrituals.[257] In den ideenlosen Titellisten der propädeutischen Kompendien verlieren sich die Autoren im Anderen einer lebenden Sprache, die *parole* wäre, nicht *langue*, erzeugen aber gerade durch diese professionalisierte Verweistechnik einen übersubjektiven Zusammenhang der Gelehrten. Dieser erscheint in seiner monolithischen Geschlossenheit und in der Fixierung auf die Medien und Praktiken der Gelehrten auch wiederum intensiv selbstbezüglich, was den Statusgewinn durch diese erweiterten Bibliographien treffend umreißt.

Wenn auch die Darstellung der Stellensammlungen in technischem Deutsch-Latein daherkommt, ist von einer Versachlichung dennoch nicht auszugehen. Weder im großen, anvisierten Resultat der baconischen Tatsachensammlung noch in einem apparativen Literaturbeherrschungszwang geht die indiskrete Neugierde, mit der noch jede kleinste Personenspur von den Vertretern der *Historia literaria* in den Druck überführt wurde, vollständig auf. Als Samuel Formey beschreibt, wie er zum Herausgeber einer Ana-Sammlung wurde, zeugt noch die hingeworfene Beiläufigkeit seines Tons von einer als stilvoll empfundenen Verehrung jeder noch so kleinen Bemerkung des großen Mannes. Ohne die Veneration ausgewählter Köpfe wären diese Spuren weder wichtig noch verkäuflich:

> Avant qu'on fit la vente publique des Livres de M le Duchat, je m'amusai à les dépouiller des Remarques écrites de sa main qui s'y trouvoient,

256 »Car vous savés bien que Messieurs les Allemans se dispensent voloniters à faire des digressions, pour étaler leur lecture.« Die Deutschen sind zugleich »ceux qui louent le plus leurs commentaires et leurs ouvrages«. Brief von Bayle an Minutoli. Paris 1671. (OD IV 306) Zit. n. Goetinck, Jean F.: Essai sur le rôle des Allemands dans le Dictionnaire Historique et Critique (1697) de Pierre Bayle. Tübingen 1982. S. 20.

257 Hummel, Pascale: Mœurs érudites. Étude sur la micrologie littérarie (Allemagne, XVIe-XVIIIe siècles). Genf 2002. S. 393f.

> et cela produisit l'Ouvrage intitulé Ducatiana, ou remarques de M. le Duchat, sur divers sujets d'Histoire et de Littérature.[258]

Charlataneria eruditorum: Haltungsfragen

Die (Selbst-)Verehrung der Gelehrten wird auch von Johann Burckhardt Mencke als ein Grund für den Aufschwung der *Historia literaria* genannt:

> Wenn wir aber unsere jetzigen Zeiten genau betrachten, so müssen wir bekennen, dass die *Historia literaria*, die sonsten von denen Gelehrten nur als ein Nebenwerck geachtet worden, bey vielen zum Hauptwercke, und insgemein zur Mode-Wissenschafft worden. Nun wollen wir vorjetzo eben nicht untersuchen, wie weit solches zu billigen sey oder nicht, wiewohl ich iderzeit besorget, man werde dadurch den Kern der Gelehrsamkeit verliehren, inmassen junge Leute durch die Anmuthigkeit dieses Studii dergestalt angekörnet werden, dass sie nicht so wohl um die Wissenschafften selbst, als um die, welche solche jemahls mit Ruhm getrieben, bekümmert seyn.[259]

Im Jahre 1715 war die Literärgeschichte also eine durchaus attraktive Wissenschaftsmode, die Mencke als Nachfolgerin von Scholastik und Neuhumanismus versteht. Auch Johann Adam Bernhard schließt sich hier an: »Aber nun etwas näher zum Zweck zu kommen, so antworte ich dir, dass diese neue Mode, historiam literaram curiosam zu treiben, der alten scholastischen Philosophie die Schuhe ausgetreten.«[260] Ins Bild gefasst findet sich dieses ausgeprägte Selbstbewusstsein im Frontispiz zu Reimmanns »Versuch einer Einleitung in die Historia literaria«, auf dem das helle Licht, das von dieser Wissenschaftsform ausgeht, die drei oberen Fakultäten aus der Wüstenei in die Klarheit leitet, obwohl der Esel der Scholastik in die entgegengesetzte Richtung zieht.

258 Formey, Samuel: Éloge de M. le Duchat. In: Éloges des Académiciens de Berlin et divers autres savans. Bd. 2. Berlin 1757. S. 11. Der 1700 nach Berlin übersiedelte Jacob le Duchat war darüber hinaus durch die Korrespondenz mit Pierre Bayle in eines der wichtigsten anekdotisch-zotigen Kommentarunternehmen der Zeit verwickelt.

259 Mencke, Johann Burckhardt: Vorrede. In: ders.: Compendiöses Gelehrtenlexikon. Denen Liebhabern der Historie der Gelehrten, und andern curieusen Personen zu nützlichem Gebrauch zum Druck befördert. Leipzig 1715. Unpag.

260 Bernhard, Johann Adam: Kurzgefasste curieuse Historie derer Gelehrten. Frankfurt a. M. 1718. S. 864.

Sicco Lehmann-Brauns hat die *Historia literaria* von daher mit dem aufklärerischen Selbstdenken in Verbindung gebracht.[261] Doch ausgerechnet die gedankliche Bewältigung des Stoffes ist in den Bücherlisten der Gelehrtenhistoriker auf dramatische Weise abwesend. Deshalb soll hier der Vorschlag gemacht werden, die aufklärerische Leistung dieser Wissenschaftsform in einer Habituskorrektur zu sehen.

Es ist von Bedeutung, dass die beiden eben zitierten Selbstpositionierungen nicht aus Büchern stammen, die im engeren Sinne der *Historia literaria* zuzurechnen sind. Bernhard sammelt in seiner »Curieusen Historie derer Gelehrten« skurrile Anekdoten nach dem Ordnungsschema der Biographie. Johann Burckhardt Mencke wurde aus dem Vorwort seines seriösen Gelehrtenlexikons zitiert, ist aber mit seiner erfolgreichen Schrift über die »Marcktschreyerey der Gelehrten« zum Namensgeber des gesamten literarischen Phänomens der *Charlataneria eruditorum* gemacht worden.[262]

Diese Textstellensammlungen spezialisieren sich auf die selbstbezüglichen Anteile der *Historia literaria*: die Sitten und Unsitten, die Absonderlichkeiten und Schicksale der Gelehrten. Sie sind in der Literaturwissenschaft als Phänomen der Gelehrtensatire verhandelt worden, da die Wertungen ausgesprochen scharf ausfallen.[263]

Aufgebaut sind diese häufig lateinischen Texte, von denen bisher an die 500 Stück gezählt wurden,[264] noch immer nach dem Schema des bibliographischen Stellenkatalogs von überzeugter, anekdotischer Seria-

261 Lehmann-Brauns: ebd. S. 129-161.

262 Mencke, Johann Burckhardt: Zwey Reden von der Charlatanerie oder Marcktschreyerey der Gelehrten. Nebst verschiedner Autoren Anmerckungen. Mit Genehmhaltung des Hrn. Verfassers nach der letzten vollständigsten Auflage übersetzt. Leipzig 1716. [De charlataneria eruditorum declamationes duae. 1715, Frz. 1721] ein wichtiger Vorläufer: Lilienthal, Michael: De Machiavallismo Literario. Sive de perversis quorundam in Republica Literaria inclarescendi artibus. Königsberg, Leipzig 1713. Ein blasserer Nachfolger: Büschel, Johann Gabriel: Über die Charlatanerie der Gelehrten seit Mencken. Leipzig 1791 [München 1981. (= Quellen zur Geschichte des Buchwesens 3)]. Mencke hat seine Reden anlässlich zweier Magister-Promotionsfeiern am 9.2.1713 und 14.2.1715 in Leipzig gehalten. Füssel, ebd. S. 121.

263 Košenina, Alexander (Hg.): Charlataneria eruditorum. Satirische und kritische Texte zur Gelehrsamkeit. St. Ingbert 1995. (= Kleines Archiv des achtzehnten Jahrhunderts 23). Košenina, Alexander: Der Gelehrte Narr. Gelehrtensatire seit der Aufklärung. Göttingen 2003.

264 Martin Gierl kommt ohne systematische Recherche auf 130 Titel zwischen 1700 und 1730. Pascale Hummel hat 500 Schriften ausfindig gemacht. Hummel, Pascale: Mœurs érudites. Genf 2002.

lität. Zusammengestellt werden beispielsweise Textstellen zu Gelehrten, die mit 55 Jahren verstorben sind, die als Söhne von Schustern gelten oder die ihre Grabschriften selbst verfasst haben.[265] Im Unterschied zur propädeutischen, bibliographischen und enzyklopädischen *Historia literaria* liefen diese Texte auf wissenschaftsinterne Korrekturen hinaus. Man grenzte die Gelehrten jedoch nicht von den Laien ab, sondern von der Figur des Pedanten, also denen, die auf falsche Art gelehrt waren, den Fälschern, den Marktschreiern und Scharlatanen, den hochmütigen, weltfremden und allzu tiefgründigen Gelehrten.

Versucht man sich der Wissenschaftskultur der *Charlataneria eruditorum* zu nähern, so ist Leonhard Forsters Hinweis auf die Anfänge dieser Publikationsform zu berücksichtigen: Sie beginnt als Dissertation oder Kasualdruck.[266] Die bissige Bibliographie der kuriosen Gelehrtengeschichte erscheint nicht nur neu, sondern ersetzt die herkömmlichen Disputationen. William Clark hat dieses zentrale Prüfungsritual der voraufklärerischen Universität als das Gegenteil von Wissensdiskussion beschrieben. Er spricht von »theatre of antagonistic syllogisms« und »rehearsal of established doctrines«.[267] In einer Disputation wurden die bestehenden Thesen durch die Vernichtung der Opponentenposition in scharfem Latein zum Leuchten gebracht – an eine Hinterfragung oder Kritik war nicht zu denken.[268] Bernhard merkt offen an, dass man sich anhand der Neuigkeiten auch um einen neuen Sprachmodus bemühte:

> In der Muttersprache wurde die Vernuffts-Lehre nicht mehr gelernet; man erdachte griechische und lateinische Kunstwörter, und wickelte die deutliche Wahrheit in so viel Lumpen ein, dass die Anbether dieser Lehre sich oft selbsten nicht verstanden.[269]

Ohne diesen Hintergrund des Protestes gegen den hergebrachten akademischen Tonfall ist die transgressive Dynamik, mit der die Gelehrtengeschichte ihre Anekdoten aufreiht, noch nicht richtig erfasst. Die *Charlataneria eruditorum* stellt nicht selbst die neuen Inhalte oder deren

265 Forster, Leonard: Charlataneria eruditorum zwischen Barock und Aufklärung in Deutschland. Mit dem Versuch einer Bibliographie. In: Res Publica Litteraria. Die Institutionen der Gelehrsamkeit in der frühen Neuzeit. Hg. v. Sebastian Neumeister und Conrad Wiedemann. 2 Bde. Wiesbaden 1987. S. 224.

266 Ebd. S. 203-220.

267 Clark, William: Academic Charisma. S. 102, S. 79.

268 Ebd. S. 79.

269 Bernhard, Johann Adam: Kurzgefasste curieuse Historie derer Gelehrten. S. 864.

Verknüpfung, sie eröffnet aber ein methodisches Experimentierfeld und erzeugt eine innovative Dynamik. Dabei ist die kritische, humorvolle oder sogar satirische Evaluation wissenschaftlicher Praktiken und Instrumente eben in der seltenen Koppelung von Empirie und Ironie selbst ein Schreibmodus, der Zugehörigkeiten und Exklusivitäten zu erzeugen vermag.

Pascale Hummel bezeichnet die *Micrologis literarii* als festliches Spiel innerhalb des strengen Gerüstes der Bibliographie.[270] Damit ist das strenge bibliographische Schema als derjenige Träger ausgewiesen, der ältere Autoritäten ersetzt und neue Sicherheiten garantiert. Das Fundament der Buchliste erlaubte die Erprobung einer neuen Form von Gelehrsamkeit, auch wenn die Innovation keineswegs bereits in vernünftig begründeten Inhalten oder selbsttätigem Denken bestand. Buchlisten und semantischer Übermut gemeinsam machen den kritischen Impuls der Sammlungen von Gelehrtenanekdoten aus.

Eindeutig aber positioniert sich die Gelehrtengeschichte auf Seiten der frühaufklärerischen Universitätskultur, zu deren Schlüsselfigur Christian Thomasius gemacht wurde. Die Forschung führt einstimmig an, dass die Morhof-Rezeption und damit die Welle der *Historia literaria* von Thomasius mit angestoßen wurde, was auch Fabricius bestätigt.[271] Er hat zudem praktisch an neuen Umgangsformen der Institution gearbeitet, etwa im Kleiderzwist, den er auslöste, als er mit Degen und in höfi-

270 Hummel operiert mit dem Gegensatz von langue und parole, den sie in der ›micrologie literaire‹ antrifft. Der Zwang zum bibliographischen Verweis vertritt das Gesetz oder die »liberté trompeuse du formuliare«, S. 289. Dieses wird aber zugleich durch die Form umspielt: »Leur démarche est rituelle, festive même, dans la mesure où toujours elle fait événement. Elle [la forme] existe d'abord dans l'extériorité d'un rituel. […] Le questionnement, ritualisé sous l'espèce de l'éristique de la disputatio-dissertatio, fallacieusement introduit le désordre dans l'ordre de la pensée officielle, seule admise et cautionnée par l'institution. […] Elle signe tout au plus dans le rituel très formellement agonal de la thèse à défendre.« S. 289. In die Praxis gewendet wäre zu resümieren, dass es die unhintergehbare Autorität der bibliographischen Liste, mithin also die Methodik der propädeutischen Philologie war, die es im realen Raum der Universitäten ermöglichte, neue Kommunikationsformen jenseits des logischen Formalismus zu etablieren.

271 »[Es ist] Morhofs Polyhistor, der von vielen als ein Systema der Historie der Gelehrsamkeit angesehen wird, und der einen allgemeinen Beyfall erlanget hat, welches man unter andern auch C. Thomasio zuschreiben muß, der bey allen die Lust und Liebe zur Historie der Gelehrsamkeit erwecket hat.« Fabricius: Abriß. S. 686.

scher Kleidung vor entsetzten Professoren zur Disputation erschien.[272] Zu dieser Durchsetzung von Höflichkeitsstandards an den Universitäten zählt die Einführung der Landessprache – in Festreden früher nur in Anwesenheit lateinunkundiger Potentaten gewählt –, ein veränderter Umgangston und weltmännisches Auftreten – im Vergleich zu früher also ein vergleichsweise galantes Dekorum, das als Fusion beschrieben wurde. Gefordert war ein stilgewandter Bürger oder ein verlässlicher Höfling. Die Pedantenkritik war nach Manfred Beetz ein Modus, dem bei dieser Integration gelehrt-humanistischer und höfisch-aristokratischer Verhaltensnormen transformatorische Bedeutung zukam. Der Aufgeklärte war höflich und nützlich – nützlich vor allem auch aus der Perspektive der Staatsverwaltung, deren Bedarf an guten Bürokraten die moderne Forschungsuniversität nach William Clark auf den Weg brachte.[273]

Vor diesem Setting erscheint die Präokkupation der Gelehrtengeschichte mit Fragen des Dekorums und des gelehrten Auftretens in einem anderen Licht. Pedantische Weltflucht wie pedantisches Imponiergehabe werden gleichermaßen unmöglich. Es ist unzulässig, hinter seinen Themen zu verschwinden, und geradezu abscheulich, mit den äußeren Gesten der Gelehrsamkeit Status zu erzeugen. Um das richtige Maß an Geltung gravitiert die Anekdotensammlung Bernhards, die ansonsten von Marian Füssel präzise als verwilderter Zettelkasten beschrieben wurde.[274]

Sie liefert eine eingehende Bestandsaufnahme der gelehrten Statustechniken, der Titelsucht, der heuchlerischen Vorworte, der nachlässigen Gelehrten, der Wunderkinder und Autodidakten, der Fälscher, Heuchler und Plagiatoren, der Schwatzhaften und Stummen, der unsauber und der prätentiös gekleideten Gelehrten. Trotz aller nur lose sortierter Sonderbarkeiten findet eine stark von außen her gedachte Auseinandersetzung mit dem richtigen Habitus des Gelehrten statt. Der Autor hat hinter seinen Stoff zurückzutreten, Ruhm und Geltung können nur von einem Werk auf den Autor abfallen, Wahrheitsliebe und kritischer Geist erzeugen einen echten Status, der aber keineswegs durch theatrale Mittel aus Eigeninteresse angestrebt werden darf. Die intensiv diskutierten Ha-

272 Über den historischen Kontext von Christian Thomasius' »Einführung in die Hofphilosophie«: Beetz, Manfred: Der anständige Gelehrte. In: Res publica litteraria. Hg. v. Conrad Wiedemann. Bd. 1. S. 155-173.

273 Clark, William: Academic Charisma and the Origins of the Research University. London, Chicago 2006.

274 Füssel, Marian: ›Charlataneria Eruditorum‹. Zur sozialen Semantik des gelehrten Betrugs im 17. und 18. Jahrhundert. In: Berichte zur Wissenschaftsgeschichte 27/2004. S. 119-135.

bitusfragen arrangieren also das Verhältnis des Autors zu seinen Sachen neu, denen eine Art Personenrecht zukommt.

Zu dieser Neupositionierung von Köpfen, Büchern und Autoritäten passt Martin Mulsows Analyse einer Untersparte der Gelehrtengeschichte. Ausgehend von Vincent Placcius' »Theatrum anonymorum et pseudonymorum« von 1708 beschreibt Mulsow eine Entlarvungswelle namenlos kursierender Texte, die den vormals klandestinen Untergrund transparent macht. Für jede Schrift wird ein öffentlich sichtbarer Autor verantwortlich, wobei die Akteure dieser »Wissenspolizei«[275] paradoxerweise selbst den Raum einer Geheimliteratur im allgemeinen Bewusstsein erzeugen, der vorher so nicht sichtbar gewesen war.

Die Forderung nach eindeutiger Zuordnung durch die modische Biobibliographie der Frühaufklärung setzt auch ein Ende für das, was Martin Mulsow in einem anderen Aufsatz als den pluralistischen Effekt der Scherzliteratur der paradoxen Lobreden bezeichnet.[276] Unabhängig von den jeweiligen Inhalten interessiert sich Mulsow dabei für das Phänomen, im Modus der geheuchelten Lobrede oder der positionslos werdenden Satire mit uneigentlichen Redeweisen das Terrain der legitimen Meinungen zu verlassen.[277] Diesen spielerischen und auf die Machtsituation des Moments berechneten Umgang mit Inhalten hält Mulsow für einen wichtigen Generator der Moderne:

> Ludisches Denken wäre, so gesehen, ein solches, das in einer Phase akuter Pluralisierung mit einer Pluralisierung des Sinns reagiert, ohne dass noch die Zwänge des Geschmacks oder Mechanismen der Vereindeutigung diese Sinn-Pluralisierung disziplinierten. Erst dann kann in einem zweiten Schritt festgestellt werden, dass sich im Schatten und auf der Rückseite dieser, durch Antike-Rezeptionen wie die Aufnahme des Lukianismus genährten ›Undiszipliniertheit‹ und kar-

275 Mulsow, Martin: De-Autorisierung. Die Entstehung von Anonymen- und Pseudonymen-Lexika im 17. Jahrhundert. In: Oesterreicher, Wulf/Regn, Gerhard/Schulze, Winfried (Hg.): Autorität der Form – Autorisierung – Institutionelle Autorität. Münster 2003. S. 220, S. 230.

276 Mulsow, Martin: Vom Lohn der Frechheit. Philosophische Innovation aus dem Geist der Satire. In: ders.: Die unanständige Gelehrtenrepublik. Wissen, Libertinage und Kommunikation in der Frühen Neuzeit. Metzler 2007. S. 87-121.

277 Mulsow unterscheidet im Anschluss an Dandrey die negativierende *éloge dérisoire*, die auf Skeptizismus und Nihilismus zulaufe, von einer *éloge hétérodoxe*, die einem Standpunkt verpflichtet sei, wenn er sich auch auf unüblichem Weg artikuliert. Mulsow: Vom Lohn der Frechheit. S. 91. Unter Berufung auf: Dandrey, Patrick: L'éloge paradoxal de Georgias à Molière. Paris 1997.

> nevalesken Wissenschaft – wie gezeigt – Spekulationen oder auch libertine Kritik ausbreiten konnte. […] Von hier aus lässt sich ein neues Verständnis der Libertinage érudit erreichen, zumindest insoweit, als diese Strömung mit Ambivalenzen, Mehrdeutigkeiten und Dissimulationen operiert hat.[278]

Die Zeit, in der mehrdeutige Skepsis ein wichtiges Denkmittel war, lässt Mulsow im frühen 18. Jahrhundert ausklingen. Die Scherze der *Charlataneria eruditorum* leisten einer neuen Verantwortlichkeit Vorschub. Sie sind in einer Reihe mit den Pseudonymen-Lexika zu sehen, die als Textstellensammlung Autor und Buch stets streng verkoppeln.

Die Modewissenschaft der *Historia literaria* ist vor allem in der Ausformung der satirischen Anekdotensammlungen als Korrekturbewegung zu lesen. Bernhard und Mencke verzichten nicht auf ihre Autorität als Wissenschaftler und keineswegs auf die Nähe zu Regierungskreisen, an die die Forschungsuniversität der Aufklärung heranrückt. Aber bei der Legitimierung ihres Status nutzen sie immer wieder die Folie eines echten, ehrlichen und richtigen Verhältnisses zum Wissen. Dieses darf weder die Persönlichkeit beherrschen (wie bei den Pedanten mit den schmutzigen Kapuzen, die das Soziale über dem Intellektuellen vergessen), noch darf eine Persönlichkeit zu selbstgefällig über das Wissen verfügen (wie bei den Pedanten mit den kostbaren Degen, die das Machtspiel und die Transgression stärker im Auge haben als die Produktion zuverlässigen Wissens). Wie direkt die Gelehrtenhistoriker dabei die Statustechniken des Barock aufs Korn nahmen, zeigt der Vergleich historischer und neuerer Frontispize (Abb. 2, Abb. 3). Die Insignien der Ehrung werden bei Mencke aufgenommen und zum Gegenstand des Spottes.

Gelehrtenlexika, Listen, Inklusion

Es darf dabei nicht übersehen werden, dass die Normierungsprozesse auf der Ebene des akademischen Tons und der Höflichkeit zugleich einen im engeren Sinne wissenschaftlichen Beitrag geleistet haben: Die Diskussion der gelehrten Charlatanerie ist in höchstem Maße an der Erarbeitung historisch-kritischer Standards der Biographieschreibung beteiligt.

Als Johann Adam Bernhard 1817 eines der umfassendsten Werke der *Charlataneria eruditorum* vorlegt, bezieht er sich auf ein Projekt, das in einer der verbreitetsten Literärgeschichten von Reimmann entworfen

278 Mulsow: Vom Lohn der Frechheit. S. 103.

worden war. Dieser hatte einen Procopius der Gelehrtengeschichte gefordert und damit den antiken Hofhistoriker ins Spiel gebracht, der nach seiner Entlassung eine giftige Sammlung von Intimitäten über seinen vorherigen Dienstherrn zusammengestellt hatte und nach dessen Sammlung das Genre Anekdote benannt wurde:

> Indessen aber, so viele obstacula diese Sache auch finden mag, so ist sie doch von einer ungezweifelten Nutzbarkeit. Herr Reimmann, da er einige biographios Tomi I H.L.G. p. 243 erzehlet, die von denen Gelehrten Elogia geschrieben, füget dieses desiderium literarium hinzu: Wenn ich mit Wünschen etwas ausrichten könnte, wollte ich mir sowohl einen Procopium wünschen, der die historiam eruditorum anekdoton beschreiben und darinn die vitia mit gebührender Auffrichtigkeit vorstellen möchte, damit ein jeder insonderheit behafftet gewesen. Wie eine schwere Sache es aber seye, gibet er uns tacite zu erkennen, da er einige lasterhaffte Gelehrte zwar anführet, aber nur mit ihren ersten Buchstaben ihrer Nahmen zu erkennen giebet.[279]

Wichtiger noch als die Biographie oder die Lobreden auf Gelehrte sind Bernhard anekdotische Geschichten nach dem Vorbild des antiken Autors, die auch indiskrete, private Bereiche kartieren. Fabricius wird Bernhard ebenfalls als leuchtendes Beispiel der *Micrologia literaria* zitieren. Die Geschichte aus Anekdoten trägt den vollen Titel:

> Kurzgefasste curieuse Historie derer Gelehrten. Darinnen von der Geburth, Erziehung, Sitten, Fatis, Schrifften gelehrter Leute gehandelt und hin und wider angewiesen wird was in diesem unter denen Teutschen zumal so beliebten Studio ganz überflüssig, zum Theil auch einer bessern Untersuchung noch benöthiget. Nebst einem unmaßgeblichen Vorschlag, wie dasselbe künftighin in eine richtige Verfassung zu bringen seye.

Die Struktur dieses Werkes ist direkt ersichtlich: Entlang den Stationen eines Lebenslaufs werden Beispielsammlungen aus der gesamten Gelehrtenrepublik geliefert, allerdings in durchweg wertendem Ton. Es handelt sich also um die Kritik eines Gelehrtenlexikons. Bei genauerem Hinsehen dient Bernhards Kompendium sehr häufig zur Ridikülisierung der Biographieschreiber. So beginnt er denn auch weit vor einer möglichen Geburt der Gelehrten mit den ›Docti Chimaeris‹.

279 Bernhard: Kurzgefasste curieuse Historie derer Gelehrten. S. 6f.

Abb. 2: Unsterblichkeitstechniken der Philosophischen Fakultät. Frontispiz aus Theophilo Spizelios Portraitwerk *Templum Honoris* von 1673. Gestochen von Melchior Haffner.

Abb. 3: Sterbenskomische Statustechniken der Philosophischen Fakultät. Kriegerische Disputationen, Memorialkärtchen, ritterliche oder aristokratische Kleidung und öffentliche Auftritte, die als Jahrmarktsprahlereien angeprangert werden auf dem Frontispiz zu Johann Burckhardt Menckes *Zwey Reden von der Charlatanerie oder Marcktschreyerey der Gelehrten* von 1716.

> Diese werden wohl mit Recht den ersten Rang praetendiren können, welche ohnerachtet sie niemals Kinder und etwas in der Welt gewesen, gleichwohl von einigen zu gelehrten Leuten auff einmal sind gemacht worden. Die Zeug=Mutter so vieler erdichteten Creaturen ist wohl hauptsächlich die allzugrosse oscitanz einiger Gelehrter; wiewol auch die versteckten Alterthümer vielen auf die Beine geholffen.[280]

Gedankenfaulheit und mangelnde altsprachliche Kenntnis machen sehr schnell aus Jerusalem und dem Stamm Juda »zwei Generäle des jüdischen Volkes«.[281] In dem Artikel zur Autobiographie der Kindheit beschwert sich Bernhard ausgiebig über historisch unzulässige Narrationen aus Zeiten, die der eigenen Erinnerung nicht zugänglich sein können.[282]

Dies ist bei weitem nicht die einzige Stoßrichtung der Einträge. Zeitkritisch wird es in der Studienzeit, wo Bernhard die Universitätsjahre relativ umstandslos mit Hurerei und Prügelei gleichsetzt.[283] Zuweilen folgen Einträge, die einen gewissen Beispielcharakter haben; etwa in der Liste über Arbeitspositionen der Philosophen[284] oder in der Beschreibung von Ablagesystemen, die sich ein Vorbild in der ökonomischen Buchhaltung suchen.[285] Konfessionelle Polemik fehlt allerdings ebenso wenig wie die gelegentliche Fortschreibung gelehrter Legenden, die dem von Bernhard eingeforderten »exakten Criticum« nicht standhalten.[286]

280 Ebd. S. 17.
281 Ebd. S. 18.
282 Ebd. S. 20.
283 Ebd. S. 72.
284 Bernhard: Gelehrte welche eine besondere Art zu studieren gehabt. In: ders.: Kurzgefasste curieuse Historie derer Gelehrten. S. 87f.
285 CORRESPONDENZ: »Paulus Gualdus schreibet in seinem Leben von Johannes Vincentius Pinellus, dass er die Gewohnheit gehabt, seine Brief nach Kauffmannsart, welches er ohne Zweifel von Jugend auf von seinem Vatter gesehen, zu rangieren. Die Briefe, welche in einer Woche einlieffen, hatten ihr sonderliches Behältnüß, auf jeden zeichnete er dessen Nahmen, von dem er geschrieben, über das den Tag, das Jahr und den Ort, woher er einkommen. Hernach sonderte er sie ab in Monate und Jahre. Er pflegte dasjenige, welches er zu beantworten ersucht worden, auf eine Tafel zu scheiben, den vornehmsten Inhalt der Briefe zu unterstreichen, damit er in Beantwortung nicht nöthig hätte, die ganze Briefe wieder durchzulauffen. Und auf diese Weise führte er seine Correspondence sehr richtig und blieb nicht gern eine Antwort schuldig.« Bernhard: Kurzgefasste curieuse Historie derer Gelehrten. S. 613.
286 Ebd. S. 19. Anakreon erstickt an einem Rosinenkern, Aretino stirbt vor Lachen, ein Philosoph stirbt in einem einstürzenden Haus, auf das ein Adler eine Schnecke hatte fallen lassen. S. 812f.

Bernhards »curiöse Gelehrtengeschichte« bedeutet keineswegs eine durchgängige Abqualifizierung des Anekdotischen als Erzählprinzip. Es sind nur grobe sachliche Fehler, die in dem Genre Personenlexikon besonders häufig zu finden waren, also die Standards der Biographieschreibung, die Bernhard durch sie moniert.[287]

Insgesamt aber sind die anekdotischen Gelehrtengeschichten auch als Blütenlesen zu verstehen, die den Historikern bei ihrer eigentlichen philologischen Arbeit negativ auffallen. Denn die Nähe der *Charlataneria eruditorum* zu den solidesten wissenschaftlichen Produktionen der Zeit ist bemerkenswert. Johann Burckhardt Mencke, der Autor der »Marcktschreyerey der Gelehrten«, ist auch mit einem historisch exakten biobibliographischen Handbuch hervorgetreten.[288] Sein Amtsnachfolger in der Leipziger Bibliothek wurde Christian Gottlieb Jöcher, der auch Herausgeber eines wichtigen zeitgenössischen Referatenorgans war: »Deutschen Acta Eruditorum, oder Geschichte der Gelehrten welche den gegenwärtigen Zustand der Litteratur in Europa betreffen«.[289] Jöchers Name steht

287 Lehmann-Brauns, Sicco: Neukonturierung und methodologische Reflexion der Wissenschaftsgeschichte. Heumanns ›Conspectus reipublicae literariae‹ als Lehrbuch der aufgeklärten Historia literaria. In: Historia literaria. Hg. v. Frank Grunert und Friedrich Vollhardt. Berlin 2007. S. 129-161.

288 Mencke, Johann Burckardt: Compendiöses Gelehrtenlexikon, darinnen die Gelehrten, als Fürsten und Staats-Leute, die in der Literatur erfahren, Theologi, Prediger, Juristen, Politici, Medici, Philologi, Philosophi, Historici, Critici, Linguisten, Physici, Mechanici, Mathematici, Scholastici, Oratores und Poeten, so wohl männ- als weiblichen Geschlechts, welche vom Anfang der Welt grössten Theils in ganz Europa bis auf jetzige Zeit gelebet, und sich durch Schriften oder sonst der gelehrten Welt bekannt gemacht, an der Zahl über 20.000 nach ihrer Geburth, Absterben, vornehmsten Schrifften, Leben und merckwürdigsten Geschichten, aus denen glaubwürdigsten Scribenten, die man jedesmahl fleißig angemerckt, kurz und deutlich nach Alphabetischer Ordnung beschrieben werden. Denen Liebhabern der Historie der Gelehrten, und andern curieusen Personen zu nützlichem Gebrauch zum Druck befördert. Leipzig 1715.

289 Die »Deutschen Acta Eruditorum« erscheinen seit 1712, wobei Jöcher erst ab 1917 offiziell verantwortlich ist. Das Periodikum erscheint parallel zu den lateinischen »Acta Eruditorum«, die zuerst Otto Mencke, ab 1707 dann Johann B. Mencke mit herausgab. Auch die Erstausgabe des zweiten wichtigsten deutschen Gelehrtenjournals, der ab 1710 von der Berliner Akademie herausgegebenen »Miscellanea Berolinensia ad incrementum scientiarum, ex scriptis Societati Regiae Scientiarum exhibitis edita«, erhalten durch das vorgeschaltete Portrait von Friedrich Roth-Scholtz einen deutlichen Bezug zur Gelehrtengeschichte. Die Zeitschriften enthalten häufig Gelehrtenportraits.

zudem als Synonym für das Flaggschiff unter den Biobibliographien des 18. Jahrhunderts, das »Allgemeine Gelehrten-Lexikon«.[290]

Die »merckwürdigen Geschichten« von anekdotischem Wert sind mehr als ein Verkaufsargument, wie die Vorrede deutlich macht, die sich vollständig in die Tradition der Gelehrtengeschichte stellt. Hauptquellen sind bei Jöcher mit einem Kürzel versehen: »Ag« für »Acta Eruditorum«, »G« für Göttens »jetztlebendes Europa« und »Leb« für Leichenpredigten, die erneut als wichtiges Informationsreservoir angesehen werden. Sehr häufig findet sich auch das Kürzel »B« für Pierre Bayles legendäres Wörterbuch, das von Jöcher nach der vollständigeren englischen Ausgabe zitiert wird und das seinerseits als Fehlerkorrektur eines schlechteren Personenlexikons begann. Es konstituierte eine protestantische Gelehrtenrepublik auf Papier, stellte ein Pionierwerk historischer Kritik dar und war eines der wichtigsten Bücher der Aufklärung.

Der erst drei-, dann sechsbändige Jöcher bildet im deutschsprachigen Raum allerdings nur die Spitze des Eisberges. Michael Maurer hat auf einen regelrechten Publikationsexzess biobibliographischer Kompendien im deutschsprachigen Raum hingewiesen. Er zählt mehr als 70 vielbändige Gelehrtengeschichten vom Typ Personenlexikon.[291] Als deutsches Spezifikum gelten die stark regional zersplitterten Überblicke. Ein Sammelwerk über Görlitzer Gelehrte schloss eine Publikation der Notablen aus Rengersdorff bei Görlitz nicht aus. Martin Gierl zählt allein 40 deutschsprachige Lexika im weiteren Kontext der Gelehrtengeschichte in den ersten drei Jahrzehnten des 18. Jahrhunderts.[292] Neben zeitlichen und geographischen Zuschnitten tritt auch die fakultätsspezifische Sammelbiographie immer wieder auf. Allerdings sind Theologen stärker ver-

290 Jöcher, Christian Gottlieb: Allgemeines Gelehrten-Lexicon, darinne die Gelehrten aller Stände sowohl männ- als auch weiblichen Geschlechts, welche vom Anfang der Welt bis auf ietzige Zeit gelebt, und sich der gelehrten Welt bekannt gemacht, Nach ihrer Geburt, Leben, merckwürdigen Geschichten, Absterben und Schriften aus den glaubwürdigsten Scribenten in alphabetischer Ordnung beschrieben werden. 3 Bde. Leipzig 1750/51. Jöcher führt zunächst Menckes Lexikon auch im Titel weiter und benennt erst seine zweite Ausgabe um. Es folgen 6 Ergänzungsbände mit mehreren Redakteuren.

291 Maurer, Michael: Die Biographie des Bürgers. Lebensformen und Denkweisen in der formativen Phase des deutschen Bürgertums (1680-1815). Göttingen 1996. S. 116f. Für Maurer sind diese im deutschsprachigen Raum zahlreichen Sammelwerke Kollektivportraits (S. 116), die als ein »Medium der bürgerlichen Selbstverständigung« verstanden werden. S. 121.

292 Gierl, Martin: Pietismus und Aufklärung. Theologische Polemik und die Kommunikationsreform der Wissenschaft am Ende des 17. Jahrhunderts. Göttingen 1997. S. 565.

treten als Juristen[293] und Mediziner. Sammlungen zur Philosophischen Fakultät sind überaus selten, weshalb die für Naturwissenschaftler relevantesten Sammlungen die Medizinische Fakultät abbilden.[294]

Zwei Tendenzen lassen sich bei der Ausdifferenzierung im Feld der Personenlexika ausmachen: Die Nationalisierung und die Aktualisierung. Göttens »Jetztlebendes Europa« war ein für die Gelehrtenrepublik entworfener Reiseführer, der nach Städten rubrizierte.[295] Immerhin indiziert das Signalwort »jetztlebende« die Zielstellung, einen aktuellen wissenschaftlichen Apparat zu bieten, nicht eine allseits bekannte Ahnengalerie früherer Jahrhunderte. Eine zwischen Tagesaktualität und Erinnerungsstiftung schwankende Spielart der Personenlexika sind die Sammlungen zu gerade verstorbenen Gelehrten, die auch das Gros in Elias Friedrich Schmersals für alle Berufsgruppen offenen »Nekrolog der Teutschen« stellen.[296] Die Personenlexika arbeiten weniger offen parteilich als die Gelehrtensatire. Inklusion und Exklusion werden nicht über literarische Wertungsmodi erreicht, aber durch die pure Verfügbarkeit hergestellt, denn nur der wissenschaftliche Apparat garantiert die Zugänglichkeit des Werks.

293 Zur Rolle des Alphabets in der wissenschaftlichen Juristerei vgl.: Kiesow, Rainer Maria: Das Alphabet des Rechts. Frankfurt a. M. 2004.

294 Kestner, Christian Wilhelm: Medicinisches Gelehrten-Lexicon. Jena 1740. Rixner, Thaddä Anselm/Siber, Thaddä: Leben und Lehrmeinungen berühmter Physiker am Ende des XVI Jahrhunderts und am Anfang des XVII Jahrhunderts. 7 Bde. Sulzbach 1819-1826. Börner, Friedrich: Nachrichten von den vornehmsten Lebensumständen und Schriften jetztlebender berühmter Aerzte und Naturforscher in und um Deutschland. Wolfenbüttel 1749. Callisen, A.C.P.: Medicinisches Schriftsteller-Lexicon der jetzt lebenden Aerzte, Wundärzte, Geburtshelfer, Apotheker und Naturforscher. 33 Bde. Copenhagen 1830-45.

295 Fortgeführt von: Strodtmann, Johann Christoph: Das neue gelehrte Europa, als eine Fortsetzung der dreyen Werke, die bisher unter den Aufschriften Gelehrtes Europa, Geschichte der Gelehrten und Beyträge zur Historie der Gelahrtheit, ans Licht gestellet worden. Wolfenbüttel 1752.

296 Schlichtegroll, Friedrich A. H.: Nekrologe der Teutschen für das Neunzehnte Jahrhundert. 28 Bde. Gotha 1790-1806. Schmersahl, Elias Friedrich: Zuverlässige Nachrichten von jüngstverstorbenen Gelehrten. Zelle 1748. Grundmann, Christiano: Ossa & Cineres. Qurundam In Republica Orbis Europaei tum Civili, tum imprimis Literaria A O R M CCCXVI Defunctorum, pio studio collecta, Urnisque Literariis reverenter recondita. Frankfurt, Leipzig 1717. Zu Schlichtegroll vgl. Köhler, Christoph: Adolf Heinrich Friedrich Schlichtegrolls ›Nekrologe der Teutschen‹. Zum Genre der Biographie im Zeitalter der Spätaufklärung. In: Beiträge zur Geschichte der Literatur in Thüringen. Hg. v. Detlef Ignasiak. Rudolstadt 1995. S. 180-190. Etwas über den Nekrolog A.H.F. Schlichtegroll. In: Der neue teutsche Merkur 3/1793. S. 249-259.

Jean-Paul Barbe setzt das Ende der Gelehrtengeschichte um 1785 an, denn hier ist ein Punkt erreicht, an dem die auf den breiten Markt ausgerichteten Sammelbiographien aus der Gelehrtengeschichte ausscheren. Erstens geht in dieser Transformation der bibliographische Apparat verloren. Zweitens sind es nicht länger die Biographien der »Berühmten«, sondern vor allem die der »Berüchtigten«, die in den Titeln als Reizworte figurieren.[297] Mit dieser Vorliebe des Sturm und Drang für Verbrecher, Kindsmörderinnen und Selbstmörder verliert das »Merkwürdige« den Charakter einer potentiellen Informationsquelle für die Belange der Gelehrsamkeit endgültig. Merkwürdig sind jetzt Deviante, die aber aus der Vogelperspektive verkannter Kraftgenies betrachtet und aus sozialem Engagement für die »Unteren« und »Anderen« erwähnt und unterstützt werden.

Gleichzeitig erscheinen im populären Bereich deutlicher national und moralisch ausgerichtete Kollektivbiographien. Ein extremer Vertreter, Anton Klein, rechnet mit den biographischen Standards der Gelehrtengeschichte folgendermaßen ab:

> Deutschland blieb in diesem Gesache am längsten in seiner Kindheit. Unsre alten Biographen schrieben ohne Forschergeist und Geschmack. Die besten verdienen aufs höchste den Namen fleisiger Sammler. Von den Deutschgeschriebenen kann man hier überhaupt keine Meldung machen. Die fast unzähligen Lebensbeschreibungen in lateinischer Sprache sind mehrentheils Skelete ohne Fleisch, Blut und Leben.[298]

Worauf Klein abzielt, verdeutlicht er in einer Kritik antiker Prosopographien. Unerreicht ist Plutarch, Cornelius Nepos wird bereits als Blender bezeichnet, Sueton fällt endgültig ab. An den faktenorientierten Biographien der suetonischen Kaiserviten vermisst Klein den »inneren Zusammenhang zwischen den antiken Biographen, die alle selbst große Männer waren, und ihrer Schreibgattung«.[299] Dreh- und Angelpunkt der moralorientierten Biographik waren stets die Parallelbiographien Plutarchs, die allerdings das gesamte 18. Jahrhundert hindurch als wichtige Schullek-

297 Barbe, Jean-Paul: Panthéons de papier à la fin du XVIIIeme siècle. In: Offene Gefüge. Literatursystem und Lebenswirklichkeit. Festschrift für Fritz Nies zum 60. Geburtstag. Hg. v. Henning Krauss in Verbindung mit Louis van Delft. Tübingen 1994. S. 91-100.

298 Klein, Anton: Leben und Bildnisse der Grossen Deutschen. Bd. 1. Mannheim 1785. S. XV. Die Vorrede moniert ebendort, dass die Bayerusse, Seideliusse, Spizeliusse und Apinusse nichts geliefert hätten.

299 Ebd. S. XVI.

türe und auch in Übersetzungen verfügbar waren.[300] Klein zufolge müssen Biographen selbst Helden sein, um den nationalen Größen nachempfinden zu können. Nur durch diesen Gleichklang hält Klein die jetzt entstehende Erzählform der Biographie für erreichbar. Gegenüber den »Faktographien« der Gelehrtengeschichte werden in der Biographik verstärkt die großen Erzählungen von Charakter, Schicksal und Nation eingefordert. Aber auch die Nachschlagewerke werden staatstragend: Es kann wenig überraschen, dass das Erscheinungsdatum der ersten deutschen Nationalbiographie kurz nach 1871 liegt.[301] Das späte 18. Jahrhundert räumt also mit der empirischen Biographieschreibung aus Fakten und Anekdoten auf, indem es die anders gelagerten Absichten ignoriert.

Die Gelehrtengeschichte ist ein Genre, das wie der Nachruf Lebens- und Buchbeschreibungen verfügbar hält und insofern zunächst eine hilfswissenschaftliche Bedeutung hat. Da die *Historia eruditorum* auch die Gelehrten selbst zum Thema hat, sind Nachrufe, bzw. lange Zeit Leichenpredigten, eine privilegierte Informationsquelle für diesen Wissenschaftsbereich gewesen. Die Gelehrtengeschichte des 18. Jahrhunderts erarbeitet nicht nur biographischen Stoff im Zwielicht zwischen Wissenschaftsgeschichte und Lappalie, sondern entwickelt ausgerechnet in diesem Gebiet der Lebensbeschreibung der Gelehrten methodische Klarheit und Standards historischer Kritik. Dabei aber kommt die literarische Empirie weitestgehend ohne Autorenverehrung aus. Auch die Gesetze der Geschichte, die genetischen Ableitungen und Begründungen finden sich weder in der *Historia literaria* noch in der Geschichtsschreibung der Zeit, in der man sich um Einzelereignisse bemüht.[302]

Martin Gierl sieht die Hauptbedeutung der *Historia literaria* in dem gemeinschaftlichen Versuch, das Wissen für alle verfügbar zu halten, der zugleich eine Öffentlichkeit schuf.[303] Es kommt in der Gelehrtengeschichte durch ironische Abrenzungen immer wieder zum affirmativen Vollzug bestimmter grundlegender wissenschaftlicher Praktiken und sozialer Verhaltensweisen. Die drei vorgestellten Spielarten der Gelehr-

300 Plutarch: Große Griechen und Römer. Aus dem Griechischen übertragen und erläutert von Konrat Ziegler. 6 Bde. München 1980. [Übersetzungen: Kind 1745, Schirach 1777]

301 Allgemeine deutsche Biographie. Hg. durch die Historische Kommission der Königlichen Akademie der Wissenschaften. Leipzig 1875-1912.

302 Scattola, Merio: ›Historia literaria‹ als ›historia pragmatica‹. In: Historia literaria. Hg. v. Frank Grunert und Friedrich Vollhardt. Berlin 2007. S. 63.

303 Gierl, Martin: Wissenschaft, Wissensordnung und Polemik. In: Historia literaria. Hg. v. Frank Grunert und Friedrich Vollhardt. Berlin 2007. S. 114.

tengeschichte – die Gelehrtensatire der *Charlataneria eruditorum* ebenso wie die propädeutischen, bibliographischen Metabücher und selbst die historisch-kritischen Personenlexika – benutzen Nachrufe nicht nur als Quelle, sondern sie sind insofern strukturanalog einzustufen, als hier wie dort eine umfassende Kartierung gelehrter Praktiken geleistet wird.

Neben der dokumentarischen Funktion ließe sich aber auch der Effekt für die *scientific community* parallelisieren. Bemerkenswert ist die Tatsache, dass die Gelehrtengeschichte wie die französischen Elogen einen klaren, sozial wiedererkennbaren Gegner benannt. Waren es im ersteren Falle die Pedanten, mit ihrem mangelnden Anstand den Inhalten gegenüber, so wies man in Frankreich die antiken Denker von sich fort, so wie den von Eigeninteressen geleiteten Höfling. In beiden Fällen positionierten sich die modernen Wissensformen auffällig moralisch als die anständig Wissenden, was einer genealogischen Neubesetzung von Wertungsmustern gleichkommt.

Die Gelehrtengeschichte ist im deutschsprachigen Raum unbedingt als eine Publikationspraxis zu verstehen, die viel von dem erfüllt, was man von den deutschsprachigen Nachrufen hätte vermuten können. Diese Konkurrenz besagt jedoch nicht, dass die Nachrufe bedeutungslos waren und ohne Wirkung blieben, was die Selbstverständigung der Gelehrten anging. Nur für den Umbau der methodischen Selbstverständnisse tragen die deutschsprachigen Nachrufe im 18. Jahrhundert weniger bei als die französischen. Dies geschieht erst, als mit dem Zirkel der physikalischen Physiologen an der Berliner Akademie Naturwissenschaftler das Wort führten, die sich als avantgardistisch verstanden. Die Rhetorik des höchst undefinierten Neuen und Schicksalsträchtigen ermöglicht dabei die Etablierung exakter wissenschaftlicher Standards. Dies geht einher mit starken Aversionen: Der wissenschaftliche Gegner ist in diesem Falle die neuhumanistisch geprägte Geisteswissenschaft. Das Abstoßen von »weichen« Fächern artikuliert sich in Hermann Helmholtz' Rektoratsrede ebenso wie in DuBois-Reymonds »Goethe und kein Ende«. Im Kapitel über Emil DuBois-Reymonds Nachruf auf Johannes Müller wird jedoch gezeigt, dass sich bereits dort die Demarkationslinien methodischer Sympathie in aller wünschenswerten Klarheit niederschlagen.

Die Gelehrtengeschichte ist ein vergessenes Paradigma der empirischen Wissenschaftsforschung, das bei aller Zweifelhaftigkeit der vorgeblichen enzyklopädischen Ziele den Vorteil hat, mit den Arbeitsweisen, Instrumenten und Haltungen der Gelehrten eine selten dokumentierte Praxisebene der Wissenschaft zum Gegenstand zu machen. Nachrufe sind einerseits eine wichtige Quelle der Gelehrtengeschichte, was zeigt, dass dieselbe Klasse von Informationen dokumentiert wird. Von der

Funktion her betrachtet sind all die hier versammelten biographischen Schreibtechniken in der Lage, die Stabilisierung wissenschaftlicher Schulenbildung, methodischer Selbstverständnisse sowie In- und Exklusionsmechanismen zu verhandeln. Wie bei dem Beispiel des »anmaßenden« Pedanten geschieht dies stets unter Nutzung einer Wertungsebene, die ich als genealogische ansprechen möchte, als einen überlieferten Werkzeugkasten positiver und negativer Besetzung, von Verheißungen und Verdammungen, die zwar nicht direkt zur wissenschaftlichen Methode gehören, die bei ihrer Verteidigung und Propagierung aber unweigerlich zum Tragen kommen. Da die Gelehrtengeschichte in den 20er und 30er Jahren des 18. Jahrhunderts in dieser Hinsicht tonangebend war, artikulierte sie eine wissenschaftliche Dynamik, die in Frankreich vorwiegend in den *éloges académiques* dokumentiert ist.

Ansehen des Ansehens: Zur Sichtbarkeit der Gedenkökonomie

Selbst die Expertenverzeichnisse, die aus dem Impuls der Informationsverwaltung oder aus propädeutischer Fürsorge entstehen, können methodischen Orientierungsprozessen Vorschub leisten. Es gibt darüber hinaus jedoch eine Klasse von Dingen, deren Zweck ausschließlich darin besteht, akademischen Status anzuzeigen und sichtbar zu machen: Neben Preisen und Orden, Mitgliedsurkunden und Titeln, der Benennung von Gebäuden und Einheiten zählen vor allem bildliche Darstellungen wie das Portrait, das Denkmal, die Gedenkmedaille oder ein nationaler Pantheon zu diesen methodisch-sozialen Objekten.

Zweifelsohne kann diese »Materialität des Ruhmes« hohl bleiben und bedeutungslos ausfallen. Es gilt stets zu taxieren, was an der betreffenden Auszeichnung auf eine gelingende Koppelung mit epistemischen Werten hinweist. Deshalb untersuche ich vor allem den Gebrauch, die Aufbewahrungsarten und Zirkulationswege einzelner Visualisierungsformen – insbesondere exemplarischer Gedenkmedaillen, Portraitsammlungen, Orden und Namenslisten. Erneut wird nicht dem bloßen Eintrag in das kollektive Gedächtnis eine wissenschaftliche Orientierungsleistung zugesprochen, sondern nur der herausgebildeten genealogischen Praktik, durch die es gelingt, neue Fixierungen auf bestimmte Methodenelemente zu erzeugen oder zu befestigen. Als Indiz gilt jegliche Form hypertrophierenden Vertrauens in ein Konzept, das über seine sachliche Funktion hinaus zum Träger erweiterter Potenziale wird. Erneut verdichten sich die hierzu notwendigen Aktivitäten im Todesfall:

> Den Tag nach seinem [Gauß'] Tod wurde von den Professoren Baum, Förster, Fuchs, Henle, Listing und Wagner eine sorgfältige Leichenöffnung angestellt; man nahm auch genaue Messungen und Wägungen am Schädel und Gehirne vor, welches letztere einer besonders detaillierten Untersuchung unterzogen worden ist. [...] Der Bildhauer Hesemann aus Hannover, welcher wenige Wochen vorher schon im Auftrag des Königs ein Medaillon des Kopfs von Gauß modelliert hatte, wurde durch eine telegraphische Depesche herbeigerufen und nahm einen genauen Abguß vom ganzen Kopf und der inneren Schädelfläche. Auch durch Zeichnung und Messung des ganzen Körpers, welche angestellt wurden, so wie durch einige frühere Portraits ist Material gewonnen für eine monumentale Überlieferung der äußern Erscheinung dieses mächtigen Geistes auf die Nachwelt.[304]

Dieser Bericht Rudolph Wagners zeugt von einem doppelten Interesse bei der Zerlegung von Gauß' Leiche. Die anatomische Präzision steht zunächst im Dienst der Elitegehirnforschung, die ihrerseits als inkarnierter Geniekult anzusprechen ist. Gauß' Reputation als Wissenschaftler ist so weit zu einem stabilen Wert geworden, dass man dem Außergewöhnlichen auf dem Umweg über die Physis habhaft zu werden hofft. Zweitens steht die Messung und Zeichnung seines Körpers sehr selbstverständlich im Zeichen der Reproduktion und weiteren Erzeugung dieses Rufs durch eine umfassende Übersetzung ins Bild. Zur Klärung der Frage, welche Medien neben den Lobreden und Biographien der Wissenschaft in der Öffentlichkeit weitere Geltung verschaffen, ist es nicht unwesentlich, dass Wagner auch eine Medaille erwähnt, die in Nachrufen ebenfalls bezeugt und als Exemplar erhalten ist.[305] Das Medium der Gedenkmedaille hat die Besonderheit, dass sie schon durch ihre Geldförmigkeit auf das verweist, was durch sie letztendlich mit in Zirkulation gesetzt wird: Der Wert eines Wissenschaftlers, der seinerseits aber für bestimmte Verfahren zu stehen vermag. Um die unterschiedlichen Skalen und Formen dieses keinesfalls eindimensionalen Prozesses zu beschreiben, um das In- und Miteinander verschiedener Wertformen zu erfassen, wird zunächst das Vorkommen dieser bebilderten Münzen an einem Beispiel dargestellt.

304 Wagner, Rudolph: Gedächtnisrede auf Gauß. In: Mitteilungen der Gauß-Gesellschaft. [1855] S. 7.

305 Sartorius von Waltershausen, Wolfgang: Gauß zum Gedächtnis. Leipzig 1856. S. 76.

Gedenkmedaille: Die Zirkulation des Chr. Wolff

Häufig wird übersehen, dass die abstrakteste und zugleich besetzteste existierende Wertrepräsentation – das Geld – über eine kommemorative Dimension verfügt. Die Münze generiert unterschiedliche Wertformen, die sich in ihr überlagern: die Kostbarkeit des Metalls, die ästhetische Qualität, Seltenheit, Alter und nostalgischer Wert, der hohe historische Informationsgehalt. Auch wenn sich Kunst und Ökonomie in diesem Erinnerungsobjekt vielfach überlagern, müssen Tausch-, Gebrauchs- und ästhetischer Wert klar voneinander unterschieden werden. Für Michael Hutter und Richard Shusterman ist der ästhetische dem ökonomischen Wertbegriff jedoch in einer Hinsicht vergleichbar: In beiden Fällen markiert der Wert etwas, was die Akteure begehren oder was sie interessiert, beide Zugänge arbeiten in Anlehnung an die Perspektiven der psychologischen Werttheorie.[306] Im Unterschied zum moralischen Vorsatz, der einem etwas abverlangt, geht die ökonomische wie die ästhetische Theorie vor allem von erstrebenswerten Dingen aus, denen entweder aufgrund ihrer Schönheit oder Nützlichkeit Anziehungskraft zukommt. Die Theorie des Geldes hat hier den leeren Signifikanten als magnetisches Bedeutungsfeld ausgewiesen, Pierre Klossowski spricht sogar von einem »lebendigen Aktanten«.[307] Bei den Gedenkmedaillen tritt über die Erinnerungsfunktion auch der Bereich der Wissenschaft hinzu, während der Kurswert streng genommen nicht existiert und jeglicher Tausch den Regeln des Sammlermarktes unterliegt. Wie das Geld eignen sich die Medaillen allerdings für eine dauerhafte Zirkulation, und wie beim Geld ist es möglich, sie im Zusammenhang mit Fixierungen zu sehen, als durch Interesse lenkende Faktoren.

Münzen und Medaillen sind unter Gelehrten durchaus konstant in Gebrauch. Vor allem die hohe Wertschätzung der Humanisten machte die antiken Münzen zu Forschungsobjekten, deren besondere Bedeutung darin bestand, eine Realpräsenz der Antike zu vermitteln. Die ersten bekannten Gedenkmedaillen werden auf ihre Zirkel zurückgeführt.[308] Für das ungebrochene öffentliche Interesse der im 18. Jahrhundert mehr und

306 Hutter, Michael/Shusterman, Richard: Value and the Valuation of Art in Economic and Aesthetic Theory. In: Handbook of the Economics of Art and Culture. Hg. v. Victor A. Ginsburgh u. David Throsby. Dordrecht 2006. S. 170-205.

307 Klossowski, Pierre: Die lebende Münze. Übers. v. Martin Burckhardt. Berlin 1998. [La monnaie vivante 1970] Rotman, Brian: Signifying nothing. The Semiotics of Zero. New York 1987.

308 Scher, Stephen: The Currency of Fame. Portrait Medals of the Renaissance. New York 1994.

mehr verwissenschaftlichten Medaillen spricht die unterhaltsame 22-teilige Reihe des Göttinger Historikers Johann David Köhler.[309] Eine erste numismatische Vorlesung wird auf 1737 datiert.[310] Was die Darstellung von Gelehrten auf Medaillen angeht, finden sich sowohl Exemplare als auch erste Kataloge, wie Christian Friedrich Lessers Überblicksdarstellung »Besondere Müntzen, welche so wohl auf Gelehrte Gesellschaften als auch auf gelehrte Leute geprägt worden« von 1738.[311] Eine Portrait-Reihe zu wichtigen Berliner Gelehrten entstand in der Werkstatt des Medailleurs Abraham Abramson.[312]

Die für den Zusammenhang dieser Untersuchung maßgeblichste Suite entstand 1828 und war ausschließlich Naturwissenschaftlern gewidmet. Sie wurde anlässlich der für die Organisation der deutschsprachigen Naturwissenschaftler zentralen *Versammlung der Gesellschaft Deutscher Naturforscher und Ärzte* in Berlin zur Subskription angeboten (Abb. 4).

Die Werbung ging von dem renommierten Berliner Medailleur G. Loos aus, dem ein ökonomisches Interesse unterstellt werden darf, da er versuchte, die Käufer auf eine Suite von sechs Portraitmedaillen festzulegen.[313] Wissenschaftliche Erinnerungen und Ikonen sind also zu einem

309 Köhler, Johann David: Historische Münzbelustigungen. 22 Teile. Nürnberg 1729-1750.

310 Zimmermann, Hans-Dieter: Die Numismatik an der Universität Halle im 18. Jahrhundert. In: Numismatische Literatur 1500-1864. Hg. v. Peter Berghaus. Wiesbaden 1995. S. 155-170. Schulze, Johann Heinrich: Einladung zu einem collegio privato über die Müntzwissenschaft und die daraus zu erläuternden griechischen und römischen Alterthümer. Halle 1738.

311 Die maßgebliche Geschichte der Universitätsmedaillen verzeichnet 224 Exemplare, von 32 unterschiedlichen Institutionen. Laverrenz, C.: Die Medaillen und Gedächtniszeichen der deutschen Hochschulen. Ein Beitrag zur Geschichte aller seit dem XIV. Jahrhundert in Deutschland errichteten Universitäten. 2 Bde. Berlin 1885. Weitere, häufig nicht deckungsgleiche Gelehrtenmedaillen führt Lesser an: Lesser, Christian Friedrich: Besondere Müntzen, welche so wohl auf Gelehrte Gesellschaften als auch auf gelehrte Leute geprägt worden. Frankfurt und Leipzig 1739. Die im Archiv der *Senckenbergischen Naturforschenden Gesellschaft* erhalten gebliebene Sammlung von 120 Personenmedaillen umfasst vor allem Naturhistoriker des 19. Jahrhunderts. In den Sammlungen des *Deutschen Museums München*, das auch die Bestände der *GDNÄ* verwaltet, sind von 3000 wissenschafts- und technikrelevanten Münzen nur 100 explizite Personenmedaillen erhalten.

312 Hoffmann, Tassilo: Jacob Abraham und Abraham Abramson. 55 Jahre Berliner Medaillenkunst 1755-1810. Frankfurt a. M. 1927.

313 Pfannenstiel, Max: Kleines Quellenbuch zur Geschichte der Gesellschaft Deutscher Naturforscher und Ärzte. Berlin 1958. S. 71.

Abb. 4: Ein Subskriptionsangebot aus der berühmten Berliner Münzwerkstatt der Familie Loos zur Versammlung der *GDNÄ* von 1828. Es enthält auch Entwürfe anderer Medailleure: Lorenz Oken mit Isis/Diana von Ephesus, A. v. Humboldt mit Helios, Oceanos und Terra sowie C. von Sternberg sind von Loos selbst entworfen. Verehrer geben eine Medaille auf H. Cotta beim Hofmedailleur König in Dresden in Auftrag. Die Medaille auf C. F. Kielmeyer erinnert an seine Rede *Über das Verhältnis der organischen Kräfte* von 1793.

eigenen Markt geworden, wobei zu fragen bleibt, was hier genau in Zirkulation gesetzt wurde.

Medaillen als Buchschmuck in Gottscheds Nachruf auf Wolff

In den Nachrufen werden Medaillen häufig mitverzeichnet.[314] Der übliche Ort hierfür ist im letzten Drittel der Lobreden zwischen den Charaktereigenschaften und dem Literaturverzeichnis, an dem auch über Portraits oder zuweilen die physische Erscheinung des Verstorbenen berichtet wird. Zudem werden Gedächtnismedaillen in den Nachrufen zur Buchillustration herangezogen. Als Beispiel für diese Doppelnutzung sticht Johann Christoph Gottscheds Gedächtnisrede auf Christian Wolff mit fünf reproduzierten Medaillen heraus. Wolff wird in vollständiger Abhängigkeit von der Wertschätzung der Regenten dargestellt, bis hin zu einem 100-seitigen Apparat von Briefen und Würdigungen. In den Text selbst eingeschaltet findet sich die bis zur Eitelkeit galante Miniatur, mit welcher der eben inthronisierte *roi philosophe* Friedrich II. den Pakt zwischen dem Vorzeigegelehrten und dem preußischen Königshaus wieder zu schließen hoffte.

Diese wechselseitige Repräsentation wird auch grafisch umgesetzt: Die Titelvignette verwendet Wappen und Rüstungsmotive und betont damit das neuerworbene Adelsprädikat Wolffs. Zwei der Medaillen erinnern an Wolffs Gönner in schwierigen Zeiten: Landgraf Karl zu Hessen-Kassel, der den Ausgewiesenen nach Marburg berief, und Friedrich von Schweden, dem 1730 die dortigen Regierungsgeschäfte zufielen. Bei der abgebildeten Schaumünze handelt es sich um einen goldenen Dukaten, den der Regent Wolff »zu einem deutlichen Denkmale ihrer königlichen Zuneigung« schenkte.[315] (Abb. 5)

Die drei Medaillen, die Wolff selbst zeigen, entstanden vor seiner Rückkehr nach Halle oder erinnern an dieses Ereignis (Abb. 6). Sie erinnern nicht nur an den als Wiedereinzug in die Stadt inszenierten Tag, sondern sind direkt beteiligt an der Installation eines Mythos der Widerständigkeit. Dementsprechend fehlt bei diesen Medaillen das Element der königlichen Anerkennung, und man beginnt im Sinne einer

314 Dies trifft auch bei den Nachrufen auf Literaten zu, etwa bei Lessing und Goethe. Bogner, Ralf Georg: Der Autor im Nachruf. Tübingen 2006. S. 306, S. 345.

315 Gottsched, Johann Christian: Historische Lobschrift des weiland hoch- und wohlgebornen Herrn Christians des H.R.R. Freyherrn von Wolf[f]. In: Wolff. Gesammelte Werke. Hg. v. Hans Werner Arndt u.a. Abt. 1: Deutsche Schriften. Bd. 10. Hildesheim 1980. [Halle 1715] S. 90.

Abb. 5: Fürstliche Geschenke an Wolff. Landgraf Karl zu Hessen-Kassel mit einem heliozentrischen Sonnensystem, der Herrscherplanet Jupiter unten steht in auffälliger Position. Der hallenser Kupferstecher Gündler hat einen ritterlich gekleideten, aber aufgrund der Pfeile auch als Ars oder Zeus deutbaren Krieger zur Verbindung und Präsentation der Medaille genutzt. Die zweite von Hedlinger entworfene Medaille zeigt das schwedische Königspaar und auf dem Revers die Familie. Im Zentrum des genealogischen Zirkels hält ein Wappenlöwe das Portrait des Königs. Gündler hat eine durch Helm, Speer und Ägisfell ausgewiesene Athene eingefügt.

Abb. 6: Personenmedaillen auf Wolff von den Medailleuren Jean Dassier (oben, umrahmt von der Figur der Fama), Andreas Vestner (mittig) und Johann Christian Koch (unten). Buchschmuck aus Johann Christoph Gottscheds *Historischer Lobschrift des Freyherrn von Wolf[f]* von 1755.

bürgerlichen Öffentlichkeit zu agieren. Mit Jean Dassier, der auch Gelehrte wie Locke, Newton, Pope und Malebranche portraitierte, setzt einer der damals renommiertesten Medailleure Wolff ins Bild: Als Besonderheit dieser Medaille gilt das tiefe Relief, das Licht und Schatten an Wolffs Kopf besonders nah zusammentreten lässt, was die aufklärerische Lichtmetaphorik aufnimmt. Bedeutsamer ist, dass er mit einem Kubus und einer Schlange dargestellt wird und damit als Philosoph der sicher gegründeten und ewig gültigen Erkenntnis. Durch diese Versinnbildlichung der mathematischen Deduktion, die fest mit dem Namen Wolff verbunden ist, rückt ein bestimmtes spezifisch naturwissenschaftliches Methodenelement bzw. der epistemische Wert der mathematischen Logik in den Vordergrund. Beim Übertritt in die akademische Folklore wird aus der Deduktion ein Orientierungspunkt im Sinne einer unhinterfragbaren allgemeinen Forderung.

Womöglich ist die Spottmedaille des Nürnberger Künstlers Andreas Vestner als eine Reaktion auf derartige Apotheosen zu sehen.[316] Auf ihrem Revers ist jedenfalls Hermes Trismegistos erwähnt, ein Hohepriester der Weisheit, was Wolff vernehmlich aufs Korn nimmt.[317]

Die dritte Gedenkmedaille auf Wolff schließlich stammt aus der Werkstatt des Gothaer Hofmedailleurs und Akteurs der Gelehrtengeschichte Johann Christian Koch. Seine Medaille konserviert das Vertreibungs- sowie das Rückberufungsdatum und bedient sich ebenfalls der aufklärerischen Lichtmetaphorik.[318] Damit zitiert er eine Erzählung, die Gottsched in seinem Nachruf ausbuchstabiert: Der lokale innerakademische Streit zwischen Wolff und den Pietisten wird zu einer Epochenfrage stilisiert. Die spätere Rückkehr des Philosophen wird hierdurch als Massenauflauf, als europäisches Tagesgespräch und als Manifestation der Aufklärung inszenierbar. Schließlich vergleicht er ihn mit einem geretteten Sokrates.[319] Mit diesem Zitat ist dem mathematischen Denken ein wesentlicher

316 Bernheimer, Francisca: Georg Wilhelm Vestner und Andreas Vestner. Zwei Nürnberger Medailleure. München 1984. (= Neue Schriftenreihe des Stadtarchivs München 110)

317 Gottsched: Wolff. S. 115.

318 Bannicke, Elke: Johann Christian Koch. Medailleur des Barock. Berlin 2005. (= Kunstmedaillen in Deutschland 21). S. 35. Einschränkend gibt Elke Bannicke dort zu bedenken, dass Koch selten mehr als 32 Exemplare einer Medaille anfertigte.

319 Gottsched: Wolff. S. 114. »Was würden uns ein Xenophon und Plato nicht davon geschrieben haben, wenn ihr Lehrer Sokrates, der eben so unschuldig verdammet worden, auch eben so herrlich wäre gerettet und gerechtfertiget worden.«

Komplex zugeschaltet: Es geht um ein Recht, das gegen die Urteile des gesetzlichen Rechts steht und wie in der Logik der Hagiographie genau in diesem Widerstand, durch den Kampf, erkennbar wird. Das ins Recht Setzen der Wahrheit durch die politischen Autoritäten hat mehrere Subtexte, die auf Gesellschaftliches ausgreifen. Es ist als Anerkennung des Bürgertums ebenso lesbar wie als Sieg der Philosophischen über die metaphysiklastige Theologische Fakultät. Indem er den einen Wahrheitsdiskurs dem anderen vorzieht, tut sich Friedrich II. mehr als nur einen wissenschaftspolitischen Gefallen. Er bietet all denen Genugtuung, die an dem europaweit bekannten Skandal Anstoß genommen hatten, zuallererst auch in den Zirkeln des preußischen Hofes. Hatte doch Ernst Christoph Graf von Manteuffel, preußischer Kabinettsminister, später Privatier und gut vernetzter Diplomat, bei der Gründung seiner *Alethophilen Gesellschaft* 1736 eine Schaumünze herausgegeben, die Leibniz und Wolff unter dem damals noch horazischen Motto »sapere aude« vereinigte. Franco Venturi bringt diese Medaille mit Kants Aufnahme des horazischen Mottos in Verbindung.[320] Gottsched, der mit Manteuffel über diese Medaille korrespondiert hatte, wertet sie als intellektuelle Propaganda: »Die Absicht dabei war, die Freunde und Liebhaber der Leibnitz-Wolf[f]schen Philosophie gleichsam zu vereinigen, und zur Vertheidigung und Ausbreitung der Wahrheit aufzumuntern.«[321] Dies zeigt, dass Wolffs Leben durch die Vertreibung zu einer integrierenden Erzählung für die modernen Philosophen geworden war. Das mathematisch genaue Denken war in erfahrbarer Weise sanktioniert worden, wurde dadurch aber unauflöslich mit politischen Forderungen verknüpft.

Das Bildprogramm des Nachrufs entspricht genauestens der von Gottsched angestrebten und in einer Philosophenbiographie auffälligen Rechtfertigung eines Gelehrtenlebens anhand der Wertungsskala fürstlicher Anerkennung. Der Stil dieses Erinnerungsversuchs wurde von Moses Mendelssohn in einer Rezension denn auch kritisiert:

> Wir wünschen zu Ehren des großen deutschen Weltweisen, dass Deutschland einen Fontenelle haben möchte. Wir würden gewiß in der Lobschrift eines Wolf[f]s den Charakter eines großen Genies zu

320 Venturi, Franco: Contributi ad un dizionario storico. Was ist Aufklärung? Sapere aude! In: Revista Storia Italiana LXXI(1) 1959. S. 119-128.

321 Gottsched: Wolff. S. 104. Zur Gründung vgl: Lorenz, Stefan: Wolffianismus und Residenz. Beiträge zur Geschichte der Alethophilen in Weißenfels. In: Gelehrte Gesellschaften im mitteldeutschen Raum (1650-1820). Hg. v. Detlef Döring u. Kurt Nowak. Bd. 3. Stuttgart 2002. S. 113-145.

lesen bekommen, statt dass uns der Hr. Prof. Gottsched bloß den Charakter eines Kanzlers, eines Barons und etwa eines Professors vorgelegt hat. […] Die Stelle einer männlichen Beredsamkeit, welcher es zukömmt das Andenken großer Geister zu verewigen, nimmt ein kanzleystylhaftes und oft possierliches Wortgepräge ein, so wie es sich kaum in die Personalien einer nach dem Schlendrian eingerichteten Leichenpredigt schicken möchte.[322]

Gottsched bleibt mit der faktenorientierten Schreibart dem »bloß Historischen« in der Tat verpflichtet und verzichtet auf die später übliche Konstruktion eines Genies, großen Geistes oder der Schilderung des Innenlebens, was dem Rezensenten wohl »männlicher« erschienen wäre. Es ist Moses Mendelssohn aber zuzustimmen, dass in dieser Lobrede der Kanzleistil durchklingt und damit die Sprachform derjenigen, die sich auf die Autoritäten fixieren und in labyrinthisch gedrehten Ehrenbezeugungen mit bereitwilliger Unterwürfigkeit reagieren. Das in der Illustration bezeugte Interesse an Medaillen entspricht keineswegs nur der als aristokratisch bekannten akademischen Kultur Leipzigs, zu der fürstliche Münzgeschenke durchaus gehören. Es artikuliert sich durch die Objekte vielmehr auch der Widerspruch gegen fürstliche Willkür und die Autonomie der Philosophen.

Jenseits der Bücher entfalten die Medaillen, die Manteuffel der wissenschaftlichen Gemeinschaft der Aletophilen »gegeben« hat, oder diejenigen, die der schwedische König Wolff verehrte, eine höchst eigene Wirkung. Es handelt sich hier um ein Grenzgebiet zwischen Ehrung und Objekttausch, das an der Stiftung von Autoritäten beteiligt ist. Dies zeigt sich vor allem, wenn man sich fragt, was die Übergabe der Medaille eines Fürsten oder die Herausgabe einer Gedenkmedaille durch eine bestimmte Gruppe von Personen medienpragmatisch bedeutet. Die Memorialmedien, die verschenkt wurden, aber auch diejenigen, die durch gemeinsame Subskription bewerkstelligt wurden, sind nach ihren Verteilungsmechanismen nicht eindeutig Waren, sondern eher als Gaben einzustufen.

In der Nachfolge Marcel Mauss' wurden mehrere Versuche unternommen, die sozial bindende Funktion von Geschenken nicht nur für die von der älteren Ethnologie preferierten Gesellschaften geltend zu ma-

322 [Mendelssohn, Moses]: Rezension von: Historische Lobschrift […] H. R. R. Freyherrn von Wolf[f] u.s.w. von Johann Christoph Gottscheden, nebst des hochseligen Freyherrn Kupferbilde. Halle 1755. In: Bibliothek der schönen Wissenschaften und der freyen Künste 2(1)/1757. S. 132.

chen, sondern auch Macht- und Tauschverhältnisse im heutigen Europa daraufhin zu überprüfen und Mauss' zentrale Frage beizubehalten: »Was liegt in der gegebenen Sache für eine Kraft, die bewirkt, dass der Empfänger sie [die Gabe] erwidert?«[323] Und Geben müssen die Beschenkten, denn in dem von Mauss geschilderten System des Potlatsch ist das Ansehen, das offensichtlich über die materiellen Güter gestellt wird, nur zu erlangen, wenn man die Geschenke potenziert zurückgibt.[324]

Beate Wagner-Hasel versteht Mauss nicht als Ethnologen fremder Länder, sondern als Kulturkritiker der eigenen Kultur. Im Vergleich mit später durchgeführten Feldstudien kommt sie zu dem Schluss, dass Mauss ein Gegenbild des modernen Warentauschs und Egoismus in die fremden Kulturen hineingelesen habe.[325] Wie auch immer man Mauss' ethnologische Leistung einschätzen mag: Die sozialen Prozesse sind wichtige Modelle für die Analyse der ökonomischen Dimensionen der eigenen Kultur, was frei von Wertungen geschehen sollte, wie Gadi Algazi festhält: »The study of gift-giving in pre-modern European societes has all too often been associated with the tendency to artificially archaize their image.«[326] Algazi möchte über Mauss' etablierte Begriffe vielmehr einen schwer zugänglichen Bereich des alltäglichen Lebens untersuchen: »Such processes are an inescapable aspect of gifting as a living medium of social action.«[327]

Was die an Wolff verschenkten Personenmedaillen von Fürsten angeht, ist die Stiftung von Anerkennung und Verbindlichkeit relativ offensichtlich. Kürzlich sind die Verhältnisse der gegenseitigen Machtausübung

323 Mauss, Marcel: Die Gabe. Form und Funktion des Austauschs in archaischen Gesellschaften. Frankfurt a. M. 1990. S. 18.

324 »Nicht minder groß ist die Rolle, welche der Begriff der Ehre bei den Transaktionen der [nordwestamerikanischen] Indianer spielt. Nirgendwo sonst hängt das individuelle Prestige eines Häuptlings und das Prestige seines Clans enger mit der Ausgabe und der Pünktlichkeit zusammen, mit der die angenommenen Gaben mit hohen Zinsen zurückgezahlt werden, so dass der Gläubiger zum Schuldner wird. Der Verbrauch und die Zerstörung sind so gut wie unbegrenzt. Bei einigen Potlatschs ist man gezwungen, alles auszugeben, was man besitzt; man darf nichts zurückbehalten.« Ebd. S. 84.

325 Wagner-Hasel, Beate: Egoistic Exchange and Altruistic Gift. On the Roots of Marcel Mauss' Theory of the Gift. In: Negotiating the Gift. Pre-Modern Figurations of Exchange. Hg. v. Gadi Algazi, Valentin Groebner, Bernhard Jussen. Göttingen 2003. (= MPI Geschichte 188). S. 141-173. Därmann, Iris: Theorien der Gabe zur Einführung. Hamburg 2010.

326 Algazi, Gadi: Introduction. Doing Things with Gifts. In: Negotiating the Gift. S. 12.

327 Ebd.

durch Geschenke zwischen preußischem König und Untertanen von Hubertus Büschel beschrieben worden.[328] Verschuldungs- und Verpflichtungszirkel werden aber erst recht durch die von Anhängern geprägten Medaillen gestiftet. Zentral ist die Einigung auf einen Wissenschaftler und einige emblematische geistige Arbeitsverfahren, für die seine Person paradigmatisch steht. Am Beispiel Wolffs sticht hier die polyvalente gesellschaftliche Dimensionierung des wissenschaftlichen Wertes mathematisch exakter Deduktion hervor, der unter Sammlern und Liebhabern durch die Zirkulation der Medaille kultiviert wird. Es geht jedoch nicht um die bloße Stiftung von Sozialität. Im Prozess kommt es zudem zur Fixierung bestimmter ikonischer Elemente der Wolff'schen Philosophie.

Gelehrtenportraits: Antiquarisches Ansehen

Das Titelkupfer zu Gottscheds Lobrede auf Wolff erlaubt ebenfalls Rückschlüsse auf ein ganzes Netz von Beziehungen und Wertungspraktiken. Gottsched berichtet über die Vorlage des Titelkupfers, dass der Landgraf Wilhelm VII. von Hessen-Kassel es in Marburg von einem Künstler malen ließ, der Wolff wegen der großen Nachfrage bereits über 30-mal hatte portraitieren müssen. Das Portrait schenkte der Landgraf dem damaligen preußischen Kabinettsminister Manteuffel. Da Manteuffels Familie in Leipzig ansässig war, diente es zur Vorlage für das Frontispiz. Dies geschieht nicht zum ersten Mal. Gottsched hält es für den sichersten philosophischen Qualitätsbeleg, zu berichten, dass die Reproduktionen

> […] in die vornehmsten Cabinetter begehret worden [sind]. Nicht nur die damals regierende Königin ließ dergleichen in einem besondern Zimmer, an die Seite der Boylen, Locken, Leibnitze und Neutone hängen; sondern selbst der hochselige König ließ sichs malen, und beschenkte, nachdem sein Zorn sich geleget hatte, den sel. Probst Reinbek damit: mit dem gnädigen Beyfügen, daß er ihm nichts angenehmers zu schenken wüßte; wobey er noch vier Louis d'or zu Verfertigung eines schönen Rahmens beylegte.[329]

328 Büschel, Hubertus: Die sanfte Macht der Machtlosen – Rituale, Glückwünsche und Geschenke. In: Historische Anthropologie 15(1)/2007. S. 82-103. Büschel, Hubertus: Untertanenliebe. Der Kult um deutsche Monarchen 1770-1830. Göttingen 2006.

329 Gottsched: Wolff. S. 103.

Pikant ist die Szene nicht nur deshalb, weil sich das Wolff gegenüber so rüde auftretende Königshaus zugleich empfänglich zeigte für die Möglichkeit, sich mit Wolffs Reputation zu schmücken, sondern weil der mit dem Portrait beschenkte Johann Gustav Reinbek offensichtlich mitten in Berlin den in Halle ausgetriebenen Wolffianismus verbreiten durfte. Zumindest referiert Gottsched Gabriel Fischers Bericht, der ebenfalls von einer Universität (Königsberg) ausgeschlossen worden war und insofern wie Wolff »als ein philosophischer Märtyrer« galt.[330] Das Begehren nach Abbildungen auf Portraits oder Kupferstichen durchkreuzte in Preußen also die öffentliche Linie. Zudem zeigt die Szene vielfältigste Geschenksituationen, die jeweils soziale Verbünde produzieren sollten.

Dies eröffnet die Möglichkeit, mit der Figur Wolffs zugleich die moderne Wissenschaft abzubilden. So geschah es in dem maßgeblichen Portraitwerk der mittleren Aufklärung, Johann Jacob Bruckers »Bildersal«, das 1741 parallel auf Deutsch und Latein in einer prächtigen Folioedition erschien (Abb. 7).

Im Vorwort der etwas preisgünstigeren Quartausgabe wird als Vorbild vor allem Charles Perraults »Les hommes illustres qui ont paru en France« genannt.[331] Wie schon Perraults Veröffentlichung ein gewichtiges Argument in der *Querelle des anciens et modernes* darstellte, so bemüht sich auch Brucker darum, einen gewissen *esprit de corps* aus dem Vergleich moderner Gelehrsamkeit mit der Antike zu ziehen:

> Wäre es nöthig, oder dieses Ortes, so würde es nicht schwer seyn, die philosophische Historie hievon zum Zeugen aufzuführen, und einem Anaximander einen Verulamius, einem Socrates einen Pufendorf, einem Plato einen Thomasium, einem Aristoteles einen Cartesius, einem Democritus einen Leibniz, einem Pythagoras einen Newton, usw. entgegen zu setzen, und damit zu beweisen, wieweit die Glück-

330 »Als dieser [Fischer] auf seiner Reise nach Berlin kam, und daselbst die berühmtesten Prediger hörete, gerieth er ungefähr auch in diejenige Kirche, wo Herr Reinbek predigte. Diesen hörte er nun mit großem Erstaunen, eben diejenigen Lehrsätze und Wahrheiten, z.E. den Satz des zureichenden Grundes, u.a.m. auf öffentlicher Kanzel vortragen, weswegen er aus Königsberg war verbannet worden und zwar so nahe bey demjenigen Throne, von welchem sein hartes Schicksal verhänget worden war.« Ebd. S. 80.

331 Perrault, Charles: Les hommes illustres, qui ont paru en France pendant ce siècle. Avec leurs portraits au naturel. 2 Foliobände. Paris 1696, 1700. An Pracht soll dieses Werk wiederum dem englischen Pendant »The Heads of illustrious persons of Great Britain« nachstehen.

Abb. 7: Johannes Bernoulli, Christian Wolff, Adelgunde Gottsched und der Herausgeber des *Bildersals heutiges Tages lebender und durch Gelahrtheit berühmter Schrifftsteller* von 1741. Sie gehörten zu den ersten zehn Kupferstichen von der Hand Johann Jacob Haids, die Johann Jacob Brucker mit Elogen versah, weshalb er auch selbst einen Band mit *Elogia* in seiner Hand hält.

seeligkeit unserer Zeiten das graue Alterthum auch in der Weltweißheit übertreffe.[332]

Wolffs Portrait gehört auch hier zu den ersten zehn gelieferten Personen, zumal es das von ihm mitbegründete Forschungsprogramm der »Weltweisheit« ist, das zum Inbegriff der immer vagen Kategorie des Modernen wird.

Bruckers Portraitwerk steht in einer langen Tradition, in der durchaus nicht nur Regenten und Militärs, sondern auch Gelehrte und Künstler in heute vergessenen Spezialwerken berücksichtigt wurden: Zu nennen sind beispielsweise das 1597 erschienene Portraitwerk Jean-Jacques Boissards,[333] der Freher[334] oder der Spitzel,[335] die über 1000 Portraits enthalten konnten. Auch als die Selbstdarstellung von Regionen oder Universitäten ist die bebilderte Biobibliographie häufig.[336]

Berücksichtigt man den konkreten historischen Umgang mit diesen Portraits und den zumeist mehrbändigen Portraitwerken, so ist ein antiquarisch-dilettantischer Diskurs sehr aufschlussreich, in dem die Portraitwerke und Portraitsammlungen für den deutschen Markt erschlossen, gelistet und beurteilt werden:

332 Brucker, Johann Jacob: Bildersal heutiges Tages lebender und durch Gelahrtheit berühmter Schrifftsteller. Illustirert von Johann Jacob Haid. 10 Teile. 2 Bde. Augsburg 1741-1746 und 1747-1755. Artikel Wolff. Erstes Zehend. Unpag. S. 4.

333 Boissard, Jean-Jacques: Icones quinquaginta virorum illustrium doctrina 1597. Mehrfach fortgesetzt, füllt die Sammlung 1650 ohne Lebensbeschreibungen 200 Seiten: Boissard, Jean-Jacques/Bry, Theodor de: Bibliotheca chalcographica, hoc est virtute et eruditione clarorum virorum imagines. Heidelberg 1650.

334 Freher, Paulus: Theatrum Virorum Eruditione Clarorum. Nürnberg 1688. (1211 Portraits)

335 Spitzel, Gottlieb: Templum Honoris Reseratum. Augsburg 1673.

336 Zu Brandenburg vgl. Küster, George Gottfried: Martin Friedrich Seidels Bilder-Sammlung, in welcher hundert größtenteils in der Mark Brandenburg gebohrene allerseits aber um dieselbe wohlverdiente Männer vorgestellet werden, mit beygefügter Erläuterung, in welcher derselben merckwürdigste Lebensumstände und Schrifften erzelet werden. Berlin 1751. Neuauflage der von Martin Friderich Seidel herausgegeben »Icones et elogia« mit 100 Kupferstichen sowie Biobibliographien. Vgl. zu Altdorf bei Nürnberg Roth-Scholtz, Friedrich: Icones eruditorum academiae Altdorfinae, id est: omnium pro-cancellariorum et professorum, qui a condita academia Altdorfiana in omnibus facultatibus floruerunt eandemque ad hunc usque diem ornarunt. Norimbergae 1721.

Wie Sigmund Jacob Apin[337] und Johann Karl Wilhelm Moehsen[338] richtet sich Johann Andreas Gottfried Schetelig ausdrücklich an die »Liebhaber, welche Bildnisse berühmter Personen sammeln«.[339] Er selbst soll an die 21 000 Portraits auf Einzelblättern zusammengebracht haben.[340]

Das Frontispiz zu Apins Schrift »Anleitung, wie man Bildnisse berühmter und gelehrter Männer mit Nutzen sammeln soll« (Abb. 8) zeigt zwei diskutierende Besucher, die auf einem ansehnlichen Münzkabinett lehnen. Aus der Beschreibung geht hervor, dass auf der linken Bildhälfte die Buchgalerien einsortiert sind, auf der rechten Seite Loseblattsammlungen zwischen eigens angefertigten Holzdeckeln, was, wie Apin betont, gegenüber Klebebänden eine tägliche Veränderung der Ordnung zulässt. Um diese variablen Folianten zu füllen, empfiehlt Apin verschiedene Strategien, um der Gelehrtenportraits habhaft zu werden: Regel Nummer 5 beispielsweise lautet: »Findest du vor Büchern, Leichpredigten, Calendern, Disputationen Portraits, so nimm sie ohne Bedencken heraus und lege sie zu deiner Collection«.[341]

Schon in den Tabellen-Vordrucken, die Apin als Register für die optimale Gelehrtensammlung vorschlägt, führen die Rubriken für Lebensdaten und Beruf immer wieder in die Biographie hinüber. Auch wenn er empfiehlt, auf der Rückseite der Kupferstiche biographische Details zur Person zu vermerken, deutet dies auf einen memorierenden Umgang mit der Sammlung hin. Lobend wird auch ein Zeitgenosse erwähnt, unter dessen Portraitblättern »kein einziges war, wozu nicht dieser arbeitsame Mann entweder ›diem nativitatis & mortis‹ oder ein ›elogium‹ oder sonst einen merckwürdigen Umstand geschrieben hatte«.[342] Selbst ein Kartenspiel zu berühmten Männern soll in Augsburg zu diesem Lernzweck her-

337 Apin, Sigmund Jacob: Anleitung, wie man Bildnisse berühmter und gelehrter Männer mit Nutzen sammlen und denen dagegen gemachten Einwendungen gründlich begegnen soll. Nürnberg 1728.

338 Moehsen, Johann Karl Wilhelm: Verzeichnis einer Samlung von Bildnissen, größtentheils berühmter Aerzte: so wohl in Kupferstichen, schwarzer Kunst und Holzschnitten, als auch in einigen Handzeichnungen. Diesem sind verschiedene Nachrichten und Anmerkungen vorgesetzt, die so wohl zur Geschichte der Arzneygelahrtheit, als vornehmlich zur Geschichte der Künste gehören. Berlin 1771.

339 Schetelig: Ikonographische Bibliothek. S. 674.

340 Berghaus, Peter: Paulus Frehers ›Theatrum Virorum Eruditione Clarorum‹. In: Graphische Porträts in Büchern des 15. bis 19. Jahrhunderts. Hg. v. Peter Berghaus. Wiesbaden 1995. S. 132.

341 Apin: Anleitung. S. 32.

342 Ebd. S. 64. (Fußnote)

Abb. 8: Betrachtung von Gelehrten. In den Regalen stehen links Portraitwerke und rechts vom Sammler angelegte Mappen mit einzelnen Kupferstichen. Die Themen der Regale variieren die vier Fakultäten (Theologie, Jura, Medizin, Philosophie). Titelkupfer aus Sigmund Jacob Apins *Anleitung wie man die Bildnisse berühmter und gelehrter Männer mit Nutzen sammlen und denen dagegen gemachten Einwendungen gründlich begegnen soll* von 1728.

ausgegeben worden sein. In Apins Sammlungsnutzung ist an dieser Stelle eine alte Tradition erkennbar. Wie Stephan Brakensiek ausführt, sind bereits die frühen Kunstkammerkataloge etwa eines Samuel Quiccheberg in Bezug auf eine Nutzung für die *ars memorativa* perspektivierbar.[343] Dennoch leisten diese bildlichen Memorialmedien einer bestimmten reduzierten und damit konzentrierten Fixierung auf einzelne Elemente einer wissenschaftlichen Praxis Vorschub.

Die hier reproduzierten Gelehrten verdanken ihre umfassende kulturelle Sichtbarkeit nicht inhaltlichen Leistungen, sondern vielmehr den Möglichkeiten und Schönheiten des Kunsthandwerks und der Liebhaberei der Käufer. In den Provinzen und Peripherien scheint sich so ein wenig berücksichtigter Überrest antiquarianischer Gelehrsamkeit im Sinne Arnaldo Momiglianis noch bis ins lange 18. Jahrhundert erhalten zu haben.[344] Allerdings tritt die Logik der Sammlung stärker in den Vordergrund als die Affektation für die Sammlungsgegenstände und die Absicht eines systematischen Erkenntnisgewinns. Die Ursprünge des Antiquarianismus lebten von einer besonderen Form der Hingabe an die Untersuchungsgegenstände. Gedenkmedaillen als fesselnde Objekte werden beispielsweise in einer im 18. Jahrhundert noch überaus berühmten Biographie Peiresks geschildert. Kein anderer als Pierre Gassendi stilisiert das Initiationserlebnis des großen Humanisten in die Wissenschaft effektvoll durch die Begegnung mit einer Münze:

> About this time there was brought to his Uncle a piece of Golden Coine of Arcadius, which was found at Belgenser. He presently desired to have it, and when he had read the Letters about it, and had set down the Emperors name whose Coine it was, he brought it presently to his Uncle again, who to gratifie him, gave him not only two other pieces of ancient Coine, but also Books, by which he might be further instructed in the knowledge of such Antiquities. And from this time forwards his most curious mind began to burn like fire in a wood, for he began eagerly to seek out, and collect all the ancient Coines which he could come by, being eagerly bent to read and Interpret their Inscriptions, upon which occasions also he began to seek out all kind

343 Brakensiek, Stephan: Vom ›Theatrum mundi‹ zum ›Cabinet des Estampes‹. Das Sammeln von Druckgraphik in Deutschland 1565-1821. Hildesheim 2003. S. 47f.

344 Momigliani, Arnaldo: Ancient History and the Antiquarian. In: Journal of the Warburg and Courtauld Institutes 13,3/4/1950. S. 285-315.

> of Inscriptions, whether belonging to Sepulchers or others, and studiously to observe them.[345]

Die durch Bildmedien versprochenen Informationen suggerieren eine Art Kontaktzone mit einer vergangenen Zeit, die bis zu einem gewissen Grade auflebt. Die Erinnerungskulturen seiner Zeit sieht Apin in der direkten Nachfolge des Bildkults der Römer: die mit Gelehrtenportraits verzierten Bibliotheken (sein Beispiel ist die Universität Leipzig), die *in effigie* vollzogenen Strafen oder die Wappen, die man Särgen vorantrug wie früher die nachgebildeten Figuren in der römischen *pompa funebris*. Was er über die Zustände in Nürnberg um 1728 berichtet, lässt allerdings aufhorchen – schätzt er doch die Zahl der öffentlich zugänglichen Portraits auf 1600, von den ausliegenden Klebebänden mit Darstellungen der Gymnasiallehrer über Familienstammbäume bis hin zu quadratischen Portraits der Schützenkönige an der Stadtmauer.[346] Der Verschränkungsgrad von Kupferstichsammlungen mit räumlicher Ausstellung in musealen Sammlungen oder gar eigens gestalteten Orten der Andacht hat ebenfalls Tradition: Einige der bekannten Portraitwerke in Buchform basieren auf vorgängigen Portraitsammlungen ihrer Herausgeber. So wurden die über 200 Holzschnitte in Paolo Giovios »Elogia virorum doctorum«[347] in Giovios Villa am Comer See von den verschiedensten Vorlagen (Portraits, Münzen, Büsten, Gemmen) abgezeichnet, wobei bereits in diesem damals so titulierten »musaeum« einige biographische Details auf Kärtchen beigefügt waren.[348]

Der Umgang der Gelehrten mit den Abbildungen der Vorgänger lässt sich durch die Logik der Sammlung erklären. Nimmt man aber die antiquarische Tradition ernst, so müsste man von schwachen Resten

345 Gassendi, Pierre: The Mirrour of True Nobility & Gentility. Being the Life of the Renowned Nicolaus Claudius Fabricius Lord of Peiresk. London 1657. [Vita Peireskii 1641] Jahr 1695.

346 Apin: Anleitung. S. 9-10.

347 Giovio, Paolo: Elogia virorum doctorum. Basel 1575-78. Erst diese posthum von Peter Pernas herausgegebenen 4 Foliobände enthalten 210 Holzschnitte von Tobias Simmer. Markus Völkel rekonstruiert Giovios kompliziertes Patronagesystem, in dem sich der katholische Prälat vor allem als Lobredner und Biograph am Leben hielt. Völkel, Markus: Die Wahrheit zeigt viele Gesichter. Der Historiker, Sammler und Satiriker Paolo Giovio (1486-1552). Basel 1999.

348 Wartmann, Andreas: Drei Portraitwerke aus der zweiten Hälfte des 16. Jahrhunderts. In: Graphische Porträts in Büchern des 15. bis 19. Jahrhunderts. Hg. von Peter Berghaus. Wiesbaden 1995. S. 45. Rave, Paul Ortwin: Paolo Giovio und die Bildnisvitenbücher des Humanismus. In: Jahrbuch der Berliner Museen 1/1959. S. 119-154.

eines Bildkults sprechen, wie ihn Hans Belting vor allem an christlichen Ikonen entwickelt, wobei er die Bilderverehrung der antiken Kaiserkulte parallelisierend mitführt. Die Macht des Bildes vor dem Zeitalter der Kunst beruht auf einer mangelhaften Zeichentheorie der Betrachter, der zufolge eine direkte Repräsentation der Verstorbenen oder höheren Wesen für möglich gehalten und folglich gesehen wurde.[349] Doch auch im Zeitalter der Kunst provozieren umfangreiche Portraitsammlungen nicht in erster Linie den aufgeklärten Kennerblick, sondern verführen dazu, sich die abgebildete Person venerativ zu vergegenwärtigen.

Auszeichnungen: Titel, Preise, Mitgliedschaften

Eines der probatesten Mittel, die Wissenschaftlichkeit zu kennzeichnen, ein allseits bekanntes Eldorado der Überbewertung und der Signalisierung chiffrierter Überlegenheit, sind Preise und Mitgliedschaften in wichtigen Vereinigungen. Die vorgelagerten und ausgesprochen wirkungsvollen Namenszusätze der akademischen Titel werden dabei häufig in ihrer Funktion übersehen. Durch ein kleines Gedankenexperiment hat der Kameralist Johann Christian Lünig diese Prozesse jedoch kritisch angemerkt:

> Wie alles in der Welt von Zeit zu Zeiten gestiegen, und die erste gleichsam eingebohrne Simplicität verlassen; also ist es auch mit denen Titulaturen und Curialien unter denen Menschen ergangen. So lange die ersten Menschen im Stande der Gleichheit geblieben, und keiner […] einen Supremat über den andern affectirt, so lange hat man auch nichts von Nominibus Dignitatum gewusst; und ist daher gar wahrscheinlich, dass die Nomina, oder Expressiones Charitatis, eher, als die Nomina Dignitatum gewesen.[350]

349 Belting, Hans: Bild und Kunst. Eine Geschichte des Bildes vor dem Zeitalter der Kunst. München 1990.

350 Lünig, Johann Christian: Vom Ursprung, Aufnehmen und Steigen der Titulaturen in Europa, auch denen deßwegen entstandenen Streitigkeiten. In: ders.: Theatrum ceremoniale historico-politicum, oder Historisch- und Politischer Schau-Platz des Europäischen Kanzley-Ceremoniels: Wie Kaiser, Könige, Chur und Fürsten, Grafen und Herren, dann Freye Republiquen und endlich Adel- und Unadelige Männ- und Weiblichen Geschlechts […] tractiren. 3. Theil. Des Europäischen Canzley-Ceremoniels erste Abtheilung. Leipzig 1720. S. 1. »Curialien« sind Namenszusätze, die bei Hofe eine eindeutige Hierarchie herstellen sollten.

Diese kleine Naturgeschichte des Namens verweist auf die Möglichkeit, durch Kosenamen Zärtlichkeit und durch Titel Autorität zu regulieren. Lünig setzt sie ans Ende eines Werks, dass über 2000 Seiten die Verhaltensregeln der höheren Gesellschaft an historischen Aufzügen abschildert und dabei die hohe Kunst des Umgangs mit Titeln und die Virtuosität in der Inszenierung von Rangordnung auf das Lebhafteste vor Augen führt. Erst ganz zum Schluss macht Lünig das ganze Panorama möglicher Titel von der Durchlaucht bis zum Kaiser auf ihre Konventionalität hin durchsichtig. Die Möglichkeit einer einfachen Anrede kontrastiert er dabei wirkungsvoll mit den für den Kanzlei-Stil des Barock so kennzeichnenden Unterwerfungskaskaden, die gleichwohl in der Widmung seines eigenen Werks virtuos zur Anwendung kommen. Eine Kompetenz, die der Rechtshistoriker und Zeremonialwissenschaftler Lünig auch anderen zugänglich macht und die »einem jedweden, welcher bey Hofe und in Cantzleyen sein Glück suchen will, sehr nöthig und gantz unentbehrlich« ist.[351] Doch auch wenn Lünig das Spiel auf der Nomenklatur der Hierarchien und Ehrungen betreibt und demokratisiert, deklariert er es zugleich unmissverständlich als Zeichen von Gewalt und führt jeden Titel auf despotische Entgleisungen zurück:

> Wie aber die Begierde über einander zu herrschen die Menschen zu hohen Gedancken verleitet, und sich immer einer über den andern zu schwingen gesuchet; also haben sich diejenigen, so die andern übermeistert, entweder selbst allerhand hochtrabende Titul beygeleget, oder es sind ihnen dieselben von denenjenigen, so unter ihre Bothmäßigkeit gerathen, par Flatterie gegeben, und die Bey-Worte, oder Epitheta, [...] modificiret worden. Doch ist es in diesem Puncte, wie so wohl aus den biblischen, als Profan-Geschichten erhellet, lange Zeit, bei einer der heutigen Titul begierigen Welt lächerlich vorkommenden Einfalt geblieben, ob man zwar nicht leugnen kann, dass sich auch hin und wieder in der Antiquität unter denen heydnischen Regenten Exempel solcher Titulaturen finden, die entweder von einem unbändigen Hochmuth, oder halben Wahnsinn derer, so selbige affectieret, Zeugniß geben können. [...] Nachdem aber einer den andern unter die Füße zu treten angefangen und sich endlich einer Meister von allen, folglich den Anfang zur ersten Monarchie und

351 Lünig, Johann Christian: An den Leser. In: Theatrum ceremoniale. Bd. 1. Leipzig 1719. Unpaginiert (S. VII.)

> einer weitschweiffenden gewaltigen Regierung gemacht; so ist auch mit der Gewalt zugleich das Titulatur-Wesen vergrössert worden.[352]

Lünig lässt eine ebenso kenntnisreiche wie kühne Betrachtung der Titel Kaiser, Durchlaucht, Fürst, Markgraf und Kardinal folgen, wobei neben der Etymologie häufig eine Zeit genannt wird, in der man sich auf die Gültigkeit der Ehrenbezeichnung geeinigt hat. Er betont also die Herstellbarkeit von Anreden, die der Aura der jeweiligen Titel empfindlich widersprechen, und dies mit nicht unerheblicher dekonstruktiver Kraft. Die akademischen Verhältnisse berücksichtigt Lünig in diesem etymologischen Nachsatz zu den Titeln zwar nicht. Im vorhergehenden Teil über die verschiedenen Zeremonien jedoch existiert ein eigenes Kapitel über akademische Rituale.

Es steht außer Frage, dass für Universitäten das Recht, Titel zu vergeben, konstitutiv ist. So schreibt König Friedrich Wilhelm III. in der Stiftungsurkunde der Universität Bonn:

> Wir ertheilen hierdurch der Universität das Recht, in ihren Fakultäten akademische Grade und Würden, namentlich in der Philosophischen Fakultät die Grade des Magisters und Doktors, in der medizinischen, nach erlangetem philosophischen Magister=Grade, den Grad des Doktors […] zu verleihen.[353]

Nicht nur die höchsten Würdenträger der Universität, die Rektoren und Ordinarien, sondern bereits die unteren akademischen Grade sind durch Namenszusätze gekennzeichnet, die unmissverständlich von der Allgemeinheit abheben, was sich auch bei den Ernennungen ausdrückte. So erhalten Promovierende der Medizin nach einem älteren Zeremoniell der Universität Straßburg nicht nur einen Hut (als Merkmal der Freiheit), einen Siegelring (zur Beglaubigung der ärztlichen Fähigkeit), ein Wachslicht (als Erinnerung an die Frömmigkeit) und ein offenes Buch (zur Erinnerung, »dass man nicht Getichte seines eigenen Gehirnes profitieren, sondern denjenigen Lehr-Sätzen folgen solle«), sondern der jeweilige Dekan wurde regelrecht intim: »Fünfftens, habe ich euch […] mit einem Kuß und Umarmung empfangen, und euch alles Gutes angewünschet, damit ihr aus dieser freundlichen und vertrauten Begrüssung schließen

352 Lünig, Johann Christian: Vom Ursprung, Aufnehmen und Steigen der Titulaturen in Europa. Ebd. S. 1.

353 Stiftungsurkunde der Universtiät Bonn vom 18.10.1818. In: Jahrbuch der Preußischen Rhein=Universität 1(1)/1819. S. 6.

möchtet, dass ihr in den Stand und Gesellschafft derer Doctorum Medicinae aufgenommen worden.«[354]

Fortan ist der Doktor autorisiert zu dozieren, wobei er den physisch erhobenen Stuhl »cathedra« verwenden darf, der in weniger regulierten Zeiten demjenigen zukam, der einen bestimmten Text am besten zu lehren verstand.

Die Zugehörigkeit zu Gruppen ist auch in den verschriftlichten Nachrufen eine unablässig genutzte Aufwertungsstrategie, vor allem die Nennung von Mitgliedschaften in prestigeträchtigen, wissenschaftlichen Vereinigungen. Ihren Ort haben diese Aufzählungen häufig nach der Nennung des Geburtstages und Namens des Verstorbenen, und sie verbürgen hier, wie auch auf vielen Titelseiten, die Anerkennung des Forschers durch Gleichgesinnte und die Zugehörigkeit zu dem Kollektiv der zum Schreiben besonders Autorisierten. Im frühen 19. Jahrhundert etablieren sich in England sogar abgekürzte Namenszusätze aus den Gesellschaftsmitgliedschaften, was der englische Erfinder und Mathematiker Charles Babbage ridikülisiert:

> It is the custom to attach certain letters to the names of those who belong to different societies, and these marks of ownership are by many considered the only valuable part of their purchase on entry. Thus, those who are ambitious of scientific distinction, may, according to their fancy, render their name a kind of comet, carrying with it a tail of upwards of forty letters, at the average cost of 10 Pounds 9 1/2 d per letter.[355]

Die lange Reihe von Buchstaben nach dem Namen zeugt auch deshalb von schlechtem Stil, weil sie eben nicht die Anerkennung in wissenschaftlichen Bereichen verbürgen kann, sondern Geld und gute Beziehungen, wissenschaftliche Reputation und die Zeichen dieser Reputation also zur

354 Ceremoniel, so ehemals auf der Universität zu Straßburg [...] bey der Promotion eines Doctoris Medicinae observiret worden. In: Johann Christian Lünig: Theatrum ceremoniale. Teil 2. Leipzig 1720. S. 1367. Alternativ heißt es in der Promotionsordnung für Juristen: »Ich habe euch also erstelich auf diese Doctoral-Catheder steigen heissen, euch dadurch zu zeigen, dass ihr nunmehro von denen Unwissenden und dem Pöbel abgesondert, in die honnette Gemeinschafft derer Rechts-Gelehrten aufgenommen, und in einen Quasi-Prossess und billige Nutzung aller Ehren und Rechte derer Doctorum gesetzet worden.« Ebd. S. 1365. (ca. 1710).

355 Babbage, Charles: Reflections on the Decline of Science in England and on some of its Causes [1830]. In: The Works of Charles Babbage. Hg. v. Martin Campball-Kelly. London 1989. Bd. 7. S. 103.

Entkopplung neigen. Babbage erwähnt geradezu dubiose Amateurvereine, wie die *Medico-Botanical Society*, die er deshalb kritisiert, weil mehrere Prinzen in ihr den Ton angaben. Er sieht nur einen Weg, wie diese Gesellschaft für die Wissenschaft nützlich werden kann, und fordert sie zu drastischen Schritten auf: »by signing its dissolution, [they shall] offer the only atonement in their power to the insulted science of their country. As with a singular inversion of principle, the society contrieved to render expulsion the highest honour it could confer; so it remains for it to exemplify, in suicide, the sublimest virtue of which it is capable.«[356] Die noch zu Beginn des 18. Jahrhunderts so kostbare Aufmerksamkeit der sozialen Eliten für naturkundliche Themen ist 100 Jahre später zu einem beleidigenden Störfaktor geworden, gegen den die ausgebildeten Spezialisten aus professioneller Selbstachtung vorzugehen haben.

Eine weitere Innovation der Aufklärung, neben den auszeichnenden Gesellschaftsmitgliedschaften, ist ein neues System wissenschaftlicher Preise.[357] Die jährlichen Preisfragen der Akademien, bei denen von den eingesandten Schriften die beste öffentlich prämiert wurde, stellt für eine kurze historische Periode eine Art Gericht dar, das darüber entschied, was als wissenschaftlich anerkannt wurde und was nicht. Rudolf Stichweh zufolge werden die Akademien und Akademiejournale als übergreifender Legitimationsort und Wissenschaftsfilter ab 1770 von Fachzeitschriften abgelöst.[358]

Zu diesen rein wissenschaftlichen Preisen kamen, wie der Bildungshistoriker Friedrich Paulsen unter Berufung auf Michalis referiert, noch eine Reihe weiterer Auszeichnungen für Gelehrte, die er sehr kritisch bewertet: »Ursprünglich in der politischen und militärischen Welt einheimisch, haben die Dekorationen, Titulaturen, Nobilitierungen seit dem 18. Jahrhundert auch in die akademische Welt ihren Einzug gehalten.«[359] Paulsens polemisch gewähltes Beispiel ist die Einführung des »Geheimrats 4. Klasse« für Gelehrte. Nur wo es, wie bei den Leipziger Juristen,

356 Ebd. S. 104.

357 Buschmann, Cornelia: Die philosophischen Preisfragen und Preisschriften der Berliner Akademie der Wissenschaften im 18. Jahrhundert. In: Aufklärung in Berlin. Hg. v. Wolfgang Förster. Berlin 1989. S. 165-228. Jahn, Ilse: Experimenta docuit – Die Preisaufgaben der Leopoldina 1789-1818. In: Salve Academicum II. Beiträge zur Geschichte der Deutschen Akademie der Naturforscher Leopoldina. Veröffentlichungen des Stadtarchivs Schweinfurt 5/1991. S. 49-76

358 Stichweh, Rudolf: Zur Entstehung des modernen Systems wissenschaftlicher Disziplinen. Physik in Deutschland 1740-1890. Frankfurt a. M. 1984. S. 70f.

359 Paulsen, Friedrich: Die deutschen Universitäten und das Universitätsstudium. Hildesheim 1966. [1902] S. 123.

eine tatsächliche Notwendigkeit der vertraulichen Beratung zwischen Professoren und Ministern gab, will Paulsen diesen Titel gelten lassen. Die sehr bereitwillige Vergabe von Geheimratstiteln ohne Funktion, vor allem an der höfisch-aufgeklärten Universität Göttingen, ist für Paulsen eine mehr als durchsichtige Geste.

Condorcet hingegen, ein Advokat jeglicher Ehrung der nützlichen Wissenschaft, streitet die Nähe des akademischen Ehrungssystems zu militärischen Auszeichnungen explizit ab. Allenfalls an den Rändern der Zivilisation komme so etwas vor:

> In Russland ist es üblich, militärische Titel an Männer zu verleihen, die mit dem Dienst überhaupt nichts zu tun haben; damit huldigt man dem Vorurteil, dass dieser Stand der einzig ehrbare Beruf sei, und gesteht zugleich ein, dass man die gesamte Heuchelei erkennt: einige Gelehrte bekamen sogar den Titel des General-Majors verliehen; Monsieur Euler bekam keinen und er wollte auch keinen: denn welcher Titel hätte den Namen Euler ehren können? Denn die Achtung vor der Bewahrung der natürlichen Rechte des Menschen zwingt in gewisser Weise dazu, gegenüber diesen kindischen, aber gefährlichen Spielereien der menschlichen Eitelkeit ein Beispiel an weiser Teilnahmslosigkeit zu geben.[360]

Es ist hier zu unterscheiden zwischen den alten Titeln der Universität, den Preisen wissenschaftlicher Akademien und den von Königshäusern verliehenen Orden und Adelszertifikaten. Akademische Preise wie der »Prix d'Académie des Sciences«, die »Copley Medal der Royal Society«, der »Soemmeringsche Preis der Senckenbergischen Gesellschaft« oder der »Preis der Berliner Akademie der Wissenschaften« spielen eine nicht hoch genug einzuschätzende Rolle für die Produktion von Wissen und die Legitimierung von Standards. Sie stehen häufig am Anfang wissenschaftlicher Karrieren. Vor allem diese Auszeichnungen werden von den Wissenschaftlern geschätzt. Zu Heinrich Wilhelm Doves Dekorationen zählen beispielsweise:

> Die Masse der Mitgliedschaften in aller Welt von der Royal Society in London herab bis zur humoristischen Gesellschaft ›Ulk‹ in Haspe;

360 Condorcet: Eloge de M. Euler. Historie de l'Académie Royale des Sciences 1783. Paris 1786. S. 37-68. Zit n. Leonhardi Euleri Opera Omnia. Hg. v. Ferdinand Rudio, Andreas Speiser, Heinrich Weber u.a. 77 Bde. Leipzig, Berlin 1911-1960. Bd. III, 12. S. 285-310. S. 308. (Übers. O. Schulz)

> so die Taufe von […] Lotsendampfern auf seinen Namen, die Benennung von Buchten, Vorgebirgen und Gletschern nach ihm – in der Polarzone, wo das Klima in seiner Allmacht dem Menschen vor die Seele tritt. Dekorationen schätze Dove, sofern sie auf Wahl durch Sachverständige beruhten, wie die englische Copleymedaille, die er 1853 erhielt, oder der preußische Pour le mérite für Wissenschaft und Kunst, von dem er 1860 Humboldts Exemplar überkam.[361]

Der preußische »Orden pour le mérite« wurde 1842 von Friedrich Wilhelm IV. um eine gesonderte Klasse erweitert. Dieser ursprünglich von Friedrich II. gestiftete Orden war überwiegend dem Militär vorbehalten, seit 1810 galt dies per Dekret. Gegen Mitte des 19. Jahrhunderts kam eine Friedensklasse hinzu, die aber, »wie das dem Heer verliehene an einem schwarzen, mit Silber geränderten Bande, um den Hals getragen [wurde]«.[362]

Der »Orden pour le mérite« ist nur einer von elf Orden, die im Nachlass von Emil DuBois-Reymond dokumentiert sind. Er war unter dem Vorsitz von Leopold von Ranke und Heinrich Wilhelm Dove 1877 ausgezeichnet worden. Zur wechselseitigen Sichtbarmachung trug bei, dass die Ordensritter im Auftrag Friedrich Wilhelms IV. von Carl und Oscar Begas portraitiert wurden und, wie Gerd Bartoschek geschildert hat, im Marmorpalais rund um das Bildnis des Königs präsentiert wurden.[363]

Ob als Reaktion oder unabhängig: die bayerische Krone stiftet nur wenige Jahre später (am 25. November 1853) einen »Orden zur Anerkennung ausgezeichneter Verdienste in Wissenschaft und Kunst«, den »königlichen Maximilians-Orden«. Helmholtz war er bereits 1867, DuBois-Reymond erst 1873 verliehen worden, durch ein vom König bestimmtes Gremium von Ordensträgern, denen er selbst als Großmeister vorstand.

Insgesamt deckt sich das Personal, dem diese preußischen oder bayerischen Gelehrten-Orden verliehen wurde, zu großen Teilen. Beide Verleihungsurkunden nehmen sich in DuBois-Reymonds Nachlass nüchtern aus gegen die prächtige Urkunde zum »Orden der Büste Bolivars«, die durch den Präsidenden der Vereinigen Staaten von Venezuela verliehen

361 Dove, Alfred: Art. Wilhelm Heinrich Dove. In: Allgemeine Deutsche Biographie. Bd. 48. S. 67.

362 Friedrich Wilhelm IV.: gedrucktes Dekret, gegeben Potsdam, den 31. Mai 1842. Staatsbibliothek Preußischer Kulturbesitz: Slg. Darmstädter, Nachlass DuBois-Reymond, Kiste 1, Mappe 2, Bl. 20.

363 Bartoschek, Gerd: Die Galerie ›berühmter Männer‹ Friedrich Wilhelms IV. In: Orden pour le mérite. Hg. v. Karin Herbst. Berlin 2006. S. 39.

wurde, mit ihrem gedruckten Namen und eingestanzten Insignien. Das Erscheinungsbild der Urkunde und die Reputation eines Ordens waren nicht notwendig kongruent.

In welchem Ausmaß die Ehrungen nationale Angelegenheiten sind, beweisen DuBois-Reymonds Anfragen an das Königshaus, ob er eine ausländische Ehrung empfangen dürfe. Zwar haben diese Schreiben formalen Charakter, indem eine Verweigerung der Erlaubnis als unwahrscheinlichste Antwort gelten darf, aber dennoch sind diese staatlichen Orden keineswegs eine freie Währung, die die Gelehrtenrepublik selbständig verwaltet. Kennzeichnend für die Verflechtung von nationalem und akademischem Ruhm ist das Dankesschreiben DuBois-Reymonds anlässlich der Verleihung des Ordens »Grand' Uffiziale dell'Ordine della Corona d'Italia«. Es wird für DuBois-Reymond Anlass, sein Verhältnis zu Italien über die Naturwissenschaft zu konstruieren:

> Ich bin umso empfänglicher für dieses Ehrenzeichen, als ich darin eine neue Bindung zur Heimat so vieler verdienter Männer sehe, mit denen ich schon seit langem in geistiger Gemeinschaft lebe, vor allem Galvani und Volta. In ihren Schriften habe ich dereinst zugleich Italienisch und die Kunst gelernt, die Natur zu erforschen; das Medaillon von Volta ziert die Eingangstür meines Landhauses. [364]

Die beiden italienischen Pioniere der Nerven- und Muskelelektrizität waren vor allem für Emil DuBois-Reymonds eigenes Forschungsfeld maßgeblich. Die Briefstelle zeigt aber auch, wie geläufig ihm die Währung »privatisierter« wissenschaftlicher Leistung ist, in der der Name eines Wissenschaftlers für eine Nation zu stehen vermag. Allerdings lässt sich mit zunehmender Apropriirung eines Wissenschaftlers durch die Nation eine Entleerung spezifischer methodischer oder inhaltlicher Positionen feststellen.

Die bezeichnendste Auszeichnung in DuBois-Reymonds Sammlung ist womöglich die Helmholtz-Medaille, die 1881 zum 70. Geburtstag Hermann Helmholtz' für herausragende Gelehrte gestiftet wurde und die er 1882 mit dem Namensgeber zeitgleich erhielt, der ihm in Karrieredingen zeitlebens einen Schritt voraus war.[365] Für Auszeichnungen gilt wie für Reliquien die Regel, dass man eine zu große Involviertheit in die Her-

364 Handschriftlicher Brief. Staatsbibliothek Preußischer Kulturbesitz: Slg. Darmstädter, Nachlass DuBois-Reymond, Kiste 1, Mappe 2, Bl. 39. (Übers. O. Schulz)

365 Staatsbibliothek Preußischer Kulturbesitz: Slg. Darmstädter, Nachlass DuBois-Reymond, Kiste 1, Mappe 2, Bl. 18.

stellung des »objektiven« verliehenen Zeichens der Superiorität womöglich besser verschweigt. Dennoch belegen Beschreibungen immer wieder, dass kleine geldförmige Abzeichen gesellschaftliche Distinktionsarbeit zu leisten vermögen. Für beide Physiologen gab es nicht nur die üblichen gesellschaftlichen Festivitäten, diese Orden zu zeigen, sondern auch solche, in denen direkt die Wissenschaft repräsentiert wurde, wie beispielsweise bei einer Sitzung der Akademie. Die Akademie ist als eine Art Archiv aller möglichen Ehrungszeichen zu sehen, die antiquiert, aber dennoch nicht kraftlos sind, wenn man dem von Ironie nur überlagerten respektvollen Ton trauen darf, mit dem ein Journalist das Gesamtensemble beschrieb:

> [Man trat durch den] wohlbekannten Uhrensaal, einem kleinen, schmucklosen Raum dessen Wände zum Theil von Bücherrepositorien bedeckt sind, in den eigentlichen Sitzungssaal ein. Derselbe ist ziemlich lang und schmal, einfach aber würdig und hat einen gewissen vornehmbehaglichen Charakter. Dem Eingang gegenüber sind auf einfachen Piedestalen die Büsten Friedrichs des Einzigen und Friedrich Wilhelms des Dritten, an der linken Längswand die Büsten von Leibniz, Leopoldt vom Buch und Schleiermachers aufgestellt. Das oberste Drittheil des Saales mit dem unvermeidlichen grünen Tische ist für die Academiemitglieder bestimmt, die beiden andern sind dem Publicum zur Verfügung gestellt. Es ist fünf Uhr. Das Publikum blickt mit Spannung nach jener Portière, hinter welcher sich die »Vierzig« bereits versammelt haben müssen. Endlich schiebt sie sich zur Seite, die Herren Academiker treten ein. Die meisten haben an Jahren, Würden und Orden schwer zu tragen.[366]

Namenszüge: C.F.P. Martius als Sammler

Nachrufe, Gedenkmedaillen, Portraitwerke, Titel und Orden bilden die äußeren Anteile in der Maschinerie der wissenschaftlichen Reputation. Anders formuliert: diese Inskriptionen stehen alle in direktem Zusammenhang mit dem Namen eines Wissenschaftlers. Es existieren jedoch noch weitere konkret auf Unterschriften und Namenszüge abgestellte Praktiken, die zum Hauptrepertoire der akademischen Statuserzeugung gehören.

366 J.K.: Eine Sitzung der Berliner Akademie der Wissenschaften. Zeitungsartikel, Berlin 9. Juli 1871. In: Staatsbibliothek Preußischer Kulturbesitz: Slg. Darmstädter, Nachlass Emil DuBois-Reymond, Kasten 2, Mappe 1, Berichte über DuBois-Reymond Nr. 3.

Es trifft sich, dass Carl Friedrich Philipp Martius gerade diese namensgebundenen Sozialtechniken meisterhaft beherrschte und geradezu exzessiv betrieb. Er schrieb nicht nur über lange Jahre die Nachrufe auf Naturwissenschaftler an der *Münchner Akademie der Wissenschaften*; er verfügte auch privat über eine ganz außerordentliche Sammlung akademischer Freundschaftsbekundungen. Es finden sich im Nachlass beispielsweise noch Portraits von über 150 Gelehrten und Politikern seiner Zeit, die in selbstgebundenen prächtigen Foliobänden zusammengefasst sind. Viele der vor allem als Kupferstich ausgeführten Bilder werden persönlich unterzeichnet, zumeist enthalten sie ein Motto, seltener ein methodisches Bekenntnis, aber stets eine höchst eigene ästhetische Aussage – wie etwa das hellenisierende Habit der großen Instrumentenbauer Josef Utzschneider und Joseph Fraunhofer.[367]

Im Nachlass finden sich zudem zwei einzelne Bögen, die dennoch Bände sprechen, wenn es um die ephemeren Techniken geht, die im Prozess der Identifikation mit einem Kollektiv auftreten. Es handelt sich um eine zweiseitige Namensliste aller Teilnehmer der *5. Versammlung Deutscher Naturforscher und Ärzte* in Dresden 1826 (Abb. 9).[368] Die zu Titelseiten gefalteten Vorderseiten weisen vollkommen identische Unterschriften auf, was bedeutet, dass sie in einem frühen lithographischen Verfahren gedruckt worden sein müssen. Über die technische Realisierung ist nichts bekannt. Es liegt aber sehr nahe, dass die schlichte Tatsache der avancierten technischen Lösung für die Wahrnehmung der Beteiligten einen gewissen Status erzeugt hat. Für die unbekannteren Teilnehmer ist zudem die Wertungsautomatik der sichtbaren Inklusion zu berücksichtigen, da sie direkt neben den »großen Namen« standen – auf der Abbildung etwa ein Dr. med. F. Runge aus Billwerder direkt bei Jan Evangelista Purkinje, der als Erster der Liste firmiert.

Hinzu tritt die Dimension der Erinnerung an ein Ereignis, das durch und mit seinen medialen Spuren zu einem denkwürdigen Tag konfiguriert wird. Dass dies gelang, verbürgen die zwei Exemplare der Liste in Martius' Besitz eindeutig, denn er bewahrte die Blätter nicht nur über 30 Jahre lang auf, sondern hielt sie für historisch ausreichend bedeutsam, dass er sie in die Auswahl seiner Papiere übernahm, die er dem Bayerischen Staatsarchiv vor seinem Tode übergab.

Bei der Gelegenheit der seltenen Treffen von Angesicht zu Angesicht wurden aber offensichtlich auch andere Verteilungspraktiken für Na-

367 Archiv der Bayerischen Staatsbibliothek München, Martiusiana IV, B, 1, Portraitalben.

368 Martiusiana IV, A, 1, Stammbücher, Bd. 1, lose einliegend.

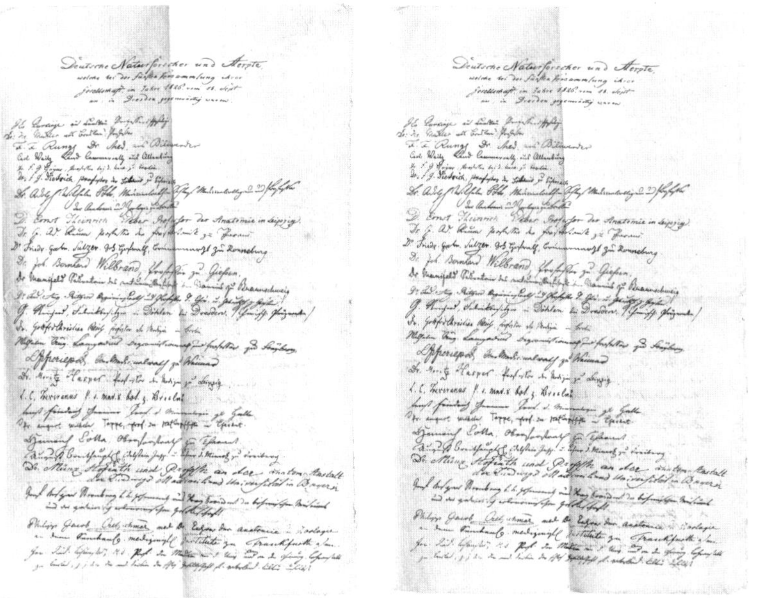

Abb. 9: Zwei Exemplare einer Teilnehmerliste der *Versammlung Deutscher Naturforscher und Ärzte* (identische Handschriften, unterschiedliche Bögen) von 1826 aus dem Nachlass C.F.P. Martius.

menszüge genutzt. So führte Martius von 1827 bis zu seinem Tode 1868 ein Stammbuch mit Einträgen befreundeter Forscher und Figuren des öffentlichen Lebens. Stammbücher können Namen, Motti, Sentenzen, Gedichte aber auch Wappen und Widmungen enthalten, sie werden üblicherweise von Institutionen im engeren Sinne oder von Einzelpersonen in ihrer Rolle als Student, Vereinsmitglied oder Hausherr veranstaltet und enthalten Einträge von Freunden und Gönnern. Besondere Bedeutung haben die Stammbücher aristokratischer Häuser. Sie bilden Familie, Prominenz, ererbte und erworbene Zugehörigkeiten ab, sind also ein genealogisches Medium ersten Ranges. Im akademischen Bereich wiesen sie Vorlesungsbesuche nach oder bezeugten die Begegnung mit bedeutenden Gelehrten.[369]

369 Schnabel, Werner Wilhelm: Das Stammbuch. Konstitution und Geschichte einer textsortenbezogenen Sammelform bis ins erste Drittel des 18. Jahrhunderts. Tübingen 2003. Er lässt das Genre mit Guibert von Nogent (1053-1124) beginnen und untersucht die Blütezeit, die er 1730 enden lässt; Vgl. http://www.raa.phil.uni-erlangen.de (zuletzt aufgerufen am 22.9.2011); Vgl. für eine

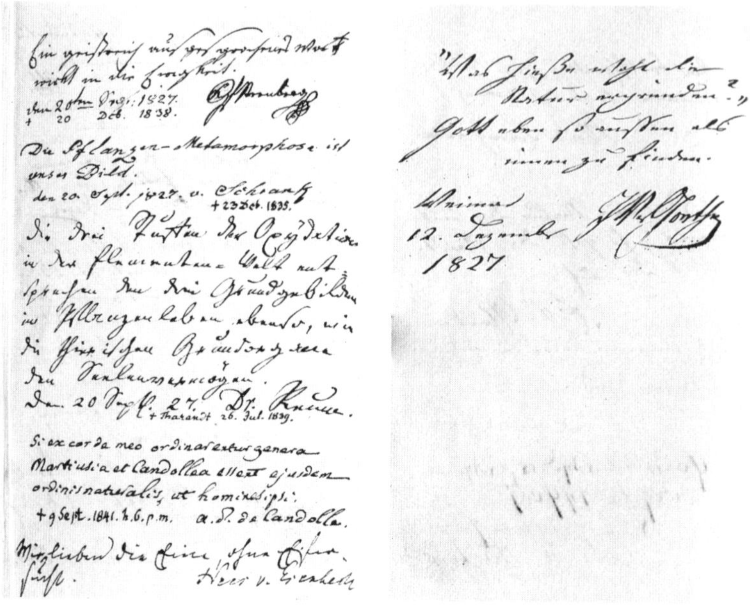

Abb. 10: Einträge befreundeter Naturforscher in C.F.P. Martius' *Stammbuch*, das dieser von 1827 bis an sein Lebensende 1868 führte, zuweilen hat Martius die Todestage hinzugefügt. Links unter anderen die Botaniker Graf Caspar von Sternberg, Franz von Paula Schrank und August-Pryamus de Candolle, rechts ein Eintrag Goethes.

Die beiden Seiten der Abb. 10 sind dem ersten von fünf goldgeprägten Lederbänden entnommen, die sich ihrerseits je einzeln in reich verzierten Buchkassetten befinden. Insgesamt enthält das Stammbuch an die 600 freundschaftliche Einträge, Sprüche, Skizzen und Namenszüge: Jussieu lobt Martius' Forschungen in Brasilien, Soemmering erinnert an gemeinsame Treffen, Justus Liebig lobt die Wissenschaft im Allgemeinen, Auguste de St. Hilaire, Schelling, Berthelot schreiben sich allem Anschein nach routiniert ein oder übersenden Blätter zum Einkleben, nur der englische Botaniker George Bentham (1800-1884) gibt zu, dass die Praxis ihn anstrengt: »Je n'ai jamais su ecrire dans un album.«[370]

Die Namenszüge und Motti, deren Besitz und Präsentation im Buch zunächst soziale Nähe zur berühmten oder befreundeten Person unver-

zeitgenössische Analyse Lilienthal, Michael: Schediasma Critico-Literarium De Philothecis varioque earundem Usu & Abusu, vulgo von Stamm-Büchern. Vitembergae 1740.

370 Martiusiana IV, A, 1, Stammbücher, Bd. 2. S. 43.

brüchlich bezeugt, erfüllen ebenfalls die Funktionen der Aufwertung des Stammbuchbesitzers sowie einer Perpetuierung der Erinnerung. Martius fügt zuweilen von eigener Hand den Todestag hinzu, was von einer dauerhaften Nutzung spricht. Auch wenn das Stammbuch also ein Freundschaftsmedium ist, so kann es doch wie der Nachruf zum Denkmal werden. Das Changieren in den Bereich Erinnerungsstiftung ist auch an der Portraitsammlung zu beobachten, in der Bilder enthalten sind, die als Todesanzeigen versandt wurden.

Nur an wenigen Stellen wird über die bloßen Namen und die oftmals nicht wenig geheuchelten und überdrehten Freundschaftsbekundungen hinaus eine methodische Positionierung angesprochen. Bemerkenswert ist in dieser Hinsicht jedoch der Eintrag des Franz von Paula Schrank, des Nestors der Münchner Botanik und ersten Direktors des botanischen Gartens, vom September 1827. Er schreibt zu seinem Namen einen einfachen Aussagesatz: »Die Pflanzenmetamorphose ist unser Bild.«[371]

Ein wissenschaftliches Konzept wird hier unter dem Diktat des Poesiealbums zu einer offensichtlich auf das Leben erweiterbaren Größe, es wird von einer epistemischen Konfiguration zur epigonalen Sentenz. Als moralische Selbsterinnerung und allgemeines Sinnstiftungsmuster wird die Bedeutung der Metamorphose zwar verwässert, diese Art von Eintrag ist aber gleichzeitig nur denkbar und sinnvoll bei einer übersteigerten Wertschätzung des Konzepts als wissenschaftliches Paradigma. Es hat, bei aller Betulichkeit dieses Metamorphose-Zitats, den Anschein, als habe ein gewisser Konsens über die weitreichende Bedeutung dieses filmisch-theologischen Blicks auf die Pflanzen bestanden. Anders ist auch Bernhard Cottas etwas plump suggestive Zeichnung nicht erklärlich, die ein Blatt mit einem Fragezeichen zeigt.[372]

Es kommt hinzu, dass Goethe, der in Martius' Arbeiten zur Spiraltendenz eine Hoffnung für die eigene Methode der Naturbetrachtung sah, in dem Stammbuch ebenfalls vertreten ist, und dies mit dem für ihn verblüffend unverblümten Satz: »Was heißt ernsthaft die Natur ergründen? Gott sowohl außen als innen zu finden«.[373] Goethe bezieht

371 Martiusiana IV, A, 1, Stammbücher, Bd. 1, Nr. 20.

372 Die Zeichnung entsteht über 10 Jahre später, was die Zähigkeit des Projekts belegt, im »Schlossgarten zu Erlangen 22. September 1840«. Martiusiana IV, A, 1, Stammbücher, Bd. 1, Nr. 125.

373 Martiusiana IV, A, 1, Stammbücher, Bd. 1, Nr. Bb1, Weimar am 12. Dezember 1827. Bei dem Eintrag handelt es sich nicht um Goethes eigene Handschrift. Höchstwahrscheinlich darf der Eintrag dennoch als echt gelten: Im Nachlass Martius' befindet sich eine Liste zu Ereignissen, die Goethe betreffen: dort heißt es: »in mein Album 1827«, worauf der fragliche Satz zitiert wird (Mar-

sich durchaus nicht direkt auf die Metamorphose der Pflanzen. Geht man aber von einem spinozistischen oder pantheistischen Naturbegriff Goethes aus, so liefert die Methode der Naturbetrachtung durchaus die Erkenntnis der prozessuralen Formwirkungen im Pflanzenreich als Wirkungen einer göttlichen Natur. Die Erkenntnisform der objektiven Empirie unterhält allerdings noch Affinitäten zur geisteswissenschaftlichen Innenperspektive und Selbsterkenntnis, insofern ist es der ›ruhige Blick‹ über ganze Reihen und Suiten von Einzelfällen, dem äußere und innere Natur sich entschleiert zu erkennen geben. Die Kunst der Naturbetrachtung war stets auch ein Therapeutikum, weshalb die Epistemologie Goethes über die Empirie weit mehr zu erreichen versucht als naturwissenschaftliche Ergebnisse.[374]

Martius bekennt sich immer wieder zur goetheanistischen Naturwissenschaft. Als Goethe stirbt, arrangiert er um die Metamorphose der Pflanzen eine Art Andacht, die in der Verlesung seiner eigenen Forschungen zum Thema bestand – ein Totenfest, das in Martius' eigenem

tiusiana I, B, 3, 9). Die Sophienausgabe hat das Zitat übernommen (Abt. I, Bd. 5. zweite Abteilung »Zahme Xenien«, Nr. 79), und auch Ludwig Geiger hält es für authentisch. Geiger, Ludwig: Goethe und Martius. In: Jahrbuch der Goethe-Gesellschaft 28/1909. S. 78. Neben der Pflanzenbenennung *Goethea* durch Martius sind zwei Treffen und viele Briefe belegt, in denen das Stichwort stets die Metamorphose war, etwa wenn Martius angehalten wird, unbedingt ein Anschauungsmodell zur Spiraltendenz zu übersenden, das er bei einem Vortrag der *Versammlung Deutscher Naturforscher und Ärzte* verwendet hatte, wie Goethe zu Ohren gekommen war. Das Stammbuch selbst enthält noch einen zweiten Eintrag Goethes, in dem er sich selbst zitiert, und zwar mit dem Satz, den Mephistopheles spricht, bevor er in der Schülerszene des Faust vom Baccalaureus sein Stammbuch überreicht bekommen hat: »Grau Freund ist alle Theorie und grün ist des Lebens schöner Baum.« Stammbuch, Bd. 1, Oktober 1828. Es handelt sich ebenfalls um eine Abschrift.

374 Vgl. zu Goethe vor allem »Vorwort zur Farbenlehre« und »Der Versuch als Vermittler von Subjekt und Objekt«. In: Die Schriften zur Naturwissenschaft. Vollständige mit Erläuterungen versehene Ausgabe. Hg. im Auftrage der Deutschen Akademie der Naturforscher Leopoldina zu Halle. Weimar 1947f.; Weizsäcker, Carl Friedrich von: Nachwort. In: Hamburger Ausgabe. Bd. XIII. S. 537-554. Engelhardt, Wolf von: Goethes Harzreise im Winter 1777. In: GJb. 104/1987. S. 192-211. Böhme, Hartmut: Sinne und Blick. Zur mythopoetischen Konstitution des Subjekts. In: ders.: Natur und Subjekt. Frankfurt a. M. 1988. S. 215-254. Dieter Käfer: Methodenprobleme und ihre Behandlung in Goethes Schriften zur Naturwissenschaft. Köln, Wien 1982. Müller-Tamm, Jutta: Kunst als Gipfel der Wissenschaft. Ästhetische und wissenschaftliche Weltaneignung bei Carl Gustav Carus. Berlin 1995.

Haushalt vor Publikum stattfand.[375] Die Wertschätzung des heute vergessenen Konzepts nimmt auch andernorts die Form eines Kultus an. Pierre Hadot hat darauf hingewiesen, dass in Alexander von Humboldts »Physiognomie der Pflanzen« ein Buch der Pflanzenmetamorphose als Widmung und Monument vor den Füßen eines Genius liegt.[376] Diese Geste der Reverenz operiert nicht mehr mit der gesamten Reichweite des Konzepts, die Metamorphose sinkt inhaltlich in sich zusammen, bei gleichzeitigem Zuwachs ihrer Signalwirkung und sozialen Wirksamkeit für eine bestimmte Schule innerhalb der Biologie und Geographie.

Die Metamorphose der Pflanzen erweist sich im Kontext dieses Stammbuchs als ein sehr aufgeladenes, polyvalent besetztes Theorem, das weit mehr umschreibt als die Form eines Ergebnisses, bzw. umfasst diese Form des Ergebnisses zugleich eine weitaus größere Perspektive, in der diffus metaphysische und soziale Zukunftslinien eingetragen sind. Verfolgt man die Kommunikation der Wissenschaftler untereinander, wird dieses methodische Element zu einer Art Währung innerhalb der Forschungsgemeinschaft. Ob im Nachruf oder Stammbuch, einzelne übersteigerte Konzepte vermögen zum Erkennungsmerkmal, zur Chiffre und zu Integrationsmechanismen zu werden, die sowohl das Soziale als auch die methodische Orientierung lenken. Darin erweisen sie sich als genealogische Techniken, die sowohl die Abstammung und Zugehörigkeit als auch die Affirmation von Werten mitregulieren.

Die Abzeichen, Bilder und Schreibpraktiken der akademischen Kultur dokumentieren bis zu einem gewissen Grad die Erinnerungs- und Wertungsprozesse, die die Nachrufe schriftlich fixieren. Die Formen, in denen sich die Bewertungsregeln wissenschaftlicher Kollektive festschreiben, reichen von der Notiz über eine Mitgliedsurkunde bis hin zu Denkmalen. Gemeinsam haben die Formen der Gebrauchsliteratur oder eher

375 »Den Vorträgen über ›Die Metamorphose der Pflanzen‹ liegt eine schriftliche Mittheilung zu Grunde, welche ich unserm Goethe, auf seinen Wunsch im Jahre 1829 gemacht hatte. Nach dem Tode des unvergeßlichen Mannes suchte und fand ich einen Trost in der weiteren Ausführung des Gegenstandes, welchen ich sofort einem Kreise von Freunden, als häusliche Todtenfeier für den großen Abgeschiedenen, vorlas.« Martius, Carl Friedrich Philipp: Die Metamorphose der Pflanzen. Vier Vorlesungen. August 1833. In: ders.: Reden und Vorträge über Gegenstände aus dem Gebiete der Naturforschung. Tübingen 1838. Vorwort unpaginiert.

376 Hadot, Pierre: Zur Idee der Naturgeheimnisse. Beim Betrachten des Widmungsblattes in den Humboldtschen ›Ideen zu einer Geographie der Pflanzen‹. Mainz 1982. (= Abhandlungen der Geistes- und Sozialwissenschaftlichen Klasse / Akademie der Wissenschaften und der Literatur 1982,8)

privaten Kunstanwendung jedoch, dass sie Ansatzpunkte für Fixierungen bilden: Sie leisten Wertungsangebote, Hierarchisierungen, Inskription ins kollektive Gedächtnis und stellen Forschungselemente für einen performativen Vollzug dar. Diese Bild- und Schrifttechniken lassen sich unter dem Begriff der Memorialmedien zusammenfassen. Im Unterschied zu Astrid Erlls Begriff eines »Mediums des sozialen Gedächtnisses«[377] bezeichne ich damit nicht jegliche Medien, die zur kollektiven Erinnerung von Gruppen beitragen, also keine Lehrpläne, nicht die Erinnerung von Zeitzeugen oder die Massenmedien, sondern spezieller diejenige »Gelegenheitskunst«, die explizit der Erinnerung an Personen dient und durch die Schaffung einer Vergangenheit diesen sozialen Zirkel zugleich mit festlegt und dirigiert. Zu denken ist hier an Elemente wie Widmungen und Buchschmuck, an Epigramme und Briefe, an hochenergetische Sprachformen wie den so leichten Klatsch und die so riskante Rede in Komplimenten. Auch die Gedenkmedaillen, Grab- und Denkmäler, soziale Inszenierungen wie Begräbnisprozessionen oder Jubiläumsfeste sind zu nennen, vor allem wenn man an den Umgang mit diesen Medien, das Verleihen, die gemeinsame Finanzierung größerer Denkmale oder auch nur an das Verschenken von Erstauflagen denkt. In einem noch intimeren Bereich agieren private Freundschaftsbekundungen, die sich in getauschten Portraits, Stammbucheinträgen und Namenszügen ausdrücken. Diese Selbstdarstellung in Sigeln und Devisen, die die Renaissance-Humanisten zu einer frühen Blüte gebracht hatten, lässt sich auch noch für das lange 18. Jahrhundert nachweisen. Funktional konvergieren alle diese Memorialmedien in der Konstruktion einzelner Namenszüge, die zuweilen nur allgemeinen Status kommunizieren, manchmal aber auch für sehr konkrete wissenschaftliche Konzepte stehen können. Im Gegensatz zu vielen dieser recht kurzatmigen Inskriptionen, die die Arbeitsweisen und methodischen Verfahren nur anzudeuten vermögen, bieten akademische Nachrufe sehr reichhaltige und komplexe Informationen über historische Wissenschaftspraktiken und deren Wertungen, was im folgenden Teil anhand einzelner Beispiele analysiert wird.

377 Erll, Astrid: Medium des kollektiven Gedächtnisses. Ein (erinnerungs-)kulturwissenschaftlicher Kompaktbegriff. In: Medien des kollektiven Gedächtnisses. Konstruktivität – Historizität – Kulturspezifität. Hg. v. Astrid Erll und Ansgar Nünning, unter Mitarbeit von Hanne Birk, Birgit Neumann und Patrick Schmidt. Berlin, New York 2004. S. 3-24.

Der transformatorische Wissensbegriff

Samuel Formey auf Pierre-Louis Moreau de Maupertuis (1759)

Die Eloge auf den verstorbenen Berliner Akademiepräsidenten Pierre-Louis Moreau de Maupertuis war eine heikle Angelegenheit, selbst für einen altgedienten Akademiesekretär wie Samuel Formey, der immerhin auf eine 20-jährige Erfahrung als Laudator zurückgreifen konnte. Auch wenn die Präsentationsform einer Wissenschaft analysiert werden soll, ist das historische Setting dieser Eloge keinesfalls nebensächlich. Denn die Liste der Verfehlungen, die in Maupertuis' Nachruf entschuldigt werden mussten, ist lang: In Paris hatte sich die Meinung gegen die Person Maupertuis' gewendet, man zerstritt sich in Cirey, nach einer Schlacht im schlesischen Feldzug fand sich Maupertuis plötzlich in der Hand des Gegners, und in Berlin war er nicht immer anzutreffen, wie es sein Amt verlangt hätte. Zudem war er die zentrale Figur im Akademiestreit, dem »éclat le plus grand assurément qu'une dispute philosophique ait jamais produit«.[1] Kern des Skandals war Maupertuis' ehemaliger Protegé, Johann Samuel König, der in einem wissenschaftlichen Artikel nachgewiesen hatte, dass das *principe des moindres actions*, auf das Maupertuis so viel hielt, bereits von Leibniz formuliert worden war. Diese historische Recherche kostete den jungen Mathematiker seine Mitgliedschaft in der Akademie. Der Ausschluss war ein Übergriff politischer Willkür auf die wissenschaftliche Welt, die sich im aufgeklärten Preußen doch eigentlich so allseitiger Freiheit hätte erfreuen sollen. Zwar entschied ein Gremium der Akademie über den Ausschluss Johann Samuel Königs, aber es handelte im Sinne des Akademiepräsidenten und gegen die Prinzipien wissenschaftlicher Kritik. Es folgte eine öffentliche Fehde zwischen Maupertuis und Voltaire, in deren Folge Friedrich II. die Illusion einer freien Öffentlichkeit endgültig zerstörte – und zwar durch Zensur der voltaireschen Satiren auf den übergriffigen Akademiepräsidenten. Zuletzt kehrten beide mühsam angeworbenen französischen Intellektuellen Berlin den Rücken.[2]

1 Formey, Samuel: Éloge de Monsieur de Maupertuis. In: Histoire de l'Académie Royale des Sciences et Belles Lettres 1759. Berlin 1766. S. 497.

2 Goldenbaum, Ursula: Die Bedeutung der öffentlichen Debatte über das Jugement der Berliner Akademie für die Wissenschaftsgeschichte. Eine kritische Sichtung

Formey hatte stets eng mit Maupertuis zusammengearbeitet, der wenig Deutsch sprach und seinen Sekretär als Kommunikator in der Akademie benötigte.[3] Sogar im Akademiestreit hatte Formey für den Präsidenten und gegen die leibnizianische Position Johann Samuel Königs gestimmt, wie er auch im Falle einiger Preisfragen zur Seite der Leibnizgegner hielt.[4] Überhaupt verdankte der Akademiesekretär seiner Bilingualität, wie es scheint, viel, obschon sein Französisch auch kritisiert wurde.[5] Er war zunächst Prediger der hugenottischen Gemeinde, dann Nachfolger von Mathurin Vessyere la Croze an der französischen Schule, dem *Collège Français*. Zudem war er zeitlebens ein bemerkenswert produktiver Journalist und gab die »Bibliothèque Germanique«, das zentrale Referatenorgan des preußischen Refuge, mit heraus. Seine umfangreiche Korrespondenz hinzugenommen, machen schon allein seine Nebenarbeiten Formey zu einer zentralen Figur des intellektuellen Berlins – von Algarotti wurde er deshalb einmal wenig schmeichelhaft mit einem Bankier verglichen, der stets als Erster die neuen Konjunkturen des literarischen Marktes sondierte und manipulierte.[6]

Formey gilt zudem als Enzyklopädist *avant la lettre*. Seine Vorarbeiten konnten wegen des größeren Projekts von d'Alembert und Diderot nicht erscheinen. Es sind aber immerhin 80 Beiträge zu überwiegend religiösen Themen in die französische »Encyclopaedie« aufgenommen

hartnäckiger Vorurteile. In: Pierre Louis Moreau de Maupertuis. Eine Bilanz nach 300 Jahren. Hg. v. Hartmut Hecht. Berlin 1999. S. 383-419. (= Schriftenreihe des Frankreich-Zentrums der Technischen Universität Berlin 3)

3 Terrall, Mary: The Man Who Flattened the Earth. Maupertuis and the Sciences in the Enlightenment. Chicago, London 2002. S. 243f.

4 Ein Brief Sulzers nach der Abstimmung über die Preisfrage für 1755: »Merian und Premontval rasen wirklich und Formey ist ein höchst geiziger und niederträchtiger Mann; die zween ersten leugnen das ›Principium rationis sufficientis‹ in öffentlicher Schrift, und Formey redet und schreibt um das Geld. Was hat man also von solchen Männern anders zu erwarten, als dass sie die Rechte der Menschlichkeit auf den Kopf stellen.« Zit. n. Harnack, Adolf von: Geschichte der Königlich-Preußischen Akademie der Wissenschaften zu Berlin. Bd 1. Berlin 1900. S. 405.

5 Laveaux, Jean Charles Thibaut de: Leçons de langue françoise données à quelques académiciens et autres auteurs françois de Berlin. Par un Maitre de langue. Ouvrage utile à toutes les personnes qui désirent de se perfectionner dans la langue françoise. Francfort 1782.

6 »Aussi fut-il comparé par Algarotti à un banquier généralement accrédité, qui influe partout sur la hausse et la baisse.« Bartholmèss, Christian: Histoire Philosophique de l'Académie de Prusse. Depuis Leibniz jusqu'à Schelling, particulièrement sous Frédéric-Le-Grand. 2 Bde. Paris 1850. S. 363.

worden.[7] Die Tatsache, dass Formey als Akademiesekretär von einem freigeistigen König eingesetzt wurde, gab zu der These Anlass, dass er sich als radikaler Aufklärer an dem Metaphysikabbau der *philosophes* beteiligt hätte. Dies ist mit Blick auf seine Schriften nicht haltbar. Vielmehr greift Formey als Vertreter der theologischen Aufklärung die Vordenker des preußischen Hofes an, was Friedrich II. zuweilen entsetzt haben soll.[8] Formey stand sogar im Verdacht an der Publikation eines »Anti-Sans-Souci ou la folie des nouveaux philosophes« teilgenommen zu haben.[9] Andererseits ist er hugenottischer Patriot genug, um geradezu royalistische Positionen zu veröffentlichen, wie in seinem »Anti-Saint-Pierre«.[10] Es folgten als philosophische Romane ein »Anti-Émile«, der Rousseaus Erziehungsroman ins Christliche korrigierte,[11] und eine Popularisierung der Wolff'schen Philosophie »La Belle Wolfienne«, die viel zur Wolff-Rezeption in Frankreich beigetragen hat.[12] Das in Popularisierungsschriften auch von Fontenelle, Euler, Algarotti und Voltaire genutzte Setting einer

7 Smith, Margarethe: In Defense of an Eighteenth-Century Academician, Philosopher and Journalist: Jean-Henri-Samuel Formey. In: Studies on Voltaire and the Eighteenth Century 311/1993. S. 85-100.

8 Fontius, Martin: Zwischen ›libertas philosophandi‹ und ›siècle de la philosophie‹. Zum geistesgeschichtlichen Standort Formeys und der zweiten Generation der réfugiés. In: L'Allemagne et la France des Lumières. Deutsche und französische Aufklärung. Mélanges offerts à Jochen Schlobach. Hg. v. Michel Delon/Jean Mondot. Paris 2003. S. 61.

9 L'Anti-Sans-Souci ou la folie des nouveaux philosophes. Naturalistes, Deistes et autres Impies. Depeinte au naturel. Bouillon 1760. Die Ausgabe von 1761 erscheint mit dem Zusatz: »augmentée de preuves et de réflexions preliminaires de Mr. Formey, Secretaire perpetuel de l'Académie de Berlin«. Ein Autor, der sich ein Beispiel am »Anti-Lukrez« nimmt, der gegen die Freigeister geschrieben war, wirft hier dem König vor: »Si jamais l'Impiété a triomphé dans le monde avec éclat, c'est depuis que Voltaire et ses Adhérans y ont répandu tant de maximes criminelles qui deshonorent la Religion et l'humanité. Vous le étayez encore par vos Ephétres à Maupertuis et à Keith. C'est pour préserver les Chrétiens d'un vemin si contagieux, que j'entreprends aujourd'hui cet Ouvrage.« S. 2.

10 Formey, Samuel: Anti-Saint-Pierre. Berlin 1742. Bernadin de Saint-Pierre hatte die mangelnde Umsetzung des Anti-Machiavell bei Friedrich II. moniert und wurde vom königstreuen Formey zurechtgewiesen.

11 Formey, Samuel: Anti-Émile. Berlin 1763.

12 Formey, Samuel: La Belle Wolfienne. 6 Bde. La Haye 1741-1743. Auch in: Christian Wolff. Gesammelte Werke. Hg. v. Jean École, H. W. Arndt u.a. III. Abteilung. Bd. 16,1 und 16,2. Hildesheim 1983. Storost, Jürgen: Johann Heinrich Samuel Formey. In: 300 Jahre romanische Sprachen und Literaturen an der Berliner Akademie der Wissenschaften. Frankfurt a. M. 2001. S. 43-57. (= Berliner Beiträge zur Wissenschaftsgeschichte 4)

gesprächsintensiven Begegnung mit einer jungen adeligen Frau erweitert Formey insofern, als bei ihm die Dame den Kavalier aufklärt.

Es ist für den Nachruf von Bedeutung, dass Formey als ein Parteigänger Christian Wolffs anzusehen ist. Dies gilt mit der Einschränkung, dass er einem Grundpfeiler der Wolff'schen Methode kritisch gegenüberstand, wie Jürgen Storost zusammenfasst: »Die Übertragung mathematischer oder geometrischer Evidenz ins Außermathematische mochte er nicht nachvollziehen.«[13]

Der Nachruf auf Maupertuis erscheint sofort nach der öffentlichen Lesung am 14. Januar 1760 im Druck und wird für die in Paris erscheinende Fassung von Maupertuis' Mitstreitern La Condamine und Trublet korrigiert. Mit diesen Verbesserungen erscheint schließlich die hier zitierte Version des Nachrufs im Akademiejournal für das Jahr 1760. Formey hatte, da die Publikation des Akademiejournals zwischen 1759 und 1768 stockte, begonnen, die Akademienachrufe separat zu publizieren – als ersten den Nachruf auf Maupertuis.[14] Ebenso wenig wie der Marquis d'Argens erhielt Maupertuis die Ehrung eines königlichen Nachrufs, die La Mettrie oder Voltaire zuteilwurde. Letzterer versuchte sogar, die Eloge an der Akademie gänzlich zu hintertreiben, was Formey als abgründige Niedertracht bezeichnet.[15] Allerdings räumt Formey ein, dass es in der Lobrede notwendig werden könnte, einige Passagen aus Maupertuis' Leben auszulassen.

Der Nachruf Formeys auf Maupertuis ist trotz dieser höchst komplizierten Ausgangslage von Formey dennoch für eigene Zwecke genutzt worden. Obwohl er die notwendige Ehrung eines anstößigen und gescheiterten Akademiepräsidenten zu leisten hatte und vor allem gegen das von Voltaire in Umlauf gesetzte satirische Bild Maupertuis' anschreiben musste, ließ es sich Formey nicht nehmen, auch in eigener Sache zu kommentieren. Für ihn war die Stunde gekommen, um seine gegenüber

13 Storost: ebd. S. 45.

14 Formey, Samuel: Éloges de Messieurs les Comtes de Podewils et de Gotter, et de Messieurs Jacobi, Sproegel, Becmann, et Humbert, précédés d'un Discours prononcé dans l'assemblée publique de l'Académie Royale des Sciences et Belles-Lettres, le Jeudi 27 Janv. 1763. Berlin 1763. S. 4.

15 Formey schreibt über Voltaire: »Son déchaînement contre notre illustre ami, et même après sa mort, est le comble de la petitesse, et de cette vilaine passion qui ne trouve nul accès dans les belles ames: la haine. Mais je n'imagine pas, que les honteuses démarches qu'il a faites pour empêcher qu'on ne fasse l'éloge de Mr. de M[aupertuis], puissent réussir.« Formey, Samuel: Souvenirs d'un citoyen. Berlin 1789. S. 205. Duclos sorgt selbst dafür, dass in der *Societe Royale de Nancy* eine Eloge auf Maupertuis verlesen wird, und schickt Exemplare an Formey sowie an den König von Polen. Ebd. S. 206.

Maupertuis und Euler mit leiser theologischer Sturheit durchgehaltenen metaphysischen Überzeugungen über die spezialisierten Formen des Newtonianismus triumphieren zu lassen, für die Maupertuis mit ganzer Person stand. Insofern überlagern sich in der Rede mehrere Figuren. Es finden sich historisch glaubwürdige Einschätzungen über die Arbeitsweise und das Auftreten des Forschers. Diese treffen auf die geschönte und entschuldigte Figur des Akademiepräsidenten, dessen Überhöhung zumeist gelingt. Zugleich aber unterläuft und überführt Formey diese erfolgreiche Figur durch wissenschaftskritische Untertöne, in denen der verstorbene Newtonianer aus der Warte eines skeptischen Hugenotten korrigiert wird.

Arbeitsmittel: Nützliche Expeditionen

Die konkreten im Nachruf genannten wissenschaftlichen Instrumente und Arbeitsweisen entsprechen in auffälliger Weise militärisch-aristokratischen Qualitäten. Als Maupertuis 1746 in Berlin eintraf, war er kein unbeschriebenes Blatt, sondern galt aufgrund seiner Polarexpedition als wissenschaftliche Berühmtheit. Formeys erste Begegnung mit Maupertuis fand im *Collège Français* statt, wo der Akademiesekretär Philosophie unterrichtete und logierte. Die Erinnerung zeigt unmissverständlich, wie die Wahrnehmung dieses prominenten Mathematikers durch seinen Ruf überformt wurde:

> Da solche Besuche in diesen Quartieren selten waren, beeilten sich alle Bewohner dieses Seminars Maupertuis eingehend zu mustern, und die Aufmerksamkeit verdoppelte sich, als sie sein einzigartiges Gesicht und sein durch und durch außergewöhnliches Verhalten gewahr wurden. Es wurde genauenstens beobachtet wie er sich beim Durchqueren des Hofes bückte, eine Handvoll Schnee aufnahm, genau untersuchte und sie anschließend fallen ließ. Zweifellos handelte es sich um einen Vergleich, den er zwischen diesem Schnee und dem der Polarzone anstellte.[16]

Jede Geste des bekannten Mathematikers wurde in Berlin bereitwillig als Forschung interpretiert, so sehr eilte ihm sein Ruf voraus. In die Polarzone war Maupertuis aufgebrochen, um ein Gradmessungsprojekt zu komplettieren, das zeitgleich von La Condamine am Äquator in Peru (dem heutigen Ecuador) durchgeführt wurde. Diese Expeditionen soll-

16 Formey, Samuel: Souvenirs d'un citoyen. S. 211. (Übers. A.E.)

ten endgültig feststellen, ob die Erde an den Polen spitz zulaufe oder abgeflacht sei (Abb. 11). Ersteres hatte der führende französische Astronom, Jacques Cassini, mit Messungen in Frankreich vermeintlich bewiesen. Zweiteres war von Newton, dessen Himmelsmechanik sich zu dieser Zeit in Frankreich noch keinesfalls gegen die Descartes'sche Wirbeltheorie durchgesetzt hatte, theoretisch postuliert worden. Die mathematischen Feldzüge endeten bei der Rückkehr Maupertuis' 1737 mit dem eindeutigen Sieg Newtons: »Maupertuis erfreute sich eines glänzenden Triumphes, der für ihn unendlich schmeichelhaft war. Der Newtonianismus erfuhr seitdem einen Aufschwung, von dem es bisher den Anschein hatte, dass sich Frankreich ihm verschließen wollte, und aus dem inzwischen eine wahre Vorherrschaft geworden ist.«[17] Die Expedition leistete in der allgemeinen Wahrnehmung demnach einen erheblichen Beitrag zur Durchsetzung moderner wissenschaftlicher Standards. In diesem von Formey bezeugten Prozess war aber weit mehr als die Form der Erde bestimmt worden. Wie die wissenschaftlichen Verhältnisse standen, bewies die Expedition zudem die Überlegenheit des Nationalphilosophen einer fortschrittlichen Nation, während der Vertreter der wichtigen Astronomendynastie der Cassini, sich geschlagen geben musste.[18]

Diese sachlich wie wissenschaftspolitisch erfolgreiche Lapplandreise fand sogar Eingang in zeitgenössische Lyrik. Strategisch zitiert Formey im Nachruf Voltaires »Ode auf die Akademiker, die die Gestalt der Erde bestimmt haben«.[19] An Urania, die Muse der Wahrheitssuchenden und bei Voltaire zudem häufig eine geheime Anrede an die Marquise du Châtelet, wird dort folgende Frage gerichtet:

> Was tun deine wahren Kinder? Die Sieger über die Natur
> Reißen ihr den Schleier vom Gesicht, und diese
> ungewöhnlichen Geister
> Legen die Schwerkraft fest, die Masse, und das Gesicht
> Des überraschten Universums.[20]

17 Formey: Maupertuis. S. 476. (Übers. A.E.)

18 Terrall, Mary: The Man Who Flattened the Earth. Chicago 2002. S. 89f.

19 Voltaire: Ode pour Messieurs de l'Académie des Sciences, qui ont été sous l'équateur et au cercle polaire, mesurer des degrés de latitude. In: Œuvres complètes de Voltaire. Hg. v. Nicolas Cronk u.a. Bd. 18 a: Œuvres de 1738. Oxford 2007. S. 298-306. [1737] Mit Maupertuis reisten Alexis Claude Clairaut und andere. Mit Charles Marie de La Condamine reisten Pierre Bougue und Louis Godin.

20 Formey: Maupertuis. S. 466. (Übers. O. Schulz) (Vgl. auch Voltaire: Œuvres, 18a, S. 300.)

Abb. 11: Maupertuis bestimmt die Gestalt der Erde. Die lappländische Tracht wie der Schlitten mit Rentieren erinnern an seine erfolgreiche mathematische Exkursion in die Polargebiete. Die Inskription stammt aus Voltaires Feder: »Ce globe mal connu qu'il a su mesurer, / Devient un monument où sa gloire se fonde: / Son sort est de fixer la figure du monde, / De lui plaire et de l'éclairer.« Von Maupertuis selbst in Auftrag gegebenes Gemälde Robert Levrac-Tournières von 1741, das durch Jean Daullé in Kupfer gestochen wurde.

Geistesheroen entreißen der Natur ihren Schleier und bestimmen die Maße, aber eben auch die Gestalt der Erde. Der siegesgewisse Ton der Ode »O vérité sublime! ô céléste Uranie!« fügt sich gut in das Bild, das Formey von Maupertuis stiften möchte. Zudem eignet sich eine Fußnote für den fast maliziösen Hinweis, dass die zitierten Lobeshymnen Voltaires deshalb wie auf Maupertuis gemünzt zu sein scheinen, weil die Ode in der ersten Fassung tatsächlich den Namen des späteren Erzfeinds Voltaires, nämlich den Namen »Maupertuis«, enthielt. Sie stammt aus einer Zeit, als Voltaire gemeinsam mit der Marquise du Châtelet Newton studierte und man Maupertuis, der sich in London und Basel ausgebildet hatte, dabei als Autorität in Sachen Newton aufsuchte und um mathematische Aufklärung bat. Damals adressierte Voltaire Maupertuis noch wie folgt:

> Ihr erster Brief hat mich in der Neuton'schen Religion getauft; Ihr zweiter hat mir die Konfirmation verliehen. Ich danke Ihnen für Ihre Sakramente, ich bitte Sie, verbrennen Sie meine lächerlichen Einwände: sie kommen von einem Ungläubigen: ich werde Ihre Briefe immer aufbewahren; Sie kommen von einem großen Apostel Neutons.[21]

Friedrich II. war an dem Kreis von Cirey – man versammelte sich auf dem Landsitz der Marquise du Châtelet – sehr interessiert und hat Maupertuis letztendlich als Akademiepräsident Voltaire vorgezogen. Zudem schrieb der König selbst in seiner Ode zur »Erneuerung der Akademie der Wissenschaften« am Topos des siegenden Naturwissenschaftlers fort:

> In einer letzten Anstrengung ließ der Verstand
> Die erhabensten Geheimnisse der Götter erscheinen;
> Sie sind unsere Erzieher, unsere Führer und unsere Meister,
> Sie erleuchten die Erde, sie lesen im Firmament:
> Die Sterne werden in ihrem krummen Lauf beobachtet;
> Der Ströme geheime Quellen aufgedeckt;
> Sie sagen die Winde voraus, sie haben die Luft gewogen,
> Sie bändigen die Natur,
> und bestimmen die Figur
> dieses weiten Universums.[22]

21 Voltaire an Maupertuis. Fontainebleau, 8. April 1733. In: Anonym (Hg.): Lettres de la Marquise du Châtelet, du Roi de Prusse et de Voltaire. Paris 1818. S. 72. (Übers. O. Schulz)

22 Friedrich II.: Ode. Le Renouvellement de L'Académie des Sciences. In: Histoire 1747. Berlin 1749. S. 6. (Übers. O. Schulz)

Neben dieser Verbeugung vor den Wissenschaften, zu deren Errungenschaften die Bestimmung der Erdgestalt durch Maupertuis unbedingt gehört, existiert eine weitere Ode des Königs nur über Maupertuis, der seine Entourage mit diesen ›Verewigungen‹ sanktionieren und anspornen konnte.[23] In der Ode über die Wissenschaft nutzt Friedrich II. das naheliegende Motiv einer Schifffahrt auf dem Meer des Wissens und koppelt es mit dem Erhabenheitstopos des einsamen, nur von der Vernunft geleiteten Forschers angesichts immenser Weiten. Neben dem mathematisch Erhabenen werden auch Dunkelheit, Barbarei und Fehler als bedrohliche Hauptgegner der Aufklärung bemüht.

Hier wie bei Voltaire wird der hohe Ton der Ode durch unterlegte Gewaltmotive aus dem militärischen Bereich erzielt. Die Forscher werden zu Argonauten stilisiert, die das goldene Vlies des Wissens in den Randgebieten der Zivilisation durch kriegerische Akte erobern müssen.

Das Argonautenmotiv hat Formey in seiner Eloge auf Maupertuis zu nutzen und zu erweitern gewusst. Angekoppelt wird der Geburtsort des Präsidenten, Saint-Malo in der Bretagne, dessen Einwohner als traditionell unerschrocken bezeichnet werden. Sie seien von einer »Kühnheit, die kein anderer aus Saint Malo so lebhaft zum Ausdruck gebracht hat wie unser Präsident. [...] Monsieur de Maupertius war der Jason einer neuen Klasse von Argonauten«.[24] Maupertuis' bemerkenswerter Mut hilft in der militärischen Ausbildung, aber auch seine Forschungsarbeit wird mit hohem Risiko und ungeduldiger Energie durchgeführt.[25] In der Polarexpedition, dieser idealen Kombination aus Feldzug und Forschung, kommen die militärischen Tugenden der Schärfe, Risikofreude und des Durchhaltevermögens besonders zum Tragen.[26] Die im hohen Norden durchgeführte Messung war gefährlicher als eine Belagerung,[27] und folglich empfängt man ihn bei seiner Rückkehr wie einen Feldherrn: »Seine philosophischen Großtaten kamen sozusagen denen der Eroberer gleich.«[28]

23 Friedrich II.: Poesies Diverses. Hg. v. B. de Boyer, d'Argens, L. de Beausobre. Berlin 1760.

24 Formey: Maupertuis. S. 465. (Übers. O. Schulz)

25 »[I]l exigeoit l'application et l'exactitude. Il auroit voulu que tout le monde eût répondu à son ardeur et êut imité son activité.« Ebd. S. 488.

26 »[Q]ue sans l'ardeur, les ressources, la gayeté même de M. de Maupertuis, cette troupe savante auroit succombé plus d'une fois au découragement.« Ebd. S. 476.

27 »Qu'on lise ce qu'il a fait et souffert, pour achever cette fameuse mesure, et l'on sera surpris qu'il se soit tiré d'une expédition plus dangereuse que le siége le plus meurtrier.« Ebd. S. 490.

28 Ebd. S. 477. (Übers. A.E.)

Dieser militärische und damit typisch aristokratische Zug der Darstellung lässt sich zumindest in den kulturellen Kontexten auch real wiederfinden. Gewagtheit und Unerschrockenheit sind von Martin Fontius als wichtige Bestandteile des Potsdamer Hoflebens beschrieben worden. In andere Bahnen gelenkt wurde der gute Ton der Unerschrockenheit seiner Ansicht nach erst mit dem Skandal um La Mettries Tod, mit dem der militärische, freizügige und grenzenlos libertäre Habitus vor allem im Bereich der zersetzenden Wissenschaft in die Kritik gerät.[29]

Maupertuis' Verdienste um den Newtonianismus, so breitenwirksam sie damals auch gewesen sein mögen, sind aus heutiger Sicht nicht sein wichtigster Beitrag zur Wissenschaftsgeschichte. Auch seiner newtonianischen Weltformel, dem *principe des moindres actions*, das Maupertuis selbst als höchst bedeutsamen Beitrag zur Naturtheorie verstand, wird nie zum ersten Eintrag in einschlägigen Lexika. Vielmehr gilt Maupertuis heute als wichtiger Vordenker der Epigenese. Diese Version der Zeugungstheorie versucht die Entwicklung von Embryos auf einer korpuskular-mechanischen Grundlage zu denken und stand in Konkurrenz zur Präfigurationstheorie. Formey erwähnt zwar die erste Schrift »Le nègre blanc«, die sich mit auffälligen Vererbungsphänomenen beschäftigte. Maupertuis' Interesse für eine Berliner Familie mit ungewöhnlicher Handbildung wird jedoch nicht erwähnt, und die Kreuzungsversuche mit Tieren stehen im Zeichen des Exzentrischen, nicht des Experimentellen:

> Maupertuis sammelte unter großen Mühen und großen Kosten fremde oder besondere Tiere, um ihr Verhalten zu beobachten, und um in gewisser Weise ihren Charakter zu studieren. Er machte auch einige Experimente; und er hat sich ganz besonders darum bemüht, soweit das möglich ist, neue Hundearten zu züchten, und zwar durch Mischungen, die Individuen erzeugten, deren Besonderheiten ihm höchstes Vergnügen bereiteten.[30]

Die Züchtungsversuche Maupertuis' dienen nach Formey nicht der systematischen Beobachtung, sondern entspringen einer neugierigen Liebhaberei, die Formey zuweilen zu weit geht. Noch abfälliger heißt es in Formeys Memoiren: »In den Zimmern waren Scharen von Hunden und Katzen, Papageien, Sittiche, und in den Hühnerställen alle möglichen Arten fremdes Geflügel. […] Bisweilen war es gefährlich, zwischen die-

29 Fontius, Martin: Der Tod eines ›philosophe‹. Unbekannte Nachrufe auf La Mettrie. In: Beiträge zur romanischen Philologie 6/1967. S. 5-28 und 226-261.

30 Formey: Maupertuis. S. 510. (Übers. O. Schulz)

sen Tieren hindurchzugehen, weil man angegriffen wurde.«[31] Auch an die Auswirkungen auf die Sauberkeit des Hauses erinnert sich Formey lebhaft.[32]

In seiner Darstellung der Vererbungstheorie konzentriert sich Formey auf die Momente, die gewagt und unerschrocken erschienen. Eine Weiterentwicklung des »Le nègre blanc« entschuldigt er als »débauche de l'esprit«.[33] Es handelt sich um die »Venus physique«, einen anatomischen Roman, der einen Frauenkörper für ein allgemeineres Publikum zerlegt und dabei nicht eben wenig literarischen Effekt aus der Transgression von bestehenden Tabus generiert. Mary Terrall sieht hier eine Logik der Pornographie am Werk.[34] Insgesamt wird Maupertuis' Vorgehen mit Vokabeln wie Gewagtheit und Unerschrockenheit geschildert, die für eine intellektuelle Tätigkeit weit weniger zu taugen scheinen als für den militärisch-aristokratischen Kontext.[35]

Polarexpedition, Züchtungen und seine Öffentlichkeitswirksamkeit für den Newtonianismus waren praktische Arbeitskontexte des Epigenetikers und Geometers Maupertuis. Schon hier deutet sich ein gewisser Stilwille oder eine Preziosität der Verfahren an, die sich bei ihm auch auf anderen Ebenen findet. Seit dem Akademiestreit muss der Versuch, mit dem *principe des moindres actions* Newton auf mathematisch-metaphysische Art zur Weltformel fortzuschreiben, als gescheitert gelten, ebenso wie sein Bestreben, die *classe speculative* mit Leben zu füllen, die eine Besonderheit der Berliner *Akademie der Wissenschaften* darstellte. Es war Maupertuis' erklärtes Anliegen, hier eine Innovationsstelle für die Metaphysik der Naturwissenschaft zu stiften wie der Philosophiehistoriker Christian Bartholmèss und die Wissenschaftshistorikerin Mary Terrall betont haben.[36]

31 Formey, Samuel: Souvenirs d'un citoyen. Berlin 1789. S. 226. (Übers. O. Schulz)

32 Formey: Souvenirs. S. 218.

33 Formey: Maupertuis. S. 492.

34 Terrall, Mary: Salon, Academy, and Boudoir. Generation and Desire in Maupertuis's Science of Life. In: Isis 87/1996. S. 216-229.

35 Beispielsweise in einem Resümee der Vererbungslehre: »[O]n y reconnoit l'effort d'un de ces grands génies, qui brûlent du desir d'arracher à la nature ses secrets, desir qui va quelquefois jusqu'à l'audace.« Formey: Maupertuis. S. 494. Formey legt an dieser Stelle auch nahe, dass sich der »charactère de grandeur et de hardiesse« einiger Passagen in Buffons »Histoire naturelle« Maupertuis direkt verdanken soll.

36 »It is true, [...] that German metaphysics is a strange science, but that ist not the fault of metaphysics, but rather of the Germans. [...] The French are too disgusted with metaphysics; the Germans are too mired down in the mud. Perhaps the Swiss can find a viable middle ground.« Zit. n. Terrall, Mary: The Man Who

Es lässt sich an den geschilderten Arbeitsweisen und Verfahren bei Maupertuis vor allem eines zeigen: Ausgehend von einer öffentlichkeitswirksamen Polarexpedition, die leicht als wissenschaftliche Eroberung narrativierbar war, durchziehen militärische Qualitäten auf der Darstellungsebene viele Tätigkeitsbereiche. Immer wieder klingen bereits hier auch gesamtgesellschaftliche Legitimationen des Fortschrittsdenkens an, in ungehinderter Parallelität mit den sozial eindeutig aristokratisch codierten Vorzügen des Eroberers.

Typus: Der ›Weltweise‹ und der *bel esprit*

Maupertuis darf für Berliner Verhältnisse als fremder Typus gelten, selbst wenn man die Tier-Ménagerie und die zuweilen von ihm getragenen lappländischen Kleider, ganz zu schweigen von den zwei lappländischen Überraschungsbesucherinnen, als legendenhafte Überzeichnungen außen vor lässt. Die *scientific persona*, also derjenige berufsbedingte Typus, dem sich Maupertuis zurechnen lässt, ist im Nachruf relativ ausgebildet und deutlich typisiert. Der Akademiepräsident trat als Geometer auf, eine damals übliche Bezeichnung für Mathematiker, gleichzeitig galt er aber auch, und das war einzigartig, als *bel esprit*.

Naturwissenschaftler waren um die Mitte des 18. Jahrhunderts höchstens unter dem Begriff der Physiker vage zusammengefasst; dies konnte aber auch einen Arzt bezeichnen. Ein Naturkundiger oder Naturhistoriker war derjenige, der sich mit der Empirie der drei Reiche beschäftigte, also Geologie, Biologie, Zoologie oder (vergleichende) Anthropologie betrieb. Zudem waren die heutigen Fächer Pharmakologie und Chemie an der Medizinischen Fakultät angesiedelt – alle anderen Naturwissenschaften wurden an der Philosophischen Fakultät gelehrt. Der bereits weiter oben besprochene Integrationsbegriff des Gelehrtenhistorikers ist weitaus genereller angelegt, auch wenn der Pedant als das »habituelle Andere« der Kopfarbeiter auch im naturwissenschaftlichen Bereich als Abgrenzungsfigur zur Verfügung stand.

Der französische Kontext, dem Maupertuis verpflichtet ist, brachte gänzlich andere Typen hervor, was zunächst anhand verschiedener Texte gezeigt werden soll, um das Umfeld der Eloge auf Maupertuis zu erläutern. Mathematiker oder besser Geometer hatten besonders mit einem

Flattened the Earth. Chicago 2002. S. 266. Terrall zitiert den Brief Maupertuis' an Jean Bernoulli II. vom 6. September 1749 aus der Bernoulli-Edition an der Universitätsbibliothek Basel. Seine erste Veröffentlichung trägt den Titel: »Les loix du mouvement et repos, déduites d'un principe métaphysique«. S. 248.

niedrigen Status zu kämpfen. Womöglich verdankt sich dieses Urteil auch der Tatsache, dass Mathematiker innerhalb der Naturwissenschaften häufig einen niedrigeren sozialen Status hatten.[37] Mediziner, Chemiker oder Physiker hatten Instrumente zu kaufen, was für mittellose Personen schwer zu bewerkstelligen war.

An der Pariser *Académie des Sciences* arbeitete man diesem schlechten Ruf entgegen. So stellt etwa Fontenelle seinen ersten Elogen ein »Préface sur l'utilité des Mathématiques et de la Physique« voran.[38] Zehn Jahre darauf kommt Montesquieu in seinen »Lettres persanes« auf einen zeittypischen Pariser Mathematiker zu sprechen, der als Ergänzung zu Jean de La Bruyères »Charactères« angekündigt wird: In Briefen an die Daheimgebliebenen berichtet ein fingierter persischer Gesandter von seinen Erfahrungen mit der französischen Gesellschaft. Beispielsweise trifft er mit einem Freund auf einen abwesend wirkenden Geometer, der seit acht Tagen in einer Kurvenberechnung mental befangen ist. Dennoch wird er in einem so explizit auf Konversation ausgelegten Ort wie einem Pariser Café sehr gut aufgenommen:

> Mir fiel auf, dass unser Geometer von allen bereitwillig empfangen wurde und die Kellner des Cafés um ihn viel mehr Aufhebens machten als um zwei Musketiere, die in einer Ecke saßen. [...] Sein geordneter Geist jedoch urteilte von oben herab über alles, was im Gespräch gesagt wurde. Er erinnerte an jemand, der mit scharfer Klinge die Blüten aller Blumen absäbelt, die in einem Garten höher stehen als die anderen: Als Märtyrer seiner Genauigkeit fühlte er sich von einer

37 Baumgarten, Marita: Professoren und Universitäten im 19. Jahrhundert. Zur Sozialgeschichte deutscher Geistes- und Naturwissenschaftler. Göttingen 1997. S. 141. Baumgartens Studie beruht auf der Auswertung der Lebensläufe von Ordinarien deutscher Universitäten, mit denen sie sowohl über die sozialen Hintergründe als auch über Berufungsmuster ein historisches Ranking der Universitäten vornimmt. Der Schwerpunkt der Analyse liegt im 19. Jahrhundert, allerdings wird der Abbau der Familienuniversität über das lange 18. Jahrhundert verfolgt, der sich vor allem darin zeigte, dass Hausberufungen seltener vorkamen und Landeskinder nicht länger bevorzugt wurden. Die immer wieder betonte niedrige soziale Herkunft der Mathematiker betont auch Paul, Charles B.: Science and Immortality. The Éloges of the Paris Academy of Sciences (1966-1791). Berkeley 1980.

38 Fontenelle: Préface sur l'utilité des Mathématiques et de la Physique. In: ders.: Histoire du Renouvellement de l'Académie des Sciences en 1699 et des éloges historiques de tous les Académiciens morts depuis ce Renouvellement. Paris 1708. S. 1-26.

> Unregelmäßigkeit so gestört wie empfindliche Augen von zu grellem Licht.[39]

Die gesellschaftliche Achtung beantwortet der Geometer mit Nichtachtung des Gesellschaftlichen. Gleichmaß und Exaktheitsanspruch lassen ihn die Gesprächsinhalte an falschen Maßen messen, so dass ihn eine assoziative oder geistreiche Konversation blendet wie ein zu helles Licht. Montesquieu führt den mathematischen Zugriff des Experten vor, indem er die exakte Bestimmung der Wissenschaft in den Bereichen der Konversation, der Ästhetik und der Ethik scheitern lässt. An einem Landsitz interessieren ausschließlich die Ausmaße, an einem Garten der Grundriss, den der Geometer so einrichten will, dass die Alleen perspektivisch überall gleich breit und lang erscheinen; bei einem Bombardement sind nicht die Sieger oder die Verletzten bemerkenswert, sondern die Kurven der Geschosse; die Nachricht eines von Überschwemmungen ruinierten Landguts schließlich ist erfreulich für den Geometer, da sie eine Wetterprognose bestätigt.[40]

Kurz gesagt, greift das mathematische Denken häufig zu kurz und wird als sozial inkompatibel dargestellt. Es gibt lediglich einen positiven Zug, den Montesquieu an dem Geometer gelten lässt, und dieser zeigt sich in einer Begegnung mit einem Horaz-Übersetzer, dem das eigenständige Denken abgesprochen wird.[41] Mathematiker werden in der Pariser Gesellschaft also inzwischen mit großem Interesse wahrgenommen, wie die Reaktionen in dem Café zeigen, andererseits ist ihr Verhalten rüde und inakzeptabel.

Diese gespaltene Wertschätzung den Mathematikern gegenüber findet sich in literarischen Darstellungen häufiger erwähnt. In diesem Sinne mokiert sich d'Alembert 1753 darüber, dass die Begeisterung über die Mathematiker auf einer leicht kränkenden Basis zur Mode geworden sei: »Es ist ein großer Geometer sagte man, und dennoch ein witziger Kopf […] mit einem Worte, man begegnet in Frankreich den Geometern und den großen Herren ebenso, als den türkischen und persischen Gesandten; man ist ganz erstaunt, den gemeinsten Verstand bey einem Menschen anzutreffen, der weder ein Franzose, noch ein Christ ist.«[42]

39 Montesquieu: Lettres persanes. Hg. v. Paul Vernière. Paris 1975. Kapitel CXXVII. S. 268. (Übers. O. Schulz)

40 Ebd. S. 269.

41 Ebd. S. 270.

42 D'Alembert, Jean le Rond: Versuch über die Gesellschaft der Gelehrten und der Großen, über den Ruhm, die Mäcenen und die gelehrten Belohnungen.

Vor allem bemängelt man die fehlende Sprachkompetenz des mathematischen Stereotyps, den man nicht für fähig hielt, sich in einer gewissen Situation geistreich zu unterhalten. Dieses Vorurteil ändert sich jedoch, für d'Alembert auf nicht ganz nachvollziehbare Weise, mit dem Auftreten eines brillanten Gegenbeispiels:

> In Engeland begnügete man sich damit, daß Newton das größte Genie seiner Zeit war; in Frankreich hätte man auch gewollt, daß er liebenswürdig gewesen wäre. Endlich hat sich von ohngefähr ein Geometer gefunden, den Preußen izund Frankreich geraubet hat, der unter seinen Mitbrüdern einen verdienten Ruhm und zugleich eine gewisse seltene Annehmlichkeit des Witzes besitzt, [...] Man erstaunte ganz darüber, daß ein Geometer nicht eine Art von wilden Thieren war.[43]

Unverkennbar handelt es sich bei dieser Person, die unabhängig von ihren mathematischen oder literarischen Studien über die notwendigen kommunikativen Kompetenzen verfügt, um Maupertuis, da dieser tatsächlich nach einigen Querelen Berlin gegen Paris eintauschte. Formey zeichnet in seiner Eloge ein vergleichbares Bild und fügt der Liebenswürdigkeit noch einen bestimmten Themenkomplex hinzu: den des Newtonianismus, dessen Akzeptanz sich ebenfalls mit der Figur des Akademiepräsidenten verbindet, was Formey als epochale Umwälzung wertet:

> Diese Revolution in den Wissenschaften wurde von einer Revolution des Denkens begleitet, die vielleicht weniger wichtig, aber deshalb umso erstaunlicher war. Bisher waren Geometer unter allen Arten von Gelehrten als die verwildertsten angesehen worden und als diejenige Klasse, die am wenigsten geeignet war, zu einer angenehmen Geselligkeit beizutragen, am wenigsten fähig Werke zu produzieren, in denen der Geschmack eine Rolle spielte und noch viel weniger Werke, in denen sich die Seele oder der Charakter zeigen. M. de Maupertuis

In: Hamburgisches Magazin 13/1754. S. 589. Erstveröffentlichung: Essai sur la société des gens de lettres et des grands. In: ders.: Mélanges De Littérature, D'Histoire Et De Philosophie. Berlin 1753. »[M]an hielt es für eine ausgemachte Sache, daß ein Geometer der aus seiner Sphäre versetzt würde, keinen Menschenverstand haben könne: Man hätte sehr leicht aus diesem Irrthume kommen können, wenn man den Descartes, den Hobbes, Pascal, Leibniz und so viele andere gelesen hätte, aber so weit vertiefte man sich nicht.« Ebd. S. 590.

43 Ebd. S. 591.

> zerstörte dieses ungerechte Vorurteil und zerstörte es endgültig. In ihm vereinigten sich der ausgezeichnete Schriftsteller und geistreiche Zeitgenosse mit dem Geometer, ohne dass Letzterer hierdurch seiner Kraft und Richtigkeit beraubt worden wäre, was beides, seine Gesellschaft wie die Lektüre seiner Werke, gleichermaßen zu einem Genuss machte.[44]

In der Tat lässt sich Maupertuis zu der Reihe derjenigen Naturwissenschaftler hinzufügen, an denen Wolf Lepenies den versuchten Brückenschlag zwischen literarischer Schönheit und wissenschaftlicher Exaktheit diskutiert hat.[45] Andersherum gesagt sind seine Werke, vor allem die »Venus physique«, auf einen populären literarischen Effekt hin kalkuliert. Dass Maupertuis' Stil in den Werken auf harter Arbeit, unermüdlicher Revision und Korrektur der Fahnen beruhte, rechnet ihm Formey hoch an,[46] auch wenn Maupertuis' Sorge um die Perfektion der Drucklegung, der Rechtschreibung und der Papierqualität des Akademiejournals für den Akademiesekretär Formey erhebliche Arbeit bedeuteten und nach Mary Terralls Zeugnis einen Gutteil der brieflichen Kommunikation der beiden Akademiker füllte.[47] Nur die besten Drucker wurden bemüht, und vor allem der »Essai de Cosmologie«, in dem Maupertuis ein ökonomisches Prinzip der Weltformel vorlegt, erschien perfekt ausgestattet und in geringer Auflage wie ein Kunstdruck.

Gleichzeitig waren allerdings die Brillanz, Originalität und Geistesgegenwart des mündlichen Auftritts – »sa conversation [...] la plus spirituelle qu'on puis imaginer«[48] – frei von jeder Anstrengung und entstanden unter gewissen Bedingungen wie von Natur aus unerschöpflich:

> Was war es nur, wenn er gefallen wollte, das heißt, wenn er sich wohlfühlte, mit Leuten, die er mochte und die ihn so sehr mochten? Man konnte meinen, und ich übertreibe nicht [...], wenn man ihn hörte, konnte man meinen, er wäre der einzige auf der Welt, der jemals Esprit hatte.[49]

44 Formey: Maupertuis. S. 477. (Übers. A.E.)
45 Lepenies, Wolf: Autoren und Wissenschaftler im 18. Jahrhundert. Buffon, Linné, Winckelmann, Georg Forster, Erasmus Darwin. München 1988.
46 Formey: Maupertuis. S. 509.
47 Terrall, Mary: The Man Who Flattened the Earth. Chicago 2002. S. 248.
48 Formey: Maupertuis. S. 508.
49 Ebd. S. 508. (Übers. O. Schulz)

Man habe sich von den Überraschungen, die Maupertuis' intellektuelle Wendigkeit den Zuhörern bot, kaum erholen können, so konstant sei eine auf die nächste gefolgt, bezeugt Formey in einer der seltenen Passagen, in denen er die Distanz des Vielschreibers zu seinen Sätzen einmal aufgibt und sich auf glaubwürdige Art beeindruckt zeigt. Was Formey aber stark betont, ist der für einen geistreichen Redner notwendige Kontext einer gelösten und wohlwollenden Atmosphäre. Freundschaftliche Verbindungen und erotische Spannungen erzeugten in den Salons durch und durch gesellig konfigurierte Gespräche, die mit den gröberen, schärferen und hierarchischen Sachorientierungen einer akademischen Disputation nichts gemeinsam hätten. Auch wenn Formeys Betonung der erstaunlichen und liebenswürdigen Rede des Verstorbenen wohl im Zusammenhang mit Maupertuis' wohl zuweilen sehr brüskem oder sogar unausstehlichem Auftreten zu sehen ist, das der Laudator durch diese Gegenbilder entschuldigt, lässt sich dieses Lob auch in anderen Zeugnissen über Maupertuis finden.

Formey gibt noch einen zweiten Hinweis auf die soziale Einbindung der Rede. Der *bel esprit* produziert sich zwar, aber in so dosiertem Maße, dass ihn die Angeberei niemals Sympathien kostet: »Ohne auch nur den kleinsten Anflug von Affektiertheit, ohne diesen feierlichen Ton, der allzu oft den Leuten anhängt, die um ihre Bedeutung wissen, sagte er schnell, kurz und angenehm das Beste, [...] was man sagen konnte, und auf die beste Art und Weise«[50] Diese Vermeidung des arroganten Auftritts ist jedoch alles andere als naiv. Statt plumpen Stolz legt Maupertuis vielmehr die Eleganz eines ›hierarchischen Virtuosen‹ an den Tag, der die Regeln kennt und sich mit großer Gelassenheit zu positionieren versteht.

Formey zufolge machte Maupertuis' Beispiel Schule und erzeugte viele Mathematiker, die vor dem Urteil der galanten Gesellschaft bestehen konnten: »Die Mode, und selbst die Begeisterung wirkten zu ihren Gunsten; sie zeigten, dass sie zu Schöngeistigkeit fähig waren.«[51] Auch in den 1760er Jahren wurde die Mathematik im Zusammenhang mit ihrem Gegenteil der unregulierten, spontanen und intuitiven Schöngeistigkeit diskutiert, allerdings finden sich in Deutschland erneut Versuche, neben der Ästhetik auch moralische oder innere Bildung anzukoppeln. So etwa in Georg Christoph Lichtenbergs »Von dem Nutzen, den die Mathe-

50 Ebd. (Übers. O. Schulz)

51 Ebd. S. 477. (Übers. O. Schulz)

matik einem Bel Esprit bringen kann«[52] oder Abraham Gottlieb Kästners »Ob die Mathematik etwas zur Humanität beiträgt?«.[53]

Bereits kurz nach Maupertuis' Ankunft in Berlin hatte Christian Wolff diesen Zusammenhang bestätigt. Er steht dem intellektuellen Schaulaufen jedoch kritisch gegenüber und schreibt an Johann Daniel Schumacher, den Sekretär der *Russischen Akademie der Wissenschaften* in St. Petersburg:

> Die Gelehrten, welche gründliche Erkenntnis lieben, nehmen an allen Orten sehr ab, und es nimmt ein seichtes Wesen Überhand, nachdem man mit einer sog. Newtonischen Philosophie das Französische Fladder-Wesen verknüpft, da man bloß durch angenehme Worte die Aufmerksamkeit von dem Verstande auf die Seite der Einbildungskraft zurücke ziehet.[54]

Zeitgenossen sahen in Maupertuis demnach einen oberflächlichen, aber gewinnenden Wissenschaftlertypus, der durch seine Ästhetik den Newtonianismus befördert. Dagegen stellt Wolff eine Erkenntnis, die sich nicht von der Phantasie bezirzen lässt und »gründliche Erkenntnis« anstrebt. Hier zugehörig ist ebenfalls ein sozialer Phänotyp, allerdings nicht der *bel esprit*, sondern der ›Weltweise‹.

Winfried Schröder hat die lebhafte Konjunktur dieser Bezeichnung in der Philosophie des 18. Jahrhunderts verfolgt. Weltweisheit steht ihm

52 Lichtenberg, Georg Christoph: Von dem Nutzen, den die Mathematik einem Bel Esprit bringen kann. In: Hannoverisches Magazin 4/1766. S. 983.

53 Kästner, Abraham Gottlieb: Ob die Mathematik etwas zur Humanität beiträgt? In: Vorlesungen in der Königlichen deutschen Gesellschaft zu Göttingen. Zweite Sammlung. Altenburg 1773. Erstveröffentlichung in: Hannoverisches Magazin 10/1772. S. 1461-1472. »Wem die Mathematik gefällt, dem müssen sichere zusammenhängende Wahrheiten gefallen, das Vergnügen das er an derselben Untersuchung findet erfordert Ruhe des Gemüths; [...] Also wird der Geist, den die Mathematik gebildet hat, Wahrheit lieben; heftige Leidenschaften nicht erst nachdem sie ihn unglücklich gemacht haben, zu spät verdammen, sondern gleich von Anfange zu dämpfen suchen, weil er empfindet, daß sie ihn nicht ruhig denken lassen.« S. 89f. »Und, wenn deutliche Begriffe, Aufmerksamkeit auf alle Umstände, sorgfältige Überlegung, sichere Schlüsse, bey menschlichen Geschäfften nothwenig sind, so bereiten schon die bloße Arithmetik und Geometrie den Verstand zu Geschäften, auch solchen wo keine Zahlen und Figuren vorkommen.« S. 87.

54 Christian Wolff an Johann Daniel Schumacher in Petersburg vom 6. Mai 1748. Zit. n. Harnack, Adolf: Geschichte der Königlich Preussischen Akademie der Wissenschaften zu Berlin. Bd. 2: Urkunden und Actenstücke. Nr. 178. S. 310/311.

zufolge einerseits für ein gesteigertes professionelles Selbstbewusstsein und einen Leistungsanspruch der Philosophie, andererseits für eine Hinwendung zur Kenntnis der (Natur-)Dinge. Durch seine Hinwendung zur Materialität gerät der Weltweise in ein gewisses Spannungsverhältnis zum ›Gottesgelehrten‹.[55] Schröder betont zwar, dass der Begriff sehr verbreitet und wenig programmatisch aufgeladen war. An anderer Stelle aber zitiert er besorgte Überlegungen dazu, dass man sich durch den Begriff in Opposition zur Theologie stellen würde, was zumindest ein Potential zur programmatischen Verwendung bezeugt. In jedem Fall findet sich der Begriff bei Wolff als sehr positiv aufgeladen und immer in Verbindung mit der erwähnten »gründlichen Erkenntnis«.

Wolff selbst definiert die ›Weltweisheit‹ in verschiedenen Schriften: »Die Weltweisheit pflege ich durch eine Wissenschaft des Möglichen, so ferne es möglich ist, zu erklären.«[56] Im Umkehrschluss kann der Weltweise auch benennen, was unmöglich ist. Diese Definition erhält im Bereich der Naturkunde einen sehr offensichtlich aufklärerischen Sinn. In Wolffs »Vernünfftigen Gedanken von den Wirkungen der Natur« (1723) und seinen »Vernünfftigen Gedanken von den Absichten der natürlichen Dinge« (1724) werden hierzu die seltsamen Naturphänomene der Feuer-, Erd-, Wasser- und Luftzeichen erläutert. Es geht um Erscheinungen wie Kometen, Nordlichter, Gewitter, Nebel, Glühwürmchen und Regenbögen, die traditionell als bedeutsam interpretiert wurden und die durch Wolffs mehr oder weniger zutreffende physikalische Erklärungen ihres Zeichencharakters beraubt werden. Die Weltweisheit wird bei Wolff durchaus auch gegen Aberglauben und unwahrscheinliche Verursachungsprinzipien in der Natur in Stellung gebracht, wie sich besonders deutlich in der Schrift »Von den Vorbedeutungen und Wunderdingen« zeigt.[57] Die Weltweisheit als Lehre vom Möglichen ist daher nicht nur einfach Naturerkenntnis, sondern hat eine psychologische Dimension. Sie ist eine Art Physik der Beruhigung, da numinose, angsterzeugende Verursachungsebenen aus dem Naturverständnis ausgeschlossen werden.

55 Schröder, Winfried: ›Weltweisheit‹. Marginalien zum Philosophiebegriff der deutschen Aufklärung. In: ›Wer ist weise? Der gute Lehr von jedem annimmt.‹ Festschrift für Michael Albrecht zum 65. Geburtstag. Hg. v. Heinrich P. Delfosse und Hamid Reza Yousefi. Nordhausen 2005. S. 17-29.

56 Wolff, Christian: Weltweisheit. In: Gesammelte kleinere philosophische Schriften II. Hg. v. Jean Ecole. Abt. I, Bd. 21.2. Hildesheim 1968. S. 5.

57 Wolff, Christian: Von den Vorbedeutungen und Wunderdingen. In: Gesammelte kleinere philosophische Schriften IV. Hg. v. Jean Ecole. Abt. I, Bd. 21.4. Hildesheim 1981. S. 142-146.

Der Weltweise wie der *bel esprit* kann zum Träger naturwissenschaftlicher Wissensbestände werden. Beide Typen verbinden einen bestimmten sozialen/beruflichen Phänotyp mit einem spezifischen Modus des Denkens und Sprechens, der sich an akademische Praktiken anbinden lässt, über diese aber weit hinaus in den Alltag reicht. Die ›Weltweisheit‹ lebt nicht von der Assoziation oder Kombination, sie hat keinen kompetitiv-aimablen Kreis von Individuuen als Referenzraum, sondern übt in ein rationalitätsgeleitetes Naturverständnis ein, das trotz des größeren Professionalisierungsgrades gleichwohl großen Einfluss auf alltägliche Befindlichkeiten (Aberglaubensbekämpfung) hat. ›Physik‹ ist hier noch sehr direkt angebunden an eine Alltagsbewältigung, die alternative Strategien zu den abergläubischen Praktiken bereitstellt, was eine mögliche programmatische Lesart der ›Weltweisheit‹ bei Wolff bezeichnet. Zudem ist in dem Typus des Weltweisen ein Integrationsbegriff geschaffen, der auch unbedingt die Superiorität der Philosophischen Fakultät formulieren hilft, wie Georg Friedrich Meiers »Abbildung eines wahren Weltweisen« von 1745 zeigt:

> Ein Einfältiger stellet sich die Sache vor nach seinem Begriffe, ein Verständiger aber und ein Weltweiser siehet weiter und reiniget seine Gedancken von der Unvollkommenheit die dem gemeinen Manne und denen die in dergleichen Dingen nicht mehr als er verstehen wegen der Schwäche ihres Verstandes anhängen.[58]

Die Weltweisheit ist bei Meier den Einzeldisziplinen übergeordnet und eine »Wissenschaft von der allgemeinen Beschaffenheit der Dinge, [...] in so fern dieselben ohne Glauben können erkannt werden.«[59] Meier hat in einer ebenfalls 1745 erschienenen satirischen Bestimmung die »neumodischen Weltweisen« den wahren gegenübergestellt und sie als philosophische Gecken vorgeführt: ein Zeichen, dass der Typus nicht nur bekannt, sondern zur Modeerscheinung an den Universitäten geworden war. Für den Zusammenhang der Eloge ist dies von Belang, weil die von Meier kritisierten »neumodischen Weltweisen« als Anhänger Wolffs karikiert werden.[60]

58 Meier, Georg Friedrich: Abbildung eines wahren Weltweisen. Halle 1745. [1762] S. 46.

59 Ebd. S. 13.

60 »Ich habe vergessen zu sagen, daß ein neumodischer Weltweiser, sonderlich die alten Weltweisen, und diejenigen die keine Wolf[f]ianer sind, heruntermachen muß, als wenn es lauter Pinsel wären.« Meier, Georg Friedrich: Gründliche

Dieses Selbstverständnis des Weltweisen war auch dem Wolffianer Formey hinreichend bekannt und bildete den Hintergrund des Nachrufs. Auch wenn Formey Geschmack sehr betont, steht ihm das gründliche Denken nach deduktiven Regeln deutlich näher als das von Potsdam privilegierte »französische Fladder-Wesen« des importierten Newtonianers. Der Wissenschaftler, der zugleich *bel esprit* zu sein hatte, war, bei aller Brillanz, mit dem Verdacht der Seichtheit behaftet; der Weltweise wurde im Gegenzug als zu weltabgewandt im gesellschaftlichen Sinne gesehen – ein Makel, der häufig durch Bücherstaub und Staubigkeit allgemein ausgedrückt wurde, obwohl der Weltweise im Kontext deutscher Universitäten durchaus als weltoffene Reformfigur positioniert war.

Formeys Eloge auf Maupertuis bietet einen Einblick in die Ebene der sozialen Phänotypen, die mit naturwissenschaftlichen Denkstilen assoziiert werden. Es ist hinzuzufügen, dass dem von Maupertuis verkörperten galanten Stilideal des gefällig parlierenden Mathematikers sehr viel politisches Wohlwollen entgegengebracht wurde, ohne dass es sich an den Universitäten hätte durchsetzen lassen. Dennoch ist dieser Typus deshalb von so außergewöhnlichem Interesse, weil er das Disparateste zu integrieren verspricht: Poesie und Mathematik, Militär und Kontemplation, Selbstdarstellung und Sachtreue. Dieser Wissenschaftlertypus agiert in einem maximal aufgespannten Bezugsrahmen, wie im nächsten Kapitel zu zeigen sein wird.

Reichweite: Galante Mathematik oder der verkehrte Bildungsgedanke

Ein polizierter, auf höfische Standards und Salonkultur ausgerichteter Newtonianismus trat um die Jahrhundertmitte einen scheiternden Feldzug durch die deutschsprachige Wissenschaftslandschaft an. Zwar konnten sich die Theorien durchsetzen, das Milieu höfischer Konversationskultur allerdings, das die Ansichten zunächst transportierte, fasste in den deutschen Universitäten nicht Fuß. In Frankreich war die galante Mathematik erfolgreicher. Sie hatte auch aufklärerische Beiklänge, denn hier lief die Himmelsmechanik des englischen Nationalphilosophen Newton dem Cartesianismus der Cassini, der wichtigsten Astronomendynastie des *Ancien Régime*, den Rang ab. Die naturwissenschaftliche Innovation wurde allerdings durch eine ausgesprochen hofkompatible Integrationsfigur verbreitet: den weltgewandten, galanten Mathematiker. Es zeigt

Anweisung wie jemand ein neumodischer Weltweiser werden könne in einem Sendschreiben an einen jungen Menschen. Frankfurt, Leipzig 1745. S. 44.

sich, dass die Durchsetzung der Theorie nicht nur an Habitusfragen und Typen gekoppelt war, sondern zudem sozialpolitische Dimensionen hatte. Dreh- und Angelpunkt dieser Entwicklungen ist die Frage des Ästhetischen im Sinne sozialen Takts und des ›guten Geschmacks‹.

Wendigkeit und gesellschaftliches Auftreten werden im deutschen Kontext stets als besonderes Desiderat beschrieben. Dies sollte im Zusammenhang mit den sozialen Strukturen gesehen werden: Ein typischer Gelehrter im deutschsprachigen Raum hatte, wie Notker Hammerstein betont, weit weniger Kontakt zur höfischen Sphäre als in anderen Ländern üblich, wo die Zentren des Wissens mit denen der Macht in eins fielen.[61] Mehrfach ist betont worden, dass weltläufige Wissenschaftler wie Christian Thomasius nicht nur als erste aufgeklärte, sondern als erste elitäre Wissenschaftlertypen anzusehen sind. Manfred Beetz hat die Betonung von Geschmack und Eleganz an der Universität darauf zurückgeführt, dass in den aufwändiger verwalteten Staaten zunehmend gut ausgebildete Bürokraten benötigt wurden, die allerdings engen Umgang mit dem Hof halten mussten.[62]

Dies leistet der Typus des eleganten Geometers in Gestalt von Maupertuis sogar in Bereichen, die so wenig um Ästhetik besorgt sind wie die Mathematik. Einschränkend muss hinzugefügt werden, dass diese ästhetische Propaganda für den Newtonianismus hauptsächlich nach außen wirksam gewesen zu sein scheint. Was die innerakademische Durchsetzung des Newtonianismus in Deutschland angeht, zeichnen sich durchaus auch andere Vermittlungswege ab. Gunter Lind kommt nach seiner Analyse der deutschen Physiklehrbücher zu dem Gesamturteil, dass Maupertuis und die Akademie bei der Verbreitung des Newtonianismus zwar eine Rolle gespielt hätten, innerhalb der Disziplin aber die Lehrbuch-Übersetzungen aus den holländischen Medizinfakultäten (Boerhaave) von größerer Bedeutung waren. Als Singularität bezeichnet er die »Naturlehre« Johann Gottlieb Krügers von 1740, dem ersten auf Newton

61 Hammerstein, Notker: Schule, Hochschule und Res publica litteraria. In: Res Publica Litteraria und die Institutionen der Gelehrsamkeit in der Frühen Neuzeit. Hg. v. Sebastian Neumeister u. Conrad Wiedemann. Wiesbaden 1987. Bd. 1. S. 95.

62 »Die Synthese von Wissen und Stil ist ziemlich eindeutig für eine Nutzbarkeit der Studenten in der sich entfaltenden Bürokratie zu verstehen.« Beetz, Manfred: Der anständige Gelehrte. In: Res publica litteraria. Hg. v. Conrad Wiedemann. Bd. 1. S. 155-173. Clark, William: Academic Charisma and the Origins of the Research University. London, Chicago 2006. Grimm, Gunter E.: Literatur und Gelehrtentum in Deutschland. Untersuchungen zum Wandel ihres Verhältnisses vom Humanismus bis zur Frühaufklärung. Tübingen 1983.

basierenden Lehrbuchentwurf, mit dem ein junger, unbekannter Helmstädter den deutschen Wissenschaftspapst Wolff herausforderte.[63] Als ein weiteres wichtiges Einflussgebiet ist die Physikotheologie zu nennen, die sich an englischen Vorbildern orientierte und newtonianische Resultate auf diesem Wege verbreitete, ohne von der Methode Notiz zu nehmen, die durch die Mathematisierung den Abschied von der physikotheologischen Naturkontemplation bedeutet hätte.

Nichtsdestotrotz ist die Durchsetzung des Newtonianismus auffällig häufig feminin konnotiert.[64] Nicht nur legte die Marquise du Châtelet die erste französische Newton-Übersetzung vor, auch die wichtigen Popularisierungsschriften Voltaires und Algarottis belehren die Öffentlichkeit unter dem Deckmantel der galanten Edukation von Aristokratinnen.[65] Hinzu kommt die frühe Verbreitung dieser Theorien in den Pariser Salons, in denen der Newtonianismus sich weit früher durchsetzen konnte als an den Universitäten. In diesen privaten Gesprächsräumen stand nicht die sachliche Auseinandersetzung zwischen Experten im Vordergrund, sondern es wurde ein Austausch gepflegt, der stets auch soziale Beziehungen mit kommunizierte, wobei gerade durch die anwesenden Damen erotische Konkurrenz und spielerischer Unernst nicht ausgeschlossen waren.

Diese Verbreitungswege können gerade bei einer so paradigmatisch »männlich« gesetzten Wissenschaft wie der Newton'schen Himmelsmechanik überraschen. Eine der zentralen Theorien der modernen Naturwissenschaft hat sich demnach keineswegs ausschließlich durch autonomes Selbstdenken und inhaltliche Einsicht durchgesetzt. Sei es durch das Gravitationsfeld der Bürokratie, der Salonkultur oder einer

63 Lind, Gunter: Physik im Lehrbuch 1700-1850. Zur Geschichte der Physik und ihrer Didaktik in Deutschland. Heidelberg 1992. S. 167. Einflussreich nennt Lind auch Johann Christian Gottscheds Übersetzung der »Elementa physicae« des Pieter van Musschenbroeck von 1734. S. 147. Auch Johann Gottlieb Krügers »Naturlehre. Vernünftige Gedanken von den Würckungen der Natur« lässt zunächst noch eine Nähe zum konkurrierenden Wolff-Leibnizianischen Lager erkennen. Bei Krüger verbirgt sich hinter dem Titel aber nach Lind »freche Kampfansage eines unbekannten jungen Mannes an den deutschen Wissenschaftspapst«. S. 170.

64 Hutton, Sarah: Women, Science and Newtonianism. In: Newton and Newtonianism. New Studies. Hg. v. James E. Forche u. Sarah Hutten. Dordrecht 2004. S. 202. Dobbs, Betty Jo/Margaret C. Jacob: Newton and the Culture of Newtonianism. Atlantic Highlands 1995.

65 Gipper, Andreas: Wunderbare Wissenschaft. Literarische Strategien naturwissenschaftlicher Vulgarisierung in Frankreich. Von Cyrano de Bergerac bis zur Encyclopédie. München 2002.

frankophil-aristokratischen Wissenschaftspolitik unter Friedrich II.: die Newtonrezeption, wie sie sich anhand von Maupertuis nachzeichnen lässt, ist eine Geschichte der Verführung. Transportvehikel ist – ausgerechnet – die verspielteste und unzuverlässigste, die flüchtigste und instinktgeleitetste Form der Informationsvermittlung: die performative Konversation des *bel esprit*.

Neben der Popularisierung moderner Physik ist in Maupertuis' Nachruf aber noch ein zweiter Aspekt zu berücksichtigen, der sich in das Schema spezialisierter Wissenschaft modernen Typs nicht fügt. Auffällig für das später so stark vom Bildungsgedanken geprägte akademische Umfeld in deutschen Kleinstaaten ist das Verhältnis, in dem Wissen und Person bei Maupertuis zu stehen kommen. Nicht die Inhalte prägen, entwickeln und fördern den Charakter, sondern die kunstvoll durchgestaltete, ästhetisch, erotisch und machtpolitisch versierte Person des Forschers produziert sich anhand der Theorie. Inhalte geraten zu Accessoires, die dem Ausweis der Gesamtpersönlichkeit dienlich sind. Es sind nicht die Stoffe, die das Vermögen haben, Innerlichkeit zu erzeugen und Persönlichkeiten zu bilden. Umgekehrt ist Maupertuis vielmehr in der Lage, die neutral gedachten, vormals unattraktiven Wissensinhalte in besserem Licht erscheinen zu lassen. Mit Manfred Landfester kann man den Neuhumanismus als ein besonders enges Zusammenrücken von Bildungsgedanken und universitärer Wissensvermittlung verstehen, bei dem die höhere Bildung mit Sinnstiftungserwartungen aufgeladen wurde.[66] Anhand von Maupertuis zeigt sich dagegen ein Misstrauen den Wissensbestandteilen gegenüber: Er ist *trotz* seiner nicht unerheblichen Kenntnisse eine beeindruckende Erscheinung, die zuallererst nach den Bedingungen elitärer Konversation konfiguriert ist.

Die etwas erweiterte Kontextualisierung des *bel esprit* zeigt, dass einerseits die feminin dominierte Salonkultur, andererseits der Bedarf an höfischeren Verwaltungsfachleuten Rahmenbedingungen stellten, die einer neuen naturwissenschaftlichen Theorie auf diesem wenig naheliegenden Wege zu Geltung verhalfen.

Fixierung: Negative Enzyklopädie

In Formeys Eloge auf Maupertuis hat sich nur eine schwer erkennbare Skizze dessen, was man als Maupertuis' Denkstil bezeichnen kann, er-

66 Landfester, Manfred: Humanismus und Gesellschaft im 19. Jahrhundert. Untersuchung zur politischen und gesellschaftlichen Bedeutung der humanistischen Bildung in Deutschland. Darmstadt 1988.

halten. Es können jedoch einige interessante Unterstellungen untersucht werden, die Formey in eigener Sache in die Rede eingeflochten hat. Dies geschieht in kurzen Abwendungsbewegungen, mit denen Formey merklich auf Distanz zu den theoretischen Leistungen Maupertuis' geht, deren Gültigkeit er durch diese Selbstpositionierungen tendenziell untergräbt oder zu untergraben versucht. Formeys intellektuelles Profil zeichnet sich dabei weit eher ab als das des Verstorbenen, und es tritt ein Theologe zutage, der es mit den Naturwissenschaften hält, zugleich aber den durchaus aufklärerischen Skeptizismus und Agnostizismus gegen die Naturwissenschaften ausspielt.

Möchte man nicht bereits die Kategorie des *bel esprit* als für einen Naturwissenschaftler leicht diffamierend verstehen, ist der erste zentrale Begriff, den Formey gegen Maupertuis wendet, die *certitude*. Maupertuis soll in seiner ersten Begegnung mit der Philosophie von diesem intellektuellen Zustand der absoluten Gewissheit so gefesselt worden sein, dass er zeitlebens nach der Erneuerung dieser Erfahrung gesucht habe:

> Maupertuis spürte, dass er sein Element gefunden hatte. Aber scharf und unbedingt wie er war, wollte er, kaum dass er von der Existenz einer Philosophie wusste, diese erschöpfend kennen. Wie groß aber war seine Überraschung, als eine aufmerksamere Untersuchung dieser Wissenschaft ihn erkennen ließ, dass sie unendlich war. Mehr noch: Er wollte alles [...] wissen und über alles versichert sein. [...] Seit diesem Augenblick wurde die Gewissheit (certitude) sein großes Thema. Er hat sie nie mehr aus den Augen verloren und er suchte ohne nachzulassen alle Mittel, die ihm versprachen sie zu erreichen.[67]

Bereits hier legt Formey sehr offensichtlich die Schlinge aus, die er später zuziehen möchte: Maupertuis entdeckte zwar mit dem gesicherten und klaren Wissen der *certitude* den Kern der Philosophie, aber er entdeckte nicht die Bedingungen der Möglichkeit dieser Sicherheit und Klarheit. Für Formey kann sie nicht überall hergestellt werden, trotz noch so unbedingter Wünsche, sondern ist nur selten zu erreichen. Maupertuis verfällt in Formeys Interpretation einem Zauber, der ihn unwiderruflich einer Methode in die Hände spielt:

> Unter allen diesen Mitteln ist das Studium der Geometrie ohne Widerspruch das wirkungsvollste. Die Geometrie zieht aus ihren Gegenständen wie aus der Methode, mit der sie sie behandelt, eine

67 Formey: Maupertuis. S. 468. (Übers. A.E.)

> unerschütterliche Gewissheit. Alles was man in den anderen Forschungen des menschlichen Geistes tun kann, ist sich dieser Gewissheit anzunähern, indem man sie so sehr der Methode der Geometer unterwirft, wie es ihre Gegenstände zulassen. Man muss unterdessen zugeben, dass dies nichts an der Natur der Dinge ändert, so dass streng genommen die mathematische Evidenz nur der Mathematik angehört und nur ihr angehören kann.[68]

In Formeys Perspektive ist nicht die mathematische Forschung das Ziel Maupertuis', sondern ein Begehren oder geradezu ein Bedürfnis nach mathematischer Evidenz oder exakten Beweisen macht ihn zum Mathematiker. Sehr ausführlich moniert der Laudator aber auch, dass durch diese Grundsätze große Stoffbereiche nicht mehr berücksichtigt werden können. Streng genommen kommen sogar ausschließlich mathematische Gegenstände in Frage. Scharf trennt Formey deshalb zwischen der *certitude*, die die Mathematik generiert, und der von Maupertuis zunächst angestrebten philosophischen Gewissheit, die Formey selbst zum einzigen Ziel der Wissenschaft erhebt:

> Das Gefallen an der Geometrie erfüllte ihn, indem es ihm immer mehr von dieser Gewissheit bot, die er so sehr begehrt hatte, erneut mit Hoffnung, die philosophische Gewissheit zu erreichen – letztendlich die einzige schätzenswerte, denn die Geometrie ist nichts als ein Instrument und diejenigen, die Geometer sind, ohne Philosophen zu sein, kehren in die Klasse – ich sage nicht der Künstler, denn jeder Künstler ist Philosoph oder sollte es sein – sondern der Kunsthandwerker und Handwerker zurück.[69]

Die Mathematik gilt Formey also nicht als eigenes Fach, in dem Fortschritte erzielt werden sollten, sondern sie ist ein Instrument, eine bloße Methode. Maupertuis', der selbst stets die angewandte Mathematik vertrat, hätte sich über diese bornierte Selbsterhebungsgeste vermutlich nicht wenig geärgert, zumal er als jemand portraitiert wird, der wider besseres Wissen durch die Klarheit der Mathematik verführt und hierdurch von den eigentlich wichtigen Themen abgezogen wird.

In Formeys Texten ist diese psychologistische Kritik an der Mathematik ein häufig wiederkehrendes Motiv, das in engem Zusammenhang mit der Wolff-Rezeption steht. In Formeys Eloge auf Wolff ist von unlös-

68 Formey: Maupertuis. S. 469. (Übers. A.E.)
69 Ebd.

baren und unfruchtbaren Religionsstreitigkeiten die Rede, aufgrund derer Wolff den Plan fasste, die gesamte Philosophie einem Programm der Klärung nach mathematischem Beispiel zu unterziehen. Hauptabsicht war dabei »de transporter cette certitude aux Sciences Philosophiques«.[70] Auch in seinem philosophischen Roman »La belle Wolfienne«, der zwischen 1751 und 1756 erschien, ist die mathematische Gewissheit zunächst als ein zentraler Anreiz dargestellt.[71] Interessant ist jedoch, wie sich Formey einem anderen reformierten Theologen gegenüber zu seiner Wolff-Lektüre äußert:

> Zunächst beeindruckte mich die Ordnung, die dort herrscht, und mir schien, dass, wenn es möglich wäre, die Wahrheit zu erfassen, es durch den Weg der Methode geschehen müsse, die Monsieur Wolf[f] in seinen Werken anwendet. Besonders seine Logik schien mir ein Meisterwerk der Präzision zu sein. In dieser Art von Begeisterung schrieb ich den ersten Band der Belle Wolfienne. Als ich danach im Studium des Kurses von Leibniz vorankam, bemerkte ich einige Schwierigkeiten, [...] daraus entstand der zweite Band desselben Werks.[72]

70 Formey schildert Wolffs Begegnung mit religiösen Sekten in Breslau: »Les disputes et les animosités qu'il avoit eu lieu de remarquer à Breslau, entre les Docteurs des différentes sectes que s'y avoit aucun moyen de les terminer, qu'en faisant cesser l'incertitude et la confusion qui régnoient dans les idées de ces Antagonistes, d'autant plus acharnés qu'ils s'entendoient moins. Sçachant donc que les Mathématiques étoient la seule Science qui fut fondée sur la certitude, il forma de bonne heure le projet, don't l'Exécution a ensuite occupé toute sa vie, de transporter cette certitude aux Sciences Philosophiques, d'où son influence devoit naturellement s'étendre aux doctrines qu'enseigne la Théologie.« Formey, Samuel: Éloge de M. le Baron de Wolf[f]. In: Éloges des Académiciens. Berlin 1757. Bd. II. S. 222.

71 Formey, Samuel: La Belle Wolfienne. In: Christian Wolff. Gesammelte Werke. Hg. v. Jean École, H. W. Arndt u.a. III Abteilung. Bd. 16,1 und 16,2. Hildesheim 1983. »Aussi-tôt que nous fûmes dans le Jardin, *Espérance* prit la parole. [...] ›Une gloire plus lente, mais plus solide, c'est celle qu'on acquiert, en rectifiant les idées, en détruisant les préjugez, en plaçant les objets dans leur véritable point de vûe, et en rangeant chaque chose sous le genre et sous l'espece, qui lui convienne. On ne trouvoit guères d'idées déterminées, et de définitions éxactes, que dans les Ecrits des Mathématiciens; la Certitude et la Démonstration passoient pour être leur partage; et on ne soupçonnoit presque pas les autres Sciences d'être susceptibles du même dégré d'évidence. Monsieur Wolf[f] a détruit cet injuste préjugé, en le traitant scientifiquement.‹« S. 22, S. 24.

72 Formey an Crousaz, Berlin, 25. März 1745. Zit. n. Häseler, Jens: Formey et Crousaz, ou comment fallait-il combattre le scepticisme? In: The Return of Scepti-

Von der Philosophie Wolffs fühlte sich Formey also verführt und in Teilen enttäuscht. Die Desillusionierung zeigt jedoch, welche Ansprüche der Aufklärer an Wissen stellte und inwiefern ihn diese Kriterien in eine Schieflage zu den modernen Naturwissenschaften bringen mussten. Dies zeigt sich noch deutlicher in Formeys Abrechnung mit dem Skeptizismus in seinem »Triomphe de l'Evidence« von 1754.[73]

Dem zweiten Band ist ein Vorwort vorangestellt, in dem Formey den *esprit philosophique* seiner Zeit einer Kritik unterzieht und in seinem Sinne umwidmet. Historisches Detailwissen bildet hier nur die unterste Stufe. Auf der nächsten Ebene folgt das Wissen der Astronomen, Chemiker und Mechaniker, wobei Formey die »Géometres transcendans«[74] als Hauptgegner der Passage klar benennt. Anschließend stellt er in einem dritten Schritt das eigentliche durch Philosophie zu erschließende Wissen den naturwissenschaftlichen Theorien gegenüber. Es ist nicht nur nachträglich als göttliches (Natur)-Gesetz entzifferbar, sondern »der höhere philosophische Geist […] verdankt mehr als jeder andere dieser Emanation des Himmlischen, diesem Strahl der Göttlichkeit, der die großen Männer aller Art hervorbringt«.[75] Evidenz, Sicherheit und Klarheit sind also kein Produkt geistiger Arbeit, sondern zeugen von der Fähigkeit ihrer Produzenten, die absolute Wahrheit zu erkennen, die nicht außerhalb Gottes gedacht werden kann. Selbst mathematische Abstraktionen beziehen ihre Gültigkeit aus metaphysischen Sicherheiten, was die jüngeren Mathematiker übersehen:

> Diese Annahme [der Wahrheit von Abstraktionen] ist unter Geometern sehr üblich. Die Abstraktionen, von denen sie ausgehen, haben den Anschein einer solchen Einfachheit, dass sie es ihnen aufdrängen;

cism from Hobbes and Descartes to Bayle. Hg. v. Gianni Paganini. Dordrecht 2003. S. 459. (Übers. O. Schulz)

73 Formey, Samuel: Discours sur l'Esprit Philosophique. In: Le Triomphe de l'Evidence. Bd. 2. Berlin 1756. S. III-XXII. Das Buch ist eine der damals üblichen abkürzenden Zusammenfassungen des »Examen du Pyrrhonisme ancien et modern« von 1733, dem sein Autor Jean Pierre de Crousaz durchaus positiv gegenüberstand. Formeys systematisch geordnete Version erschien auf Französisch erst kurz nach dem Tod des Crousaz' 1756. Durch die Mitwirkung Albrecht Hallers (Vorwort) erschien es auf Deutsch als »Prüfung der Secte die an allem zweifelt« 1751. Man diskutierte Sextus Empiricus, hatte es aber auf Pierre Bayle und Julien Offray de la Mettrie abgesehen, im Übrigen hatte Haller die Präformationstheorie der Genese zu verteidigen.

74 Ebd. S. XV.

75 Ebd. S. XII. (Übers. O. Schulz)

> sie [die Geometer] stellen sich vor, dass sie [die Abstraktionen] die universellen Schlüssel sind, die alles zu öffnen vermögen; sie sehen die metaphysische Theorie, aus der die Abstraktionen das beziehen, was sie an Wahrheit und Gewissheit enthalten, als Chimäre und Trugbild an.[76]

Ausschließlich der Metaphysik entspringt die Gewissheit und nur in diesen ersten Begriffen kann das Unternehmen Philosophie für Formey begründet werden. Gewissheit ist dabei kein Effekt der richtigen Beweisführung, sondern ein Herausfinden und Erleben des Richtigen. Dieser Hintergrund lässt Formeys Urteil über Maupertuis' Religiosität in der Eloge doppelt signifikant erscheinen. Er hält den katholischen Akademiepräsidenten in theologischen Dingen zwar für bemüht, aber für keinen befriedigenden Konversationspartner, was auf die oberflächliche Ausbildung des Aristokraten zurückgeführt wird.[77] Das Hauptproblem der neueren Philosophen und Mathematiker liegt für Formey in einem Übertragungsfehler: Sie suchen etwas Göttliches im Mathematischen auf und wenden dann ausgerechnet diese feinsten Wahrheiten auf die Materie an. Er kritisiert also eine verdrehte Externalisierung der Gottessuche ausgerechnet in der Physik:

> Auf die Materien der allgemeinen Physik wenden sie die Prinzipien der Geometrie an, die wirklich bizarr sind, und sogar widersprüchlich, sobald man sie aus dem Gebiet der abstrakten Ideen auf das Gebiet der konkreten Ideen überträgt; mit einem Wort, sie setzen die Dinge um, die am wenigsten dazu geeignet sind, umgesetzt zu werden: und mit Hilfe dieses illusorischen Vorgangs maßen sie sich eine Art Weltherrschaft über alle Wissenschaften an, sie reduzieren sie auf Berechnungen, in die sie die Kraft von Wahrheiten einbeziehen, denen Berechnungen höchst fremd sind.[78]

Formeys Kritik an den Geometern steht und fällt mit seinem emphatischen und im Lebensphilosophischen angesiedelten Begriff von Gewiss-

76 Ebd. S. XIV. (Übers. A.E.)

77 »Qu'il ne partoit pas à cet égard de notions aussi distinctes que l'étoient celles qu'il avoit des sciences. Aussi attaché à sa religion qu'à la religion proprement dite, il n'étoit pas remonté à la grand et unique source de l'examen; et cela n'est ni surprenant ni rare dans des personnes qui, comme lui, n'ont reçu que des instructions forts superficielles, bientôt effacées par une vie tumulteuse.« Formey: Maupertuis. S. 506.

78 Formey: Esprit Philosophique. S. XIV. (Übers. O. Schulz)

heit. Die von ihm aufgesuchte *certitude* ist weit mehr als ein richtiger Beweis oder aus naturwissenschaftlicher Perspektive weit weniger. Die *certitude* wird von Formey mit großer Emphase vorgetragen, da er das Denken aus der Metaphysik entgleisen sieht, die durch die Arbeit der Mathematiker zunehmend zum Schreckgespenst und Ärgernis wird.[79] Auffällig ist aber auch, dass Formey sehr glaubhaft auf seiner Zugehörigkeit zum Projekt der Philosophie und der Naturwissenschaften beharrt und Wissen vor dem Glauben privilegiert. Da aber seine Position nicht auf den Fortschritt der Wissenschaft allein fokussiert ist, sondern die aufkommende gesellschaftliche Autorität der Naturwissenschaften mit reflektiert, kann man seiner religiösen Wissenschaftskritik zugutehalten, dass sie einen epistemischen Wandel prognostiziert, nach dem auch außerhalb der konkreten Naturwissenschaften sich das Wissen über einen Abgleich mit der Empirie zu stabilisieren sucht, ohne zu fragen, inwieweit die jeweiligen Probleme auf dem Feld der Empirie überhaupt verhandelbar sind. Die mathematische *certitude* ist für Formey und für diesen weit stärker als für Maupertuis eine trügerische Sicherheit und ein methodischer Standard, durch dessen Attraktivität das Gefüge des Wissens andere Wertigkeiten bekommt.

Es gibt noch ein zweites Konzept aus der Erfolgszeit des Newtonianismus, an dem Formey seine Wissenschaftskritik in der Eloge artikuliert. Es handelt sich um die *attraction*, was die Arbeiten Maupertuis' womöglich stärker betrifft als sein Zetern gegen die abstrakte, metaphysikfreie Mathematik, denn die Attraktion war ein zentraler Begriff des Newtonianismus', und Maupertuis verwendete das Konzept zudem in seiner Zeugungstheorie.

Es ist bezeichnend, dass Formey in seiner Kritik die Gravitation und die Kräfte auf molekularer Ebene mit dem Begriff der Attraktion beschreibt und sich beiden Konzepten gegenüber verständnislos gibt. Er folgt der um die Jahrhundertmitte noch erinnerlichen Leibniz-Clarke-Debatte von 1715/1716, in der Leibniz das Prinzip einer Fernwirkung bezweifelte, die die mechanischen Erklärungsstandards von Druck und Stoß unterlief und die über eine ungeheure Leere hinweg dennoch enorme Auswirkungen haben sollte. Gravitation oder Attraktion wurden mit den okkulten Kräften der Alchemie parallelisiert, beispielsweise in

79 »La Métaphysique est devenue un fantôme importun, un spectre odieux, un véritable éprouvantail pour le Géometre; il ferme les yeux, de peur de la voir.« Ebd. S. XIV.

der Eloge Fontenelles auf Newton von 1730.[80] Ein Verdachtsmoment, auf das auch Formey in der Eloge eingeht:

> In diesem Werk versucht er zunächst zu zeigen, dass sein Prinzip der Attraktion, angewendet auf die Zeugung, nicht zur Klasse der früheren okkulten Eigenschaften gehört und dass andere Hypothesen [der Zeugung] im Grunde nichts Einleuchterendes haben.[81]

Formey kritisiert an Maupertuis gleichwohl keine materialistische Erklärung der Fötusentwicklung. François Duchesneau nennt Maupertuis' Versuch einer Übertragung der newtonschen Gravitation auf das Lebendige und die Adaption des Attraktions-Konzeptes eine »monadologische Physiologie«.[82] Verständnislos gibt sich Formey vielmehr angesichts der Beschreibung einer vermuteten Wirkung, die auf der Ebene kleinster Teilchen, aber jenseits der bekannten Register mit Vergleichen wie Begehren und Aversion operiert, ein Vorgehen, das Formey für abwegig und gewagt hält.[83] Zwar ist Formey nicht als Theoretiker der Zeugung hervorgetreten, dennoch liegt die Vermutung nahe, dass er der Präformationstheorie mehr hätte abgewinnen können, die davon ausging, dass sich in den Eiern oder Spermien vorgebildete Keime entfalten. Die Attraktion jedenfalls bekämpft Formey allerorten, er hält sie für ein überschätztes Konzept, gleichermaßen angepriesen wie unverständlich.[84]

80 Fontenelle: Eloge de M. le Chevalier Newton. In: Mémoires. Berlin 1727. S. 151-172. Zur Diskussion um die Gravitation und die *vis viva* vgl. Terrall, Mary: The man who flattened the earth. S. 59f.

81 Formey: Maupertuis. S. 493. (Übers. O. Schulz)

82 Duchesneau, François: L'épistemologie de Maupertuis entre Leibniz et Newton. physique et physiologie. In: Revue de Synthèse 113, 114/1984. S. 7-37. S. 36.

83 »Ensuite il creuse hardiment un nouvel abîme, plus sombre encore que les précédans, en accordant à la matiere quelque degré d'intelligence, de desir, d'aversion, de mémoire; la formation des individus devient l'effet naturel de ces propriétés d'un autre ordre que celles qu'on appelle physiques. On n'expliquera jamais, ajoute-t-il, la formation d'aucun corps organisé par les propriétés physiques de la matière: d'ou il conclut qu'en supposant chacune des plus petites particules de la matière, chaque élément doué de quelque propriété semblable à ce que nous appellons desir, aversion, mémoire; la formation des individus devient l'effet naturel de ces propriétés. Il prétend que toutes les difficultés insurmontables dans les autres systèmes, disparoissent dans celui-ci: la ressemblance aux parens, la production des monstres, la naissance des animaux mêtis: en un mot, que tout s'explique facilement.« Formey: Maupertuis. S. 493.

84 »Il tranche ensuite le mot, et convient que ces rapports et ces forces ne sont autre chose que l'attraction, tant vantée et si peu connue. On demandera, peut-être,

Maupertuis' drei Axiome zur Zeugungstheorie, die heute als bleibender Beitrag zur Wissenschaftsgeschichte gelten, sind Formey als Teil einer größeren Tendenz zuwider: der Erfindung von Kräften in der Natur: »Man setzt Kräfte überall, man erklärt alles durch Kräfte, und man hat von ihnen nicht die geringste Idee. Die berühmte Attraktion ist das unnützeste aller Hirngespinste.«[85]

Formeys Gegenstrategie an dieser Stelle ist die Erfindung einer neuen Enzyklopädie. Er nennt sie »Encyclopaedie négative« oder »destructive« und veröffentlicht den Entwurf im Akademiejournal. Jeder Eintrag aus vorliegenden Lexika muss aufs Neue überprüft werden, und dort, wo die Information nicht haltbar ist, wird ein System neuer Zeichen eingeführt. Wie zu erwarten, schlägt er destruktive Artikel zu den üblichen Gegnern der Aufklärung vor. Wissensbestände wie Astrologie, Besessenheit, Alchemie, Quietismus und Pietismus werden in der Enzyklopädie mit einem bestimmten Zeichen versehen: einer Null. Eine zweite Klasse von nichtigen Einträgen sind Formey zufolge die ›gewagten Negationen‹ – hierzu rechnet Formey Spinozismus, Epikureismus, Materialismus und Machiavellismus. Sie werden auf ihre Grundsätze zurückgeführt, eine Ebene, auf der die verschiedenen Systeme durch Redundanz entlarvt werden und sich zudem durch ihre Aussagen selbst ad absurdum führen sollen.[86]

Eine dritte Klasse von negativen Lexikonartikeln soll mit einem eigenen Zeichen versehen werden: die »réalité hypothetique«.[87] Unter diesen verbesserungswürdigen Wissensbeständen ordnet Formey nun

si c'étoit la peine de nous écarter des sentiers battus, pour nous laisser dans une pareille route, la plus inaccessible de toutes.« Formey: Maupertuis. S. 492. »Er schneidet hier das Wort ab und räumt ein, dass diese Verhältnisse und diese Kräfte nichts anderes sind als die gleichermaßen verehrte wie unbekannte Attraktion. Man könnte vielleicht fragen, ob es der Mühe wert war, uns von den ausgetretenen Pfaden abzubringen, um uns auf einem solchen Weg, dem unzugänglichsten von allen, zurück zu lassen.« (Übers. A.E.)

85 Formey, Samuel: Projet d'une Encyclopédie négative. In: Nouveaux Mémoires 1773. Berlin 1775. S. 14. (Übers. A.E.) Der Aufsatz ist im Akademiejournal der Abteilung »Metaphysique« zugeordnet worden.

86 Beispiele für diese Selbstwiderlegung sind Artikelentwürfe, die aus Formeys Perspektive hochgradig widersinnige Definitionen enthalten, da er primitiven Egoismus und plumpen Materialismus ineinanderlaufen lässt: »AME = notion à laquelle ne répond aucune idée, et qui prend sa source dans la supposition gratuite de deux substances, là où il n'y en a qu'une.« »HONNÊTE = ce qui est utile, pourvu qu'il n'en résulte point de dommage plus considérable que l'utilité.« »JUSTE = ce qu'on est le maître de faire sans en rendre compte à personne.« Ebd. S. 17.

87 Ebd. S. 15.

Konzepte ein, die den Nachruf auf Maupertuis stark betreffen. Neben der Geometrie mit ihrer falschen Suggestion der *certitude* kritisiert Formey am schärfsten das Postulieren von Kräften in der Naturforschung. Es entsteht der Eindruck, als wäre die hypothetische Realität ein Produkt der modernen Naturwissenschaft, auch wenn dies nicht explizit gemacht wird. Er lässt sich jedoch an keiner Stelle dazu herbei, Gott oder göttliche Kräfte einzuführen. Vielmehr zielt der Vorwurf, den er den Naturwissenschaften seiner Zeit macht, genau auf die Tendenz, fertige Erklärungen zu suggerieren:

> Wir wissen nicht, was die Körper, die Materie, die Bewegung und ihre Fortpflanzung, die Aktion und Reaktion, die Zeugung und so viele andere Operationen, die um uns herum oder in uns stattfinden, sind, und dies, ohne dass wir jemals in das Heiligtum der Natur eindringen könnten. Geben wir die Wahrheit zu: Wir sind noch immer bis zum Hals in einer Terminologie versunken, die wir leicht für Wissenschaft halten, und unterscheiden uns hier kaum von den Scholastikern, die man so verspottet hat, außer, dass unser Jargon weniger wortreich ist. Aber er ist, alles gut erwogen, kaum verständlicher.[88]

Als Wahrheit bezeichnet Formey das Eingeständnis, dass die Grundelemente naturwissenschaftlicher Beschreibung noch nicht hinlänglich erklärt sind, wo erneut ein wenig naturwissenschaftlicher und emphatisch aufgeladener Begriff von Verständnis Pate steht. Die bloße Beschreibung von Bewegung und Zeugung ist für ihn nicht hinreichend und, im 18. Jahrhundert schlimmster aller möglichen Vorwürfe, nur eine modifizierte Form der wortreichen, sinnleeren Scholastik. Nochmals aber ist der Hinweis angebracht, dass Formey die neue Terminologie nicht ausräumen will, um sie leichter Hand durch göttliche Kräfte zu ersetzen. Offen halten will er lediglich die Perspektive auf ontologische Probleme, die genau durch das zu große Vertrauen auf die neuen Grundkategorien der Naturbeschreibung verdeckt werden. Zwar ist Formeys Wissenschaftskritik insgesamt zahnlos, die philosophische Großwetterlage hat er allerdings richtig eingeschätzt und in ihren Breitenwirkungen korrekt erfasst.

Wie Jens Häseler in seiner Bestimmung von Formeys Skeptizismus erarbeitet hat, ist dessen kritische Position in einer Art sokratischer Theologie zu sehen. Beharrlich ist Formey in seinem Nichtwissen, das als Dienst an der Wahrheit und Aufklärung deklariert wird. Häseler hat darin den Unterschied zu dem großen reformierten Skeptizismuskritiker

88 Ebd. S. 16. (Übers. A.E.)

Crousaz ausgemacht. Wo der eine als reformierter Cartesianer auftritt, ist Formey den eklektischen und rationalistischen Theologen zuzurechnen, die von dieser modernen Warte aus den Naturwissenschaften mit Zweifel begegneten. Gemessen wird die Naturwissenschaft vor allem an einem Wahrheitsbegriff, der auf eine Art emphatisch aufgeladen ist, dass er sich unmöglich mit einem Zuwachs von Detailwissen in Fachdisziplinen in Einklang bringen lässt. Wahrheiten, die Formey wissen möchte, sind an Sinn- und Sicherheitsversprechen bis hin zur Ebene der täglichen Erfahrung gekoppelt – eine Reichweite, die der Glaube hat, nicht aber die Wissenschaft.

Formey selbst hat sich mit dem Skeptizismus intensiv auseinandergesetzt: Zunächst gibt es für ihn den verachtenswerten Versuch, die Wahrheiten zu zerstören, um die Religion mit in den Ruin zu ziehen – eine Tendenz, die immer wieder mit der großen Integrationsfigur des Refuge, Pierre Bayle, synonym gesetzt wird. Aber Formey listet auch positivere Formen des Skeptizismus auf:

> Man würde den modernen Skeptikern unrecht tun, wenn man vorgäbe, dass sie sich alle gleichermaßen das verabscheuenswerte Ziel gesetzt hätten, alle Wahrheiten auszulöschen und mit ihnen die Religion in den Ruin zu stürzen. Es gab ihrer einige, die reinere Absichten und gerechtere Intentionen hatten. Die einen hatten lediglich den Plan, den Stolz des menschlichen Geistes zu dämpfen und die riskanten Manöver der Doktoren zu überführen, die ungesicherte Behauptungen über unbestreitbare Sätze aufstellen. Andere lebten in der Überzeugung, dass es kein wirksameres Mittel für die Konversion von Häretikern geben könne, als sie von der Schwäche der Vernunft zu überzeugen und ihnen deren Gebrauch zu untersagen, was sie veranlasste, den Skeptizismus ins Werk zu setzen, um die Autorität der Kirche aufzuwerten, und die Notwendigkeit des Glaubens und der Religion einzuschärfen. Aber es ist nur zu offensichtlich, dass die weitaus größte Gruppe von Skeptikern mit der Errichtung dieser Doktrin nichts sucht als eine Quelle für Ungläubigkeit und ein geeignetes Instrument, um die Offenbarung zu zerstören. Es gab unter ihnen auch solche, die die Schwäche des eigenen Geistes mit der des menschlichen Geistes allgemein verwechselten. In einem Wort, die wahren Skeptiker, die aus nichts als Bescheidenheit zweifeln und die nichts begehren, als sich aufzuklären, waren sehr rar.[89]

89 Formey, Samuel: Abrégé de l'histoire de la philosophie. Amsterdam 1760. S. 245. Häseler, Jens: Formey et Crousaz, ou comment fallait-il combattre le scepti-

Gemäßigte Skeptiker zweifeln also aus Opposition gegen zu selbstgewisse Wissenschaften, was Formey gelten lässt. Er rechnet sich selbst aber nicht zu dieser zweiten Gruppe von Skeptikern, die eine Vernunftresignation predigen, um die Kirche zu schützen, und deren Rationalistätskritik theologisch-instrumentell motiviert ist. Formey stellt sich vielmehr in aufklärerischer Tradition ganz in den Dienst der Wahrheit, möchte letztlich also einen sokratischen oder heuristischen Skeptizismus ins Werk setzen.

Wie in der »Encyclopaedie négative«, so wird auch in dem Brief an Crousaz die Arbeit des Philosophen deshalb als zersetzend beschrieben. Formey fordert das Verlernen (désapprendre) und das Durchschauen von Vorurteilen, das Ausharren angesichts von hypothetischen Wahrheiten (nicht die Kreation hypothetischer Realitäten) und die Fähigkeit, endgültige Urteile aufzuschieben. Der zugrundeliegende Begriff von Wahrheit ist jedoch theologisch aufgeladen und als Gewissheit mitten in der Lebensphilosophie angesiedelt, wie anhand Formeys Ablehnung der mathematisch-abstrakten *certitude* zu beobachten war. Auch das zweite zentrale Konzept des Newtonianismus, die Attraktion, ist im Nachruf ein Dreh- und Angelpunkt der Bewertung. Formey verzichtet darauf, die Fortschritte in der Zeugungstheorie zu loben, und geht lieber auf ganzer Linie gegen das Konzept der Fernwirkung vor, das seiner Meinung nach mehr verdeckt, als es zu erklären vermag.

Der aufgeklärten Theologie eines Formey fehlen jedoch die Kategorien, um einen zentralen Verankerungspunkt bei Maupertuis zu erfassen. Dies ist die soziale Dimension seiner Naturwissenschaft, die sich durchaus nicht auf den Rahmen eines ästhetisch-erotischen Salonauftritts zurückführen lässt. Es folgt daher ein Blick auf die Wissenschaftsprogrammatik einer Eloge, in der Maupertuis selbst zu Wort kommt.

Pierre-Louis Moreau de Maupertuis auf Charles-Louis de Secondat de Montesquieu (1755)

Einiges von seinem Denkstil hat Maupertuis in den Nachruf auf Charles-Louis de Secondat de Montesquieu einfließen lassen, den er am 5. Juni 1755 verlas. Es handelt sich um eine seiner letzten Reden als Akademiepräsident. Nach den praktizierten Regeln hätte Montesquieu, der in

cisme? In: The Return of Scepticism from Hobbes and Descartes to Bayle. Hg. v. Gianni Paganini. Dordrecht 2003. S. 461. (Übers. A.E.)

Berlin nur auswärtiges Mitglied war, die Ehrung durch einen Nachruf nicht zugestanden. Womöglich ist Maupertuis' Rede deshalb besonders gelungen, da sie keine Pflichtaufgabe war, sondern aus freien Stücken entstand.

Die erwähnte soziale Dimension der Wissenschaft wird in diesem Nachruf im Zusammenhang mit methodischen Forderungen untersucht, denn die Diskussion der Forschungsinhalte Montesquieus – des ersten großen Historikers der politischen Rechte, der Gesetzessysteme, der Ökonomie, der Population und des Klimas – kann nicht anders als gesellschaftlich ausfallen.

Arbeitsmittel: Salon und Landsitz

Auffällig an dem Nachruf ist zunächst der Umgangston, der eine intime Zugehörigkeit zu bestimmten Zirkeln belegt und insofern eine Beziehung, die sich von einer privaten Freundschaft durch ein Netz von Ehrungen und Rangelementen unterscheidet. Die Adoration, die Maupertuis für Montesquieu in dieser Rede zeigt, gilt der öffentlichen Figur des aristokratischen Aufklärers und ist vermischt mit narzisstischen Elementen, da Maupertuis sich ganz nebenbei auf eine Ebene mit dem Verstorbenen zu setzen versteht. Hier zeigt sich, dass der Ton der Amicabilität unter Seelenverwandten nicht in Freundschaftsbekundungen aufgeht, sondern einer Logik der Konstitution elitärer Kreise entspricht.

Wie eng zärtliche Anerkennung und gegenseitige strategische Promotion zusammenhingen, zeigt sich ebenfalls schnell. Eine der ersten Handlungen Maupertuis' in Berlin war, den umstrittenen Montesquieu zum auswärtigen Mitglied der Berliner *Akademie der Wissenschaften* zu machen, was mit entwaffnender Offenheit als Dank für die eigene Aufnahme in die *Académie française* begründet wurde.[90] Die Freundschaft zwischen beiden ist ein wichtiger Zug des Nachrufs, der wie kaum ein anderer durch eingeschaltete Briefzitate, Komplimente und intime Kenntnisse den Eindruck einer exklusiven Zugehörigkeit vermittelt. Der Referenzkreis ist eine kleine Anzahl von Intellektuellen, die ihren Wert nicht an die Akademien binden wollen, denen die Akademiemitgliedschaften aber dennoch viel bedeuten. »Ich habe das Glück, in den gleichen Ge-

90 »Je lui devois l'honneur que l'Académie Françoise m'avoit fait de m'admettre: sans illusion que son amitié pour moi lui avoit causée, et sans celle qu'elle m'avoit causée à moi-même, je ne me fusse jamais presenté pour entrer dans une Compagnie, dont ma médiocrité, et le genre de mes études, me tenoient également éloigné.« Maupertuis: Montesquieu. S. 463.

sellschaften zu leben wie er; die Ungeduld, mit der er immer erwartet wurde, habe ich gespürt und geteilt, ebenso wie die Freude, mit der man ihn kommen sah.«[91] Die Beschreibungen Maupertuis' spekulieren durchaus auf den Neid derjenigen, die keinen Zugang zu diesen avancierten Produktionsstätten des Wissens hatten. Auffälligerweise erfolgt der bei Hocharistokraten übliche Hinweis auf die Abstammung des Hauses. Dies jedoch nur, um im Anschluss das Geltungsregister der Geburt gegenüber der wissenschaftlichen Reputation herunterspielen zu können.[92]

Maupertuis betont, dass Montesquieu zur Abfassung seiner Schriften aller Ämter entsagte und sich auf einem Landsitz vollkommen von der Umwelt abschirmte, ein weiterer Hinweis auf die Produktionsorte dieses Denkstils, der der progressiven adeligen Geselligkeit bei- und zugeordnet ist und der außerhalb der Universitäten und religiösen Schulen etabliert wurde.

Typus: Der ›esprit juste‹ als Urteilskünstler

Obwohl Montesquieu in der Eloge für seinen brillanten Stil gelobt wird, ist der *bel esprit* keineswegs die Kategorie, die seiner intellektuellen Verfassung gerecht würde. Maupertuis zeichnet am Beisspiel Montesquieus vielmehr das Idealprofil eines ›esprit juste‹, dessen Genie darin besteht, mit großer Sicherheit genau dasjenige Wissen anzustreben, dem Maupertuis Relevanz zuspricht. Dies ist bemerkenswert an einem Autor, dessen Stil Friedrich II. seiner Nation vorschrieb,[93] dem man aber zugleich nachsagte, nicht »L'esprit des lois«, sondern bloß ungeordneten »esprit sur les lois« geliefert zu haben.

Es steht außer Frage, dass Montesquieu geistreich schrieb und dass er über denjenigen Stil verfügte, den das 18. Jahrhundert als Geschmack und Kultiviertheit einstufte. Stil wurde zudem mit der Persönlichkeit selbst gleichgesetzt, die sich in der Durchdringung des Stoffes, der Präsentation der Details, der ununterbrochenen Wertung, Wendung und

91 Ebd. S. 466. (Übers. O. Schulz)

92 Ebd. S. 446. »Passons rapidement sur toutes ces anecdotes, dont la mémoire de M. de Montesquieu a si peu de besoin.«

93 Neben drei Titeln aus der Antike nennt Friedrich II.: »Die Franzosen könnten uns die Gedanken La Rochefoucaulds, die Persischen Briefe und den Geist der Gesetze beisteuern.« Friedrich II.: Über die deutsche Literatur, die Mängel, die man ihr vorwerfen kann, welches ihre Ursachen sind und mit welchen Mitteln man sie beheben kann. In: Friedrich II. von Preußen. Schriften und Briefe. Hg. v. Ingrid Mittenzwei. Leipzig 1985. S. 378.

Formulierung artikulierte und auf diese Art als richtunggebende Instanz stets bemerkbar war. Epochentypisch setzte Maupertuis diese Vordergründigkeit und Ausstellung des Autors in den Texten mit seiner Persönlichkeit gleich: »Von der ersten bis zur letzten Seite des Buchs von Monsieur de Montesquieu spürt man den Charakter seiner Seele, die Liebe für die Menschheit, sein Verlangen nach Glück, sein Freiheitsgefühl.«[94] Was man als literarische Konvention verstehen könnte – die Sachverhalte nicht neutral für sich stehen zu lassen –, wird bei Maupertuis zu einem Maß für die geistige und moralische Kapazität. Er spricht von Autoren, die sich in dieser Hinsicht überfordern: »[Sie haben] ihren Geist mit allzu schwierigen Studien überladen, und ihre Vorstellungskraft mit Inhalten erdrückt, die zu fremdartig für sie waren.«[95] Montesquieu hingegen konnte sein Material stets souverän präsentieren oder vielmehr »vif, pur et étincelant«.[96]

Diesen Stil hält Maupertuis zwar für eine Erklärung des Publikumserfolgs, nicht jedoch für den eigentlichen Wert der Arbeit, denn: »Es handelt sich hier nicht um einen Schöngeist, der nach größten Anstrengungen nur ein oberflächlicher Philosoph war, sondern um einen tiefsinnigen Philosophen, der einen sehr schönen Geist bewiesen hat.«[97] Maupertuis selbst ist dem Stereotyp des *bel esprit* demnach nur zugeneigt, wenn er als Zusatz und Verzierung einer im Kern ernsten und tiefen Gedankentätigkeit auftritt. An Montesquieu lobt Maupertuis nicht assoziative Geistesblitze, sondern eine Art natürlichen Überblicks, eine Panoramasicht, die sonst nur Leibniz und Newton erreicht hätten. Diese Fähigkeit ergibt sich nicht aus der Allgemeinheit der Kenntnisbereiche. Statt des historisch breiten Wissens ist der Überblick vielmehr ein Zeichen der größten Genies, die über einen überlegenen Zugriff auf die Themen verfügen: »Es ist das Vermögen der größten Genies die Prinzipien der Dinge stets vollkommen und richtig [toujours juste] zu erfassen.«[98] In einer nur scherzhaft vertretenen Wendung wird die Richtigkeit, Feinheit und Angemessenheit des Urteils dieser Denker sogar zur Ursache moralischen Verhaltens erklärt: »Wenn sie so viele Tugenden in einem Menschen vereint sehen, dessen Verstand der schärfste und erhabenste ist [le plus juste et le plus sublime], wenn sie die reinsten Sitten zusammen

94 Maupertuis: Montesquieu. S. 457. (Übers. O. Schulz)
95 Ebd. S. 451. (Übers. O. Schulz)
96 Ebd.
97 Ebd.
98 Ebd. (Übers. A.E.)

mit den größten Geistesgaben sehen, glauben sie möglicherweise, dass die menschlichen Fehler nur eine Folge mangelhaften Verstandes sind.«[99]

Es läge nahe, die Kategorie der »justesse« als bloße Legitimationsfigur des Nachrufs zu verstehen, um Montesquieu vor dem Vorwurf der frivolen literarischen Aventüren und der unwissenschaftlichen Schreibweise, die der Brillanz durchaus nachgesagt wird, in Schutz zu nehmen. Der Typus des ›esprit juste‹ wird aber in anderen Texten Maupertuis' durchaus zur Orientierung empfohlen, wie etwa in seinem Aufsatz »Sur la manière d'écrire et de lire la vie des Grands Hommes« von 1755. Maupertuis geht hier auf Lebensbeschreibungen von Philosophen ein, wobei er auf Diogenes Laertius und auf ›moderne‹ Philosophiehistoriker wie Brucker mit seinem »Bildersal« und Fontenelle mit den Elogen Bezug nimmt. Sein Vorschlag, die Wissenschaft über biographische Komparatistik zu erschließen, zielt auf ein »resultat plus juste et plus animé que ne le put être tout jugement abstrait«.[100] Die Lebensleistung verschiedener Philosophen geht bei Maupertuis keineswegs in den theoretischen Aussagen auf, es geht ihm um den gelungenen Typus.

Was hier am höchsten gewichtet wird, zeigt sich in den Vergleichen, die Maupertuis im Anschluss folgen lässt: Plutarch etwa kennt Details, verfehlt aber das richtige Urteil. Er sei »eher ein Gelehrter als ein Philosoph, er glänzt eher durch sein Gedächtnis als durch seine Urteilskraft [jugement]. Wahllos und ohne Scharfsinn [justesse d'esprit] lässt er kurz auf einen moralischen Geistesblitz oder eine tiefsinnige Überlegung irgendwelche Märchen folgen.«[101] Seneca hingegen verfüge über einen »esprit plus vif et plus juste«.[102] Was genau die Lebhaftigkeit und Richtigkeit/Gerechtigkeit seines Urteils ausmacht, bleibt allerdings unklar. Bacon, der in dem Text mit antiken und mit neuen Denkern verglichen wird, gilt schließlich in intellektueller Hinsicht als vorbildlich: »l'esprit le plus juste, le plus profond, le plus sublime.«[103] Unermüdlich werden auch in dem Nachruf Wendungen wie »esprit juste et claire«, »justesse d'esprit«, »il a beaucoup de choix«, »il a un examen judicieux« gebraucht, um die Treffsicherheit, moralische Qualität und Selbständigkeit des Urteilens herauszustreichen.

Die richtigen Urteile im intellektuellen Bereich bürgen bei Maupertuis durchaus für ein Wissen um das richtige Verhalten, denn genaue

99 Ebd. S. 446. (Übers. O. Schulz)
100 Maupertuis, Pierre-Louis de: Sur la manière d'écrire et de lire la vie des Grands Hommes. In: Histoire 1755. Berlin 1757. S. 508.
101 Ebd. S. 512. (Übers. O. Schulz)
102 Ebd. S. 513.
103 Ebd.

Kenntnis erstreckt sich auf die Bewertungshintergründe, und tatsächlich heißt es wenig später abfällig über Seneca, Cicero und Demosthenes, sie seien »plus Orateurs que Philosophes«.[104] Den Redner unterscheidet seine bloß diffuse Kenntnis wichtiger Prinzipien vom Denker: »Man darf nicht überrascht sein, dass Männer, die eher Redner als Philosophen waren und deren Tugend nur auf ziemlich unsicheren Prinzipien beruhte, so viele Widersprüche zeigen.«[105] Es gilt also diese festen Überzeugungen auch im Handeln durchzuhalten, was der begründet und sicher richtig Urteilende den Oratoren der Antike voraus hat.

Der ›esprit juste‹ ist in Analogie zum *bel esprit* eine Figur, welche Stilkompetenz und Ästhetik mit dem Denken zu integrieren vermag, ohne sich dabei zu sehr in der Außendarstellung zu erschöpfen. Die Richtigkeit des Urteilens erlaubt vielmehr eine vollkommene Bewältigung des Materials, einen stets treffenden Zugriff und in allem eine Leichtigkeit, die an einigen Stellen bei Maupertuis als Genie angesprochen wird. Allerdings ist dieses Genie weder Verdienst noch erarbeitet, sondern eine Begabung, die ihrer Tendenz nach allen zugutekommt und deren Träger deshalb zum »bien commun« beiträgt, das niemals national, sondern immer von universellem Zuschnitt ist.[106] Zu den leicht elitären Untertönen passt, dass die »justesse« in der Eloge auf Montesquieu fast eine Figur der Unfreiwilligkeit ist:

> Ein solches Genie, das sich auf ein Objekt konzentriert, wüsste nicht wie an einem Einzelabschnitt aufzuhören wäre. Es wird fortgetragen von den Verbindungen die die Sache mit den anderen unterhält, um das Ganze auszuschöpfen. Ohne Anstrengung und ohne sich dessen bewusst zu werden, ordnet es seine Studien nach der Ordnung, die die Natur selbst dem Gegenstand gegeben hat, den es verhandelt.[107]

Mitgerissen, ohne konkrete Absicht, sogar ohne sich volle Rechenschaft abzulegen, schwenkt der mit Genie begabte ›esprit juste‹ gleichsam auf die der Natur eigenen Formen und Wege ein und ordnet den Text unwillkürlich in der Reihenfolge der natürlichen Ordnung. ›Genie‹ haben ist in der Aufklärung ein Glücksfall für die Gesellschaft und nicht das ›Verdienst‹ von Individuen oder gar Staaten, wie es bei den Vorbildern des 19. Jahrhunderts zur Regel wird. Hier treten mit dem Leistungs-

104 Ebd.
105 Ebd. (Übers. O. Schulz)
106 Maupertuis: Montesquieu. S. 445.
107 Ebd. S. 453. (Übers. A.E.)

gedanken Besitz und Verdienst stärker hervor, wie sich an der Figur Carl Friedrich Gauß' zeigen lässt. Der intellektuellen Sphäre der Salons entspricht ein Begabungskonzept, welches selbstredend ohne Spuren von Arbeit oder gar Schweiß auskommen muss. Es ist eine allgemeinmenschliche Auszeichnung, die zwar den Träger als versierten Techniker aller erdenklicher Fähigkeiten erscheinen lässt, die Betonung aber auf die Tatsache legt, dass diese intellektuelle Kompetenz im Dienst der Allgemeinheit steht.

Reichweite: Gesellschaftliches Glück berechnen

Der ›esprit juste‹ ist nicht nur besser orientiert als der *bel esprit*, er ist nicht nur sittlicher und ernster als der Orator, er ist auch nützlich für die Gesellschaft. Die Nützlichkeit schwankt bei Maupertuis in ihren Konnotationen zwischen einem allgemein förderlichen Glücksfall und dem im engeren Sinne utilitaristischen Profit für die Gesellschaft, der sich beziffern ließe. In beiden Fällen aber ist das Wissen bei ihm auf Anwendung verpflichtet, da es vor allem auf diese Art in den Dienst des gesellschaftlichen Fortschritts gestellt werden kann. Bei einer Diskussion von »L'esprit des lois« kann eine gesellschaftliche Perspektive nicht ausbleiben. Es ist aber auffällig, dass Maupertuis auch die eigene Mathematik stets in den Kontext der Nützlichkeit stellt. Es bieten sich mehrere Möglichkeiten, dies auch in der Eloge auf Montesquieu zu tun: Beispielsweise zitiert Maupertuis *en passant* einen Brief des Verstorbenen an die Akademie, der voll der elegantesten Schmeicheleien für den Laudator selbst ist.[108]

Maupertuis findet aber auch in anderen Situationen stets einen Weg, das eigene Forschungsprogramm der angewandten Mathematik als nützlich zu loben, was mit einem kurzen Blick auf drei weitere Reden gezeigt werden soll. Anlässlich einer wichtigen und besonders gut besuchten öffentlichen Akademiesitzung im Jahre 1752 pries der neu eingetroffene französische Astronom Jérôme Lalande beispielsweise in einer Rede relativ unverblümt Maupertuis' Meridianmessungen an, damit aber indirekt auch das eigene Arbeitsvorhaben, in dem die Entfernung des Mondes von der Erde festgestellt werden sollte.[109] Maupertuis erinnert in seiner turnusmäßigen Erwiderung auf Lalande an eine Identifikationsfigur aus

108 Ebd. S. 464.

109 Lalande, Joseph Jérôme Le Français de: Discours de réception. In: Histoire 1750. Berlin 1752. S. 9-14. Die Jahreszählung ist in diesem Heft irreführend, man hatte Texte vorgezogen.

den frühen Tagen der Akademie, der ein vergleichbares Wissenschaftskonzept gefördert hatte, den Baron von Krosigk:

> Aber man kann sagen, dass Deutschland bei dieser Unternehmung gewissermaßen ein persönliches Interesse hat: Für dieses Land wird es für immer die ruhmreiche Epoche sein, in der eine einfache Privatperson genug Liebe zur Wissenschaft – und Großzügigkeit – aufbrachte, um in Angriff zu nehmen, was Frankreich ausführt. Weil Monsieur de Krosigk, privater Berater Friedrichs I., die Wichtigkeit der Bestimmung der Parallaxe des Mondes erkannte, schickte er 1705 auf eigene Kosten Monsieur Kolbe zum Kap der Guten Hoffnung, ausgestattet mit den besten damals bekannten Messinstrumenten, während er hier Monsieur Wagner mit den gleichen Instrumenten die entsprechenden Beobachtungen ausführen ließ.[110]

Der Baron de Krosigk hatte aber nicht nur auf eigene Kosten eine Expedition ausgerüstet, deren Messungsergebnisse sich jedoch als mangelhaft erwiesen, sondern er hatte auch das später berühmte Astronomenpaar Kirch in Berlin mit Arbeitsgeräten ausgestattet, bevor die Akademie über ein eigenes Observatorium verfügte.[111]

Was an den Darstellungen der wissenschaftlichen Großmessungsprojekte überraschen kann, ist die Einstimmigkeit, mit der sowohl die Messungen Maupertuis' als auch die von dem Baron von Krosigk veranlassten Forschungen als gesellschaftsrelevant eingestuft werden. Für Maupertuis spricht genau dieser Geist der gesellschaftlichen Nützlichkeit aus von Krosigks Plänen: »Die Liebe zur Wahrheit und zum Nützlichen muss allzeit gelten und alle Menschen zu ein und derselben Gesellschaft

110 Maupertuis: Réponse de Maupertuis [à M. Lalande]. In: Histoire 1750. Berlin 1752. S. 16. (Übers. O. Schulz)

111 Das rechnet ihm auch Formey in seiner Eloge hoch an und sieht seine Tätigkeit »non-seulement en Savant, mais en Protecteur des Sciences. Il commença par faire construire dans sa maison de Berlin, située dans le quartier qu'on nomme Nouveau Cologne, un Observatoire, qu'il pourvut des meilleurs instrumens qu'on eut alors, et il chercha un Observateur qui pût seconder dignement ses vues.« Formey, Samuel: Éloge de M. de Krosigk. In: Éloges des Académiciens. Berlin 1757. Bd. 1. S. 240. Laut einer Karte von 1778 ist als Neu-Kölln der Bezirk um den Spittelmarkt ausgewiesen, der heutige Bezirk gleichen Namens war noch nicht besiedelt.

vereinen.«[112] Dieser Wertung schließt sich auch Formey an, als er in seiner Eloge auf von Krosigk resümiert:

> Aber was die Neigung von Monsieur de Krosigk auszeichnete und rühmlich von so vielen anderen Geneigtheiten unterschied, die nur flüchtige und sterile Forschungen hervorbrachten oder in denen man nur eitlen und falschen Ruhm unterbreitete, war, dass er sich bei allen seinen Maßnahmen vom öffentlichen Wohl leiten ließ.[113]

In all diesen Formen der angewandten Mathematik bleibt die gesellschaftliche Nützlichkeit etwas unterdeterminiert. Sie wird aber auch in Maupertuis' Schrift »Über die Pflichten der Akademiker« behauptet: »Die Mathematik, die ihren Ursprung ihrer Nützlichkeit verdankt und die von den ersten Geometern mit so viel Erfolg auf die Bedürfnisse des Lebens angewandt wurde.«[114] Was genau die Mathematik der Griechen nützlich und die sterilen Spekulationen späterer Jahrhunderte weniger nützlich gemacht hat, bleibt auf eine Art unbestimmt, die ihrerseits bedeutsam ist, da die unscharfe Formulierung das letzte Bollwerk gegen direkt zählbare Vorteile einzelner Profiteure ist. Maupertuis' Paradebeispiel für gesellschaftliche Nützlichkeit ist sein Gradmessungsprojekt, das sich jedoch der Überführung in einfachen wirtschaftlichen Nutzen bestimmter Interessenkreise widersetzt und insofern keinen streng utilitaristischen Nutzen verspricht. Für die Gesellschaft bedeutsam wurden die globalen Messungen vielmehr dadurch, dass Grundlagenwissen geschaffen und zugleich die Partei der politisch ›Modernen‹ bestätigt wurde. Die Nützlichkeit dieser Mathematik lag durchaus in ihrer Fähigkeit begründet, die Aufklärung zu untermauern und damit reale gesellschaftliche Transformationen in Gang zu setzen.

Maupertuis bleibt in der Eloge auf Montesquieu nicht beim Selbstlob stehen. Er diskutiert ihn als einen Denker, der zwar andere Stoffe verhandelt habe als er selbst, der aber auf einer wichtigen Ebene identische Operationen angestrebt habe: Die Gesetzhaftigkeit des Sozialen sollte in Analogie zu den Naturgesetzen im Vordergrund stehen. Dass Montesquieu Naturgesetz statt Naturrecht aufsucht und die Frage des

112 Maupertuis: Réponse de Maupertuis [à M. Lalande]. In: Histoire 1750. Berlin 1752. S. 20. (Übers. O. Schulz)

113 Formey: Éloge de M. de Krosigk. S. 237. (Übers. O. Schulz)

114 Maupertuis, Pierre Louis Moreau de: Des devoirs de l'académicien. In: Histoire 1753. Berlin 1755. S. 515. (Übers. A.E.) Dies ist die prinzipielle Ausrichtung der Mathematik, in deren Geschichte Maupertuis allerdings auch spekulative Tendenzen beobachtet und verdammt: »pendant plusieurs siecles [elle était] qu'une spéculation sterile, et une espece de jeu d'esprit.« S. 515.

›Woher‹ von Gesellschaften zugunsten der Beschreibung ihrer gültigen Regeln vernachlässigt, hat auch Louis Althusser mit den Naturwissenschaften in Zusammenhang gebracht. Er nennt Montesquieu den Denker einer zweiten Physik: nämlich der »physique morale où politique«.[115] Diese Elemente werden in der Eloge gelobt. Die sozialen Gesetze kennen eine fixe Größe als absoluten Maßstab: »Le principe du plus grand bonheur«.[116]

Hier ist eine Formel für das Verhalten der Gesellschaft gefunden, und das Wohlergehen aller scheint Maupertuis dadurch in eine Nähe gerückt zu sein, die Handhabbarkeit verspricht: »Man kann Glück und Unglück behandeln wie die Geometer die Quantität, die sie in positive und negative unterscheiden, und sagen, dass das reale Glück der Gesellschaft die Restsumme nach dem Abzug sämtlicher einzelner Unglücke ist.«[117] Maupertuis gibt sich fasziniert von diesen Berechnungen, nicht zuletzt, da sie über die Mechanismen die Beherrschung des Sozialkörpers in Aussicht stellen.

Die Eloge erweckt den Anschein, dass die Nützlichkeit vor allem in der richtigen Anwendung der Geometrie auf die Gesellschaft/Natur zu finden ist und dass sie hier ein prinzipielles Verständnis auch der sozialen Gesetze ermöglicht. Es gibt nur einen einzigen Hinweis, dass der Nützlichkeitsstatus der Mathematik durch direktere, technische Anwendungen hergestellt werden kann. Die Liste von nützlichen Anwendungen aus den »Devoirs de l'académicien« führt von der Bestimmung der Erdgestalt über die Geographie bis hin zur Navigation und weist damit den Weg in ökonomische Anwendungsgebiete.[118] Das gesellschaftliche Versprechen, das für Maupertuis in einer Theorie der Wirtschaft lag, zeigt sich in einer Passage der Eloge, in der unmotiviert Jean François Melon ein Denkmal gesetzt wird. Dessen Begründung der Wirtschaftstheorie wird als Steigerung von Montesquieus einschlägigen Bemerkungen angeführt:

> Da der Plan Montesquieus alles umfasste, was der menschlichen Gattung nützlich sein könnte, hatte er den wesentlichen Bereich des Handels nicht vergessen, der Finanzen und *Bevölkerungszahlen*, und damit eine Wissenschaft, die bei uns so neu ist, dass sie noch nicht einmal über einen Namen verfügt. Diese Wissenschaft [...] ist eine von de-

115 Althusser, Louis: Montesquieu. La politique et l'histoire. Paris 1985 [1959]. S. 12.
116 Maupertuis: Montesquieu. S. 455.
117 Ebd. S. 454. (Übers. A.E.)
118 Maupertuis: Devoirs. S. 515.

> nen, die das tiefste Eindringen und den größten Scharfsinn [justesse] erfordern, und es ist zweifelsohne eine der nützlichsten: Ihre Probleme, die weitaus komplizierter sind als die schwierigsten Probleme der Geometrie und Algebra, betreffen den Reichtum der Nationen, ihre Macht und ihr Glück. Dieselbe Liebe zum öffentlichen Wohl [bien public] die Montesquieu zu seinen Werken veranlasste, hat Melon angetrieben, die seinen zu produzieren.[119]

Das Verhältnis der Gesellschaft zur Berechnung wird hier prekär. Es ist ein kleiner Schritt von einer Mathematik, die die Aufklärung als Instrument in den Dienst der Gesellschaft stellt und die durch neue Anwendungsgebiete das Leben erleichtert, zu einer Mathematik, die die Population als Anwendungsgebiet erfindet und hier später durch Optimierung der ›sozialen Physik‹ durchaus nicht nur das Leben erleichtert, sondern in letzter Konsequenz in Biopolitik mündet. Für Maupertuis kulminiert in der neuen Wissenschaft der Bevölkerungen und ihrer Wirtschaft jedoch noch die Nützlichkeit, die »justesse« und das allgemeine Wohl.

Fixierung: Der kalkulierte Regelbruch

Weit jenseits der gewählten Reichweiten und philosophiegeschichtlichen Selbsteinordnungen ist der Kampf für herausfordernde Wahrheiten, für transformierende Themen, für gefährliche Bücher ein zentraler Wert bei Maupertuis. Im Nachruf auf Montesquieu ist diese Qualität, dieses Verhältnis des Autors zu seinem Text, uneingestanden erzählt; die gefährliche Veröffentlichung zieht sich als Grundszene durch die Lobrede und wird zuweilen ergänzt durch einen emphatischen Sprechakt: den Schwur.

Montesquieus Jugend stand, wie in Nachrufen fast unausweichlich, im Zeichen der Frühreife. Lateinische Verse, memorierte Sonntagspredigten, Sammeln und Systematisieren von Schmetterlingen gehörten zu den ersten Zeichen, durch die sich eine Sonderbegabung verriet. Der junge Montesquieu tat sich mit einem Traktat über die Heiligenverehrung der Heiden hervor, in dem er die ewige Verdammnis der Nichtwissenden als nicht gerechtfertigt hinstellte. Maupertuis variiert den Topos der *précocité*, der frühen Urteilsreife, in seinem Nachruf auf bezeichnende Weise, indem er es als die eigentliche Leistung herausstellt, dass Montesquieu das Werk nicht veröffentlicht hat: »Montesquieu, früh-

119 Maupertuis: Montesquieu. S. 460. (Übers. A.E., Kursive des Originals)

reifer Autor eines Buches voller Esprit, verfügte zudem bereits sehr früh über die Vorsicht, es nicht erscheinen zu lassen.«[120]

Wenn man sich auch fast sicher sein kann, dass das von Maupertuis angeführte Motiv der Vorsicht historisch nicht das einzig ausschlaggebende gewesen ist, stilisiert der Laudator doch hier nicht das Werk, sondern das Bewusstsein des Schreibenden, gegen die herrschende Meinung verstoßen zu haben. Das frühreife Wunderkind ist also nicht nur autonom in der Suche nach Wahrheiten, sondern es hat auch die Brisanz seiner Aussagen erkannt und die Machtverhältnisse im öffentlichen Diskurs richtig taxiert.

Wenig später wird die Aufnahme Montesquieus in die *Académie française* erläutert, die nicht ohne Turbulenzen vor sich ging. Der Kardinal de Fleury hatte Anstoß an den »Lettres persanes« genommen und Montesquieu vor die Wahl gestellt: »Il falloit renoncer à la place, ou désavouer le livre.«[121] Die Konnotationen dieses Satzes waren in der Berliner *Akademie der Wissenschaften*, die vor allem in der Frühzeit eine Veranstaltung von Hugenotten für Hugenotten war, ganz und gar unüberhörbar. Der Schritt von der Ableugnung eines Buches zum Abschwören der Thesen vor einem katholischen Tribunal ist schnell vollzogen und ruft dergestalt die Problematik der Glaubensverfolgung auf. Maupertuis bedient sich protestantischer und reformierter Reflexe gleichermaßen, um seinen Hörern die einzig mögliche Antwort zu suggerieren: Einstehen für seine Überzeugungen. Geschickt macht Maupertuis Protestanten, Hugenotten und die katholisch getauften *philosophes* zu Komplizen, da alle dem geschriebenen Wort trotz drohender Sanktionen die Treue halten. Er überspielt, dass die »Lettres persanes« nicht Gottes Wort enthielten, sondern Zeitkritik von durchaus unchristlicher Frivolität.

Entscheidend im Zusammenhang mit der Beglaubigung brisanter Wahrheiten ist Montesquieus angebliches Verhalten, das zwar hinter der Standhaftigkeit eines Luther etwas zurückfällt, aber den Eindruck von Aufrichtigkeit hinterlässt: »Montesquieu erklärte, dass er sich niemals zum Autor der Schrift erklärt habe, aber dass er niemals widerrufen werde.«[122] Das anonym erschienene Werk wird also auf einer hypothetischen Ebene anerkannt, die Urheberfrage jedoch diplomatisch von sich gewiesen. Montesquieu bleibt in der Eloge trotz dieser profitmaximierenden Geschicklichkeit als Mann von Überzeugungen unbeschadet.

120 Ebd. S. 447. (Übers. A.E.)
121 Ebd. S. 448.
122 Ebd. (Übers. A.E.)

Montesquieus Verteidigung seines 1751 verbotenen Hauptwerks »L'esprit des lois« wird im Nachruf hingegen erwähnt, aber nicht ausgebaut. Aber im Zusammenhang mit Montesquieus Tod und der Frage, ob er als *philosophe* oder als Christ gestorben sei, werden die »Lettres persanes« nochmals Thema, und auch die Frage des Abschwörens steht erneut im Raum. Wie die von Maupertuis in einer Fußnote zitierte Augenzeugin des Todes, die Duchesse d'Aiguillon, berichtet, sind die Jesuiten in den letzten Tagen stets um Montesquieus Sterbebett. Sie sollten für die Herausgabe angeblicher Änderungen an den »Lettres persanes« sorgen und nach Möglichkeit auch für ein öffentliches Glaubensbekenntnis, was umso dringlicher war, als der im Verdacht freigeistiger Überzeugungen stehende Montesquieu aus einer wichtigen Familie stammte. Den zitierten Memoiren zufolge hat Montesquieu nachgegeben, gebeichtet, die Sterbesakramente empfangen und die Verantwortung für eine überarbeitete Version der »Lettres persanes« in die Hände von Freunden gelegt. Maupertuis zitiert ein letztes Wort, wie es d'Aiguillon überliefert hat: »Ich möchte alles dem Verstand und der Religion opfern, nichts aber der Gesellschaft [der Jesuiten]. Beraten Sie mit meinen Freunden und entscheiden Sie, ob dies erscheinen darf.«[123]

Der Nachruf auf Montesquieu bietet Maupertuis die Gelegenheit, einen Wissenserwerb zu loben, der auf Konfrontationskurs mit der herrschenden Meinung geht und sich in diesem Spannungsfeld definiert. Wie eingangs angedeutet, ist die angestrebte Form des Ergebnisses an den Naturgesetzbegriff Newtons angelehnt. Auffällig ist an der Eloge darüber hinaus, dass brisante Wahrheit einen hohen Stellenwert einnimmt. Die herausfordernden Themen resultieren nicht aus eitlen Spiegelgefechten mit der Zensurbehörde, sondern werden auf Montesquieus »cœur toujours citoyen« zurückgeführt.[124] Dies bietet in der Vortragssituation reichlich Gelegenheit zur Heroisierung, da immer wieder nicht nur Montesquieus Gedankenarbeit, sondern er als ganze Person bei Angriffen in Mitleidenschaft gezogen wird.

Der Konflikt mit der Justiz, die intellektuellen Argonauten, die vielen Zitate militärischer Tugenden: Das Lob der Wissenschaftler um die Jahrhundertmitte nutzt den Kampf als eine wichtige Legitimationsfigur. Dieser Widerstand geschieht im Namen der Transformation der Gesellschaft durch den Wissenserwerb, der noch nicht bei der individuel-

123 So Anne Charlotte d'Aiguillon nach Maupertuis: Montesquieu. S. 467. (Übers. A.E.) Vgl. Badinter, Elisabeth: Les passions intellectuelles. Bd. 2. Exigence de dignité (1751-1762). Paris 2002. S. 183.

124 Maupertuis: Montesquieu. S. 465.

len Bildung Station macht. Die Transformation der Gesellschaft ist der zuweilen noch sehr unterdeterminierte Fluchtpunkt der angewandten Naturwissenschaften, der aber gleichwohl auf der Ebene der *images of knowledge*, also der Ideologie oder Programmatik der jeweiligen Forschungsrichtungen, rechtfertigend ins Gewicht fällt.

Die Autorität der Methode

Wissenschaftsverherrlichung oder auch nur ein selbstbewusstes Auftreten ist in den deutschsprachigen Nachrufen auf Naturwissenschaftler lange nicht anzutreffen. Während man die sich herausbildende Berufsgruppe in Frankreich längst als »une race privilégiée [...] des êtres supérieures, une race d'héros qu'[on] désespère de voir jamais égaler«[1] ansprach, unterblieben ideologische Töne im deutschsprachigen Nachruf noch bis in die späten 1840er Jahre.[2]

In diesem Kapitel werden die ersten Spuren eines spezialisierten Berufsethos verfolgt – Nachrufe also, in denen die Naturwissenschaft zum einzigen Horizont der Personenbeschreibung wird. Dies gilt vor allem auf der Wertungsebene; die Lebensumstände der Verstorbenen werden von Laudatoren noch immer mitreferiert. Der Einsatz ist jedoch nicht mehr gesellschaftlicher Erfolg oder gelingende christliche Lebensführung. Die Wissenschaftler werden vielmehr in Auseinandersetzung mit methodischen Notwendigkeiten geschildert, deren Einhaltung sie als besondere Individuen ausweisen soll und die Distanz zur Bevölkerung begründen hilft. Erstmalig tritt hier auch die intensive Abwertung anderer Wissenschaftsbereiche auf, allen voran der Philosophie. Es kann wenig überraschen, dass dieses exklusiv naturwissenschaftliche Lob im Kontext zweier Disziplinen auftritt, die für die Entwicklung der exakten Wissenschaften im deutschsprachigen Raum eine tragende Rolle gespielt haben.

Dies ist zum einen die Präzisionsmessung im Kontext der praktischen Mathematik in den Sternwarten, bei Landvermessungen und bei Gewichtsstandardisierungen,[3] in die Carl Friedrich Gauß neben seinen

1 Cuvier, Georges: Éloge historique de René-Just Hauy (1822). In: Recueil des éloges historiques lus dans les séances publiques de l'institut royale de France. Dritter Teil für die Jahre 1820 bis 1827. Paris, Strasbourg 1827. S. 124.

2 Der Geniegedanke, wie er in der romantischen Wissenschaft gepflegt wurde, findet keinen Eingang in die Nachrufe, was auch daran liegt, dass die Romantik selten zu dieser Form der würdigenden Traditionsbildung greift. Schaffer, Simon: Genius in Romantic Natural Philosophy. In: Romanticism and the Sciences. Hg. v. A. Cunningham und N. Jardine. Cambridge 1990. S. 82-89. Auch in England tritt der Personenkult in eine neue Phase ein. Vgl. Carlyle, Thomas: On Heroes, Hero-Worship, and the Heroic in History, London 1974. [1841]. Vgl. Neumeyer, Alfred: Monuments to ›Genius‹ in German Classicism. In: Journal of the Warburg Institute 39 (2) / 1938. S. 159-163.

3 Olesko, Kathryn M.: The Meaning of Precision. The Exact Sensibility in Early Nineteenth-Century Germany. In: The Values of Precision. Hg. v. Norton Wise. Princeton 1995. S. 103-135.

theoretischen Entwürfen stets involviert war. Wolfgang Sartorius von Waltershausens Nachruf auf Gauß entwickelt aus dessen Vorsatz, Fehler zu vermeiden, eine fundamentale Notwendigkeit, deren Funktion im ersten Teil dieses Kapitels nachgegangen wird.

Im zweiten Teil wird verfolgt, wie Emil DuBois-Reymond seinen Lehrer Johannes Müller mit Hilfe des Experimentbegriffs zum Begründer der modernen Wissenschaft macht. Ebenso wie bei Gauß' Fehlerangst wird die Laborpraxis in diesem Text existenziell gewendet. Das Experimentieren ist also nicht mehr ausschließlich mit der wissenschaftlichen Methode verschaltet, sondern wird auf der Darstellungsebene des Nachrufs mit dem gesamten Schicksal des Verstorbenen in Verbindung gebracht. DuBois-Reymonds erster großer Nachruf[4] lässt sich als ein intellektueller Gründungsakt der ›organischen Physiker‹ verstehen, derjenigen Physiologen also, die Lebensprozesse nach den Vorgaben der Experimentalphysik zu erforschen begannen. Durch diese Übertragung der Methoden der Physik auf biologische und physiologische Zusammenhänge wurde auch die Erforschung lebender Wesen als exakte Wissenschaft etabliert.[5]

Besonderes Augenmerk liegt in den folgenden Abschnitten auf methodischen Konzepten wie Exaktheit, Präzision und Mathematisierung. Diese Kernelemente der spezialisierten Naturwissenschaft werden an dieser Stelle nicht auf ihren Nutzen für die Produktion gesicherten Wissens hin überprüft. Die biographische Perspektive legt vielmehr nahe, das Verhältnis der Wissenschaftler zu diesen Konzepten zu beleuchten. Das Verhältnis zwischen der objektiven Methode und dem sie anwendenden Subjekt ist nirgends gesondert dokumentiert worden. Immer wieder aber schreibt es sich in die Nachrufe ein, und immer wieder lässt es sich als ausgesprochen obsessives Verhältnis rekonstruieren.

Wolfgang Sartorius von Waltershausen auf Carl Friedrich Gauß (1856)

Als der Mathematiker, Landvermesser, Physiker und Astronom Carl Friedrich Gauß 1855 starb, erschienen Nachrufe im In- und Ausland. Es sind jedoch weder die großen Akademien noch Mathematiker, die die

4 Zuvor entstand nur die Gedächtnisrede auf Paul Erman. Gehalten in der Leibniz-Sitzung der Akademie der Wissenschaften am 7. Juli 1853. In: Reden von Emil DuBois-Reymond. Hg. v. Estelle DuBois-Reymond. Bd. 1. Leipzig 1912. S. 51-83.

5 Otis, Laura: Müller's Lab. Oxford 2007. Kant, Horst: Ein ›mächtig anregender Kreis‹ – die Anfänge der Physikalischen Gesellschaft zu Berlin. Berlin 2002.

Nachrufe veranlassen, wie es bei anderen zentralen Figuren der astronomischen Forschungsrenaissance in Deutschland der Fall gewesen war – etwa bei Heinrich Wilhelm Olbers (1840) und Friedrich Wilhelm Bessel (1846).[6] Dabei nimmt die Fachwelt Anteil, wie das jeweils knappe, aber dennoch überall vernehmliche Echo in internationalen Fachzeitschriften belegt.[7] Die inländische Tagespresse reagiert ebenfalls mit kurzen Notizen.[8] Es kann darüber hinaus kein Zweifel bestehen, dass Gauß' Reputation als Wissenschaftler von Zeitgenossen wie Kollegen sehr hoch eingeschätzt wurde, wie Kurt-R. Biermann durch Preise, Mitgliedschaften in Akademien, Berufungen und berühmte Aussprüche ihrerseits ausgezeichneter Mathematiker belegt.[9] Trotz dieser Fachreputation sind die wichtigsten drei Nachrufe auf Gauß nicht von Mathematikern, sondern von fachfremden Professoren der Göttinger Universität verfasst worden. Wenn auch alle drei Gauß aus persönlichem Umgang kannten, stellen sie die mathematischen Arbeiten des Verstorbenen doch aus der Außenperspektive dar. Zu nennen ist zunächst der Orientalist Heinrich Georg A. Ewald (1803-1875), der sich als einer der 1837 verbannten Göttinger Sieben ausgezeichnet hat und der zugleich Gauß' Schwiegersohn war.[10] Ewald hielt seine Ansprache neben dem Sarg, der auf den Stufen vor der Göttinger Sternwarte aufgestellt war. Dies ist insofern keine

6 Bessel selbst schreibt einen Nachruf auf seinen ersten Förderer, den Direktor der privaten Sternwarte in Seeberg bei Bremen: Bessel, Friedrich Wilhelm: Über Olbers. In: Astronomische Nachrichten 521/1845. Sp. 265-270. Der Herausgeber eines Zentralorgans der astronomischen Forschung Schumacher hingegen berichtet den Verlust an der Königsberger Sternwarte: Schumacher, Heinrich Christian: Bessels Tod. In: Astronomische Nachrichten 556/1846. Sp. 49-52. Mit Encke beteiligt sich auch ein direkter Schüler: Encke, Johann Franz Friedrich: Gedächtnisrede auf Bessel. In: Abhandlungen der Königlich Preußischen Akademie der Wissenschaften 1846. Berlin 1848. S. XXI-XLII.

7 Gauß, Carl Friedrich. In: Proceedings of the Royal Society London 7/1856. S. 589-598. Nickles, Jerome: Obituary. In: American Journal of Science 20= 70no. 58/1855. S. 104-105. Anonym: Gauß. In: Nouvelles annales de mathématiques. Bulletin de bibliographie, d'histoire et de biographie mathématiques 14/1855. S. 33-36. Anonym: Obituary Notice of C. F. Gauss. In: Monthly Notices of the Royal Astronomical Society 16(4)/1856. S. 80-83.

8 Riese, C. R.: Gauß. In: Kölnische Zeitung Nr. 80 vom 21. März 1855 (Supplement). Wagner, Rudolph: Zugaben. In: Hannoversche Zeitung vom 28. Februar, 2. März, 4. März 1855.

9 Biermann, Kurt-R.: Gauß als Person. In: Festakt und Tagung aus Anlaß des 200. Geburtstages von Carl Friedrich Gauß. Hg. v. Horst Sachs. Berlin 1978. S. 39.

10 Ewald, Heinrich Georg: Nachruf auf Gauß. In: Sartorius von Waltershausen, W.: Gauß zum Gedächtnis. Wiesbaden 1965. S. 104-108.

Besonderheit, als die Familie Gauß in der Sternwarte wohnte und der Begräbniszug üblicherweise an der Wohnstätte begann. Dennoch hatte auch die außergewöhnlich sprechende Aufbahrung unter der Rotunde der Sternwarte hier mit Sicherheit einen ganz eigenen Akzent gesetzt. Der zweite Redner an diesem Ort war der Vulkanologe und langjährige Gauß-Vertraute Wolfgang Sartorius von Waltershausen (1809-1876).[11] Vor allem seine Gedächtnisrede stellt die Weichen für die Richtung, in die sich Gauß' symbolisches Erbe entwickelt, und hierzu gehört auch, dass die Lobredner mit ihren eigenen Wissenschaftsprogrammen nicht in Erscheinung treten, sondern sich ganz der Apotheose Gauß' widmen. Der Nachruf wird von fast allen späteren Veröffentlichungen, etwa denen, die zum 100-jährigen Geburtstagsjubiläum erscheinen,[12] mehr oder weniger deutlich imitiert, was bis zu Paraphrasen des Eingangssatzes gehen kann.[13] Eng an den von Sartorius von Waltershausen angestimmten

11 Sartorius von Waltershausen, Wolfgang: Gauß zum Gedächtnis. Leipzig 1856. [1872, 1965, 1981] Der Sohn des Göttinger Ökonomen und Adam-Smith-Übersetzers unternahm größere Forschungsreisen, unter anderem mit dem Chemiker Robert Bunsen. Er war Direktor der mineralogischen Sammlung der Universität Göttingen, die zu großen Teilen aus seinen Schenkungen bestand, und veröffentlichte vor allem auf dem Gebiet der Vulkanologie: Physisch-geographische Skizze von Island mit besonderer Rücksicht auf vulkanische Erscheinungen. Göttingen 1847. Ders.: Atlas des Ätna. Berlin 1845-1861.

12 Winnecke, F. A. T.: Gauß. Ein Umriss seines Lebens und Wirkens. Braunschweig 1877. Voss, A.: Karl Friedrich Gauß. Vortrag gehalten zur Feier seines […] Darmstadt 1877. Hänselmann, Ludwig: Eine Erinnerung an Karl Friedrich Gauß. In: Im neuen Reich 1/1877. Hänselmann, Ludwig. Karl Friedrich Gauß. Zwölf Kapitel aus seinem Leben. Leipzig 1878. Wittstein, Theodor: Gedächtnißrede auf Carl Friedrich Gauß. Hannover 1877. Tucker, R.: Nature (London) 15/1877. S. 533-537. (Portrait und Abbildung des Geburtshauses) Schering, Ernst: Carl Friedrich Gauß' Geburtstag. Festrede in der öffentlichen Sitzung der Gesellschaft der Wissenschaften zu Göttingen. In: Abhandlungen der Gesellschaft der Wissenschaften Göttingen. Math. Klasse 22/1877. S. 1-40. Stern, M. A.: Denkrede auf C. F. Gauß zur Feier seines 100-jährigen Geburtstags in der Georg-August-Universität. Göttingen 1877.

13 Ein Beispiel hierfür wäre der große und gern wiederholte Einleitungssatz Sartorius von Waltershausens: »Es sind von Zeit zu Zeit in der Weltgeschichte hochbegabte, selten bevorzugte Naturen aus dem Dunkel ihrer Umgebung hervorgetreten, welche durch die schöpferische Kraft ihrer Gedankenwelt und durch die Energie ihres Wirkens einen so hervorragenden Einfluss auf die geistige Entwicklung der Völker ausgeübt haben, dass sie gleichsam als Marksteine zwischen den verschiedenen Jahrhunderten dastehen, von denen ein neuer Culturzustand unseres Geschlechts seinen Ausgang genommen hat.« Sartorius von Waltershausen: Ebd. S. 7. Zum Vergleich aus einer späteren Veröffentlichung

Ton schließt sich die Bildpolitik der hannoverschen Krone an, die Gauß' Züge auf Denkmälern und Münzen verbreitete und sein Portrait auf eine anatomische Grundlage stellen ließ. Genutzt wurden noch weitere Medien: Überliefert ist eine frühe Daguerreotypie,[14] die ab 1863 von der Göttinger Akademie begonnene Werkausgabe und eine von Georg V. bei einem Besuch gestiftete Gedenktafel in Gauß' Totenzimmer mit pathetischer Inschrift.[15] In den bisher genannten Zeugnissen wird ein entrückter Übermensch, ein »Titan of Science«,[16] aufgebaut und der Gesellschaft allgemein vorgehalten. Es gibt im Fall Gauß aber noch einen weiteren Akteur, der die wissenschaftliche Autorität des Verstorbenen für konkrete wissenschaftspolitische Zwecke umnutzen wollte. Dieser Nachruf wurde von Rudolph Wagner (1805-1864) verfasst, der nach Johann Friedrich Blumenbach die vergleichende Anatomie in Göttingen vertrat, aber vor allem als Leitfigur der Traditionalisten im Materialismusstreit in Erinnerung geblieben ist. Dieser Machtkampf um theologische Restbestände unter den deutschen Naturforschern und Popularisatoren, der 1854 in Göttingen einen Höhepunkt erreicht hatte, war darüber hinaus nur ein Argumentationsfeld. Ein zweiter Bereich, in dem Wagner die Außerordentlichkeit des Verstorbenen für eigene Zwecke einsetzen wollte, waren seine Forschungen zur Somatisierung der Intelligenz, wes-

des braunschweigischen Archivars und Gauß-Biographen Ludwig Hänselmann: »Aus der dunklen Grundtiefe des Volkes, alle Zwischenstufen überspringend, auf denen nach der Naturregel unseres gesellschaftlichen Organismus die Folge der Geschlechter im langsamen Wandel zu höheren Lebensformen aufsteigt, hat Gauß sich in die lichteste Höhe menschlichen Geistes empor geschwungen.« Ebd. S. 96.

14 Es existierten angeblich drei Daguerreotypien, auffindbar ist nur die bei Waldo Dunnington reproduzierte Aufnahme von Philipp Petri, die Gauß auf dem Totenbett zeigt.

15 Die Inschrift lautet: »Carl Friedrich Gauss beschloss in diesem Zimmer, der Stätte seines vierzigjährigen Wirkens, am 23. Februar 1855 sein irdisches Leben. Von hier stieg sein unsterblicher Geist zum Himmel auf, um dort im ewigen Lichte die reine Wahrheit zu erschauen, deren geheimnisvolle Lehren er aus der Sternenschrift des Firmaments mit heiligem Ernste zu entziffern hienieden bestrebt war. Um sein rühmendes Andenken an der Stätte seines Wirkens und seine Verklärung königlich zu ehren, befahl König Georg V. bei seinem Besuch die Stiftung der Gedenktafel.« Der Name des Verstorbenen und der Name des Stifters stechen beide sehr hervor. Mittler, Elmar (Hg.): ›Wie der Blitz einschlägt, hat sich das Rätsel gelöst‹. Carl Friedrich Gauß in Göttingen. Ausstellungskatalog. Göttingen 2005. S. 297.

16 So der Titel einer Biographie: Dunnington, Waldo G.: Carl Friedrich Gauss. Titan of Science. Washington 2004. [1955].

halb sich Wagner vor allem für das »Elitegehirn« des mathematischen Genies interessierte.[17]

Arbeitsmittel: Stehpult, Schneisen, Instrumente

Das öffentliche Verständnis von Wissenschaftlichkeit, zu dem die Figur Gauß beiträgt, wäre ohne seine zweifellos hohe fachliche Reputation undenkbar. Diese begann sich zu entfalten, als der Maurersohn und Stipendiat der braunschweigischen Krone am Hof zu Rechenkunststücken angehalten wurde. Begabtenförderung durch Aristokraten war keine Seltenheit. Nicht immer aber gelang es den Geförderten, den ihnen verliehenen Status so schnell zu bestätigen wie Gauß, der in seiner Dissertation den ersten vollständigen Beweis des Fundamentalsatzes der Algebra erbrachte.[18] Der Grundbaustein zu Gauß' europäischem Ruhm lag allerdings in der Konstellation seines Fachs begründet, denn – wie Bessel bemerkt – »Die damalige Zeit ist die schöne der Astronomie!«.[19] Es war durch technische, aber auch mathematische Entwicklungen möglich geworden, bereits seit längerem postulierte Kleinplaneten auszumachen, deren Umlaufbahn im Asteroidengürtel zwischen Mars und Jupiter liegt. Zuerst gelang es dem italienischen Astronomen Giuseppe Piazzi, die Ceres ins Visier zu nehmen. Allerdings gelang diese Beobachtung nur an wenigen Tagen, dann war das Objekt durch schlechtes Wetter, Nähe zur Sonne und wegen einer Krankheit des Betrachters für die weitere Beobachtung verloren. Piazzi veröffentlichte die bisherigen Positionsbestimmungen, und eine internationale Suche nach dem Planeten begann.[20]

Wiedergefunden wurde die Ceres von Franz Xaver von Zach, der sich aber auf eine theoretische Bahnbestimmung des jungen Doktors der Mathematik Gauß berief. Diese beruhte bereits auf der »Methode der kleinsten Quadrate«, mit der Gauß die aus den bekannten Messungen

17 Hagner, Michael: Geniale Gehirne. Zur Geschichte der Elitegehirnforschung. Göttingen 2004.

18 Gauß, Carl Friedrich: Neuer Beweis des Satzes, dass jede algebraische, ganze, rationale Funktion einer Veränderlichen in reale Faktoren ersten oder zweiten Grades zerlegt werden kann. Helmstädt 1799. In seiner ersten Veröffentlichung fügt er der antiken Theorie der Kreisteilung noch eine weitere geometrische Konstruktionsmöglichkeit hinzu: das Siebzehneck.

19 Bessel, Franz Friedrich Wilhelm: Über Olbers. In: Astronomische Nachrichten 521/1845. S. 268.

20 Wittmann, Axel: Astronomie und Landvermessung. In: C. F. Gauß. Hg. v. Eilert Mittler. Göttingen 2005. S. 132.

sich ergebene Bahn statistisch optimiert hatte.[21] Der Entdeckung der Ceres folgten mit Pallas, Juno und Vesta noch weitere Kleinplaneten, die die internationale Aufmerksamkeit erregten und deren Erstbeschreibung den wissenschaftlichen Ruf ihrer Entdecker zu begründen vermochte. Gauß erhält seine erste Akademiemitgliedschaft[22] und wird Direktor der (im Bau befindlichen) Göttinger Universitätssternwarte, was mit ungeliebten Lehrverpflichtungen an der Philosophischen Fakultät einherging. Er veröffentlicht sein astronomisches Hauptwerk, die »Theorie der Bewegung von Himmelskörpern«,[23] sowie seine Fundierung der Zahlentheorie, die »Untersuchungen über höhere Arithmetik«.[24] Sartorius von Waltershausen bringt diesen Theorien, aber auch dem Arbeitszimmer, in dem sie entstanden, erheblichen Respekt entgegen. Der Raum lag in einem Flügel der Sternwarte, in der die Familie Gauß ab 1816 wohnte:

> Ein kleines Studierzimmer, ein kleiner Arbeitstisch mit einer grünen Decke, ein Stehpult mit weißer Oelfarbe angemalt, ein schmales Sopha und ein Lehnstuhl nach seinem 70sten Jahre, ein einziges dunkelbrennendes Licht, eine Kammer die nicht geheizt werden konnte, einfache Lebensmittel, ein Schlafrock und ein Samtkäppchen, das waren so ziemlich alle seine Bedürfnisse.[25]

Direkt neben diesem Zimmer hielt Gauß seine Universitätsvorlesungen ab, die man sich ebenso einfach vorstellen muss.[26] Das Gewöhnliche an

21 Gauß hat seine Methode der Fehlerrechnung nicht als eigenständige Entdeckung betrachtet, und die Priorität wird Legendres Veröffentlichung zugesprochen. Die charakteristische Verteilung von Messungen, deren statistische Fehlerhaftigkeit erstmalig vorausgesetzt und hingenommen wurde und deren Mittelwert deshalb verwendet wird, ist allerdings als Gauß-Verteilung oder Glockenkurve bekannt geworden $f(x) = Ae^{-x^2/2\sigma}$.

22 St. Petersburg 1802, es folgen: Göttingen 1808, Paris und London 1820.

23 Gauß, Carl Friedrich: Theoria motus corporum coelestium. Hamburg 1809.

24 Gauß, Carl Friedrich: Disquisitiones Arithmeticae. Leipzig 1801.

25 Sartorius von Waltershausen: Gauß zum Gedächtnis. S. 103.

26 Rudolf Dedekind, ein wichtiger Schüler und Student des späten Gauß, berichtet: »Das Auditorium war durch ein kleines Vorzimmer von Gauß' Arbeitszimmer getrennt und ziemlich klein. Wir saßen an einem Tisch, dessen Längsseiten für je drei, aber nicht für vier Personen bequemen Platz darboten. Der Tür gegenüber am oberen Ende saß Gauß in mäßiger Entfernung vom Tische und wenn wir vollzählig waren, so mußten zwei von uns, die zuletzt kamen, ganz in seine Nähe rücken und ihr Heft auf den Schoß nehmen. […] Ging er von einer prinzipiellen Erörterung zur Entwicklung mathematischer Formeln über, so erhob er sich, und in stattlicher, ganz aufrechter Haltung schrieb er an einer neben ihm

diesen Arbeitsorten wird aber von den Biographen mit der Aura gesuchter Frugalität ausgestattet, die die dort geleistete Arbeit in mehrfacher Hinsicht qualifiziert. Einfache Lebensumstände erinnern daran, dass Gauß sich aus eigener Kraft emporgearbeitet hat. Kälte und Stehpult hingegen zeugen von einer Härte gegen sich selbst, die an dieser Stelle wie eine nicht unbedingt notwendige Übertragung der intellektuellen Rigorosität des Mathematikers auf die äußeren Lebensumstände erscheint. Andererseits hat die Präferenz geistiger Arbeit schon immer bestimmte Lebensformen mit geprägt. Gadi Algazi hat in diesem Zusammenhang das Arbeitszimmer des Gelehrten als Kompromissformel der Reformatoren und Humanisten beschrieben, die die Ruhebedingungen des Zölibats hinter sich gelassen hatten.[27] Insofern steht die Abgeschiedenheit dieses Arbeitsorts in der Tradition einer von den Gelehrten transformierten *vita contemplativa*, die dem Unsichtbaren gewidmet ist, nicht jedoch der Transzendenz. Die asketischen Elemente der geschilderten Arbeitssituation zeugen keineswegs von der Herabsetzung alles Irdischen. Eher schon sind sie ein Effekt der spezialisierten Arbeit, die ihrerseits Maßstäbe setzt.

Die Szene in Gauß' Arbeitszimmer monumentalisiert zudem die Vorstellung eines einsam denkenden Geisteshelden, der Gedanken ausschließlich aus sich selbst schöpft. Diese Perspektive unterschlägt die Zusammenarbeit mit Assistenten, den Austausch mit der Fachöffentlichkeit sowie die zahlreichen Anwendungen und empirischen Projekte des Mathematikers. Letztere sind nicht mehr, wie bei den Naturhistorikern, mit bloßen Augen zu bewerkstelligen. Wittstein erinnert sich in seinem Nachruf, dass »die rechte Augenbraue – charakteristisch für einen Astronomen – merklich höher als die linke« gewesen sei,[28] da das laufende Ablesen und Messen mit verschiedenen Instrumenten seine Spuren hinterlassen hatte. Zudem säumen Erfindungen Gauß' Weg: 1820 entwickelte er für den eigenen Gebrauch das Heliotrop, welches durch Bündelung von Sonnenlicht die Landvermessung bei Tageslicht ermöglichte; 1833

stehenden Tafel mit der ihm eigenen schönen Handschrift, wobei es ihm immer durch Sparsamkeit und zweckmäßige Anordnung gelang, mit dem ziemlich kleinen Raume auszukommen. Für die Zahlenbeispiele, auf deren sorgfältige Durchführung er besonderen Wert legte, brachte er die erforderlichen Data auf kleinen Zetteln mit.« Dedekind, Richard: Werke. Bd. 2, S. 294. Zit. n. Bühler, Walter Kaufmann: Gauß. Eine biographische Studie. Heidelberg 1987. S. 145.

27 Algazi, Gadi: Scholars in Households. Refiguring the Learned Habitus, 1480-1550. In: Daston, Lorraine/Sibum, Otto (Hg.): Scientific Personae. Cambridge 2003. (= Science in Context 16/2003, Nr. 1-2) S. 9-43.

28 Wittstein, Theodor: Gedächtnißrede auf Carl Friedrich Gauß. Hannover 1877. S. 18.

telegrafierte Gauß aus der Sternwarte an Wilhelm Weber, der im physikalischen Kabinett saß, mit dem von beiden entwickelten elektromagnetischen Telegrafen; 1834 ließ er einen Erdmagnetometer aufstellen und zudem ein Observatorium ohne jegliche Eisenbestandteile errichten. Das Basisinstrument in der Sternwarte blieb aber eine genaue Uhr, und dem Regime dieses Messinstruments war der Tagesablauf, ja der Lebenslauf des Astronomen unterworfen:

> Im Jahr 1810 erhielt Gauß vom Institut de France [also der postrevolutionären *Académie des Sciences* in Paris] eine neue Auszeichnung, nämlich la médaille fondée par Mr. Lalande. [...] Doch zog er es vor, durch den Secretär des Instituts, Delambre [...], für einen Theil des Geldwerths der Medaille in Paris eine Pendule auswählen zu lassen. – Wie viele schöpfungsreiche Arbeitsstunden seiner blühendsten Lebenszeit, wie viele Schmerzensstunden in seiner langen Krankheit hat er seitdem an derselben abgezählt, bis ihr leiser Glockenschlag in seinem Sterbezimmer die letzte Stunde angab, in welcher sein herrlicher Geist von der Erde hinwegschied![29]

Wenn auch angehaltene, still stehende und letztmalig schlagende Uhren ein zentraler Topos vieler Sterbeszenen sind, wenn auch Gauß wenig später eine noch bessere Uhr von Hardy in London erwerben konnte, so ist doch die sentimentale Verschaltung von Instrument und Nutzer in diesem Fall besonders naheliegend. Gauß zieht eine französische Uhr einem französischen Ehrenzeichen vor und setzt damit Präzisionsmessung über Anerkennung. Im Zusammenhang mit diesem Gerät wird auch ein einziges Mal erwähnt, inwiefern Gauß über scharfe Sinne verfügte, als es nämlich heißt: »sein Ohr [war] für Zeitbestimmungen sehr geübt«.[30]

Hier zeigt sich, dass auch der Umgang mit Instrumenten zunächst noch die Sinne der Forscher erforderte, auch wenn diese jetzt nicht auf die Natur direkt ausgerichtet sind. Von Gauß wird auch berichtet, dass er lieber alle wichtigen Abmessungen selbst vornahm, zumindest in der ersten Hälfte seines Arbeitslebens.[31] Dies verhinderte Messfehler, wie sie in in der Sternwarte von Greenwich und in Königsberg aufgetreten waren, da unterschiedliche Personen beim Ablesen der Instrumente physiologisch bedingt verschiedene Reaktionszeiten haben. Ein Umstand,

29 Sartorius von Waltershausen: Gauß. S. 29.
30 Ebd. S. 87.
31 Ebd. S. 87.

der wenig später als *personal equation* konzeptionalisiert wurde.[32] Gauß lehnte diese Korrektur-Rechnungen ab und verließ sich am liebsten auf selbst abgelesene Daten. Dieses privilegierte Vertrauen in Gauß' persönliche Messungen legte auch die hannoversche Regierung an den Tag. Bei ihren Bemühungen um überregional normierte Maße und Gewichte, die Gauß für Hannover, Bessel für Preußen vornehmen sollte, wollten die Auftraggeber die Beteiligung von Gehilfen ausschließen.[33]

Welche Präzisionsarbeit aber natürlich auch in Gauß' Umfeld geleistet wurde, zeigt der Werdegang Moritz Meyersteins, der in Göttingen bei Universitätsmechanikern in die Lehre geschickt worden war. Die Wanderjahre führten ihn unter anderem in das berühmte *Mathematisch-mechanische Institut zu München*, eine Produktionsstätte für Fein- und Präzisionsmechanik, mit welcher Joseph Fraunhofer, Josef Utzschneider und Georg von Reichenbach den renommierten englischen Instrumentenbauern erfolgreich Konkurrenz machten. Gearbeitet hat Moritz Meyerstein dort für Traugott Leberecht Ertel. Selbst bis nach Skandinavien, in das berühmte Labor, das Berzelius an der *Königlich Schwedischen Akademie der Wissenschaften* in Stockholm führte, gelangte Meyerstein im Zusammenhang mit dem Aufbau eines gelieferten Instruments. 1833 schließlich übernahm er die Werkstatt seines verstorbenen Lehrmeisters in Göttingen.[34]

Die Aufträge leitender Universitätsprofessoren, wie Gauß und der Physiker Wilhelm Weber, musste sich Meyerstein dennoch zunächst erkämpfen. Eine enge Zusammenarbeit mit Gauß weist Klaus Hentschel im Zusammenhang mit Routinemessungen nach: Meyerstein verzeichnete konstant die Schwankungen des Erdmagnetismus in dem von ihm konstruierten Observatorium. Als Hannover 1854 dem Zollverein beitrat und die Regierung erneut an Gauß herantrat, um die alten Gewichtsnormalen überprüfen und neue ›Zollgewichte‹ verfertigen zu lassen, versuchte Gauß, die Arbeit ganz Meyerstein zu übertragen, was auch gelang.[35]

32 Schaffer, Simon: Astronomers Mark Time. Discipline and the Personal Equation. In: Science in Context 2/1988. S. 115-144.

33 Olesko, Kathryn M.: The Meaning of Precision. The Exact Sensibility in Early Nineteenth-Century Germany. In: The Values of Precision. Hg. v. Norton Wise. Princeton 1995. S. 119.

34 Hentschel, Klaus: Gaußens unsichtbare Hand. Der Universitäts-Mechanikus und Maschinen-Inspector Moritz Meyerstein. Ein Instrumentenbauer im 19. Jahrhundert. Göttingen 2005. (= Abhandlungen der Akademie der Wissenschaften zu Göttingen Bd. 52) S. 55.

35 Hentschel: Gaußens unsichtbare Hand. S. 120.

Auch die Landvermessung war alles andere als ein einsames Unterfangen. Nicht nur die jeweils langen Rechnungen, sondern schon die Vorarbeiten für eine Messung erforderten Teile des Heeres. Für eine einzige Positionsbestimmung in Breithorn ließ Gauß zunächst »ein Postament errichten, für das bei dem Steinmangel der Gegend Grabplatten herbeigeschafft wurden«, und anschließend Sichtschneisen durch den Wald schlagen:

> Ich begab mich daher gleich nach Breithorn, stellte meine Instrumente auf und fing unmittelbar nachdem der letzte Baum gefallen war die Beobachtung an. Dieser Durchhau ist wirklich eine Art von mathematischem Triumph geworden: Als der letzte Baum fiel, hatte ich das Scharnhorstpostament mitten zwischen den beiden Vertikalfäden.[36]

Die Landschaften, die Gauß zu vermessen hatte, galten deshalb als besondere Herausforderung, weil sie ausgesprochen flach waren und nur selten einen Überblick ermöglichten. Umso größer war die Genugtuung, als sich das Netz perfekter Dreiecke dennoch gegen die Natur durchsetzen ließ. Gauß sammelte aber nicht nur Erfahrung mit widrigen Umständen, wie aufreibenden Reisen, koordinierungsbedürftigen Stäben von Assistenten und Materialmangel, sondern er ließ sich auch zu Arbeiten über die Theorie gekrümmter Flächen anregen, ein Fachgebiet, das noch immer durch den Ausdruck »Gauß'sche Krümmung« an diese Zusammenhänge erinnert.

Typus: Genie oder elliptische Leistung

Gauß wird als Ausnahmemathematiker beschrieben, der einerseits seiner ständigen Anstrengung alles zu verdanken hat, andererseits werden seine Ergebnisse als unerklärliche Eingebungen entrückt und als unwiederholbar dargestellt. Insofern gehört zu dem im 19. Jahrhundert typisch werdenden naturwissenschaftlichen Genie die Arbeitsleistung genauso wie ihre Retuschierung. Daraus ergibt sich ein ungelenker Appell an die Öffentlichkeit: Verdienst wird hart erarbeitet, was jeden Einzelnen auf vergleichbare Anstrengungen verpflichtet. Die Qualität dessen, was Gauß erarbeitet hat und folglich zu Recht mit Stolz besitzen darf, ist

36 Gauß an Christian Ludwig Gerling. Göttingen 7.11.1822. In: Schaefer, Clemens (Hg.): Briefwechsel zwischen Carl Friedrich Gauß und Christian Ludwig Gerling. Berlin 1927. S. 229.

allerdings zugleich dem Bereich des Erklärlichen entzogen und für die Allgemeinheit unerreichbar.

Gauß ist an dem Gesamteindruck der Unerklärlichkeit seiner Leistung durchaus beteiligt. Er leistet ihr beispielsweise durch den Stil seiner Veröffentlichungen Vorschub, da er alle Spuren der Arbeit, alle Herleitungen und eingeschlagenen Irrwege, alle Vorüberlegungen und Hinweise beseitigt, wie Sartorius von Waltershausen beschreibt: »Seine Untersuchungen hatten die Form vollendeter Kunstwerke. Man dürfe einem guten Bauwerke, pflegte er zu sagen, nach seiner Vollendung nicht mehr das Gerüste ansehen.«[37] Dies führt auch dazu, dass ganze Bücher oder Rechnungen, die sich über Wochen erstreckten, möglichst auf einer Seite zusammengefasst wurden.[38] In ausländischen Nachrufen wird diese Präsentationsform, die sich selbst für fortgeschrittene Mathematiker als schwer zugänglich erwies, zuweilen moniert.[39] An dieser Stelle scheint der Anspruch auf klare und perfekte Darstellung umzuschlagen. Die ideale Form und Richtigkeit der Veröffentlichung sind so hoch bewertet, dass sie der Rezeption im Wege stehen, wenn sie nicht sogar von vornherein die Drucklegung verhindern. Die mathematische Perfektion überpegelt also leicht ins Kontraproduktive. Sie ist nicht mehr nur ein Mittel zum richtigen Urteilen, sondern wird zur Leitplanke des Denkens, was sich auch in der Heftigkeit zeigt, mit der Gauß auf die Ungenauigkeiten Dritter reagiert: »All charlatanism (especially scientific) he treated with sovereign contempt or sharp irony.«[40] Fehler, und zwar in jedem Zusammenhang, lösen Verachtung aus und damit ein Verhalten, das als Reaktion auf moralische Verfehlungen angemessener wäre. Die Heftig-

37 Sartorius von Waltershausen: Gauß. S. 82.

38 »Seine grösste Freude war aber unabsehbare Rechnungen analytischer oder numerischer Art möglichst zu vereinfachen und das Resultat einer wochenlangen Arbeit schließlich in einen kleinen Raum etwa auf eine einzige Octavseite zu concentrieren. [...] Auch wo er Auszüge aus den Arbeiten anderer zu machen hatte, wurde der Inhalt eines Bandes oder der Extract eines ganzen Aktenstoßes in der Regel auf einen überaus kleinen Raum höchst übersichtlich zusammen gestellt.« Ebd. S. 86.

39 »Even Legendre, who has written so much and so successfully on the same subject, [...] complains of the great difficulty of adapting its forms of exposition. [...] Whilst the writers of the ›Biographie des contemporains‹ quote an extract from a report of a commission of the Institut of France [...] in which it is said ›that it was impossible for them to give an idea of this work inasmuch as everything in it is new, and surpasses our comprehension [...].‹« Anonym: Gauß, Carl Friedrich. In: Proceedings of the Royal Society London 7/1856. S. 590.

40 Sartorius von Waltershausen in der kongenialen Übersetzung von Helen Worthington Gauß. Colorado Springs 1966. S. 81.

keit dieser Verurteilung wäre ein weiteres Indiz, welches das übergreifende Regime eines bestimmten wissenschaftlichen Standards bezeugt. Denn nur wer sich selbst intensiv über Fehlervermeidung identifiziert, wird denen, die dem Imperativ nicht folgen können oder wollen, die Persönlichkeit absprechen.

Es korrespondiert dieser Wertschätzung perfekter Endfassungen, dass sich die Biographen beeindruckt zeigen und auch in Gauß' öffentlichem Bild die Konstruktionslinien, die Alltäglichkeit, die Banalität verblassen. Macht Gauß eine Gesprächspause, ergänzt Sartorius von Waltershausen als Beobachter bereitwillig Außergewöhnliches: »[I]ndem er starr vor sich hinblickte schien er auf fremde Gedanken intensiv einzugehen, oder, was wohl mehr noch der Fall war, ein Sturm eigener Gedanken überfluthete unerwartet seine Seele.«[41] Macht Gauß eine Bemerkung über magnetisch gewordene, eiserne Fensterriegel, stilisiert Sartorius von Waltershausen daraus die Geburt einer Idee:

> So wie eine Lauine [sic] durch einen kleinen an einer Bergwand fallenden Stein plötzlich in Bewegung gesetzt zu ungeheurer Größe anschwillt, mächtig genug um Thäler zu sperren und Gletscherströme aus ihrem frühern Laufe zu verdrängen, so wuchsen aus jenen einfachsten Versuchen durch Gauß' schöpferische Kraft jene bewunderungswürdigen Forschungen hervor, die ganz unerwartet eine Straße verließen, die man seit Jahrhunderten zu betreten gewohnt war, um auf einer neuen Bahn der neu belebten Wissenschaft eine endlose Perspective für die Zukunft zu eröffnen.[42]

Sartorius von Waltershausen ist auch deshalb ein guter Laudator, weil er selbst als Erster der Autorität des dargestellten Genies Tribut zollt. Die Ironiefreiheit des Vortragenden gewinnt aber durch die Ausstrahlungskraft des Genies an Rationalität. Schließlich ist es niemand anderer als Sartorius von Waltershausen selbst, der als direkter Augenzeuge der Analyse des Fensterriegels eines doppelten Ursprungs teilhaftig wird: Nicht nur das weltweit eingesetzte Magnetometer, sondern auch die Studie über den Erdmagnetismus »Intensitas vis magneticae terrestris ad mensuram absolutam revocata« von 1833 gehen aus diesem Moment hervor. Es sind diese Szenen, in denen nur noch Naturgewalten dem großen Mann des 19. Jahrhunderts vergleichbar sind oder Nebensätze, in denen Sartorius von Waltershausen selbst seine Verblüffung angesichts von Gauß'

41 Sartorius von Waltershausen: Gauß. S. 83.
42 Sartorius von Waltershausen: Gauß. S. 62.

Leistungen vorführt, die die Dynamik der wissenschaftlichen Autorität weit stärker als in früheren Nachrufen in den Vordergrund rücken.

Formal gesehen sind es immer wieder Anekdoten, die sich für diese Machtspiele eignen. Einige Erzählungen aus Gauß' Jugend sind dabei erstaunlich weit verbreitet: Brian Hayes hat über 100 Textstellen in acht Sprachen ausfindig gemacht, in denen Gauß als jüngster Schüler eine langwierige Additionsaufgabe mittels einer Formel instantan löst oder als Dreijähriger den Vater bei einer Lohnauszahlung korrigiert.[43] Viele dieser Anekdoten nutzt Sartorius von Waltershausen für seinen Nachruf. Dennoch ist er keineswegs der Erste, der diese Geschichte erzählt, denn er schreibt über Gauß:

> Er hatte sie [die Jugenderinnerungen] treu im Gedächtnis behalten und wusste ihnen durch seine heiter gemüthliche, lebendige Erzählungsweise, worin bei ihrer Wiederholung nie die kleinste Abweichung vorkam, einen erhöhten, unbeschreiblich lieblichen Reiz ihnen zu verleihen.[44]

Nicht einmal in der Selbststilisierung erlaubt sich Gauß also Ungenauigkeiten. Im Laufe der Zitiergeschichte lässt sich feststellen, dass diese Erzählungen an apodiktischem Status gewinnen. Liest man bei Sartorius von Waltershausen beispielsweise: »[Gauß] selbst pflegte oft scherzweise zu sagen, er habe früher rechnen als sprechen können«,[45] steht in dem 18-bändigen Standardkompendium zu wissenschaftlichen Biographien: »Without the help of others, Gauß learned to calculate before he could talk.«[46] Diese Anteilnahme oder Mitgestaltung des eigenen öffentlichen Bildes ist bei berühmten Naturwissenschaftlern durchaus nicht ungewöhnlich. Patricia Fara hat beispielsweise anhand der Portraits von Newton und Banks nachgewiesen, dass die Modelle nicht nur den Zeitpunkt des Portraits gezielt wählen, sondern auch seinen kompositorischen Subtext.[47]

43 Hayes, Brian: Gauss's Day of Reckoning. In: American Scientist 94/2006. S. 200-205.

44 Sartorius von Waltershausen: Gauß. S. 10. Vgl. auch: »Es ereignete sich hier ein Umstand [...] den er uns in seinem hohen Alter mit grosser Freude und Lebhaftigkeit öfter erzählt hat.« S. 12.

45 Sartorius von Waltershausen: Gauß. S. 11.

46 May, Kenneth O.: Carl Friedrich Gauss. In: Dictionary of Scientific Biography. Hg. v. Charles C. Gillispie. New York 1972. Bd. 13. S. 298.

47 Fara, Patricia: Newton. The Making of a Genius. London 2002.

Die Anekdoten von und über Gauß deuten fast alle den absoluten Unterschied zwischen richtig und falsch, der der Mathematik eigen ist, in eine Überlegenheit der Person um. Dies ist zwar eine sehr naheliegende Strategie, keineswegs aber eine häufig gewählte. Die Nachrufe auf d'Alembert, Maupertuis oder Euler betonen zwar die mathematischen Fähigkeiten der Verstorbenen, und keiner der Genannten hätte sich Fehler erlauben können, dennoch dient die Fehlerfreiheit niemals zur Darstellung geistiger Überlegenheit.

Für einen direkten Vergleich bietet sich Abraham Gotthelf Kästner als Gegenpol an, der schon zu Gauß' Studienzeiten in Göttingen die Mathematik vertrat. Ist Gauß ein frühes Beispiel für die Verabsolutierung eines spezialisierten Berufsethos, so steht Kästner im Gegensatz dazu für eine Mathematik, die sich mit fachfremden Aspekten wie dem Stil zu arrangieren trachtet. Deshalb stellt Kästner in seiner »Selbstbiographie« seine Jugenderfahrungen mit Fehlern durchaus anders dar als Gauß:

> Als Knabe sollte ich freilich wohl Rechnen lernen, aber wie ich nie Geduld hatte, wo bloß mein Gedächtnis ohne Überlegung arbeiten sollte, so war ich selbst die Regeln des Addierens zu beobachten zu flüchtig und ward oft von meinen Eltern ausgelacht, wenn ich mich darauf verließ, in der Mathematik rechnen zu lernen. Ich glaube es doch da noch so ziemlich gelernt zu haben, ob ich gleich noch eigen weiß, daß ich anfangs im Einmaleins in Wolfs Auszuge nachsah, als ich eben noch nicht auswendig wusste, wieviel 7×8 oder 6×9 ist.[48]

Während Gauß bei seinen Veröffentlichungen das Gerüst explizit wieder abbaut und nur die Fassade stehen lässt, kann man von Kästner sagen, dass er dieses Gerüst betont. Dies ist im Kontext einer anderen Wissenschaftskultur weder unprofessionell noch weniger stilisiert. Kästner nutzt diese Darstellung der eigenen Ausbildung als Argument für eine Pädagogik, die den Vernunftgebrauch, die selbständige Suche nach Lösungen und das Lernen aus Fehlern weit über das Auswendiglernen, etwa des 1×1, setzt. In diesem Sinne veröffentlicht er als seinerzeit anerkannter Hochschullehrer Anekdoten aus der eigenen Jugendzeit in Campes

48 Abraham Gotthelf Kästners Selbstbiographie und Verzeichnis seiner Schriften nebst Heynes Lobrede auf Kästner. Hg. v. Rudolf Eckart. Hannover 1909. S. 4. Die Selbstbiographie war ursprünglich in einem Sammelwerk veröffentlicht worden: Baldinger, Ernst G.: Biographien jetztlebender Ärzte und Naturforscher. Band 1, Stück 1. Jena 1768. S. 64-74.

pädagogischem Journal.[49] Zudem ist Kästner ein typischer Vertreter der Leipziger Universität, die sich auf ihre gesellig-galanten Umgangsformen viel zugutehielt. Ein auftrumpfender Mathematiker hätte hier einen stillosen Eindruck hinterlassen. Der Zuschnitt dieses Wissenschaftsmodells auf einen sozialen Gesprächskontext zeigt sich in der wichtigen Rolle, die Kästner in der *Deutschen Gesellschaft Göttingen* spielte, die nach dem Vorbild der Leipziger Sprachgesellschaft gegründet worden war. Dort verteidigt Kästner die Mathematik auch mit fachfremden Argumenten, wenn er der Frage nachgeht, »Ob die Mathematik etwas zur Humanität beiträgt?«[50] Christian Gottlob Heyne schätzt ihn in seinem Nachruf deshalb als besten Stilisten unter den Naturwissenschaftlern: »Deswegen wird er denn auch für denjenigen angesehen, der sich in mathematischen und physikalischen Schriften der deutschen Sprache zuerst mit befriedigender Deutlichkeit bedient hat.«[51] Für Gauß, der unter wenig galanten Umständen aufwuchs und bildungsbürgerlichen Kreisen fremd blieb, sind diese schöngeistigen Allüren bereits nur noch als mangelnde fachliche Kompetenz lesbar. Für ihn war Kästner »der erste Mathematiker unter den Dichtern und der erste Dichter unter den Mathematikern«.[52]

Seine Fähigkeit, nicht nur sich selbst, sondern auch den ihm verfügbaren Talenten Geltung zu verschaffen, nahm bei Gauß zuweilen überraschende Formen an. Nicht nur beeindruckte er durch scheinbar erzauberte Ergebnisse, nicht nur bewahrte er durch kompetitive Anekdoten seine soziale Superiorität, sondern er wählte auch Darstellungsformen, die an die Wissenschaftlerviten des 17. Jahrhunderts erinnern. In diesen war über zeitliche Koinzidenzen und besondere Ereignisse zum Zeitpunkt der Geburt der Eindruck metaphysischer Legitimierung und Auserwähltheit suggeriert worden.[53] So erwähnt Gauß im Vorwort seiner

49 Kästner, Abraham Gotthelf: Einige Anecdoten aus der Jugendgeschichte des Herrn Hofraths Kästner; ein Auszug aus einem Briefe desselben an den R. Campe. In: Braunschweigisches Journal philosophischen, philologischen und pädagogischen Inhalts 5/1788. S. 39-44.

50 Kästner, Abraham Gotthelf: Ob die Mathematik etwas zur Humanität beiträgt? In: Vorlesungen in der Königlichen deutschen Gesellschaft zu Göttingen. Zweite Sammlung. Altenburg 1773.

51 Heyne, Christian Gottlob: Lobrede auf Kaestner. In: Göttinger Universitätsreden aus zwei Jahrhunderten (1737-1934). Hg. v. Wilhelm Ebel. Göttingen 1978. S. 195-203. S. 36.

52 Hänselmann, Ludwig: Karl Friedrich Gauß. Zwölf Kapitel aus seinem Leben. Leipzig 1878. S. 31.

53 Segre, Michael: Die frühe Biographie in der Geschichte der Mathematik. In: BIOS. Zeitschrift für Biographieforschung und Oral History. Sonderheft 1998. S. 70-77.

»Theoria Motus« bedeutungsvoll, dass sie fast auf den Tag genau 200 Jahre nach Keplers »De Stella Martis« erschienen sei.[54] Gauß' Nachlass bezeugt noch weitere genealogische Praktiken, die auf den Vorläufern des eigenen Fachs und auf Lebenszeiten von Wissenschaftlern beruhen. In einem späten Notizheft stehen zwischen Literaturlisten, unkommentierten Zahlenkolonnen, Gebrauchsanweisungen für Messgeräte, Preisen für Zubehör wie Spiegel und Kupferdraht, Portokosten, kleinen Tabellen zu »Gewittertagen in Göttingen« auch mehrfach Listen von Berühmtheiten. An vier Stellen des etwa hundertseitigen Hefts sind insgesamt sechs Seiten sehr eng mit Namen und Lebensdaten von Wissenschaftlern beschrieben. Zwei Listen, die, den eingetragenen Todesfällen nach zu schließen, nach 1854 entstanden sein müssen, sind mit »Geburtsjahre Göttinger Professoren« betitelt. Dies lässt einen Zusammenhang mit Gauß' Berechnungen für die Witwen- und Waisenkasse der Göttinger Universität vermuten.

Allerdings war seine versicherungsmathematische Prognose bereits 1850 in die Tat umgesetzt worden und der Auftrag der Universität Göttingen damit abgeschlossen. Etwas an den dort notwendigen Berechnungen aber scheint Gauß weiterhin beschäftigt zu haben, was nicht überraschen kann – umso mehr als chronologische Berechnungen durchaus zu seinem Interessengebiet gehören, wenn man an einen seiner ersten Erfolge denkt: eine Formel, mit der sich das Osterfest für jedes Jahr bestimmen lässt. Aber schon diesem ersten Ausflug in die ›historische‹ Mathematik wurde ein persönliches Interesse nachgesagt, da Gauß' Mutter angeblich den Tag seiner Geburt nur in Relation zu einem beweglichen Festtag anzugeben vermochte, Gauß also den Beginn seines Lebens nur auf diese Art in die offizielle Zeitrechnung eintragen konnte. Zumindest setzte er diese Version als Anekdote selbst in Umlauf.[55]

Neben dem Notizheft ist eine weitere Liste überliefert. Hier ist die Konzentration auf Vorläufer sehr offensichtlich, da Peurbach, Tycho de Brahe und Newton den Anfang machen. Die 66 Namen und präzisen

54 Sartorius von Waltershausen: Gauß. S. 41.

55 »Es mag als bezeichnend für die einfachen Verhältnisse, in welchen er seine Kindheit verlebte, hervorgehoben werden, dass seine Mutter ihm auf sein Befragen, nicht den Tag seiner Geburt anzugeben vermochte; sie wusste nur, dass er Mittwoch, acht Tage vor Himmelfahrt, geboren war. Für die Wissenschaft sollte dies von Bedeutung werden. Es war, *wie mir einmal Gauß selbst erzählt hat*, die nächste Veranlassung dazu, dass er die berühmte Regel erdachte, nach welcher man, für jedes gegebene Jahr den Tag des Osterfestes, ohne weitere Hülfsmittel, durch ein paar ganz einfache Rechnungsoperationen finden kann.« Stern, M. A.: Denkrede auf Carl Friedrich Gauß. Zur Feier seines hundertsten Geburtstages. Göttingen 1877. S. 4. [Kursive: A.E.]

Lebensdaten sind zunächst aus Huttons »Mathematical Dictionary« abgeschrieben worden. Dann folgen zwei chronologische Tabellen mit dem erweiterten Bestand von über 130 Namen, in denen die Wissenschaftler in der Reihenfolge ihrer Geburt oder nach Sterbetagen aufgelistet sind.[56] Inwiefern Gauß hier ein mathematisches Gesetz suchte, ist ungewiss. Die Beschäftigung mit Berühmtheiten, die als mathematische Objekte das elitäre Element nicht verlieren, erwähnt allerdings auch Rudolph Wagner. Er will bei einem der letzten Besuche bei Gauß auf einem weißen Schutzumschlag notierte Lebensdaten großer Männer bemerkt haben.[57] Überliefert ist auch eine höchst eigene Vorstellung von der Institution des Geburtstages. In einem Brief an Alexander von Humboldt beweist Gauß ein ausgeprägtes Bewusstsein von der Relativität der Festordnung des gemeinen Mannes, von der er sich distanzieren will, und ein nicht geringes Zugehörigkeitsgefühl zu der exklusiven Gemeinschaft großer Mathematiker, die über diese Zeitrechnungssysteme erhaben sind:

> Der Meßkünstler, in dessen Augen Verschwommenheit und Willkürlichkeit im Gegensatz zu Schärfe und Festigkeit immer etwas Abstoßendes haben, findet einen kleinen Übelstand darin, daß der Grund, warum eben dieser Tag und nicht ein anderer zur Begehung der Feier bestimmt wird, mehr oder weniger von Willkürlichkeiten abhängt, von der Einrichtung unseres Kalenders, der Vertheilung der Schaltjahre, und, was Jubiläen betrifft, von dem Bestehen des Decimalsystems, also, in letzter Instanz, von dem Umstande, daß wir eben fünf Finger an jeder Hand haben. Warum ich mit diesen trivialen Reflexionen Sie jetzt behellige? Ich kann nicht unterlassen, Übermorgen, den 9. December, in tiefer Rührung einen Tag zu feiern, dessen ergreifende Bedeutung von keiner solchen Willkür berührt wird. Es ist dies der Tag, wo Sie, mein hochverehrter Freund, in ein Gebiet übergehen, in welches noch keine der Koryphäen der exacten Wissen-

56 Staats- und Landesbibliothek Göttingen, Nachlass Gauß, Auszüge 8: »Huttons Mathematical Dictionary« London 1795.

57 »Als ich über den Hof der Sternwarte ging, bemerkte ich [einen] weißen Umschlag. […] Auf diesem Umschlag hatte Gauß, offenbar zur eigenen Erinnerung, mit sauberer Hand eine Anzahl Bibelstellen geschrieben, die sich alle auf zukünftiges Leben, Auferstehung u.s.w. beziehen. Etwas weiter unten hatte er folgende Daten, berühmte Männer betreffend, geschrieben: 1742-1816 Blücher; 1759-1830 York; 1744-1817 Dalberg; 1571-1631 Kepler.« Wagner, Rudolph: Gespräche mit Carl Friedrich Gauß in den letzten Monaten seines Lebens. Hg. v. Heinrich Rubner. Göttingen 1975. S. 161.

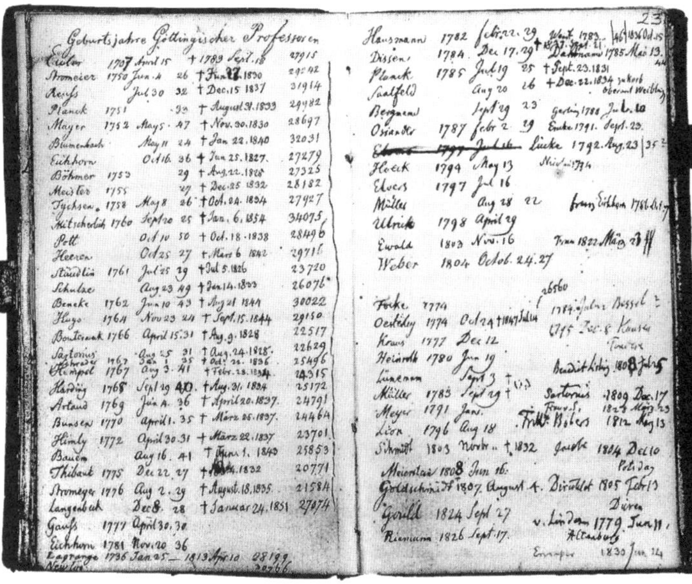

Abb. 12: Mathematische Genie-Maßstäbe. Tabelle zu Lebenstagen in einem Notizbuch Carl Friedrich Gauß'. Unten links steht der Eintrag zu Newton. Staats- und Landesbibliothek Göttingen.

schaften eingedrungen ist, der Tag, wo Sie dasselbe Alter erreichen, in welchem Newton seine durch 30766 Tage gemessene irdische Laufbahn geschlossen hat.[58]

Die zugehörige Berechnung der Lebenstage findet sich ebenfalls in dem bereits erwähnten Notizbuch (Abb. 12).

Allerdings ist von den 58 eingetragenen Namen nur etwa das erste Drittel berechnet worden, unter dem Eintrag Newton steht die von Humboldt erreichte stolze Zahl von Tagen.[59] Zweierlei ist an Gauß'

58 Gauß an Alexander von Humboldt, Göttingen, den 7.12.1853. In: Biermann, Kurt-R. (Hg.): Briefwechsel zwischen Alexander von Humboldt und Carl Friedrich Gauß. Zum 200. Geburtstag von C. F. Gauß. Berlin 1977. S. 113. Gauß will Alexander von Humboldt in diesem Brief einen Protegé empfehlen, der zudem noch kränkelte, hatte also einigen Grund, einen schmeichelhaften Einstieg zu wählen. Dass der Empfänger sie zumindest teilweise als ernst gemeint verstand, zeigt eine irritierte Erwähnung dieser Gratulation in einem Brief Humboldts an Encke.

59 Staats- und Landesbibliothek Göttingen, Nachlass Gauß, Notizbuch Varia 10, S. 23.

höchst eigenwilligem Verhältnis zur Zeitrechnung auffällig. Erstens die Willkür der kalendarischen Ordnung, die agrarische, religiöse, aber – durch die Sitte 50-jährige oder 75-jährige Jubiläen zu feiern – eben auch mathematische Konventionen enthält, welche Gauß nur als relative zu akzeptieren breit ist. Versteht man die Festordnung einer Gesellschaft mit Thomas Macho als hochrelevantes Werkzeug der jeweiligen Kultur,[60] so trifft Gauß' relativierender Blick die Tradition an einer sensiblen Stelle. Es folgt in dem Brief aber zweitens ein alternatives System, das nur für eine kleine Elite von großen Mathematikern gültig ist: Die exakte Messung der Lebenszeit, bei der nicht etwa der Mittelwert aller Personen die Orientierung bietet, sondern das Einzelleben des bisher größten Mannes. Die Bindung der Zeitrechnung an eigene Vorbilder, die turnusmäßig in Erinnerung gerufen werden, ist nicht nur durch die Heiligenkalender der katholischen Kirche praktiziert worden. Spezifisch naturwissenschaftlich fiel der »Calendrier positiviste« aus: Drei der 13 Monate standen unter naturwissenschaftlicher Überschrift und waren dementsprechenden ›Tagesheiligen‹ gewidmet. Dies ging von der antiken Wissenschaft (Archimedes, Galen) über die Industrie (Colomb, Vaucanson, Watt, Montgolfier) bis zum Höhepunkt und »Final« der modernen Naturwissenschaft (Bichat, Lavoisier; neben Kepler und Stahl die deutschsprachigen Vertreter Ritter, Haller, Euler, Oken und Gall).[61] Einen etwas weniger ernst durchgeführten Kalender hatte der skandalumwitterte Aufklärungstheologe Carl Friedrich Bahrdt bereits 1781 entworfen. Er setzte seine Präferenzen in Witterungen um, weshalb der missliebige Diez im kältesten Winter zu stehen kam, Lessing – »die Sonne leuchtet« – hingegen am 1. Mai.[62] Stellt man Comtes und Bahrdts moralischen Gebrauch der Zeitrechnung neben die von Gauß vorgeschlagene Umnutzung, so besticht Letztere dadurch, dass sie den Festkalender bis in die Zeitauffassung umstrukturiert und präzise auf die Reputation einer kleinen Gruppe ausgezeichneter Mathematiker orientiert.

60 Macho, Thomas: Das zeremonielle Tier. Rituale – Feste – Zeiten zwischen den Zeiten. St. Stefan 2004.

61 Petit, Annie: La commémoration de l'héritage scientifique dans le positivisme. Théories et pratiques. In: La mise en mémoire de la science. Pour une ethnographie historique des rites commémoratifs. Hg. v. Pnina G. Abir-Am. Amsterdam 1998. S. 159-187. Die erste gedruckte Version: Comte, Auguste: Calendrier positiviste. Système générale de commémoration publique. Culte systématique de l'humanité. Paris 1849.

62 Bahrdt, Carl Friedrich: Kirchen- und Ketzeralmanach aufs Jahr 1781. In: Bibliothek der deutschen Aufklärer des Achtzehnten Jahrhunderts. Hg. v. Martin Geismar. Darmstadt 1964. Bd. 1. S. 43f.

Alle diese genealogischen Techniken, mit denen sich Gauß intensiv in selbstgefundenen Traditionen verortet, sind kulturell verbreitet worden. Gauß gilt, trotz seiner Tätigkeit in so verschiedenen Gebieten wie der Astronomie, der Telegrafie, dem Erdmagnetismus, der Zahlen- und Graphentheorie sowie der Fehler- und Wahrscheinlichkeitsrechnung, auf ganz andere Weise als Nestor vieler Naturwissenschaften als etwa Alexander von Humboldt, der als Vorläufer gewürdigt wird. Wie sehr die Figur des wissenschaftlichen Genies anerkannt wurde, zeigen zwei sehr unterschiedliche Gebrauchszusammenhänge, in denen Gauß' symbolische Autorität zum Tragen kam. Ein Beispiel wäre die von Michael Hagner nachgewiesene Nutzung von Gauß' Gehirn als Maßstab für Intelligenz in den Veröffentlichungen Rudolph Wagners. Ein weiteres Beispiel belegt die Nutzung des mathematischen Genies für die »Ahnentafeln berühmter Deutscher« im 20. Jahrhundert. Hier haben es sich die Mitglieder des *Vereins der Zentralstelle für Deutsche Personen- und Familiengeschichte in Leipzig* nicht nehmen lassen, mit dem Stammvater des Geschlechts Gauß zugleich nach den eigenen, nämlich deutschen Wurzeln zu suchen. Das Prestige des Mathematikers tritt hier in Interferenz mit dem Blut bzw. der Erbmasse gesunder niedersächsischer Bauern. Genau hierdurch wird die ursprünglich aristokratische Praktik, auf die Superiorität der Ahnen oder des Hauses zu verweisen, eigenartig brüchig, denn Gauß' Vorfahren waren bekanntlich einfache Leute. Die Aufmerksamkeit verlagert sich von daher nicht auf illustre, sondern auf gesunde Vorfahren.[63]

Reichweite: Amnesie des Vagen

Versucht man zu bestimmen, was das sich an der Figur Gauß manifestierende Wissenssystem von seiner Reichweite umfasst, so ist zunächst eine gewisse Amnesie kennzeichnend, die vor allem die Bereiche der Literatur, der Metaphysik und des Gesellschaftlichen betrifft. Diese könnte man

63 Ahnentafel des Mathematikers Gauß. In: Ahnentafeln berühmter Deutscher. Hg. v. der Zentralstelle für Deutsche Personen- und Familiengeschichte e.V. in Leipzig. Leipzig 1929-32. S. 63-66. Man wählte für die ersten Lieferungen ca. ein Viertel Naturwissenschaftler und Industrielle (W. Siemens, E. Haeckel, J. Liebig, A. Krupp, W. K. Roentgen, F. v. Zeppelin). Wie zu erwarten, erscheinen auch die Protagonisten der späten Romantik (F. C. v. Savigny, E. M. Arndt, A. v. Menzel, F. Schleiermacher), Politiker (Liselotte von der Pfalz, O. F. Manteuffel, Maximilian I. von Bayern) und Künstler (T. Fontane, R. Wagner, G. E. Lessing). Erst später gibt der erwähnte Verein auch Ahnentafeln derjenigen Politiker heraus, die man bei dem Stichwort »Ahnenforschung« befürchtet.

als notwendige Folge der Spezialisierung auf immer komplexere Stoffe verstehen – ebenso als Effekt professionellerer Ausbildung. Was aber in dieser gängigen Perspektive verloren geht, ist der hierdurch notwendig werdende Umbau der konkreten Kulturtechniken und ihrer Legitimationsmechanismen sowie die Verwerfungen im herkömmlichen Wertungskanon der Wissenschaften.

Es ist in diesem Zusammenhang bezeichnend, dass Sartorius von Waltershausen zwar Gauß' Umgang mit der Literatur schildert, an diesem aber vermischte Kategoriensysteme vorführt. Eine für Gauß bedeutende Passage bei Walter Scott ist demnach der Ausdruck »[T]he moon rises broad in the north west«, was als »ein für Astronomen doch zu anstößiger Ausspruch« bezeichnet wird.[64] Der Fehler des Literaten soll Gauß königlich amüsiert haben, zudem liegt aber in der Wortwahl »anstößig« eine bewegte Irritation über diese Nachlässigkeit, die sie in die Nähe einer moralischen Verfehlung rückt. Sprechend ist ebenfalls, dass Gauß zunächst alle verfügbaren Ausgaben daraufhin überprüft, ob es sich doch womöglich nur um einen Druckfehler handelt und der festgestellte Patzer richtig eingeschätzt wurde. Die Lektüre des Mathematikers wird von Sartorius von Waltershausen als Überprüfung geschildert, die mit der Zielsetzung, richtige und falsche Fiktionen zu bestimmen, von vornherein ein sehr eingeschränktes Interesse vorführt. Auch wenn es sich bei dieser Anekdote um eine literarische Überzeichnung Sartorius von Waltershausens handelt, gibt sie seiner Auffassung des unsterblichen Kollegen doch einen gültigen Ausdruck. Sie bündelt das, was der Laudator an dem verstorbenen Mathematiker mit großer Spannung zu verfolgen scheint: seine unermüdliche und unerbittliche Suche nach möglichst präzisen Aussagen.

Diesem Filter wird nicht nur die schöne Literatur unterworfen. Auch angestammte Bereiche der Wissenschaft sind den Anforderungen des mathematischen Denkstils nicht gewachsen, wie Sartorius von Waltershausen beschreibt:

> Alle philosophischen Ideen hielt er nur für subjectiv und sie wurden, da sie strenger Begründung entbehrten, von der eigentlichen Wissenschaft durchaus getrennt gehalten.[65]

Ausschlaggebend für die Trennung der zwei Kulturen bei Gauß ist nicht die Stoffwahl, sondern eine Qualität der Begründung. Nur wo diese

64 Sartorius von Waltershausen: Gauß. S. 94.

65 Ebd. S. 98.

strenge Evidenzproduktion möglich ist, kann wissenschaftlich gearbeitet werden, wobei das Wertungsgefälle deutlich wird: Die nicht präzisierbaren Bereiche werden abqualifiziert. Ausschlaggebend hierfür ist keine inhaltliche Überlegung dazu, weshalb das Wissen über diese Bereiche nicht mehr notwendig ist. Der Ausschluss der Philosophie aus den Kernbereichen der Wissenschaft präsentiert sich als Funktion der Methode, die das Subjektive als Stoff nicht länger zulässt. Gewonnen wird nach diesen Kriterien ein Gerüst absoluter Wahrheiten. Gestützt aber werden diese methodischen Standards durch eine ganz bestimmte Qualität des Denkens, die in der Formulierung »strenge Begründung« mitschwingt. Dieser Denkstil kann nachträglich erklären, weshalb er sich der nicht quantifizierbaren, wenig logischen Wissensbereiche entledigt. Gelenkt und gestützt wird er durch den immer wieder eingesetzten Begriff von Strenge, der moralisch vibriert. Eine Strenge, die Wahrheitsbereiche disqualifizieren kann, die den Suchbewegungen des Denkens legitimierende Orientierung bietet und eine Strenge letztendlich, in der sich das Denken als Selbsttechnik erfüllt, womit ein wichtiges, aber wenig beachtetes Reservoir der Autorität der Methode benannt wäre.

Was die alten Sprachen angeht, so regulieren sie über die gesamte Periode von Gauß' Arbeitsleben den Hochschulzugang und die ersten Studienjahre. Sie sind aber noch in einer zweiten Hinsicht hegemonial, orientieren sie doch zur Zeit der Klassik und des Idealismus die Gesellschaft auf eine Zukunftserzählung. Diese stiftet, wie immer vage auch gedacht, einen Zusammenhalt zwischen den antiken Weisheitslehren und den Bemühungen des Durchschnittsklassizisten um einen besseren Zustand der Gesellschaft, wie ihn Friedrich Schillers »Über die ästhetische Erziehung des Menschen« in Aussicht gestellt hatte. Gauß ist der alten Sprachen bis zu einem gewissen Grade mächtig, auch wenn er sich öffentlicher Reden mit dem Argument entzieht, dies nicht zu sein.[66] Eine Amnesie aber scheint dort eingesetzt zu haben, wo sich die Breitenkultur

66 Gauß überlegte zunächst, alte Sprachen zu studieren, was aufgrund der Stipendiensysteme der Kirchen für einen Studenten aus einfachen Verhältnissen die sicherste Wahl gewesen wäre. Später entzieht er sich aber nicht nur der lateinischen Disputation, sondern auch der Antrittsrede für seine Professur in Göttingen mit folgendem Argument: »So gern man allgemein wichtige und interessante Wahrheiten in den klassischen Tönen Latinums aus dem Munde eines Heyne hört und sich dadurch erwärmt fühlt, so wenig, deucht mich, können solche Zwecke erreicht werden, wenn der Zuhörer stets bemerken muß, daß Mangel an Gewandtheit in der Sprache dem Gedanken Fesseln angelegt hat. Wenn also selbst die Abfassung einer schlechten Rede mich einen großen Aufwand von meiner Zeit kosten würde […] so hoffe ich umso eher, daß Eure Excellenz mich

seiner Zeit zuallererst auf die Antike stützte: dort wo der Neuhumanismus als Medium der gesellschaftlichen Selbstverständigung Perspektiven generierte, wo man im Alltag das Echo der stillen Größe nachempfand, wo man Griechenland mit der Seele suchte und sich als die Hellenen der Moderne entwarf.

Noch gesteigert finden sich diese Motive in Nachrufen auf einen weiteren Wegbereiter der exakten Wissenschaften im deutschsprachigen Raum: Friedrich Wilhelm Bessel (1784-1846). Wie Gauß kam er über Olbers zur messenden Astronomie, wie Gauß war er Landvermesser, Direktor einer Sternwarte, Professor für Mathematik und korrespondierte über die jungen Fachjournale oder noch in direkten Briefen mit demselben Zirkel junger Astronomen. Da es an dieser Stelle nicht um Gauß' idiosynkratischen Denkstil geht, sondern vielmehr um ein sich entwickelndes System von Selbstverständlichkeiten, wird auch Bessels Spezialisierungsweg nachgezeichnet.

Bessel hatte aufgrund mangelnder altsprachlicher Kenntnisse die Universität nicht besuchen können und zunächst eine kaufmännische Laufbahn eingeschlagen, wie sich der Astronom Johann Franz Encke in seinem Nachruf an der Berliner *Akademie der Wissenschaften* erinnert:

> Von Jugend auf den so genannten classischen Studien abgeneigt [...] hatte er sich dem Kaufmannsstande gewidmet. [...] Die strenge Bindung an bestimmte Geschäftsstunden, die richtige Würdigung der Kostbarkeit der Zeit, die schnelle niemals aufgeschobene Abmachung der Geschäfte, die pünktliche Ordnung und das richtige Treffen der Form, gleich bei dem Beginn einer Arbeit, welche die Übersicht erleichtert und sichert, die bestimmte Vertheilung der untergeordneten Geschäfte an die Gehülfen, und das feste Bestehen auf die Erfüllung dieser Leistungen, sind die Eigenschaften in welchen Bessel vielleicht unübertroffen dasteht.[67]

Diese von Encke sehr weit ausgeführte Verwandtschaft der ökonomischen Zweckorientiertheit und Arbeitsteilung erweitert die Basis der messenden Mathematik unter der Hand. Sie wurde auch in einem zweiten Nachruf als Gegenstück zu den alten Sprachen und der Philosophieverachtung angeführt. In dem Nachruf des Hegelkenners und Idealisten

davon freisprechen werden.« In: Biermann, Kurt-R.: C. F. Gauß. Der ›Fürst der Mathematiker‹ in Briefen und Gesprächen. München 1990. Nr. 46, S. 78.

67 Encke, Johann Franz: Gedächtnisrede auf Bessel. In: Abhandlungen der Königlich Preußischen Akademie der Wissenschaften 1846. Berlin 1848. S. XXII.

Karl Rosenkranz gerät Bessel deshalb unter Verdacht. Allerdings bemüht sich der Laudator vor den Königsberger Kollegen sichtlich, diesen möglichen Verdacht zu zerstreuen:

> Wenn man aber diese Weltaufgeschlossenheit, diese Abneigung gegen humanistische Studien im engeren Sinn, diese ironische Haltung gegen die Philosophie, diese Vorliebe für industrielle und merkantile Tätigkeit, wenn man sie für Zeugnisse jener banausischen Denkungsart genommen hätte, welche die Wissenschaften zu bloßen Mitteln des Egoismus erniedrigen möchte, o wie sehr würde man sich irren, wie bitteres Unrecht würde man ihm tun. Nein, es lebte vielmehr in ihm der reinste Idealismus, die heilige Glut echt wissenschaftlicher Begeisterung.[68]

Dieser auf Immaterielles gerichtete Ehrgeiz ist dabei in der Lage, den Vorwurf des Utilitarismus zu entschärfen. Die Rettung Bessels wird über das Ausmaß seiner uneigennützigen Affekte konstruiert und nur der Idealismus, also eine ebenso interessenfreie wie intensive Bindung an die Tätigkeit, scheint die Nähe zur Industrie und die Distanz zu den Hellenen rechtfertigen zu können. Für die naturwissenschaftliche Rhetorik der Zeit ist dabei kennzeichnend, dass die Methode selbst stark idealistisch aufgeladen wird, bis sie verhaltenssteuernder erscheint als die auf der Stoffebene generierten Maßregeln, die den Orientierungswissenschaften eigen sind.

Der Idealismus der Methode und die in der Aufklärung undenkbare Höherbewertung der reinen im Verhältnis zur angewandten Mathematik sind vor dem Hintergrund eines Rechtfertigungsdrucks innerhalb der Akademie zu sehen. Dieser betrifft die Wissenschaftler direkt. Selbst Gauß rechtfertigt sich vor Bessel dafür, dass er neuerlich die einträgliche und zeitaufwändige angewandte Mathematik der Landvermessung ausübte.[69] Auch bei den Akteuren tritt die Aufwertung der theoretischen

68 Rosenkranz, Karl: Rede zur Gedächtnisfeier Bessel's im Auditorium Maximum der Königlichen Albertina-Universität zu Königsberg am Tage nach seinem Begräbnis den 24. März 1846. In: Studien von Karl Rosenkranz. Bd. 5. Leipzig 1848. S. 342.

69 »Sie haben sich in mehreren Briefen so stark über den geringen Wert, welchen Sie auf die Resultate der Messungen legen, erklärt, mir gewissermaßen einen Vorwurf daraus gemacht, daß ich meine Zeit damit verliere, mir Glück gewünscht, daß der Zeitverlust vorbei sei. Großer Gott, wie falsch beurteilen Sie mich. Aber es ist mir viel daran gelegen, von Ihnen nicht falsch beurteilt zu werden, als daß ich nicht wünschen sollte, mich bei Ihnen zu rechtfertigen. Wahrlich, über die

und ewig wahren Mathematik dann auf, wenn es den offensichtlich vernichtenden Verdacht des (finanziellen) Eigennutzes zu entkräften gilt. Hier zeigt sich eine Dynamik, die die Mathematik auf der Ebene der *images of knowledge* entfaltet. Die Reinheit legitimiert im Kontext einer idealistisch dominierten akademischen Landschaft industrienahe Wissensbereiche und Vorgehensweisen der Naturwissenschaften. In diesem Zusammenhang ist auch die zunächst überraschende Moralisierung der naturwissenschaftlichen Methode durch das reine Interesse, die Uneigennützigkeit und das Selbstopfer zu verstehen. Zu der Frage, was genau den ›Schmutz‹ ausmachte, von dem sich reine Naturwissenschaftler distanzierten, ein letztes Beispiel: Der 15 Jahre nach Gauß verstorbene Berliner Physiker Gustav Magnus wird von seinem Laudator, Schüler und Nachfolger Hermann Helmholtz in hohen Tönen gelobt. Von der »Reinheit und Uneigennützigkeit, mit der Magnus den idealen Zweck seines Strebens festhielt«, ist die Rede und von »künstlerischer Harmonie, die das Maßlose und Unreine scheute«.[70] All diese moralischen oder religiösen Beschreibungen betreffen gezwungenermaßen die Methode oder den Prozess des Arbeitens, da genau diese Bereiche als Inhalte für die Naturwissenschaften unzugänglich sind. Auffällig ist erneut die Kontrastfolie der privaten oder ökonomischen Profitorientierung, die dem Idealismus der Arbeit als Opponent gegenübersteht:

> Er hatte begriffen, dass nicht der behagliche Genuß einer sorgenfreien Existenz und des Verkehrs in dem liebenswürdigsten Kreise von Angehörigen und Freunden eine dauerhafte Befriedigung gibt, sondern nur die Arbeit, und zwar nur die uneigennützige Arbeit für ein ideales Ziel. So arbeitete er, nicht für die Vermehrung seiner Reichtümer, sondern für die Wissenschaft; nicht dilettantisch und launisch, sondern nach einem festen Ziel und unermüdlich; nicht in Eitelkeit, nach auffallenden Entdeckungen haschend, die seinen Namen hätten schnell berühmt machen können, sondern er wurde im Gegenteil ein Meister der treuen, geduldigen und bescheidenen Arbeit, welche ihr

Sache selbst denke ich ebenso. Alle Messungen in der Welt wiegen nicht ein Theorem auf, wodurch die Wissenschaft der ewigen Wahrheiten wahrhaft weiter gebracht wird.« Gauß an Bessel, Göttingen, den 14.3.1824. Zit. n. Auwers 1880 S. 428-429. Zit. n. Biermann, Kurt-R.: Nr. 71, S. 116.

70 Helmholtz, Hermann: Gedächtnisrede auf Gustav Magnus. Gehalten in der Akademie der Wissenschaften am 6. Juli 1871. In: Physiker über Physiker II. Antrittsreden, Erwiderungen bei der Aufnahme von Physikern in die Berliner Akademie, Gedächtnisreden 1870-1929. Bearbeitet von Christa Kirsten und Hans-Günther Körber. Berlin 1979. S. 58, S. 57.

> Werk immer wieder prüft, und nicht eher davon ablässt, als bis sie nichts mehr daran zu bessern weiß.[71]

Hält man die Anstellungen Gustav Magnus' dagegen, so fällt auf, dass man es mit einem ausgewiesenen Vertreter der angewandten Wissenschaft zu tun hat – seine Ausbildung als Chemiker, sein Lehrstuhl für Technologie, sein Engagement für das *Landes-Ökonomie-Kollegium*, seine Vorlesungen am *Gewerbeinstitut* sowie an der *Artillerie- und Ingenieursschule* legen dies mehr als nahe. Nützliche Erfindungen sind aber für den Laudator Helmholtz offensichtlich indiskutabel in der Liste der Verdienste, ebenso wie ein pekuniäres Interesse.

Dem mathematischen Denkstil entfallen aber nicht nur die Eigenheiten der Literatur und Philosophie. Ihm entspricht nicht nur eine durch idealistische Rhetorik abgesicherte Wahlverwandtschaft mit der Industrie. Bei Gauß zeigt sich noch eine dritte Tendenz: Die beweisgesicherte Skepsis emanzipiert sich auch von den bekannten Räumen und ersetzt diese durch konstruierte. Anlass hierzu gab ihm das Parallelenpostulat in Euklids »Elementen«, dem antiken, aber im 18. Jahrhundert noch immer eingesetzten Geometrielehrbuch, in dem davon ausgegangen wird, dass parallele Geraden unendlich parallel verlaufen. Gauß' zufolge handelt es sich hier um eine mangelhaft bewiesene Annahme, wie Sartorius von Waltershausen referiert:

> Wolle man dagegen das genannte Axiom nicht zugeben, so folge daraus eine andere ganz selbständige Geometrie, die er gelegentlich ein Mal verfolgt und mit dem Namen antieuklidische Geometrie bezeichnet habe. Gauß, nach seiner öfters ausgesprochenen innersten Ansicht, betrachtete die drei Dimensionen des Raumes als eine specifische Eigenthümlichkeit der menschlichen Seele; Leute welche dieses nicht einsehen könnten bezeichnete er ein Mal in seiner humoristischen Laune mit dem Namen Böotier.[72]

71 Ebd. S. 58.

72 Sartorius von Waltershausen: Gauß. S. 81. Gauß über die Relativität des Verständnisses: »Wir können uns, sagte er, etwa in Wesen hineindenken, die sich nur zweier Dimensionen bewusst sind; höher über uns stehende würden vielleicht in ähnlicher Weise auf uns herabblicken, und er habe, fuhr er scherzend fort, gewisse Probleme hier zur Seite gelegt, die er in einem höhern Zustande später geometrisch zu behandeln gedächte.« Ebd. S. 81. Gauß' Stellung in der Geschichte der nicht-euklidischen Geometrie ist insofern umstritten, als er dazu nie veröffentlicht hat. Aus der Korrespondenz mit dem Studienfreund Farkas Bolyai geht hervor, dass Gauß diese Theorie gegen Farkas' Sohn für sich reklamierte

Die Böotier, eine bereits in der Antike mit Provinzialität und Sinnlichkeit gleichgesetzte Bevölkerungsgruppe, sind also nicht in der Lage, sich über die Denkgewohnheit des ersten Eindrucks zu erheben. Bei Gauß hingegen ist die Relativierung der sichtbaren Dimensionen mit einem hohen Status belegt. Die nichteuklidische Geometrie, die die herkömmlichen Koordinaten nur als Spezialfall kennt, rechnet mit gekrümmten und später mehrdimensionalen Räumen. Diesen kommt höhere Realität zu als der faktischen Umgebung. Sartorius von Waltershausen zitiert Gauß in diesem Zusammenhang mündlich und zeigt sich, wie so häufig, empfänglich für die erhabene Geste, mit der die Materialität verworfen wird:

> »Es gibt für die Seele eine Befriedigung höherer Art«, sagte er eines Tages, »dazu habe ich das Materielle eigentlich gar nicht nöthig. Ob ich die Mathematik auf ein Paar Dreckklumpen anwende, die wir Planeten nennen, oder auf rein arithmetische Probleme, es bleibt sich gleich, die letztern haben nur noch einen höhern Reiz für mich.«[73]

Hierin drückt sich weit mehr aus, als eine Bevorzugung der Abstraktion vor der sinnlich zugänglichen Natur. Dem Zitat unterlegt ist zunächst ein eigener und neuer Raumbegriff, der für Gauß als Topologen notwendig ist, sich aber auch auf die Verhältnisse jenseits des Fachs ausdehnt. Dieser wertet ideale Dimensionen, die nach wissenschaftlichen Methoden generiert wurden, weit höher als den bloßen Augenschein.

Die Präferenz gedachter Räume hängt ausdrücklich mit der Tatsache zusammen, dass sie »der Seele eine Befriedigung höherer Art« bieten. Dem tiefgreifenden Umbau derjenigen Orte, an denen potentiell Wissen generiert werden kann, entspricht also eine Neujustierung der Befriedigungsmechanismen. Wie Gauß' Verachtung für die Böotier zeigt, ist die Besetzung der Abstraktion von einer Spielart des Egoismus flankiert, die stets auf die Angst derjenigen rechnen kann, denen das komplizierte Spezialwissen unzugänglich ist.

und schon früh Überlegungen niederschrieb. An Nikolai Lobatschewskis Veröffentlichung nahm Gauß regen Anteil. Bernhard Riemann, der als der eigentliche Theoretiker mehrdimensionaler Geometrien und damit als wichtiger Vorläufer der Relativitätstheorie gilt, habilitierte noch zu Gauß' Zeiten in Göttingen über dieses Thema, arbeitete aber nicht direkt mit diesem zusammen. Habermann, Katharina: Von Gauß über Riemann zu Einstein. In: Carl Friedrich Gauß in Göttingen. Ausstellungskatalog Hg. v. Elmar Mittler. Göttingen 2005. S. 118-129.

73 Sartorius von Waltershausen: Gauß. S. 102. Gauß ziterend.

Der Installation des mathematischen Denkstils als eines öffentlichen Trägerkonzeptes für die Naturwissenschaften entspricht eine Amnesie der vagen und unpräzisen Bereiche, die Vorbedingung einer Auseinandersetzung mit kulturellen Belangen sind, wie den alten Sprachen, der Fiktion, dem Subjektiven und der Philosophie – eine Abwertung, die die damals hegemonialen Geisteswissenschaften treffen sollte und auf die die heutigen Geisteswissenschaften noch immer keine sonderlich präzise Antwort gefunden zu haben scheinen. Unter die Kategorie Reichweite fällt zudem die Idealisierung der Methode, die die Naturwissenschaften genau in dem Moment von der Industrie abtrennt, als diese durch erste technische Geräte die lange nur versprochene Anwendbarkeit der Naturforschung im Alltag spürbar zu machen beginnt.

Fixierung: Das Fehlerregime

Das von Sartorius von Waltershausen beschriebene Verständnissystem der Figur Gauß, das von der historischen Person Gauß mit entworfen wurde, wird durch Fehleranalyse begrenzt und definiert. Nach David Bates legt bereits die Aufklärung ein großes Gewicht auf die Beseitigung von Fehlern.[74] Fehlervermeidung ist in diesem Zusammenhang die Befreiung aus dem Netz der Illusionen und Vorurteile, wobei die Kritik sich vor allem auf die eigene Phantasie richtet, die sich in ihren eigenen Schemen verfängt und zum Ansatzpunkt autoritärer Regenten und verlogener Priester wird. Als Folge dieser ›Psychologisierung‹ des Fehlers und seiner erheblichen Reichweite ist Fehlervermeidung im 18. Jahrhundert ein Emanzipationsprozess für die gesamte Gesellschaft.

Die exakten Astronomen des frühen 19. Jahrhunderts dagegen verstehen unter Fehler eine weitaus spezifischere Einheit, die diese sozialen Bezüge verliert. In einer anderen Hinsicht ist die Bedeutung des Fehlers bei den Mathematikern aber auch wieder globaler, denn die Fehlervermeidung definiert jetzt auch den Bereich des interessanten Wissens. Dieses wird nunmehr von dem Grenzstein der exakten Wahrheit limitiert.

Nichts sticht aus dem Nachruf auf Gauß so hervor, wie der brennende Ehrgeiz, um jeden Preis jegliche Fehler zu vermeiden. Seine frühen Erfolge durch die statistische Minimierung von Messfehlern wurden in dem Abschnitt über Arbeitsmethoden bereits erwähnt. Die statistische Basis der von Gauß eingeführten Fehlerrechnung zeigt dabei an, dass ein

74 Bates, David: The Epistemology of Error in Late Enlightenment France. In: Eighteenth-Century Studies 29(3)/1996. S. 307-327.

Anspruch auf absolute Richtigkeit zugunsten des jeweils Machbaren und Bestmöglichen aufgegeben wurde, das es einzuschätzen galt.

Weitere Einfallstore mathematischer Irrtümer waren zu Gauß' Zeiten noch die extrem zeitaufwändigen Rechnungen, die alle auf Papier vorgenommen werden mussten und bei denen vor allem numerische Tafelwerke halfen, von denen Gauß laut Walter Bühler eine besonders hohe Anzahl rezensiert hat.[75] Diese hohe Aufmerksamkeit auf ein zentrales Arbeitsmittel der damaligen Zeit bestätigt auch Karin Reich. Vor allem Logarithmentafeln, die beispielsweise eine schwierige Multiplikation durch die Addition von zwei Verhältniszahlen erleichterten, sind in der Gauß-Bibliothek häufig anzutreffen.[76] Darunter sind, Reich zufolge, Tafelwerke, die offensichtlich nachgerechnet worden sind. Nicht einmal historische Raritäten nahm Gauß von dieser Prozedur aus. In Briefen kritisiert er zudem die Typographie, Linienführung und das Format der Neuerscheinungen. Über seinen Umgang mit dem wichtigen Arbeitswerkzeug schreibt Sartorius von Waltershausen:

> Er beobachtete eine musterhafte Ordnung, jede Zahl war auf das sauberste geschrieben, eine jede stand genau am richtigen Platz, Reihe stand unter Reihe mit derselben Genauigkeit. Dabei war es immer sein Streben, die Arbeit so genau auszuführen als es die Hülfsmittel erlaubten. So musste die letzte Decimale in 7 oder 10 ziffrigen Logarithmen möglichst verbürgt werden können und er hat in dieser Hinsicht eigene sehr ausgedehnte Untersuchungen geführt, in wie weit in den verschiedenen Tafeln die letzte Decimale zuverlässig sei.[77]

Die Notwendigkeit der Fehlervermeidung ist bis in die Führung der Hand habituell geworden und veranlasst eine Unfähigkeit, auf- oder abzurunden die in dem Zitat als leicht hypertroph dargestellt wird und die die wissenschaftliche Notwendigkeit womöglich leicht überbietet, da der Präzisionsgewinn des Ergebnisses klein war. Auffällig ist, dass die mathematische Notwendigkeit mit persönlicher Obsession in eins fällt. Die Genugtuung, die es Gauß bereitet hat, seinen Ansprüchen an präzises Arbeiten zu genügen, lässt sich jedoch noch steigern durch

75 Kaufmann-Bühler, Walter: Gauß. Eine biographische Studie. Heidelberg 1987. S. 78.

76 Reich, Karin: Logarithmentafeln. Gauß' ›tägliches Arbeitsgeräth‹. In: Carl Friedrich Gauß in Göttingen. Ausstellungskatalog. Hg. v. Elmar Mittler. Göttingen 2005. S. 73-90.

77 Sartorius von Waltershausen: Gauß. S. 86.

das Bewusstsein, dass andere das Problem nicht gemeistert haben: »Mit incorrecten Tafeln zu rechnen, machte ihm besonderes Vergnügen, weil er alsdann die angenehme Nebenbeschäftigung hatte, die etwa vorkommenden Druck- oder Rechenfehler gründlich zu berichtigen.«[78]

Der Beherrschung des Fehlers innerhalb der Mathematik entspricht die Tendenz, auch den Alltag in unverbrüchlich richtige Parameter zu fassen:

> Wo es irgend möglich war, suchte er seine Erfahrungen auf Zahlen zu basieren; überall war er bemüht, der Mathematik eine neue Seite für ihre Anwendung zu eröffnen. Er führte daher die mannigfaltigsten Zahlenregister, die in kleinen Büchern auf die sauberste und pünktlichste Weise eingetragen wurden. So z.B. hatte er ein Verzeichnis der Lebensdauer der meisten bedeutenden Männer und namentlich seiner verstorbenen Freunde in Tagen berechnet, dann führte er über die monatlichen Einnahmen der hannoverschen Eisenbahnen ein Register; ein anderes über die Schrittdistanzen von der Sternwarte nach jenen Orten die er öfter zu besuchen pflegte; wieder ein andres über Tag und Zahl der Gewitter in den verschiedenen Jahren usw.[79]

Ebenso interessierte sich Gauß für Mortalitätstafeln, Ökonomie, Versicherungen, Aktienkurse. Wenn diese Notizen zunächst auch nach deplatzierter Anhänglichkeit an mathematische Standards oder gar Zwanghaftigkeit aussehen, entbehren sie jedoch nicht notwendig einer wissenschaftlichen Perspektive. Es ist nicht auszuschließen, dass Gauß auch in diesen Bereichen das Modell der astronomischen Theoriebildung vorschwebte, die aus einer global generierten Datenmenge zu einer schlagenden Formel gelangt war. Die Entdeckung der Himmelsmechanik war durchaus auch Vorbild für das sich bald weltweit spannende Netz zur Beobachtung des Erdmagnetismus, das Gauß und Weber bereits zu einer Theorie zusammengefasst hatten. Auch die »Physique sociale« eines Adolphe Quételet war auf der Suche nach dem geheimen Zahlengesetz hinter der Erscheinung. Doch selbst wenn Gauß seine kleinen Alltagsstatistiken aus demselben Grund anlegte, wie er Zahlen in perfekten Kolonnen schrieb – da die methodischen Anforderungen habituell geworden waren –, selbst wenn er also keine bewussten theoretischen Absichten gehegt haben sollte, bezeugt sein im Nachlass befindliches Notizbuch doch noch immer etwas Entscheidendes: das unhinterfragte

78 Ebd.
79 Ebd.

und insofern autoritär gewordene Vertrauen in die Lösungskompetenz mathematischer Zugriffe, das sich von der zahlenbasierten Exaktheit sehr viel verspricht und aus dieser Überzeugung die Lizenz ableitet für einen durchgreifenden, zurichtenden und idealisierenden Umgang mit jeglichem Typ von Problem. Damit zeigt sich aber auch, dass nicht nur Gauß die mathematische Methode, sondern die mathematische Methode auch Gauß beherrscht. Denn die Vermeidung von Zweideutigkeit, Ambivalenz oder sogar eindeutigen Fehlern wird zu einem konstitutiven Akt.

In dieser Hinsicht scheint Gauß keine Ausnahme gewesen zu sein. Bessels Vorgehensweise wird geradezu als Suche nach negativen Elementen definiert:

> Wo er irgend noch eine Unsicherheit, eine Lücke, einen Beweismangel, eine Dunkelheit verspürte, da rastete er nicht, bis er durch die erschöpfendsten Versuche, die anhaltendsten Beobachtungen, und umfassendsten Rechnungen entweder Bestätigung oder notwendige Veränderung der vorgefundenen Bestimmungen erreichte. [...] Dieses methodische, selbstbewusste Verfahren, diese Akkuratesse bildeten die zarte Empfindlichkeit Bessels gerade für die negativen Elemente seiner Wissenschaft bis zur höchsten Feinheit aus. Die Störungen der Kometen, [...] die Störungen des Uranus, die Unregelmäßigkeiten in dem Phänomen der Ebbe und Flut u.s.f. beschäftigen ihn in vorzüglichem Grade.[80]

Die »negativen Elemente« der Wissenschaft, ihre Fehler und Störungen, sind geradezu zum Taktgeber der Wissenschaft geworden – eine breitere Tendenz, die Christoph Hoffmann und Jutta Schickore beschrieben haben. Die Beseitigung der Fehler macht die Dynamik der Forschung und ihre Erfolge aus. Insofern hat der Fehler eine produktive Rolle in diesen Wissenschaften übernommen und ist ihnen keineswegs äußerlich.[81]

80 Rosenkranz, Karl: Rede zur Gedächtnisfeier Bessel's im Auditorium Maximum der Königlichen Albertina-Universität zu Königsberg am Tage nach seinem Begräbnis den 24. März 1846. In: Studien von Karl Rosenkranz. Bd. 5. Leipzig 1848. S. 344, S. 345.

81 Hoffmann, Christoph/Schickore, Jutta: Introduction. In: Secondary Matters. On Disturbances, Contamination, and Waste as Objects of Research. Special Issue of Perspectives on Science 9(2)/2001. S. 173-196. Hoffmann, Christoph: Constant Differences. Friedrich Wilhelm Bessel, the Concept of the Observer in Early Nineteenth-Century Practical Astronomy and the History of the Personal Equation. In: British Society for the History of Science 40(3)/2007. S. 1-33.

Anhand von Gauß' symbolischem Erbe lässt sich zeigen, dass die Vermeidung von Fehlern ein zentrales Feld der Bestätigung geworden ist, auf das sich eine eigene Autorität gründen lässt gegen die humanistische Tradition und den aus Gründen der Geschmacksstratifizierung nicht allen Schichten zugänglichen bildungsbürgerlichen Kanon. Gauß entwirft im Gegenzug nicht nur seine öffentliche Figur des wissenschaftlichen Genies, sondern er versteht es zudem, dieser Figur durch aufgesuchte Verwandtschaften eine eigene autoritätsstiftende Geschichte zu verleihen.

Emil DuBois-Reymond auf Johannes Müller (1858)

Die Gedächtnisrede Emil DuBois-Reymonds auf Johannes Müller zeichnet sich gleich in mehrfacher Hinsicht aus: durch besondere historische Präzision und Detailtreue, durch eine gewisse Infamie des Stils, eine austarierte forschungsstrategische Gewalt und durch einen energischen Umwertungswillen, der neben dem physiologischen Vitalismus auch die Geisteswissenschaften traf und den exakten Naturwissenschaften zu erheblichem Ansehen verhalf. Dies alles macht die Rede zum wichtigsten Nachruf des Untersuchungszeitraums.[82] Dies gilt in besonderem Maße für die Wissenschaftsgeschichte, für die der Text sowohl von den dokumentierten Prozessen als auch angesichts der historiographischen Perspektive bedeutsam ist. Nicholas Jardine datiert von dieser Rede gar die schlechte, personifizierende und hagiographische Tradition in der Geschichte der Wissenschaften.[83] Aber auch von der Personenkonstellation und den beteiligten Disziplinen lohnt der Nachruf eine eingehendere Behandlung, denn die sich hier artikulierenden Forschungsprogramme der ›physikalischen Physiologen‹, die sich vorwiegend aus dem Kreis der Müller-Schüler rekrutierten, spielten für die Durchsetzung naturwissenschaftlicher Standards in Deutschland eine entscheidende Rolle.

Ablesen lässt sich dies vor allem auf der Ebene der Arbeitsmethoden. Neben der Sammlung von Naturalia unter industriellen Bedingungen

82 DuBois-Reymond: Gedächtnisrede auf Johannes Müller. Gehalten in der Leibniz-Sitzung der Akademie der Wissenschaften am 8. Juli 1858. In: Reden von Emil DuBois-Reymond in zwei Bänden. Hg. v. Estelle DuBois-Reymond. Leipzig 1912. Bd. 1. S. 181.

83 Jardine, Nicholas: The Mantle of Müller and the Ghost of Goethe. Interactions between the Sciences and their Histories. In: History and the Disciplines. The Reclassification of Knowledge in Early Modern Europe. Hg. v. Donald R. Kelly. Rochester 1997. S. 297-317.

und dem beobachtenden Zeichnen wird vor allem das Experiment in jeder Hinsicht tonangebend. Innerhalb des Nachrufs zeigt sich die methodische Vorgabe stets kontextualisiert: von der Faszination für den gelingenden Forschungsversuch im eigenen Wohnzimmer über die rhetorischen Versuchsanordnungen in populären Vorlesungen bis hin zu den kulturellen Kontexten, die das Konzept des Experiments von außen her stabilisieren, sowie den von Laboratorien gestifteten Sozialstrukturen. So lässt sich diese zentrale Innovation der naturwissenschaftlichen Methode in ihren kulturellen Dimensionen beschreiben, zumal Johannes Müller von DuBois-Reymond zum Überwinder der Naturphilosophie und zum ersten experimentierenden Physiologen erklärt wird, ein Mythos, der zu überprüfen wäre. Der Typus des Reformators der Naturwissenschaft ist erstmalig so deutlich entworfen. Im selben Zug wird der Nachruf noch durch eine zweite Strategie auffällig, die bereits bei Gauß angeklungen war: Der Benennung von Fehlern und der Stiftung bzw. Reformation von Feindseligkeiten. Diese werden bis in die sprachliche Struktur prägend, die sehr durchgängig Aversionen und Sympathien erzeugt. Zudem lässt sich beobachten, dass nicht nur das Experiment über die eigentliche wissenschaftliche Arbeit hinaus ein literarisches Eigenleben entwickelt, sondern auch Helmholtz' Satz der Erhaltung der Kraft die Form einer Rahmenerzählung annimmt, die gesellschaftliche Perspektiven aufzunehmen vermag. DuBois-Reymonds Nachruf leistet auf dieser Vermittlungsebene zwischen Kultur und Wissenschaft, die nach Yehuda Elkana zu den *images of knowledge* zu rechnen wäre, ganze Arbeit. Erstmalig stehen mit dem Experiment und der Mechanik Elemente der modernen Naturwissenschaften exklusiv im Zentrum der Wertungsbewegung eines deutschsprachigen Nachrufs. Dies bedeutet zugleich, dass die verstorbene Person und ihre Leistungen innerhalb des Horizonts der wissenschaftlichen Methode bewertet werden.

Als er die Gedächtnisrede auf seinen Lehrer am 8. Juli 1858 verlas, hatte DuBois-Reymond an Müllers Seite bereits seine bedeutendsten Entdeckungen gemacht und war seit sechs Jahren Mitglied der Berliner *Akademie der Wissenschaften*. Allerdings hatte er es nur bis zum außerordentlichen Professor gebracht, und seine Haupteinkunftsquelle stellten die Übungen zu Müllers Vorlesung dar. Zum Zeitpunkt des Nachrufs war der eine Teil der durch Müllers Tod vakant gewordenen Doppelprofessur, der Lehrstuhl für Anatomie, bereits an Karl Bogislaw Reichert vergeben worden. Mit der Besetzung der Professur für Physiologie, auf die sich DuBois-Reymond als enger Mitarbeiter Müllers berechtigte Hoffnungen machte, zögerte die Universitätsleitung noch, was ihn durchaus beunruhigte:

> Meine Situation hier ist jetzt wirklich scheußlich. Obschon das Ministerium nicht daran denkt, Brücke zu rufen, dessen Gehalt von 2000 Gulden beiläufig (wie er mir schrieb) soeben verdoppelt worden ist, und obschon es auf Dich schimpft, wovon nachher ein mehreres, steht es doch an, mich zu ernennen, angeblich weil Schönlein, der mich stets gehaßt hat, was ich ihm redlich vergelte, dem Minister einredet, ich besäße keinen Vortrag, und das in dem Augenblick, wo alles, was sich in Berlin für dergleichen Dinge interessiert, von meiner Gedächtnisrede spricht, ist doch wirklich ein starkes Stück.[84]

Der Nachruf scheint als Empfehlungsrede für das eigene Forschungsprogramm, das sich in den Fußspuren Müllers artikulierte, letztendlich doch gefruchtet zu haben. Im Herbst 1858 wird DuBois-Reymond zum ordentlichen Professor berufen und zugleich Vorsteher des zu einer selbständigen Anstalt erhobenen physiologischen Laboratoriums.

Man konnte über diese Gedächtnisrede sprechen, da sie in Auszügen in der Akademie vorgetragen worden war. Später erscheint sie als Monographie, im Akademiejournal und wurde zusätzlich kommentiert in die gesammelten Reden DuBois-Reymonds aufgenommen. Die Redefassung, die erheblich kürzer als der 200-seitige gedruckte Text gewesen sein muss, ist im Akademie-Archiv nicht erhalten. Ob DuBois-Reymonds Einschätzung, dass die Fachöffentlichkeit Berlins von seiner Rede spreche, mit den Tatsachen übereinstimmt, ist ebenfalls schwer zu belegen. Im Nachlass DuBois-Reymonds haben sich zu fast allen Reden Zeitungsausschnitt-Sammlungen professioneller Büros erhalten, von denen man vermuten muss, dass der Autor selbst sie routinemäßig angefordert hat. Zur Gedenkrede auf Müller fehlt ein solcher Pressespiegel, was aber auch darauf zurückzuführen sein kann, dass der Nachruf auf Müller eine der ersten großen Reden DuBois-Reymonds ist. Rudolph Wagner findet es in seinem Jahresbericht über die allgemeine Zoologie »fast befremdlich, dass diese ausgezeichnete Schrift so wenig öffentliche Beachtung gefunden hat«.[85] Womöglich hat Wagner, der selbst Müllers vitalistisches Erbe vor DuBois-Reymonds Umwertung in Schutz nahm,

84 Brief Emil DuBois-Reymonds an Hermann Helmholtz, Berlin, den 14. Juli 1858. In: Dokumente einer Freundschaft. Briefwechsel zwischen Hermann von Helmholtz und Emil DuBois-Reymond 1846-1894. Hg. v. Christa Kirsten u.a. Berlin 1986.

85 Wagner, Rudolph: Bericht über die Arbeiten in der allgemeinen Zoologie und der Naturgeschichte des Menschen im Jahre 1861. In: Archiv für Naturgeschichte XXVIII (2)/1861. S. 43.

auch nur Widerspruch gegen die Tendenz der Gedächtnisrede vermisst. Zumindest erinnert man sich gegen Ende des Jahrhunderts durchaus noch an diese Rede:

> Ein Meister war DuBois alle Zeit in der Nekrologie. Man braucht zum Beweise dafür nur an seine breit angelegte Akademierede zur Erinnerung an seinen Lehrer Johannes Müller und an sein knappes und doch erschöpfendes Denkwort auf Charles Darwin zu erinnern.[86]

Da die Bemerkungen über Darwin, die DuBois-Reymond allerdings weit später äußerte, einen Skandal auslösten, ist zumindest für diesen zweiten Nachruf belegt, was man von DuBois-Reymonds Akademiereden allgemein annahm: dass sie gehört wurden und dass er sie als Podium nutzte:

> DuBois war sich auch bewußt, daß seine Akademiereden weit über den engen Raum hinaus drangen, in dem die Akademie auch zu ihren öffentlichen Sitzungen sich vereinigt. Darum geschah es wohl auch, daß er seine schroffe Abwehr wider den neuerlich wieder kühner auftretenden Neovitalismus von hier ausschickte.[87]

Wie der Widerspruch gegen DuBois-Reymonds Müllerportrait bei Rudolph Wagner und im Nachruf Theodor Bischoffs belegt, enthielt die Rede genügend rhetorische Aggressivität, um breite Diskussionen in internen Kreisen wahrscheinlich zu machen. Aber selbst wenn man davon ausgeht, dass der frühe Text in seiner Zeit noch nicht an eine breitere Öffentlichkeit drang, Müllers Tod musste in der Fachwelt Aufsehen erregen, und es ist unwahrscheinlich, dass sein Begräbnis der Berliner Öffentlichkeit entging. Der Leichenzug, der vom Kupfergraben durch den Lustgarten und dann Unter den Linden entlang verlief, wurde nach Wilhelm Haberling von 400 studentischen Fackelträgern angeführt. 14 nahe Freunde trugen den Sarg, gefolgt von mehreren Wagen und Fußvolk. Auf dem Friedhof hielt Probst Pelgram eine Grabrede, und Alexander von Humboldt richtete auf dem Grabhügel ein Abschiedswort an die Trauergemeinde.[88]

86 Staatsbibliothek Preußischer Kulturbesitz: Slg. Darmstädter, Nachlass DuBois-Reymond, Kiste 1, Mappe 5, Vossische Zeitung 3. Juli 1896.

87 Ebd. Vossische Zeitung, 3. Juli 1896.

88 Haberling, Wilhelm: Johannes Müller. Das Leben des rheinischen Naturforschers. Auf Grund seiner Quellen und seiner Briefe dargestellt. Leipzig 1924. S. 451. Im Widerspruch zum quellenverheißenden Untertitel der Biographie

Da DuBois-Reymond in seiner Argumentation auf kollektive Überzeugungen rekurriert, werden weitere Nachrufe herangezogen, in denen sich die wissenschaftlichen Verhältnisse der Zeit spiegeln. Hierzu zählt DuBois-Reymonds affirmativster Nachruf, den er, selbst schon bettlägerig, seinem Freund und Vorbild Hermann Helmholtz widmete, zudem auch Helmholtz' Nachruf auf den Physiker Gustav Magnus, den damals wichtigsten Physikdozenten der Stadt, dessen Lehrstuhl Helmholtz übernahm. Da der Einfluss der Physik bei den ›physikalischen Physiologen‹ der Müller-Schule unübersehbar ist, wurde auch der große Wissenschaftsorganisator und Gedenkredner August Wilhelm Hofmann berücksichtigt, der Gustav Magnus ein weiteres schriftliches Denkmal gesetzt hat. Des Weiteren wurde eine Reihe von Nachrufen anderer Müller-Schüler in die Darstellung einbezogen, etwa der Nachruf Ernst Brückes und der des bereits erwähnten Theodor Bischoff, der Müller noch in Bonn als Lehrer erlebte, schließlich natürlich die Wortmeldung des Meisterschülers Rudolf Virchow, der in der Aula der Berliner Universität über seinen Lehrer, den großen Pathologen Müller, sprach.

Arbeitsmittel: Experiment, Hygiene, Zeichenstift

Industrielle Enzyklopädie

DuBois-Reymond stilisiert Müller zu einer Übergangsfigur von der ›vormodernen‹ zur ›avantgardistischen‹ Wissenschaft, und tatsächlich gelingt es ausgesprochen leicht, in dem biographischen Material naturphilosophische sowie im heutigen Sinne naturwissenschaftliche Elemente aufzufinden. Die klare Intention der Überwindung des Alten allerdings wird hier als eine von DuBois-Reymond unterlegte und konstruierte Entwicklungslinie verstanden, da sich bei Müller heterogene Methodenelemente in sehr eigener Koexistenz finden, also durchaus Loyalitäten zu ›vormodernen‹ Konzepten bestehen. Augenfällig wird dies vor allem mit dem Konzept der ›Lebenskraft‹, dem Müller zeitlebens anhing.

Müllers Arbeit an der Medizinischen Fakultät steht durch die ihm anvertrauten anatomisch-zootomischen Sammlungen vor allem im Zeichen der Materialverwaltung, also der Anordnung der Natur in feucht oder trocken präparierten, gezeichneten oder modellierten Einzelexemplaren.

nennt Haberling seine Vorlage für den detaillierten Begräbnisbericht vom 2. Mai 1858 nicht. Als Todesursache vermutet Haberling aufgrund einer brieflichen Andeutung Haeckels einen Selbstmord durch Morphin, auch andere Nachrufe erwähnen Müllers Selbstmedikation mit Opium.

Bereits als Professor an der Universität Bonn hatte Müller seine Qualitäten als professioneller Sammler unter Beweis gestellt. Anerkennend erwähnt DuBois-Reymond die Sichtungsleistung, die Müllers Drüsenwerk zugrunde lag, einer Revision der Entwicklungsstadien verschiedener Tierklassen, die umfassend ausfiel, wobei Müller, »zur Erwerbung anatomischen Materials, sich und die Seinen tatsächlich einmal vom Notwendigsten entblößte«.[89]

In Berlin eröffneten sich Müller ganz neue Möglichkeiten. Die Anatomische Sammlung war unter den Vorgängern Friedrich August Walter und Carl Asmund Rudolphi[90] auf etwa 7200 Objekte angewachsen. Müller selbst integrierte je 400 präparierte und nicht-präparierte Objekte aus seiner in Bonn zusammengebrachten Privatsammlung in das Museum, ohne dafür extra entlohnt zu werden, und erweiterte die Universitätssammlung um 12380 Einheiten.[91]

Die intellektuelle und physische Ordnungsarbeit an diesen Sammlungsstücken reguliert den Arbeitsalltag des Museumsleiters: »Hier auf dem Museum verbrachte er, überlegend, ordnend, umstellend, vergleichend, bestimmend, eintragend, stets einen großen Teil seiner Zeit.«[92] So verausgabte er sich beispielsweise bei der Rekonstruktion eines versteinerten Skelettes durch das Hin- und Hertragen von Steinblöcken.[93] War das hier geschilderte paläontologische Rätsel Müller als Jahrmarktssensation begegnet – man hatte es als urweltliche Riesenschlange Hydrarchus ausgestellt –, so begegneten ihm andere Forschungsthemen im Museum von Leiden oder durch misslingende Etikettierung in den eigenen Sammlungsräumen.

Im Vergleich zu den Kustoden der auf Kuriositäten ausgelegten Wunderkammern oder den Liebhaber-Sammlungen, die Bedingung einer Mitgliedschaft in der *Gesellschaft Naturforschender Freunde* waren, zeigt sich ein deutlicher Unterschied durch die Struktur der Anordnung. Im Vordergrund steht bei Müller nicht die Ausstellung, sondern die unermüdliche Vergleichsarbeit an den einzelnen Exemplaren. Wenn DuBois-Reymond hier richtig zählt, so hat sich Müller für seine Arbeit über die Nebenkiemen der Knochenfische 282 Gattungen beschafft,[94] für

89 DuBois-Reymond: Gedächtnisrede. S. 166.

90 Eine Gedächtnisrede auf seinen Vorgänger Carl Asmund Rudolphi hält Johannes Müller in der Akademie der Wissenschaften am 6. August 1835.

91 DuBois-Reymond: Gedächtnisrede. S. 275.

92 Ebd. S. 276.

93 Ebd. S. 238.

94 Ebd. S. 221.

einen Neuentwurf der Systematik der Vögel begnügte sich Müller nicht etwa mit den leichter handhabbaren Trockenpräparaten, sondern erwarb Weingeist-Exemplare aus aller Welt, »die allein unter den Passerinen der neuen Welt auf mehr als hundert Gattungen sich erstreckten«.[95]

Sie wurden nach dem Kriterium des Singmuskel-Apparates und der Hornbeschichtung der Füße in eine neue Klassifikation gebracht. Dieser Materialreichtum kontrastiert wirkungsvoll mit der Geschichte eines legendär gewordenen Tieres, des von Humboldt 1799 für das wissenschaftliche Europa entdeckten nachtaktiven Fettvogels Guacharo. Da zwar die Berichte aus den Höhlen Venezuelas bekannt wurden, die Belegexemplare aber bei ihrer gesonderten Rückreise Schiffbruch erlitten hatten und bis 1834 keine weiteren Tiere verfügbar waren, hatte Cuvier den Guacharo nicht in sein »Règne Animal« aufgenommen.[96] Dagegen hebt sich die Arbeit zu Müllers Zeiten bemerkenswert ab; er konnte gleich »mehrere Exemplare« untersuchen, die von einem Arzt aus Guadeloupe nach Europa versandt wurden.

Hierin machen sich die geänderten Rahmenbedingungen des Industriezeitalters bemerkbar: Müller bestellte die Untersuchungsgegenstände häufiger, als dass er sie entdecken musste. Diese neuartige Verfügbarkeit aber ändert den Status der Forschungsobjekte, die ihren Seltenheitswert verlieren. Durch engmaschigere Netzwerke und die Beschleunigung des Transports eröffneten sich der Wissenschaft neben erweiterten Möglichkeiten auch veränderte Wertigkeiten. Die biologischen Untersuchungen wurden machbarer und wurden nicht nur in entlegenen Regionen, sondern systematisch auch in allen verfügbaren Sammlungen durchgeführt. Diese enzyklopädische Untersuchungsform ist gleichzeitig möglich wie nötig geworden.

Typisch für Müller ist aber nicht nur sein Talent zur ›industriellen Enzyklopädie‹ auf der Ebene der naturgeschichtlichen Phänomene. Hinzu kommt ein professioneller Generalismus in Bezug auf die Untersuchungsfelder. DuBois-Reymond merkt diesen Zug seines Lehrers an, ohne ihn eigens zum Prinzip zu erheben:

> Der Plan, dessen Verwirklichung in Müllers Arbeiten man bewundern muß, ist eben die Universalität seiner Bestrebungen. [...] Ein unbemeistertes Gebiet der Wissenschaft ließ ihm keine Ruhe, wie Alexander oder Tamerlan ein unbesiegtes Volk. Bei erster Gelegenheit wurde es seinem Gedankenreich einverleibt; aber einverleiben hieß

95 Ebd. S. 234.
96 Ebd. S. 233.

> bei ihm immer zugleich allseitig prüfen, zweckmäßig umgestalten, bereichern, vertiefen, ausbeuten, in Beziehung setzen, so dass aus jeder solchen Erwerbung auch eine ihm eigene Frucht erwuchs.[97]

Müller wird als Kolonialist der Naturgeschichte bezeichnet, was sich auch in einem von Thomas Henry Huxley geprägten Ausdruck wiederholt, Müller sei der »Columbus und Cortez« der Erforschung der einfachen marinen Lebensformen gewesen.[98] Bei aller Achtung vor der umfassenden Forschungsleistung sind diese Vergleiche von einem leichten Unwillen über oberflächliche Aneignung und Besetzung von Themen nicht ganz frei. Eine Deutungsmöglichkeit für diese durch die enorm zahlreichen Veröffentlichungen dokumentierte Arbeitsweise Müllers ist auch hier ein ›industrielles‹ Selbstverständnis des Forschers, der eine relativ pragmatische Ausbeute der Probleme anstrebt, sie nicht löst, sondern lediglich befördert, hierin aber effizient und professionell vorgeht. Renato Mazzolini hat in dieser nüchternen und zügigen Art, überall das gesicherte Wissen zu etablieren, einen aristotelischen Zug gesehen.[99] Das von Mazzolini überzeugend dargestellte Interesse Müllers an Aristoteles ist zudem insofern von Bedeutung, als dieser antike Zoologe als Antidot zu den romantischen Spekulationen galt, die in Müllers erster Wirkungsstätte Bonn hoch im Kurs standen.[100]

Es gibt noch eine weitere Perspektive, in der Müllers naturkundlicher Rundumschlag nicht im Lichte eines modernisierten Arbeitens erscheint, sondern ganz im Gegenteil als Anhänglichkeit an das veraltende Versprechen des allumfassenden Wissens, an den ungeminderten enzyklopädischen Erkenntniswillen, der sich viel, nein alles davon verspricht, die unerschöpflichen Einzeltatsachen in der Übersicht letztendlich ganz zu verstehen. Und in der Tat lassen sich der Gedächtnisrede Hinweise auf eine sehr emphatische Systematik entnehmen, die unvermittelt neben dem professionellen Sammlungs- und Veröffentlichungsmanagement zu stehen scheint. Über Müllers taxonomische Arbeiten schreibt DuBois-

97 Ebd. S. 264.

98 Ebd. S. 246.

99 Mazzolini, Renato: Müller und Aristoteles. In: Johannes Müller und die Philosophie. Hg. v. Michael Hagner und Bettina Wahrig-Schmidt. Berlin 1992. S. 12-29.

100 Fuhlrott, Carl: Jussieus und de Candolles natürliche Pflanzensysteme, nach ihren Grundsätzen entwickelt und mit den Pflanzen-Familien von Agardh, Batsch und Linné sowie mit dem Linné'schen Sexualsystem verglichen. Für Vorlesungen und zum Selbstunterricht. Mit einer Vorrede von C. G. Nees von Esenbeck. Bonn 1829.

Reymond: »Hervorstechend ist darin [...] das Bestreben, durch auffinden absoluter Merkmale die praktischen Vorzüge der künstlichen Systeme mit den theoretischen Vorzügen der natürlichen Systeme zu verbinden.«[101]

Es ist bezeichnend für DuBois-Reymond, dass er die Möglichkeit dieser Synthese nicht anzweifelt. Die schon lange konkurrierenden Prinzipien der biologischen Taxonomie, das künstliche bzw. natürliche System, waren in den 1830er Jahren erneut zum Problem geworden und wurden im Pariser Akademiestreit zwischen den Parteien Georges Cuviers und Geoffroy Saint-Hilaires sehr grundsätzlich diskutiert. Goethe hatte der Kontroverse bekanntlich weltgeschichtliche Dimensionen beigemessen und die Ordnung der Natur für bedeutsamer gehalten als die Julirevolution, was DuBois-Reymond gelehrt im Nachruf anmerkt.[102] Eine Dimension des Streits war die Frage der Grundbaupläne des Tierreichs. Wo Cuvier, um Ordnung halten zu können, mehrere Baupläne einführte, erhielt die Gegenpartei die Suche nach dem idealen Bauplan und dem natürlichen System aufrecht. Dass das natürliche System auch bei Müller auf eine Art aufgeladen war, die jeden Pragmatismus zur Blasphemie werden ließ, gibt DuBois-Reymond an anderer Stelle zu:

> In der Systematik sah er nicht nur ein unentbehrliches Fachwerk, wodurch allein die Übersicht der zahllosen Tiergestalten möglich wird. Indem er den Verwandtschaften der Tiere nachging, hatte er nicht im Sinne, wie wenn man in einem unbekannten Familienkreise die Gesichter mustert, den Grund für einen künftigen Stammbaum des Tierreiches zu legen. Sondern im natürlichen System der Tiere, wie dessen Ideal ihm vorschwebte, forschte Müller, scheinbar mit voller Überzeugung, dem allgemeinen Plane nach, den die schaffende Macht von Anbeginn der organischen Welt, [...] bis in die menschenbelebten Tage der Jetztwelt verfolgt habe.[103]

Dennoch ist DuBois-Reymonds philosophisch unbefriedigender Vorschlag, dass Müller sowohl Cuvier als auch Saint-Hilaire recht gegeben habe, auf Äußerungen gestützt, die er 1834 in der damals wichtigen physiologischen Fachzeitschrift, die kurzerhand »Müllers Archiv« genannt wurde, veröffentlichte. Er gibt dort Cuviers empirischer Schärfe den Vorzug vor den analogischen und fehleranfälligen Verfahren seines Kontra-

101 DuBois-Reymond: Gedächtnisrede. S. 225.
102 Ebd. S. 223.
103 Ebd. S. 253.

henten, hält aber trotzdem an der Idee des einheitlichen Grundbauplans fest. Dabei verweist er auf eine deutsche Tradition der »vergleichenden Anatomie in philosophischem Sinn«, deren Geheimnis die Temporalisierung des Einheitsgedankens zur Entwicklungsgeschichte ist.[104]

Die Enzyklopädie büßt bei Müller wie es scheint ihre philosophische Tiefendimension nicht ein und wird trotzdem gekoppelt mit einem ehrgeizigen Veröffentlichungstakt, der überaus pragmatische Themenausbeute vorschreibt und damit auch eine gewisse Verflachung der Analyse. Die Beschränkung auf das technisch Mögliche und Machbare verstellt bei Müller aber keineswegs den Blick auf das Grundsätzliche. Enzyklopädie und Industrie gehen bei Müller eine ungewöhnliche Verbindung ein: Obwohl der Kreis des Wissbaren zu einer immer gleichgültigeren, abgekoppelteren, unüberschaubareren Überfülle anwächst, zielt Müllers technische Modernität wie seine organisatorische Professionalität auf ein organisches, ganzheitliches und einheitliches Konzept der Natur.

Mikroskopische Fischzüge

Neben der Sammlungstätigkeit im anatomischen Museum und der Lehre waren lange Perioden in Müllers Leben einem höchst attraktiven Arbeitsgebiet gewidmet: der Entdeckung des Generationenwechsels der Stachelhäuter (Seesterne, Seeigel, Seegurken), wozu zunächst ihre unerklärlichen Larvenstadien, die noch nicht mit den Adulttieren in Verbin-

104 Ebd. S. 223. Die Originalstelle aus Müllers Archiv 1834 lautet: »Betrachtet man die Kontroverse zwischen den beiden berühmten Mitgliedern der französischen Akademie über die Methode in den Naturwissenschaften, unabhängig von ihrem nationalen Interesse, so erleidet es keinen Zweifel, dass die Methode Cuviers es ist, welche den Naturwissenschaften dauernde und reelle Früchte bringt. Diese Methode ist so wenig bloß empirisch, daß, obgleich sie vor der Aufstellung von Gesetzen Scheu trägt, doch die Analyse der Fakta von einer beständigen, exakten, logischen Operation des Geistes abhängt. Dagegen der berühmte Geoffroy durch das Streben nach Analogien und Gesetzen, trotz allem Talent, Geist und Verdienste, sich oft und stark geirrt hat. [...] Aber die erhabene Gestalt, welche die Anatomie durch die Entwickelungsgeschichte und vergleichende Anatomie in philosophischem Sinne in der neuern Zeit vorzüglich in Deutschland erlangt hat, entspricht sehr wenig den Mängeln der Prinzipien, welche Cuvier bekämpft. Es ist wirklich nicht zu leugnen, dass die Natur bei jeder großen Abteilung des Tierreichs von einem gewissen Plane der Schöpfung und Zusammensetzung aus teils verschiedenen, teils analogen Teilen nicht abweicht, dass dieser Plan allen Wirbeltieren zugrunde liegt, dass sie sich Reduktionen und Erweiterungen der Zahl nur nach der individuellen Natur der einzelnen Geschöpfe ausnahmsweise erlaubt.« S. 3.

dung gebracht worden waren, an den Küsten Europas gefangen werden mussten. Das wichtigste Arbeitsinstrument dieser reiseintensiven Forschungen war das neu eingeführte Mikroskop, das bei Müller gleichzeitig mit dem Konzept der Metamorphose zum Einsatz kam; ein weiteres Beispiel dafür, dass ›moderne‹ Arbeitsweisen und ›vormoderne‹ biologische Grundvorstellungen in Müllers ›mikroskopischen Fischzügen‹[105] zusammengehen.

DuBois-Reymonds Beschreibung der morphologischen Arbeiten Müllers liest sich überaus fesselnd. Es sind zunächst die Arbeitsweisen, die durch Anschaulichkeit und pittoreske Elemente sehr gut in eine Narration überführbar sind, im Gegensatz etwa zu DuBois-Reymonds repetitiven Versuchen zur Muskelelektrizität. Zu einem gewissen Grade gibt die Spannung auf der Erzählebene aber auch die Logik der Forschungspraxis selbst wieder. Diese setzte sich aus attraktiven Bestandteilen zusammen: der Jagd zu Wasser, dem Mikroskopieren am Ufer, verblüffenden Lebensformen, großen biologischen Fragen, Reisen und Konkurrenz. Hans-Jörg Rheinberger hat darauf hingewiesen, dass dieses Experimentalsystem der »pelagischen Fischerei« auch deshalb besonders erfolgversprechend war, weil es sich als ein Netz erwies, in dessen Maschen sich das Unbekannte in großem Umfang verfangen konnte.[106]

Müller ist nur Teilhaber einer Aufbruchstimmung, die DuBois-Reymond für die 1840er Jahre registriert und die mit dem auf Süßwasser-Organismen spezialisierten Christian Gottfried Ehrenberg eine weitere Berühmtheit hervorgebracht hat. Was die Forschungsdynamik gerade bei Müller ausmacht, ist die Provokation, die die neuen Funde für das bestehende Wissen enthielten. Dann aber waren die neuen Probleme auch wieder flüchtig und nicht zu belegen, da die Exemplare unter dem Mikroskop schnell zerflossen, der Forschungsaufenthalt vorbei oder die Meeresströmung zu rau war, weil die von Müller eigens entworfenen Gazenetze hinter dem Ruderboot leer blieben, das folgende Entwicklungsstadium nicht aufzufinden war und die Nachzucht zunächst misslang.[107] Nicht mehr als fünf Mal zeigt sich bei Müllers erstem Aufenthalt auf Helgoland ein »Gebilde« zwischen den gefangenen Algen

105 Eine Formulierung DuBois-Reymonds S. 242, die von mir im Sinne von Hans-Jörg Rheinbergers »System der pelagischen Fischerei« verwendet wird. Rheinberger, Hans-Jörg: Vom Urphänomen zum System der pelagischen Fischerei. Über das Verhältnis von Physiologie und Philosophie bei Johannes Müller. In: Johannes Müller und die Philosophie. Hg. v. Michael Hagner/Bettina Wahrig-Schmidt. Berlin 1992. S. 125-143.

106 Rheinberger: ebd.

107 Vor allem zu den Fragen der Nachzucht vgl. ebd. S. 139.

und Polypen, dessen Benennung noch Müllers Überraschung spiegelt: *Pluteus paradoxus* – die paradoxe Staffelei.

Noch bemerkenswerter aber wurde der Fang in den folgenden Semesterferien, als Müller die Verwandlung dieser Echinodermenlarve in einen Schlangenstern nachvollzog. DuBois-Reymond fügt an, dass Steenstrup und Chamisso den Generationenwechsel von den bizarren Larvengebilden zu den bekannten Adulttieren bereits beschrieben hätten. Müller aber war der festen Ansicht, hier nicht einen bloßen Wechsel vor sich zu haben, sondern eine Metamorphose, die die Organe des Larvenstadiums in das Endstadium übernimmt und das Jungtier nicht zum bloßen Träger einer Knospung macht. Die Metamorphose ist hier weit mehr als eine Reverenz an Goethe. Sie verteidigt eine bestimmte Struktur des Unsichtbaren wie des Sichtbaren zugleich. Die sich umwandelnde Natur dieser Lebensformen wurde nicht nur an den Vorstufen des Schlangensterns belegt, sondern auch an den Seesternen, Seeigeln und schließlich an Hohltieren beobachtet.

Die größte Provokation in dieser Reihe aber stellte *Synapta digitata* dar. Müller schilderte seine Entdeckung, dass in Seegurken Schnecken heranreifen, also Weichtiere aus Strahltieren hervorgehen, als genuin schmerzhaft. Die Erkenntnis erzeugte:

> […] keineswegs jene freudige Aufregung, welche einen fruchtbaren Blick in die Natur oder die Entdeckung einer verständlichen und Verständnis bringenden Tatsache zu begleiten pflegt, vielmehr war der erste und bleibende Eindruck beunruhigend, verwirrend und demütigend zugleich. Ich fühlte im voraus, dass es mir die längste Zeit, oder vielmehr niemals gelingen würde, dasjenige zu verstehen, was das Zeugnis der Sinne täglich vorführte.[108]

DuBois-Reymond kann lebhaft nachfühlen, dass Müller sich von diesem Phänomen verunsichern lässt:

> Zwei Monate stand er so Schildwacht bei der »Hexerei von Schnecken«, wie er es nannte, und vielfach waren die Gedanken, die er sich diese Zeit über durch den Sinn gehen ließ. Er fühlte den Boden unter seinen Füßen wanken, dem er die Mühen seines halben Lebens an-

108 DuBois-Reymond: Gedächtnisrede. S. 250. DuBois-Reymond zitiert Müller aus der Vorrede zu seiner damals mit mehreren Preisen versehenen Abhandlung »Über Synapta digitata und über die Erzeugung von Schnecken in Holothurien« von 1852.

vertraut hatte. Er sah schon im Geiste das Gebäude der zoologischen Systematik, an dessen Ausbau er sich eifrig beteiligt, erschüttert und durch tiefe Risse gespalten.[109]

Die existenziellen Formulierungen sind auffällig. Ein einziger unbekannter Prozess in der Natur, ein einziger Fehler ist in der Lage, sehr viel zu stürzen. *Synapta digitata* war für eine Zeit ein destruktives Phänomen ersten Ranges. Müller wird in seinem Ringen mit verschiedenen Loyalitäten ausführlich vorgeführt: Zwar kann er den naheliegenden Erklärungen des Gesehenen nichts entgegensetzen, will aber auch alles Bisherige nicht preisgeben. Es läuft alles auf einen »Kompromiss mit dem Unerklärlichen«[110] hinaus, bei dem die Metamorphose nicht recht greifen will. Erneut in Müllers eigenen Worten:

> Vergleichbar dem Schild des Gottfried, welcher die Zauberin der Armida löste, muß der Schild des Generationenwechsels und der Metamorphose jedem scheinbaren Zauber der Natur hartnäckig entgegengehalten werden, so lange eine Spur von Hoffnung ist, ihn zu lösen [...] Wir sind schon auf diesem Felde an viel Wunderbares gewöhnt, welches sich noch demselben Gesetze fügen muß und wir mussten noch auf starke Stücke gefasst sein.[111]

Angesichts der aus Seegurken hervorgehenden Schnecken imaginiert sich Müller in eine Opernszenerie, die dem Drama der biologischen Grundauffassungen einzig angemessen erscheint. Im Entdeckungskontext Müllers betraf *Synapta digitata* die Frage der Entwicklungsbiologie (Konstanz der Arten), der Möglichkeit eines natürlichen Systems und schien ein Beleg zu sein für spontane Erzeugung von Lebewesen. Die *generatio aequivoca* war keine romantische Position, sondern spielte dem Lager der Materialisten in die Hände. Womöglich favorisierte DuBois-Reymond deshalb die letztere Erklärung, wie sich Rudolph Wagner, der Zeuge von Müllers Entdeckung in Triest war, pikiert erinnert.[112] Heute gilt das Phänomen als einfacher Fall von Parasitismus.

109 Ebd. S. 251.
110 Ebd. S. 255.
111 [Müllers Bericht]. In: Müllers Archiv 1852. S. 27. Zit. n. DuBois-Reymond: Gedächtnisrede. S. 254.
112 In den Worten des ›vitalistischen Staatsanwaltes‹ Rudolph Wagner: »Demohngeachtet hat DuBois-Reymond offenbar die Neigung, J. Müllers berühmte Entdeckung der Erzeugung von Schnecken in Holothurien noch jetzt, wo möglich auf generatio aequivoca zurückzuführen und, wie wir hören, auch in Vorlesun-

Dynamische Repräsentation

Auffällig an Müllers Arbeitsweise ist zudem ein hohes Bewusstsein für die Form der Repräsentation von Ergebnissen im Forschungsverlauf. DuBois-Reymonds Nebensätzen im Nachruf lässt sich entnehmen, dass Müller hier nicht nur sehr gezielt mit verschiedenen Techniken umging, sondern auch eine Präferenz für dynamische Darstellungen hatte. Im Zusammenhang mit Müllers erster Meeresküsten-Entdeckung, der Metamorphose der Stachelhäuter oder Echinodermen, erwähnt DuBois-Reymond ein sehr einfaches Anschauungsmittel:

> Eine mit Tinte bemalte Orange, die er stets bei sich trug, diente ihm, um das auf die ideale Kugelgestalt reduzierte oder mittlere Echinoderm, mit seinem Mund- und Apikalpol, [...] und Afterfeld zu versinnlichen; da er denn durch passende Drehungen aus dem Echinus, den die Orange bei senkrechter Stellung ihrer Achse vorstellte, vor unseren Augen die verschiedenen orientierten Gestalten der [...] Holothurien werden ließ.[113]

Um seinem Verständnis und dem seiner Zuhörer auf die Sprünge zu helfen, bediente sich Müller also eines Mediums, das er stets bei sich tragen konnte. Die materiale Repräsentation ist erst durch die Drehung vollständig und ermöglicht eine prozesshafte, filmische Vorstellung und ein Denken in Dynamiken, das Metamorphosen der Natur abzubilden vermag und damit auch den Wechsel von einem radiären zu einem symmetrischen Körperaufbau. Mit seiner Erklärung der Tierbaupläne der Stachelhäuter war Müller erst zufrieden, als er in der Lage war, ein entwicklungsfähiges Grundphänomen anzugeben, wie DuBois-Reymond resümiert: »Es kam vorzüglich darauf an, [...] die Urform eines Echinodermen anzugeben, aus der die Typen aller vier Abteilungen hervorgehen, endlich die radiäre Gestalt des Echinodermen mit Hilfe gewisser Merkmale auf eine bilateral symmetrische zurückzuführen.«[114] Dieses wurde durch die Orange repräsentiert. Es kam zu Müllers Zeit aber auch

gen als einen Beweis dafür hinzustellen. [...] Müller kam in den Tagen dieser Entdeckung, [in denen] ich mit ihm in derselben Locanda 1851 in Triest wohnte, zu mir in mein Zimmer mit den Worten; ›Ich muss sie rufen, um als Zeuge zu gelten, sonst glaubt man einem so etwas nicht.‹« Wagner, Rudolph: Bericht über die Arbeiten in der allgemeinen Zoologie und der Naturgeschichte des Menschen im Jahre 1861. In: Archiv für Naturgeschichte XXVIII (2)/1861. S. 47.

113 DuBois-Reymond: Gedächtnisrede. S. 247.

114 Ebd.

zur Fixierung der Larvenstadien, die mit sehr sprechenden Metaphern versehen worden waren, in statische Modelle, die in der anatomisch-zootomischen Sammlung zu bewundern waren.[115]

Neben der sprachlichen Repräsentation und den Hinweisen auf eigens angefertigte Modelle ist vor allen Dingen das Zeichnen ein unabdingbares Werkzeug bei Johannes Müller: »Keine Witterung vermochte etwas über ihn, außer wenn ein bleigrauer Himmel ihm das Licht zum Beobachten oder zum Zeichnen verkümmerte.«[116] Das Zeichnen wird mehrfach zu einer Art Führung des wissenschaftlichen Blicks:

> Müller beschloss nunmehr, [...] jenen Fisch [...] seinem Bau nach vollständig zu beschreiben, indem er Schritt für Schritt und Schicht für Schicht von der Oberfläche gegen die Tiefe vorzurücken, und von jeder Muskellage, die er zur Untersuchung der tieferen Teile wegzunehmen hatte, nach genauer Präparation Zeichnungen zu entwerfen gedachte.[117]

Zeichnen und Präparieren geben den Arbeitsablauf vor und spannen einen Zeitrahmen auf, in dem präziser gesehen werden kann. DuBois-Reymond beobachtet seinen Lehrer sogar dabei, wie er sich diesem durch die Instrumente angeleiteten Aufmerksamkeitsregime auch für kurze Zwischenphasen übergibt: »In der Viertelstunde zwischen zwei Vorlesungen setzte er sich freien Kopfes hin, und fuhr, leise vor sich hin singend, im Präparieren oder Zeichnen fort.«[118] Neben diesem erschließenden Zeichnen spielen die fertigen Abbildungen eine große Rolle für den Austausch zwischen den Wissenschaftlern, wie Müllers Bericht von seinem ersten Kongress, der *Versammlung Deutscher Naturforscher und Ärzte* in Berlin 1828, bezeugt:

> Den frühen Morgen kamen die Leute unserer verwandten Wissenschaften schon auf das Museum. Da wird nun alles was man interessantes erlebt hat, in Präparat oder Zeichnung vorgezeigt. [...] Um 8 Uhr abends beginnen die Privatversammlungen einzelner Abteilungen der Naturforscher in besondern Zimmern. Ich habe hier auch

115 DuBois-Reymond erwähnt in einer weit längeren Aufzählung von Sammlungsstücken: »die Modelle der abenteuerlichen Staffelei- und Rokokolarve der Seesterne, der Wunderschnecke aus der Synapta.« Ebd. S. 276.

116 Ebd. S. 280.

117 Ebd. S. 219.

118 Ebd. S. 266.

> einen Vortrag gehalten und die meisten meiner Zeichnungen über Drüsen vorgelegt.[119]

Bei diesen für die Öffentlichkeit oder den Druck des Drüsenwerks bestimmten 30 Zeichnungen erwähnt Wilhelm Haberling die Unterstützung Jakob Henles sowie Georg Windischmanns, eines Sohnes des Philosophen und Bildhauers Emil Cauer, der an der Universität Bonn Zeichenunterricht gab.[120] Aber auch in der Lehre nutzte Müller diesen einfachen Weg der Veranschaulichung:

> Dabei war Müller ein Meister des Zeichnens an der Tafel. Es war ein hoher Genuß, ihn eine sich entwickelnde Tierform durch eine Reihe von Zwischenstufen allmählich zur vollendeten Gestalt überführen zu sehen. Diese aus der unfehlbaren Sicherheit der Anschauung, die ihm eigen war, entspringende Fertigkeit ließ weder ihn noch seine Zuhörer die in England und Frankreich üblichen Wandtafeln vermissen, welche zwar viel Zeit ersparen, auch durch die Dauer des Eindrucks nützlich sind, dem Zeichnen an der Tafel aber an erläuternder Kraft insofern nachstehen, als die Zuhörer die Dinge nicht gleichsam vor ihren Augen werden sehen.[121]

Möglich ist, dass Müller der ausländischen Tafelwerke einfach nicht habhaft werden konnte. Dennoch fügt sich die langsame Entwicklung organischer Körper an der Tafel, die bei ihrer Genese betrachtet werden können, gut in den Gesamteindruck, dass Müller dynamische Repräsentationen aus methodischen Überzeugungen favorisierte. Großen Wert legte er auch auf genaue mentale Repräsentation, wie sich DuBois-Reymond erinnert:

> Auch geschah es, dass er mir die Beschreibung einer verwickelten Form vorlas, ohne mir den Gegenstand zu zeigen, und mich dann ihn zeichnen ließ, um sicher zu sein, dass seine Beschreibung die richtige Vorstellung erwecke.[122]

In dem Bericht geht es um die Übersetzung eines Organismus in sprachliche Form, und die zitierte Passage steht im Kontext der Berichtigung

119 Brief Johannes Müllers an seine Frau Nanny Müller vom 27. September 1828. Zit. n. Haberling, Wilhelm: Johannes Müller. S. 92.

120 Haberling, Wilhelm: Johannes Müller. S. 82.

121 DuBois-Reymond: Gedächtnisrede. S. 272.

122 Ebd. S. 268.

einer von Müller für den Druck vorgesehenen Beschreibung. Dennoch zeigt sich neben der sorgfältigen Informationsvermittlung ein großes Bewusstsein für die Tatsache der mentalen Repräsentation. An anderer Stelle wird dies im Negativ deutlich. Nämlich da, wo Müller eine konkrete visuelle Darstellung zurückhält, obwohl er das fossile Wirbeltier-Skelett des Hydrarchus zufriedenstellend rekonstruiert hatte:

> Ungern vermisst man […] eine Abbildung des restaurierten Skeletts, und eine Skizze des Tieres, wie es im Leben ausgesehen haben mag. Dass Müller dem Reiz widerstand, eine solche zu veröffentlichen, ist für die Vorsicht, zu der er gelangt war, nicht wenig bezeichnend. Denn er hatte mehrere solcher Skizzen entworfen, an deren ›lebensfähigem‹ Aussehen er sich freute, und die gewiß […] von der Wahrheit nicht weiter sich entfernten, als Cuviers berühmte Skizzen des Palaeotherium und Anoplotherium in den »Recherches sur les Ossemes fossiles«.[123]

Das erwähnte Prachtwerk Cuviers war für seine Abbildungen berühmt, was DuBois-Reymonds Bedauern entschlüsselt, der sich stets für opulente, saubere und beeindruckende Kupferstiche empfänglich zeigte und seine eigenen wissenschaftlichen Arbeiten äußerst ästhetisch gestaltete. Müller dagegen hat 1847 die Illustrationen entweder aus wissenschaftlicher Vorsicht zurückgehalten oder aus Widerstreben, die Ergebnisse allzu rhetorisch und plakativ zu fixieren. Für den Verfasser einer längeren Studie »Über die phantastischen Gesichtserscheinungen« dürfte, selbst wenn sie Jahre zurücklag, die Verbildlichung von Ergebnissen ein Feld mit vielen Variablen gewesen sein. Die wenigen Spuren im Nachruf DuBois-Reymonds machen es sehr wahrscheinlich, dass auch der späte Müller noch durch seine vehementen Erstveröffentlichungen geprägt war.

Müller richtete sich bereits in seiner Antrittsvorlesung gegen das zu schnelle und zu oberflächliche Sehen in der vergleichenden Anatomie, das »jede höhere Anfrage unvorgesehen durch den Sinn für die Curiosität, für die unbegriffene Merkwürdigkeit abfertigt«, das zur »Befriedigung einer gesetzeslosen Neugierde« Tiere zerlegt und durch dessen flache Produktionen die Wissenschaft »bald zu einem Chaos von Erkenntnissen gewachsen sein wird, in denen kein lebendiger Gedanke ist«.[124] Posi-

123 Ebd. S. 239.

124 Müller, Johannes: Von dem Bedürfnis der Physiologie nach einer philosophischen Naturbetrachtung. Bonn 1825. S. 29.

tive Referenzpunkte für das, was eine vertiefende Betrachtung leisten kann, sind beim frühen Müller Goethe, die Griechen, Kielmeyer und der Entwicklungsbiologe Kaspar Friedrich Wolff.[125] Auch wenn die Begriffe Phantasie, Einbildungskraft, Dichtungsvermögen und geistige Form von Müller selbst in etwas zu lebhafter Bedeutung verwendet werden, um die Identifikation einer klaren erkenntnistheoretischen Position zu ermöglichen, ist die Tendenz überwältigend klar. Es ist Müller um eine philosophische Empirie zu tun, die sich vom bloßen Induktivismus abgrenzt und die aus der vergleichenden Erfahrung dynamische mentale Repräsentationen gewinnt. Für den frühen Müller ist wissenschaftliche Erkenntnis die Folge einer Synchronisation der Phantasie und der Natur. Das bildnerische Vorstellungsvermögen fällt in diesem Idealzustand mit den Grundformen der Organismen in eins. Deshalb kritisiert Müller auch besonders scharf die plumpen Metamorphosen eines Petrus Camper, der als Anatom und Vorläufer der Kraniometrie das ›Urphänomen‹ in Vorträgen leichtfertig aufmalt:

> Eingenommen von dieser Idee wagt Peter Camper auf der schwarzen Tafel den Hund in ein Pferd, dieses in eine Kuh, das Säugethier in einen Vogel zu verwandeln. Wenn deine Phantasie nach den Begriffen der Formen thätig ist, so fällt es dir nicht ein, Flügel dem Pferde anzudichten, die Menschengestalt mit dem Rumpf des vierfüßigen Thiers zu verbinden.[126]

Müllers frühe Überzeugungen sollten nicht einfach auf die späteren Phasen übertragen werden. DuBois-Reymonds Andeutungen über Müllers Handhabung der Bilder zeigen jedoch eine große Spannweite und einen hohen Reflexionsgrad vom forschenden Zeichnen über prozessuale Tafelbilder bis hin zu mentalen Vorstellungen und dreidimensionalen Dar-

125 Dabei zeigt sich Müller vor allem mit dem experimentierenden Entwicklungsbiologen Wolff im Einklang, dessen Rationalismus relativ tolerant, ja sogar humorvoll angekündigt wird: »Cartesius, dieser große Mann, der uns fast kein wahres Wort gesagt hat, und der dem ungeachtet bis zum Bewundern groß ist, entdeckte zuerst die Falle, worin sich vor ihm alle Philosophen gefangen hatten. […] Darin besteht der Verdienst, dass er gesagt hat, wie eine Erklärung zu sein hat« (S. 6). Descartes' Zeugungstheorie wird von Wolff verworfen, denn »er wusste noch nichts vom Versuch« (S. 6). Wolff, Kaspar Friedrich: Theorie von der Generation. In zwei Abhandlungen erklärt und bewiesen. (Theoria Generationis). Hildesheim 1966. [Berlin, Halle 1764/1759]

126 Müller, Johannes: Über die phantastischen Gesichtserscheinungen. Koblenz 1826. S. 104.

stellungen, die noch immer als Zeichen dafür gewertet werden können, dass Müllers Forschungsergebnisse häufig auf der Ebene dynamischer und bildlicher Repräsentationen angesiedelt waren.

Berliner Experimente und Laboratorien

Im Gegensatz zu den interessanten, aber verstreuten Randbemerkungen über Verbildlichung ist das Experiment als Hauptinnovation der physiologischen Arbeitsweise ein zentrales Thema des Nachrufs. Müller gilt bis heute, neben François Magendie, Lazzaro Spallanzani und Jan Evangelista Purkinje, als Begründer der experimentellen Forschung in der Medizin. Während aber Müller Experimente benutzte, erhebt DuBois-Reymond sie zu einer Chiffre für Naturwissenschaft und stiftet um den verstorbenen Vorgänger einen modernen Mythos. Zu diesem gehört, neben vielen anderen Dingen, auch eine Dunkelheit, aus der der Pionier der experimentellen Physiologie sich hervorkämpfen musste:

> Wie Müller, zu Anfang seiner Laufbahn, in die ihn umgebende Wildnis verstrickt wurde; wie er sich mühsam, allmählich, zur Klarheit hindurchwand; wie er zuletzt als Sieger ungeschwächt aus dem Irrsal hervortrat: das ist der Faden gewesen, an welchen unsere bisherige Darstellung sich geknüpft hat. Er, der Schüler jenes Kastner, der an den Brunnengeist glaubte, und jenes Nees von Esenbeck, dessen hirnverbrannte Dithyrambe über die Farben der Blumen Gilbert, der zornige Ankläger der falschen Naturphilosophie, zum Hohn und warnenden Beispiel in seinen Annalen abdruckt; er, der einst in gläubiger Minderjährigkeit den Versuch und die verständige Zergliederung in der Physiologie verketzert hatte: er hat sich jetzt an die Spitze derer aufgeschwungen, die kein anderes Prinzip der Naturforschung gelten lassen; als die Induktion, und die in der Morphologie nicht den letzten Zweck der Forschung, sondern nur eine notwendige Vorstufe, die Grundlage aller Erkenntnis des Lebens erblicken, auf welcher mit Hilfe von Beobachtung und Versuch die Tätigkeit des Physiologen erst beginne.[127]

Während unzweifelhaft Müller ein großes Verdienst zukommt, was die Einführung von Experimenten in die Lebenswissenschaften und Medizin angeht, kündigt sich in diesem Zitat bereits die von DuBois-Reymond intendierte Schwarz-Weiß-Zeichnung an, die Müller zugleich zum

127 DuBois-Reymond: Gedächtnisrede. S. 203.

Überwinder der Naturphilosophie macht. Diese absolute Bindung von Experimenten an ein immanentes, materialistisches Naturverständnis ist eine Gleichung, die auf DuBois-Reymond zutrifft. Das Experiment ist für ihn, wie zu zeigen sein wird, die privilegierte wissenschaftliche Praxis, eine Waffe im Kampf gegen den Vitalismus, ein Zeichen der Modernität und insgesamt ein Zentralbegriff der moderneren Naturwissenschaft, dessen kulturelle Valenzen und Aufladung entlang DuBois-Reymonds Rede aufgesucht werden sollen.

Die Bruchlinie zwischen Müller und DuBois-Reymond verläuft dort, wo Müller zur Gründungsfigur einer Physiologie aufgebaut wird, die den Organismus ausschließlich mit den Kraftbegriffen der Physik und der Chemie erklären will, weshalb sie sich nicht mehr länger auf das Sezieren verlässt, sondern, wie die gewählten Leitwissenschaften, verstärkt auf Versuche setzt. Dass es sich hier um eine Vereinnahmung handelt und DuBois-Reymond sein eigenes Programm bzw. das der ›organischen Physiker‹ der Autorität des verstorbenen Lehrers unterschiebt, zeigt eine spätere Bemerkung DuBois-Reymonds. Er wäre der Letzte, dem verborgen geblieben wäre, dass Müller zwar ein experimentierender Physiologe, keinesfalls aber ein physikalischer Physiologe war. In DuBois-Reymonds Nachruf auf Helmholtz kommt dieser Unterschied zwischen Müller und seinen Schülern in aller Deutlichkeit zur Sprache und auch die wichtige Funktion, die dabei Helmholtz' Energieerhaltungssatz spielte:

> Die Lehre von der Erhaltung der Kraft, oder, wie wir jetzt zu sagen vorziehen, der Energie, wurde aber auch in der Biologie von bahnbrechender Bedeutung. Sie erklärte den Stoffwechsel im Tierkörper, der dem Vitalismus stets eine unüberwindliche Schwierigkeit geboten hatte, und erteilte dem Truggebilde einer Lebenskraft den letzten Stoß. Die Gruppe von Müllers Jüngern, zu der Helmholtz sich hielt, war es, welche, obschon zu den Füßen des Meisters sitzend, sich doch von seinen vitalistischen Träumereien losgesagt hatte und jenes Truggebilde nach allen Richtungen zu erschüttern sich bemühte.[128]

DuBois-Reymond verrät hier, dass Müller sich im Gegensatz zu seinen Schülern keineswegs an den Prinzipien der Physik und Chemie orientierte, in denen vitalistische Konzepte wie die Lebenskraft von vornherein ausgeschlossen waren. Selbst wenn Müller die ausschließliche

128 DuBois-Reymond, Emil: Gedächtnisrede auf Hermann von Helmholtz. Gehalten in der Akademie der Wissenschaften am 4. Juli 1895. Leipzig 1897. Zit. n. Physiker über Physiker. S. 74.

Ausrichtung auf die romantische Naturphilosophie oder die subjektive Physiologie hinter sich ließ, hat er ›vormoderne‹ Wissenschaftselemente zeitlebens beibehalten.

Experimente hat Müller allerdings stets eingesetzt. Der Nachruf bewegt sich auf dem Boden der Tatsachen, wenn er die prämierte Meisterleistung des Studenten zur Atmung von Föten erwähnt, die auf Lebendversuchen an schwangeren Versuchstieren beruhte (1823). Zudem ist einer der frühesten wissenschaftlichen Erfolge Müllers, die Bestätigung des Bell'schen Lehrsatzes, durch den gelungenen Einsatz von Fröschen als Versuchstieren so unwidersprechbar belegt worden, dass man Müller (nach gekonnt aufgeführten Demonstrationsversuchen) selbst im Ausland sofort Respekt zollte.[129] Bekannt sind zudem Müllers Experimente zur Blutuntersuchung von 1831. Kurz darauf beginnt das »Handbuch der Physiologie des Menschen« zu erscheinen, das vor allem wegen der vielen eigenen Beobachtungen, der Versuchsbesprechungen und -protokolle zu einem europäischen Standardwerk der Medizinerausbildung avancierte. Zudem werden bei Müller die Studenten im Labor unterrichtet. Es kann also kein Zweifel bestehen, dass Müller das Experiment mit in die organischen Wissenschaften vom Menschen (Medizin, Anatomie, Physiologie, Pathologie) eingeführt hat.

Wie sich aber ebenfalls an einem Experiment zeigen lässt, hat sich Müller deshalb aber nicht gänzlich auf den materialistischen Boden gestellt, zu dessen Eroberer ihn DuBois-Reymond in dem Nachruf stilisiert. Unterschlagen wird bei der Konstruktion dieses scharfen biographischen Bruchs, dass Müllers radikalste Versuche in die romantische Phase fallen. Die Selbstexperimente der »subjektiv-physiolgischen Periode« sind in Müllers Bonner Antrittsvorlesung »Von dem Bedürfnis der Physiologie nach einer philosophischen Naturbetrachtung« von 1825 niedergelegt.

129 Bisher hatte man an Säugetieren vergeblich experimentiert. Erst an Müllers Fröschen ließ sich zeigen, dass die an der Wirbelsäule austretenden Spiralenerven verschiedene Funktionen haben: Die motorischen Nervenstränge leiten den Reiz zu den Muskeln, wenn die Leitungsbahn nicht durchtrennt wird, die sensiblen Nerven leiten die Reize von der Peripherie ans Rückenmark. Wie für erfolgreiche Versuche üblich, wurden sie in Stockholm und Paris wiederholt und wie es überzeugten Institutionen entspricht, erhält Müller für diese 1823 begonnenen und 1831 veröffentlichten Untersuchungen eine Auszeichnung von der *Académie des Sciences*. DuBois-Reymond: Gedächtnisrede. S. 167f. Erwähnt wird auch der Beweis François Magendies von 1822, nach dem der Lehrsatz heute mitbenannt ist, allerdings referiert DuBois-Reymond, dass niemand von Magendies Belegen überzeugt war und der endgültige Beleg erst durch Müllers Versuchsanordnung gelang, was in Frankreich anders gesehen wurde.

Der neu berufene Mediziner bezieht dort sowohl gegen die spekulative, naturphilosophische Richtung, für die Bonn als romantische Universitätsgründung stand, als auch gegen die experimentelle, vivisektionsverliebte, französische Physiologie eines Magendi Stellung und beruft sich mehrfach positiv auf Goethes »Der Versuch als Vermittler von Subjekt und Objekt«, in dem eine Alternative zu Newtons Experimenten entworfen wird.

Müllers Experimente arbeiten auch später zuweilen an der Grenze dessen, was mit einem naturwissenschaftlichen Erklärungsstandard vereinbar ist, was DuBois-Reymond nicht verschweigt:

> Ein früher auf dem anatomischen Museum befindliches, aus Glasröhren gebogenes Multiplikatorgewinde verriet, wie Müller dran gedacht habe, ob nicht das Nervenprinzip vielleicht nur durch Flüssigkeiten abgeleitet und zur Wirkung auf die Magnetnadel gebracht werden könne.[130]

Das Nervenprinzip war bei Müller allerdings nicht einfach Elektrizität. Nach der von Müller entwickelten Lehre von den spezifischen Sinnesenergien machte sich in diesen Kraftfeldern nichts Geringeres als das Lebensprinzip bemerkbar, das Müller allem Anschein nach aber für experimentell handhabbar hielt.

Entgegen der rhetorischen Schwarz-Weiß-Zeichnung DuBois-Reymonds wird eine komplexere Lesart Müllers der Analyse zugrunde gelegt. Die vorgeschlagene Perspektive ist, dass Müllers Biographie sich nicht eignet, den naturwissenschaftlichen Mythos zu illustrieren, dem zufolge ein Stadium wirrer Phantastik überwunden wird, um in geläuterter, gesunder und wahrer Empirie zu münden. Mit vielen Autoren gehe ich davon aus, dass Müllers Forschungen von Anfang an ausschließlich an den Phänomenen orientiert waren und damit den Forschungsbedingungen der Zeit entsprachen, dass Müller aber ein unübliches Verhältnis zur Philosophie und zur Phantasie bis zu einem gewissen Grade beibehielt. Müllers Vitalismus zeichnet sich durch eine ausgesprochene Materialgenauigkeit aus und eignet sich von daher nicht, DuBois-Reymonds dogmatisches Methodenpathos abzubilden, bei dem das Experiment Argument und Produzent des physiologischen Materialismus wird.

Um die Tragweite und Aufladung des physiologischen Experiments in den 1840er Jahren zu verstehen, ist zunächst ein Blick auf die in Berlin bekannten Institutionen und die von ihnen gestifteten sozialen Kreise

130 Ebd. S. 192.

wichtig. Anschließend wird der Forschungsversuch in seiner Dynamik vom Demonstrationsversuch unterschieden, wobei die Frage nach den hier erzeugten Evidenzen im Vordergrund stehen wird.

Das Laboratorium, das Müller in den Räumlichkeiten der Tierarzneischule aufbaute, gehört zu den bedeutenden Bildungsanstalten der Zeit, und die dort ausgebildeten Physiologen und Anatomen wurden sehr erfolgreich.[131] Es soll aber dem Eindruck widersprochen werden, dass Johannes Müller in Berlin der einzige Hochschuldozent war, bei dem die Studenten Begeisterung für das Experimentieren entwickeln konnten. Für eine kurze Kartographie der Institution Labor ist die Chemie zu berücksichtigen, unbedingt aber auch die Physik, da beide Disziplinen es weit vor den Lebenswissenschaften zu Forschungslaboratorien und Lehrexperimenten brachten. Zudem finden sich in Briefen aus DuBois-Reymonds Studienzeit die Namen der Berliner Physikprofessoren Heinrich Wilhelm Dove und Gustav Magnus weit häufiger und weit positiver genannt als Müller. Auch DuBois-Reymonds engster Kollege Hermann Helmholtz erinnert sich »als dankbarer Schüler, als Freund, als Amtsnachfolger des Geschiedenen« sehr lebhaft an den Physiker Magnus und beschreibt dessen Experimentalvorlesung mit folgenden Worten:

> Ich weiß mich aber auch sehr wohl noch des Erstaunens und der Bewunderung zu erinnern, mit der wir, als Studenten, ihn experimentieren sahen. Nicht bloß, dass alle Experimente glänzend und vollständig gelangen, sondern sie störten und beschäftigten ihn scheinbar gar nicht in seinen Gedanken. Der ruhige und klare Fluß seiner Rede ging ohne Unterbrechung vorwärts; jeder Versuch trat an seiner Stelle ein, vollendete sich rasch, ohne Hast und ohne Stocken und wurde wieder verlassen. [...] Mit eigentümlicher Kunst gruppiert er die äußerst mannigfaltigen Erscheinungen, so dass das ähnliche in ihnen übersichtlich heraustritt und eine die andere erläutert.[132]

Gustav Magnus hatte von 1845 bis 1870 den Lehrstuhl für Technologie, später Physik an der Berliner Universität inne und war vor allem deshalb zu solch eleganten Demonstrationen fähig, weil er ein nicht unerhebliches Privatvermögen auf Instrumente verwendet hatte. Mehr noch, Magnus ermöglichte jungen Naturwissenschaftlern unterschiedlicher Provenienz in seinem Privatlabor eigene Experimente durchzuführen, erst

131 Otis, Laura: Müller's Lab. Oxford 2007.

132 Helmholtz, Hermann: Gedächtnisrede auf Gustav Magnus. In: Abhandlungen der Akademie der Wissenschaften 1871. S. 4, S. 17.

später wurde die Sammlung von der Universität angekauft. In Magnus' Haus existierte schon früh etwas, das Helmholtz als seines Wissens erstes physikalisches Schulungslabor anspricht.[133]

Die Bedeutung, die der Errichtung der Schulungs- und Forschungslaboratorien für die Wissenschaftsentwicklung des 19. Jahrhunderts zukommt, ist nicht hoch genug einzuschätzen. Die Vorreiterrolle für den Aufbau größerer Laboratorien wird der Chemie zugeschrieben, in Deutschland Justus Liebigs Gießener Forschungslabor, in dem Anwendbarkeit im Vordergrund stand. Auffällig an Gustav Magnus ist ebenfalls eine große Nähe zur Technologie. Friedrich Wöhler, der zu dieser Zeit am Berliner Gewerbe-Institut lehrte, berichtet von einer mit Magnus erlebten Reise nach Frankreich: »Unser Hauptzweck war, Fabrikationen aller Art, besonders die chemischen, kennen zu lernen.«[134] Ähnlich klingt Wöhlers Bericht von der Englandreise, an der neben Magnus mit Gustav Rose ein weiterer Berliner Naturwissenschaftler teilnahm:

> Wir besuchten viele technische Etablissements in Worcester, Birmingham, Manchester; auch nach Liverpool fuhren wir, und zwar auf der Eisenbahn, der ersten, die unser Erstaunen erregte und die noch die einzige in England war. Faraday, der uns auf das Liebenswürdigste aufnahm und uns persönlich in mehrere Fabriken führte, hatte uns mit Empfehlungen versehen.[135]

Es war also nicht unbedingt das berühmte Laboratorium Faradays, sondern immer zugleich der praktische Umgang mit den Materialien in der modernen Industrie, der sich mit der Institution Labor verknüpfte. Der Kontext des Experimentierens ist die seit den 1830er Jahren auch in Berlin greifende Gewerbefreiheit. Die Wissenschaft jagt dabei nicht bloß Patente und liefert Produkte. Sie wird auch mit metaphorischen Denkmodellen versehen, wie Laura Otis in ihrer Engführung von Telegrafen- und Nervensystem gezeigt hat.[136]

133 Ebd. S. 3.

134 Friedrich Wöhler zit. n. Hofmann, August Wilhelm: Zur Erinnerung an Gustav Magnus. Nach einem am 14. December 1870 in der General-Versammlung der deutschen Chemischen Gesellschaft zu Berlin gehaltenen Vortrage. Berlin 1871. S. 12.

135 Hofmann: Magnus. S. 11.

136 Otis, Laura: The Metaphoric Circuit: Organic and Technological Communication in the Nineteenth Century. In: Journal for the History of Ideas 63(1)/2002. S. 105-128. Auf denselben Kreis von Wissenschaftlern bezogen: Lenoir, Timothy:

Gustav Magnus selbst hatte nicht nur Faraday besucht, sondern war auch 1826 zu einem Forschungsaufenthalt bei Berzelius in Stockholm gewesen. Dieses Labor war wie das von Liebig legendär, wie man sich noch gegen Ende des Jahrhunderts zurückerinnert:

> Die äußeren Mittel, welche die Stockholmer Akademie der Wissenschaften für den chemischen Unterricht bot, waren nichts weniger als reichlich bemessen. Wer hätte nicht von den primitiven Einrichtungen des Berzelius'schen Laboratoriums gehört, von den kleinen fast dürftig ausgestatteten Räumen, in denen der berühmte Schwede arbeitete, und von den einfachen ökonomischen Apparaten, mit denen er seine großen Erfolge erzielte? Aber gerade diese Beschränkung der äußeren Verhältnisse war die Quelle der innigen Beziehungen, in welche Berzelius zu seinen Schülern treten konnte, und die sich weit über die Zeit des persönlichen Verkehrs hinaus erhalten haben.[137]

Auch Magnus bleibt noch lange in Briefkontakt mit seinem Lehrer, und es gelingt auch ihm in Kolloquien, Vorlesungen und in seinem Privatlabor am Kupfergraben einen Zusammenhalt zu stiften, der auf Neigung ebenso wie auf notwendiger Zusammenarbeit basierte. Sein berühmtes Kolloquium stand seit 1843 auch für technisch versierte Offiziere wie Werner Siemens offen. Für sein Haus war kennzeichnend, dass internationale Gelehrte auf die Berliner Eliten trafen und sich ein erhebliches soziales Kapital versammelte.[138] Dass Hofmann in seinem Nachruf auf Magnus nicht leere Komplimente macht, plausibilisieren die Erinnerungen in Werner Siemens' Autobiographie. Ihr sind hochachtungsvolle und reservierte Worte über die Berliner Akademie zu entnehmen, in der man den Ingenieur ohne Universitätsbildung zwar anhört, aber ihn seinen mangelhaften Ausbildungsgrad spüren lässt. Das Kolloquium bei Magnus allerdings beschreibt er als Milieu, in dem jeder Produktive ganz integriert wurde:

Helmholtz and the Materialities of Communication. In: Osiris 9/1994. S. 185-188.

137 Hofmann: Magnus. S. 8.

138 »Wer immer, dem es vergönnt war mit diesem gastlichen Hause zu verkehren, erinnerte sich nicht mit lebhaftem Interesse jener glänzenden und doch so zwanglosen Soiréen, in denen sich eine Menge von Elementen zusammenfand, die sonst vielleicht nur selten zu einander in Beziehung traten, in denen zumal auch fremde Gelehrte, die sich in Berlin aufhielten, niemals fehlten?« Hofmann: Magnus. S. 14.

> Diese unvollkommene Vorbildung für wissenschaftliche Studien hat mich zu meinem großen Schmerze überhaupt immer sehr zurückgehalten und meine Leistungen verkümmert. Umso dankbarer bin ich einigen meiner früheren Lehrer, unter denen ich die Physiker Magnus, Dove und Rieß hervorheben will, für die freundliche Aufnahme in ihren anregenden Umgangskreis. Auch den jüngeren Berliner Physikern, die mich an der Gründung der physikalischen Gesellschaft teilnehmen ließen, habe ich vieles zu danken. Es war ein mächtig anregender Kreis von talentvollen jungen Naturforschern, die später fast ohne Ausnahme durch ihre Leistungen hochberühmt geworden sind. Ich nenne nur die Namen DuBois-Reymond, Brücke, Helmholtz, Clausius, Wiedemann, Ludwig, Beetz und Knoblauch.[139]

Betont wurde die Teilnahme und Inanspruchnahme von Präzisionsmechanikern wie Johann Georg Halske, auf deren eminente Bedeutung für die kommende Erfolgsphase der Laboratorien in Berlin Otto Sibum hingewiesen hat.[140] Die von Siemens erwähnte Physikalische Gesellschaft entwickelt sich aus dem physikalischen Kolloquium im Hause Magnus. Sie ist der wichtigste Personenkreis für die Formierung eines neuen Denkkollektivs mit eigenen Prioritäten, wofür die anfängliche Offenheit für Praktiker und außeruniversitäre Praxis, also die Missachtung von akademischer Hierarchie und Schriftgelehrtentum, ein Anzeichen sein kann. Die *Physikalische Gesellschaft* trat nach Horst Kant von Anfang an programmatisch auf: »Ihr um 1847 entwickeltes Programm war, eine neue Physiologie auf chemisch-physikalischer Grundlage aufzubauen und ihr den gleichen wissenschaftlichen Rang wie der Physik zu geben.«[141]

139 Siemens, Werner von: Lebenserinnerungen. München 1956. (Nachdruck der Ausgabe 1892) S. 38, S. 42. Siemens trennt beide Kreise: das Magnus-Kolloquium und die sich daraus entwickelnde *Physikalische Gesellschaft*. Annett Fiedler führt Quellen an, die zeigen, dass Magnus selbst über den neuen Verein nicht erfreut war, und einzelne Physiker aus Rücksicht auf Magnus nicht an dem neuen Vereinsleben teilnahmen oder sonst regelmäßig beide Kolloquien besuchten. Fiedler, Annett: Die Physikalische Gesellschaft zu Berlin. Aachen 1998. S. 35f.

140 Sibum, Otto H.: Experimentalists in the Republic of Letters. In: Science in Context 16(1/2)/2003. S. 89-120.

141 Kant, Horst: Ein ›mächtig anregender Kreis‹ – die Anfänge der Physikalischen Gesellschaft zu Berlin. Berlin 2002 (= preprint des MPIWG 202) S. 12. Gründungsmitglieder: Wilhelm Beetz, Emil DuBois-Reymond, Ernst Brücke, Wilhelm Heintz, Gustav Karsten und Hermann Knoblauch. Ende des Jahres 1945

Sven Dierig entwirft eine Geschichte der Experimentalisierung, die auf weit mehr beruht als auf Institutionalisierungsprozessen und der Ausdifferenzierung interner Wissenschaftslogiken. Er schreibt vielmehr eine *urban history of science* der experimentellen Physiologie, in welcher die Phantasmen der Maschine ebenso eine Rolle spielen wie die Straßenbahnen, die logistischen und olfaktorischen Probleme der Versuchstierhaltung ebenso wie der effektvolle Neubau des Physiologischen Instituts, hellenisierende Sportsfreunde und Architekten ebenso wie die Feinheiten der Turnerkultur, die Fabrik ebenso wie der gegen sie rebellierende Handwerkerroman. Das naturwissenschaftliche Labor ist bei Dierig »Verdichtung urbaner Gesellschaft, Arbeit und Technik«.[142] Die moderne Stadt schreibt sich direkt in die Laborpraktiken und damit die Wissenschaftsentwicklung ein. Von dieser Fähigkeit der zentralen Kategorie des Experiments von *images of knowledge* angereichert zu werden, davon zeugen auch die Arbeiten Michael Gampers.[143]

Die Offenheit des Physikers Gustav Magnus für die Fertigungshallen Berlins – er bot industrielle Exkursionen an – erschließt sich bereits aus den oben genannten Stellen. Auch die Experimente Heinrich Wilhelm Doves, der zwei Jahre nach Müller in Berlin Physik zu lehren begann und dessen Name in DuBois-Reymonds Briefen mit Ausrufezeichen versehen ist, fügen sich in den von Dierig aufgespannten Rahmen. In einer seiner Rektoratsreden sind ausgesprochen ähnliche Elemente versammelt wie in dem ein Jahr später erschienenen Nachruf auf Müller. Er zitiert mit Kunst und Wissenschaft vor allem die mechanischen Errungenschaften, Industrieausstellungen, England, lobt Lokomotiven und Telegrafen, die alle aus Berlin kommen, einem Ballungsraum, der in 30 Jahren seine Einwohnerzahl verdoppelt hatte.[144] Diesem industriellen Kontext entsprechen zwei Prinzipien, die er der Wissenschaft in seiner Gelegenheitsrede obenan setzt: den Zweifel und das Experiment. Sehr nahe an diesen epistemologischen Maschinen liegt der affirmative Umgang mit dem *principe des*

hat die Gesellschaft bereits 53 Mitglieder, u.a. Hermann Helmholtz, Werner Siemens, Gustav Wiedemann; Gustav Kirchhoff kam 1846 hinzu.

142 Dierig, Sven: Wissenschaft in der Maschinenstadt. Emil DuBois-Reymond und seine Laboratorien in Berlin. Göttingen 2006. S. 7.

143 Gamper, Michael/Bies, Michael (Hg.): ›Es ist ein Laboratorium, ein Laboratorium für Worte‹. Experiment und Literatur III: 1890-2010. Göttingen 2011. Vgl. auch die vorangehenden Bände der Reihe und Michael Gampers einschlägige Arbeiten.

144 Dove, Heinrich Wilhelm: Rectoratsreden (15.10.1858 und 3.8.1859). Berlin 1859. (Sammlung von Reden der Staatsbibliothek Berlin: Orationes Habitae in Universitate Litt. Berolinensi 1811-1859) S. 4.

moindres actions, also der Ingenieursklugheit der Natur, die bei ihren immensen Kraftspielen niemals Energie vergeudet. Die grandiose Mechanik der Natur ist vor allem auch in der Darstellungsnot einer Rektoratsrede immer willkommen, etwa wenn Dove sich im Unterton tiefer Faszination in riesenhaften Umrechnungen ergeht, die zeigen, wie wenig Brennmaterial die Arbeitsleistung eines gesamten Pyramidenbaus speichern könnte. Dies bestätigt, dass der Industrialisierungsschub, bei Dove wie bei DuBois-Reymond, mit den Konzepten des Energieerhaltungssatzes und des Experiments gemeinsam verhandelt wird und sich Modernität und Machbarkeit zu einer wiedererkennbaren Erzählung stabilisieren.

Doves Experimentalunterricht blieb allerdings aus Geldnot begrenzt, da er zwar mit Magnus abwechselnd Physik las, aber nicht über dessen Instrumenten-Sammlung verfügen konnte:

> Dove, dem die Mitbenutzung versagt blieb, musste sein Leben lang die Instrumente zu jeder Vorlesung erst vom Gymnasium, dann von der Kriegsschule im Marktkorb herbeischaffen lassen; Zerbrechliches trug er ohne Umstände selbst in der Hand.[145]

An einen praktischen Unterricht, bei dem die Studenten sich mit den Objekten selbst auseinandergesetzt hätten, war nicht zu denken. Dove entschied mehrfach darüber mit, welche Instrumente auf Weltausstellungen zu sehen sein sollten, und er war an zwei Großprojekten der exakten Wissenschaften beteiligt: Zunächst ist hier das von Gauß und Alexander von Humboldt begonnene weltumspannende Forschungsnetzwerk zur Messung des Erdmagnetismus zu nennen. Dove war einer der jüngeren Berliner Forscher, die im Garten von Mendelssohn-Bartholdy die Berliner Messungen vornahmen. Für Adolphe Quételet ist diese Experimentalstation bei seiner Reise durch Berlin fast ein nostalgischer Erinne-

145 Dove, Alfred: Art. Wilhelm Heinrich Dove. In: Allgemeine Deutsche Biographie. Bd. 48. S. 51-69. In der *Kriegsakademie* war Dove Vorsteher des physikalischen Apparates. Er starb in seiner dortigen Dienstwohnung in der Burgstraße. Da die Universität ihn 16 Jahre lang im finanziell prekären Status des außerordentlichen Professors anstellte, der auf Hörergelder angewiesen war, lehrte Dove über 40 Jahre lang an der *allgemeinen Kriegsschule* (später *Kriegsakademie*), an der *Artillerie- und Ingenieursschule*, am *Gewerbe-Institut* (der späteren *Technischen Hochschule*), bot Kurse in der *Polytechnischen Gesellschaft* und im *Statistischen Seminar* an und trug in der *Singakademie* vor. Ebd. S. 57. Insgesamt ergibt sich dadurch ein zeittypisches Panorama der Einsatzorte eines Physikers: Neben Gymnasien kam die Nachfrage aus den Bereichen Militär und Wirtschaft.

rungsort der Naturwissenschaften.[146] Ein zweites naturwissenschaftliches Forschungsnetzwerk, dessen Messdaten in Berlin zusammenliefen, betraf das Wetter. Ab 1848 kamen bei Dove, der als Begründer der Meteorologie gilt, alle Ergebnisse der preußischen Wetterstationen an, genauer gesagt die »Beobachtungen ruhten in einem großen Actengestell zu Häupten seines Bettes«.[147] Die produzierten Inskriptionen erfordern bald einen Gehilfen zur Auswertung, was erneut die Notwendigkeit der Zusammenarbeit mehrerer Forscher in Experimentalsystemen unterstreicht.

Laboratorien als Orte, an denen Experimente stattfinden, setzen also wirkungsvolle soziale Prozesse in Gang, was bei DuBois-Reymond in Sonderfällen bis hin zum gemeinsam begangenen Sakrileg geht, als Versuche mit Menschenfleisch an einem amputierten Bein durchgeführt werden.[148] DuBois-Reymonds hohem Begriff der experimentellen Wissenschaft liegt die Sozialerfahrung der Laboratorien und der *Physikalischen Gesellschaft* ebenso zugrunde wie der kulturelle Kontext der industrialisierten Großstadt. Neben der Laborerfahrung, die die Studenten in Müllers physiologischer Ausbildung machen konnten, erscheint vor allem Magnus' Privatlabor als wichtiger Katalysator der Überzeugungen der ›physikalischen Physiologen‹.

Hygiene des Versuchs

Der eigentliche Forschungsversuch ist in Nachrufen weniger häufig dargestellt als die spektakulären oder besonders berühmt gewordenen

146 »Ce dernier savant [Paul Erman] eut aussi la bonté de me conduire dans le jardin de l'hôpital français, où il a fait avec M. Alexandre de Humboldt des observations sur l'intensité magnétique, et où en 1826, il a trouvé l'inclinaison de 68°45'. J'y répétai avec mon appareil des observations semblables, et je les renouvelai encore avec MM. Magnus et Poggendorf, dans le jardin de M. Mendelssohn-Bartholdy, fils de l'illustre philosophe de même nom. M. Mendelssohn, don't la maison reunit une des plus agréables sociétés de Berlin a disposé d'une partie de ses magnifiques jardins, pour la construction d'un petit pavillon où M. Alex. de Humboldt observait la variation diurne de l'aiguille aimantée.« Quételet, Adolphe: Notes extraites d'un voyage scientifique fait en Allemagne pendant l'été 1829. Brüssel 1830. S. 20.

147 Dove: Dove. In: ADB. Bd. 48. S. 51-69.

148 »Wie könnte ich es vergessen, wie Virchow und Wilms mit einem frisch von Jüngken amputierten Unterschenkel aus der Charité zu mir kamen und wir die menschlichen Nerven und Muskeln zum ersten Mal die Nadel des Galvanometers ablenken ließen!« Staatsbibliothek Preußischer Kulturbesitz: Slg. Darmstädter, Nachlass DuBois-Reymond, Kohut, Adolf: Westermanns illustrierte deutsche Monatshefte für das gesamte geistige Leben der Gegenwart 29 (342) / 1885. S. 816.

Demonstrationsversuche, um die es im nächsten Abschnitt gehen wird. Dennoch gibt es einige Hinweise auf die Forschungspraxis aus den großen Worten, die DuBois-Reymond findet:

> Und so hat Müllers ›Physiologie‹ Epoche gemacht [...] eine Periode skeptischen Rüttelns an allem mit Recht oder mit Unrecht längst sicher Geglaubten; erneuten Versuchens nach allen Richtungen; des Angreifens altehrwürdiger Probleme mittels bisher ungeahnter Künste des Versuchs vor denen sie fallen wie mittelalterliche Burgen vor den neuen Kriegsmaschinen.[149]

Waren bei Müller »alte Probleme« durch die Kriegskunst des Experiments erledigt worden, unterläuft DuBois-Reymond das dem Lehrer gestiftete Lob zuweilen auch durch kritische Beschreibungen: »Was wir die Ästhetik des Versuches nennen, war ihm fremd. Seine Art zu experimentieren war roh in den Nebendingen, aber großartig.«[150] Diese Abgrenzung wirft die Frage auf, was diese besondere Art zu experimentieren auszeichnet, die DuBois-Reymond für sich und die Seinen in Anspruch nimmt, und worin genau ihre Ästhetik besteht, die er Müller abspricht.

Sven Dierig hat die Experimente DuBois-Reymonds mit mehreren Erfahrungsbereichen in Verbindung gebracht. Zunächst gibt er zu bedenken, dass DuBois-Reymond als überzeugter Turner galt, was von burschenschaftlichem Engagement kaum zu trennen war. Das nach der Ermordung August von Kotzebues verbotene und erst 1837 wieder legalisierte Turnen diente dem Ausdruck politischer Neigungen ebenso wie der Einübung in eine perfekte Körperbeherrschung. Noch Theodor W. Engelmann erwähnt in seinem Nachruf DuBois-Reymonds »stählerne, durch gymnastische Leibesübungen systematisch gepflegte Kraft«.[151] Sven Dierig verfolgt diese Praxis der Selbstdisziplinierung bis in den Beruf:

> Der geübte Turner und der geübte Experimentator, beides waren die Resultate einer Muskel- und Nervengymnastik, der physischen Selbstkultivierung im Umgang mit Geräten. Das Experimentieren, wie DuBois-Reymond es verstand, war eine Leibeskunst, über welche der geübte Körper des Forschers und das störungsfreie Zusammenspiel

149 DuBois-Reymond: Gedächtnisrede. S. 204. Die Anführungszeichen sind von DuBois-Reymond gesetzt worden, da er sich auf Müllers »Handbuch der Physiologie des Menschen« bezieht.

150 Ebd. S. 210.

151 Engelmann, Theodor W.: Gedächtnisrede auf DuBois-Reymond. Gehalten in der Sitzung am 30. Juni 1898. Berlin 1898. S. 5.

der Laborinstrumente zu einem leiblich-apparativen Experimentierautomaten verschmolzen wurden.[152]

Die hier umrissene Selbstgefälligkeit in der perfekten Ausführung des Experiments verweist auf einen wichtigen kulturellen Kontext des Labors. Philipp Sarasin beschreibt das neu entstehende und hier artikulierte Körperbild als Produkt von Turnsaal, Labor und Printmedien. Für Sarasin geben aber nicht die eigenen Körper oder gar die der Arbeiter den Ton an, sondern die Bewegungsvirtuosen und Leistungssportler, die zunehmend zur medial vermittelten Neuigkeit des Tages werden. Deshalb ist Sarasin zufolge der perfektionierte Körper dem »kontingenten, individuellen, männlichen oder weiblichen Körper aber fremd, ein bloßes Versprechen, eine Imago, in der Moderne, ein Phantasma von Gesundheit, Leistung, Beherrschung und Vollkommenheit. Man versteht diese, wie DuBois-Reymond sagt, ›Metaphysik unserer Tage‹ [...] nicht ohne Rückbezug auf die Metaphysik vergangener Tage«.[153] Sarasin zitiert DuBois-Reymond aus der Rede »Über die Übung«, die 1881 vor Militärärzten gehalten wurde und die körperliche Optimierung als eine Art Heilsversprechen propagiert. Es ist hier ein Dispositiv freigelegt, was den hoch besetzten Experimentbegriff im Zusammenhang mit funktionierenden Maschinen, auf aber auch funktionierenden Experimentatoren hinter dem Versuchstisch, erläutern hilft. Allerdings wäre dieses evidente mechanische Pathos der Körperkontrolle eher als ›Hygiene des Versuchs‹ anzusprechen, da ein optimierter, beherrschter Vollzug angestrebt wird, der sich weder um Ausdruck noch um Anmut bemüht und insgesamt dem Paradigma des Künstlichen nacheifert, nicht dem freien Spiel der Kunst.

Sucht man also nach weiteren Valenzen des programmatischen Begriffes »Ästhetik des Versuchs«, so steht noch ein weiteres Praxisfeld zur Verfügung, das bei der Überhöhung des Experimentbegriffs bei DuBois-Reymond eine Rolle gespielt hat. Es handelt sich um die handwerkliche Meisterschaft der Präzisionsmechaniker, wie beispielsweise Johann Georg Halske und später Sauerwald sie in DuBois-Reymonds Umfeld ausübten.

152 Dierig, Sven: Wissenschaft in der Maschinenstadt. Göttingen 2006. S. 13. Vgl. auch die Gründung des *Cercle de gymnastique rationelle* 1886 durch Georges Démény, einen Assistenten Étienne-Jules Mareys und Schüler des Kraftsporttrainers H. Triat. Sarasin, Philipp: Der öffentlich sichtbare Körper. Vom Spektakel der Anatomie zu den ›curiosités physiologiques‹. In: Physiologie und industrielle Gesellschaft. Hg. v. Philipp Sarasin u. Jakob Tanner. Frankfurt a. M. 1998. S. 419-490.

153 Sarasin: ebd. S. 450.

Die Abhängigkeit der ›organischen Physiker‹ von diesen spezialisierten Instrumentenbauern ist nicht zu unterschätzen.

DuBois-Reymond wurde durchaus der Anspruch auf »eine gewisse Eleganz seiner Apparate«[154] nachgesagt, und die Qualität der Kupferstiche in seinem Hauptwerk deutet ebenfalls auf eine Wertschätzung handwerklicher Virtuosität und wissenschaftlicher Exaktheit hin. Erneut erweist sich die »Ästhetik des Versuchs« als eher äußerliche Angelegenheit. Sie bezieht sich auf den geschickten Umgang mit Geräten, die Sauberkeit der Ausführung und die Qualität und Ordnung der Repräsentation, also alles in allem auf einen stilisierten Hang zum Luxus und Perfektionismus. Darin mag ein Reflex auf die im Nachhinein verklärte Zeit liegen, in der DuBois-Reymond und andere noch in den eigenen vier Wänden Experimentieranordnungen aus Glas, Nadeln und Zigarettenschachteln errichteten. Sehr dankbar erinnert sich Helmholtz an die Verhältnisse in Magnus' Privatlaboratorium:

> Alles ist in sauberster Haltung und in vortrefflichster Leistungsfähigkeit; wo zu dem auszuführenden Versuche ein seidener Faden, eine Glasröhre oder ein Kork nötig sind, kann man darauf rechnen, sie neben dem Instrumente zu finden.[155]

DuBois-Reymonds Erinnerungen an Müllers Labor fallen dagegen merklich ab. Er bezeichnet die Anstalt als »die übelriechende Höhle, welche in Berlin die Stelle eines Anatomiegebäudes vertritt«.[156] Wenn dieser negative Eindruck sicherlich den fachlich unabdingbaren Tier- und Menschenleichen zuzuschreiben ist, scheint doch die Laborumgebung den Studenten DuBois-Reymond eher angewidert zu haben.

Der dritte und interessanteste Referenzbereich, der die »Ästhetik des Versuchs« bei DuBois-Reymond speiste, ist die Antike. Sven Dierig hat die These aufgestellt, dass DuBois-Reymond Apoll ins Labor habe bringen wollen und vom zeittypischen Neuhumanismus geprägt gewesen sei. Er schreibt, dass sich bei DuBois-Reymond »technisches Gemüt« und »antike schöne Bildung« auf »Augenhöhe begegnen«.[157] Unbestreitbar

154 Rosenthal, Isidor: Emil DuBois-Reymond. Gedächtnisrede, gehalten am 22. Januar 1897 in der gemeinsamen Sitzung der Physikalischen und der Physiologischen Gesellschaft zu Berlin. In: Archiv für die Physiologie 1897. S. I-VII.

155 Helmholtz, Hermann: Gedächtnisrede auf Gustav Magnus. In: Abhandlungen der Akademie der Wissenschaften 1871. S. 59.

156 DuBois-Reymond: Müller. S. 183.

157 Dierig, Sven: Die Kunst des Versuchens. Emil DuBois-Reymonds Untersu-

gibt es in DuBois-Reymonds Publikationen antikisierende Abbildungen und architektonische, also maß- und harmonieorientierte Schönheitsbegriffe, worin Dierig den Einfluss Anton Hallmanns, eines engen Freundes, Architekten und Antikekenners, sieht.

Der Nachruf kommt, was seine Bezüge zum Neuhumanismus angeht, ohne eine solche vermittelnde Person aus, denn DuBois-Reymond beendet die Rede mit einer ungekennzeichneten Paraphrase von Goethes biographischem Essay über Winckelmann.[158] Goethe verpflichtet sich mit diesen Zeilen, das Werk Winckelmanns weiterzuführen, das zu den wichtigen Orientierungspunkten des deutschen Klassizismus gehörte. Es stellt sich die Frage, ob DuBois-Reymond mit seinem Zitat tatsächlich Anschluss an den neuhumanistischen Kunstbegriff in seiner vollen Tragweite sucht oder ob er nur oberflächlich die berühmten Worte einer literarischen Autorität entleiht, um dem eigenen Bekenntnis zu Müllers Werk ein größeres Pathos zu verleihen. Für eine »Ästhetik des Versuchs« ist entscheidend, dass der Klassizismus in der Kunst wie der Wissenschaft auf der sinnlichen Wahrnehmung – der Aisthesis – basiert.

chungen über thierische Electrizität. In: Schmidgen, Henning u.a. (Hg.): Kultur im Experiment. Berlin 2004. S. 146.

158 Goethe, Johann Wolfgang: Skizzen zu einer Schilderung Winkelmanns [1805]. In: Sämtliche Werke nach Epochen seines Schaffens. Hg. v. Karl Richter u.a. München. Bd. 6,2. S. 348-402. DuBois-Reymond verändert nur wenige Passagen des Goethe'schen Textes, vor allem Auslassungen, die hier in Klammern in das Nachruffinale eingefügt sind: »So war er denn auf der höchsten Stufe des Glücks, das er sich nur hätte wünschen dürfen, der Welt verschwunden. [Ihn erwartete sein Vaterland, ihm streckte sein Freund die Arme entgegen, alle Äußerungen der Liebe, deren er so sehr bedurfte, alle Zeugnisse der öffentlichen Achtung, auf die er so viel Wert legte, warteten seiner Erscheinung, um ihn zu überhäufen.] Und in diesem Sinne dürfen wir ihn wohl glücklich preisen, daß er von dem Gipfel des menschlichen Daseins zu den Seligen emporgestiegen, daß ein schneller Schlag [kurzer Schrecken, ein schneller Schmerz] ihn von den Lebendigen hinweggenommen. Die Gebrechen des Alters, die Abnahme der Geisteskräfte hat er nie empfunden [die Zerstreuung der Kunstschätze, obgleich in einem andern Sinne vorausgesagt, ist nicht vor seinen Augen geschehen]. Er hat als Mann gelebt und ist als ein vollständiger Mann von hinnen gegangen. Nun genießt er im Andenken der Nachwelt den Vorteil, als ein ewig Tüchtiger und Kräftiger zu erscheinen: denn in der Gestalt, wie ein Mensch die Erde verläßt, wandelt er unter den Schatten und so bleibt uns Achill als ewig strebender Jüngling gegenwärtig. Daß Johannes Müller [W.] früh hinwegschied, kommt auch uns zu Gute. Von seinem Grabe her stärkt uns der Anhauch seiner Kraft, und erregt in uns den lebhaftesten Drang, das, was er begonnen, mit Eifer und Liebe fort und immer fortzusetzen.« DuBois-Reymond: Gedächtnisrede. S. 283.

Der von DuBois-Reymond paraphrasierte Text Goethes handelt nicht von einer bestimmten Kunstepoche, wie sie Winckelmann gesehen hat, sondern von Winckelmann, der in einem Modus zu leben verstand, wie ihn die Betrachtung der Antike vorgab. Goethes Bekenntnis zu Winckelmann ist zugleich ein heidnisches Manifest, das in Italien, in der Kunst und der Antike vor allem eine Forderung kennt: »die des sinnlich Schönen selbst«.[159] Winckelmann ist dabei für Goethe eine Renaissance der ›griechischen Natur‹, der die angeblich heitere und gesunde Perspektive der Griechen auf die Welt und das eigene Innere neu verwirklichte: »Eine solche antike Natur war, insofern man es nur von einem unserer Zeitgenossen behaupten kann, in Winkelmann wieder erschienen.«[160] In seinem Durchgang durch Themen und Lebensstationen des Verstorbenen betont Goethe immer wieder die gelungene epistemische Feinjustierung Winckelmanns und der Griechen, die für Kunst, Wissenschaft und privates Glück zugleich von Vorteil ist:

> Nach einerlei Weise lebte der Dichter in seiner Einbildungskraft, der Geschichtsschreiber in der politischen, der Forscher in der natürlichen Welt. Alle hielten sich am Nächsten, Wahren, Wirklichen fest, und selbst ihre Phantasiebilder haben Knochen und Mark. Der Mensch und das Menschliche wurden am wertesten geachtet, und alle seine innern, seine äußern Verhältnisse zur Welt mit so großem Sinne dargestellt als angeschaut.[161]

Alle diese Beschreibungen gehen von einer Passgenauigkeit der Sinne und der Welt aus, die daher in Analogie zur Kunst lesbar und zugänglich wird. Eine Folge des Glaubens an diesen epistemischen Idealzustand ist

159 Goethe: Skizzen zu einer Schilderung Winkelmanns [1805]. S. 355.

160 Ebd. S. 352. Oder »Jene Schilderung des altertümlichen, auf diese Welt und ihre Güter angewiesenen Sinnes, führt uns unmittelbar zur Betrachtung, daß dergleichen Vorzüge nur mit einem heidnischen Sinne vereinbar seien. Jenes Vertrauen auf sich selbst, jenes Wirken in der Gegenwart [...].« S. 352.

161 Ebd. S. 351. Oder: »Man mag in eine Kunst oder Wissenschaft hineinblicken, in welche man will, so hatte der gerade, richtige Sinn dem alten Beobachter schon manches entdeckt, was durch die folgende Barbarei und durch die barbarische Art, sich aus der Barbarei zu retten, ein Geheimnis war, blieb und für die Menge noch lange ein Geheimnis bleiben wird, da die höhere Kultur der neuern Zeit nur langsam ins Allgemeine wirken kann.« S. 362. Bereits Rom wird als weniger glückliche Epoche dargestellt, vollends von Barbarei spricht Goethe bei den nordischen Völkern.

die Betonung der Aisthesis, des ästhetischen, freundschaftlichen, sinnlichen Kontakts mit der Natur im Forschungsprozess.

Spuren einer Naturerkenntnis, die sich der Sinnennutzung bewusst bleibt, finden sich bei Müller in vermittelter Form. Neben der bereits erwähnten, goetheanisierenden Antrittsvorlesung von 1826 steht auch in seiner letzten theoretischen Äußerung, der Vorrede zu seiner »Bildungsgeschichte der Genitalien« von 1830, noch die Forderung, dass in der Forschung »Verstand und Sinn gleich täthig sind, dieser zu erfahren, jener zu unterscheiden, was aus der Erfahrung folgt und nicht folgt«.[162] Neben der Verstandestätigkeit berücksichtigt Müller die Sinne. Etwas weiter im selben Text heißt es: »so ist neben beständiger Selbstbeobachtung alle Schärfe der Kritik notwendig, und die Schärfe der Gedanken wird ebenso notwendig wie die Schärfe der Sinne.«[163] Wie sich auch in Müllers sorgfältiger Nutzung des Zeichenstiftes, des Sehens und der Repräsentation zeigte, wäre es bei Müller noch möglich, aufgrund der Einübung in die Aisthesis von neuhumanistisch beeinflusster Naturforschung zu sprechen.

DuBois-Reymond allerdings steht von seiner ganzen Tendenz her gegen eine Beschränkung auf das Sichtbare, gegen die Passgenauigkeit von Natur und Sinnesapparat und unbedingt gegen die neuhumanistische Betonung des Textkanons in der Bildung. Wissenschaftliche Ergebnisse sind für ihn ohne Mathematik und Experiment nicht mehr erreichbar, wie es im Nachruf heißt:

> Müller bedurfte noch nicht der langen Vorbereitung und der feinen Beredungskünste, die jetzt schon notwendig sind, um die Natur zu weiteren Zugeständnissen zu bewegen. Er konnte noch, wie Faust, gerade darauf losgehen, ohne sich viel um Mephistos welsches Rezept zu kümmern. Die Kunst der mathematischen Auffassung und Zergliederung der Aufgaben, die Vertrautheit mit den Hilfsmitteln der Mechanik, welche bei dem Physiologen heute so nötig sind wie dem Physiker, besaß Müller noch nicht. Seine chemische Bildung war auf dem früher bezeichneten Standpunkte geblieben. Was wir die Ästhetik des Versuches nennen, war ihm fremd.[164]

Kunstvoll sind die Versuche bei DuBois-Reymond also dann, wenn das moderne methodische Instrumentarium geschickt zum Einsatz kommt,

162 Müller, Johannes: Bildungsgeschichte der Genitalien. 1830. Zit. n. Haberling, Wilhelm: Johannes Müller. Leipzig 1924. S. 107.

163 Ebd. S. 108.

164 Ebd. S. 210.

um die Sinne zu ersetzen. Mephisto wie das Französische stehen bei DuBois-Reymond nicht für Kunst, sondern für Künstlichkeit und vielleicht sogar Täuschung. Neben den bisher angeführten kulturellen Einflüssen ist es auch und gerade die Beredungskunst des rhetorischen Experiments, die bei DuBois-Reymonds »Ästhetik des Versuches« mitgedacht werden sollte. In dieser Wendung liegen auch Freiheitsgrade. Denn bei DuBois-Reymond beweist sich der moderne Laborkünstler vor allem darin, dass er die Instrumente zum Sprechen bringt. So heißt es im Vorwort zu seinem Hauptwerk, dass der Multiplikator kein einfaches Gerät wie das Mikroskop oder das Thermometer sei, also »ein fertiges Kunstwerk, welches nur der Frage harrt, um Antwort zu ertheilen. Er [der Multiplikator] ist wie eine noch nicht justierte Wage, der die redende Seele des feinen Gleichgewichtes erst eingehaucht werden soll.«[165] Nicht die Natur, sondern das Ensemble von Instrument und Experimentator wird zum Kunstwerk.

Macht man die Aisthesis und das sinnlich Schöne zu einem wichtigen Kriterium für die neuhumanistische Schönheitsreligion, so ist DuBois-Reymond hier nicht einzureihen. Apoll im Labor steht lediglich noch für ein konventionalisiertes Klischee der neuhumanistischen Ästhetik. DuBois-Reymonds Laborexerzitien zeigen einen durch und durch externalisierten Bildungsgedanken, der gleichwohl den gesellschaftlichen Respekt zu nutzten versteht, den die konventionell gewordene Antikensehnsucht noch mobilisiert. Ästhetik wird in DuBois-Reymonds Labor tendenziell zu einer Überzeugungs- und Überredungskunst. Sie ist das Ergebnis perfekter Kontrolle und technischer Könnerschaft und verliert die neuhumanistische Betonung der Aisthesis und Sinneswahrnehmung. Zu berücksichtigen ist auch, dass es bei DuBois-Reymond genau die tiefgreifende Neuerung des Experimentierens in den Naturwissenschaften zu sein scheint, die sowohl dem Körperbild als auch der kunstanalogen Naturerkenntnis des Neuhumanismus den Boden entzieht. Diese ist zu sehr an die sichtbaren Oberflächen der Natur gekoppelt, als dass sie für die moderne Naturwissenschaft ausreichend Erkenntnismöglichkeiten böte.

Rhetorik des Versuchs

Dieser Paradigmenwechsel von der direkten Naturbetrachtung zur apparativen Messung brachte auch neue Modi der Evidenzproduktion mit sich und veränderte das, was Yehuda Elkana mit *sources of knowledge* bezeichnet. Die Evidenzproduktion geschieht im Labor im Sinne von

165 DuBois-Reymond: Vorrede. In: ders.: Untersuchungen über thierischen Elektrizität. Berlin 1848. S. XVII.

Beweisen. Es tritt aber sofort ein performativer Aspekt in diesen überzeugenden Vorführungen hinzu. Erster Adressat der Faszinationskraft der Versuche ist stets der Experimentator selbst, wie sich in einem Brief DuBois-Reymonds an Helmholtz zeigt:

> Inzwischen ist der Apparat fertig geworden, um die lange schwebende Frage über das wahre Verhalten des Muskelstromes bei der Zusammenziehung zu entscheiden. Es ist ein Schauspiel für Götter, den Muskel arbeiten zu sehen, wie den Zylinder einer Dampfmaschine. Der mechanische und elektrische Teil der Aufgabe ist offenbar vollkommen gelöst.[166]

Als Höhepunkt der hier beginnenden Entwicklung bezeichnet Dierig die vollkommene Meisterung tierischer Maschinen durch die künstliche Beatmung. Die Körper der Versuchstiere wurden durch ausgefeilte Betäubungs- und Belebungstechniken (Curare, Atemmaschine) vollkommen handhabbar. Zudem konnten ihre Lebensprozesse graphisch aufgezeichnet werden.

Wichtigster Einsatz- und Entstehungsort dieser auf Demonstration abzielenden Versuche ist die Vorlesung. Erneut sind DuBois-Reymond und sein Kreis hier nicht nur dem Eindruck physiologischer Versuche ausgesetzt gewesen, sondern auch physikalischer. Als Meister des rhetorischen Experiments wird Gustav Magnus geschildert:

> Ein enthusiastischer Freund des Versuchs, versagt er es sich nicht, die Aufmerksamkeit seines Zuhörers durch die gediegene Pracht der Erscheinungen zu fesseln, welche er ihm vorführt. [...] Und von der ausdauernden Sorgfalt, mit welcher alle für das Gelingen eines Versuches erforderlichen Bedingungen studiert werden, mit welcher der Versuch ›durchprobiert‹ wird bis er ›geht‹ – seine Assistenten wissen davon zu erzählen.[167]

Die luxuriöse Illustration, die Magnus durch erheblichen Zeit- und Geldaufwand wie für eine Opernaufführung einstudierte, versteht Hofmann als ein Misstrauen gegen den bloß »mündlichen Vortrag«.[168] Ob

166 DuBois-Reymond an Hermann Helmholtz, Berlin, 9. Februar 1852. In: Dokumente einer Freundschaft. Briefwechsel zwischen Hermann von Helmholtz und Emil DuBois-Reymond 1846-1894. Hg. v. Christa Kirsten u.a. Berlin 1986.

167 Hofmann: Magnus. S. 101.

168 Ebd. S. 63, S. 103.

die Augen den Ohren allerdings deshalb überlegen sind, weil sie die Lernstoffe vertiefen oder weil sie leichter beeindrucken, bleibt ungesagt.

Die Nähe von naturwissenschaftlichem Experiment und Unterhaltung hat Tradition. Für das 18. Jahrhundert hat Oliver Hochadel die Rolle der Instrumente und Experimente als Verblüffungsmedien im Repertoire der Jahrmarktschausteller nachgezeichnet.[169] Prominent wurden hier allerdings vor allem Täuscher und Scharlatane, die ihrem Publikum Geister oder übernatürliche Mächte vorführten. Sven Dierig betont die Kontinuität dieser mechanischen Belustigungen und magischen Tricks auch im Berliner Unterhaltungskalender des 19. Jahrhunderts.[170] Auffällig ist also viel eher, dass die Demonstrationsversuche der Physiologen in der Wahrnehmung so klar von jeglichem Verführungswillen, jeder Täuschung und Geheimnisproduktion abgrenzbar waren. Diese Grenze wird durchaus durch die Form der Darbietung selbst errichtet.

Berichte von DuBois-Reymonds Experimentalvorlesungen für eine interessierte Öffentlichkeit lesen sich wie eine Steigerung der Magnus'schen Formvollendung. Laut »Berliner Lokal-Anzeiger« vom 12. Juli 1896 geben sich hier »alle vier Fakultäten, dazu Offiziere, Beamte und Gelehrte ein Stelldichein«. Auch die »Vossische Zeitung« unterstreicht die Bedeutung dieser Institution für die Popularisierung von Wissenschaftlichkeit: »DuBois Publica haben mächtig dahin gewirkt, daß in allen Schichten der Akademiker ein besseres Verständniß für naturwissenschaftliche Dinge und für naturwissenschaftliches Denken besteht.«[171] Ein Augenzeuge von 1883 berichtet folgende Vorgänge:

> In DuBois Auditorium sind wir noch mehr als in dem Helmholtzschen an ein Theater gemahnt. Die hochaufsteigenden, durch mehrere Gänge getheilten Sitzreihen, die luftige Galerie, die sich oberhalb desselben um den ganzen Saal zieht, bilden den Zuschauerraum, der lange breite Tisch, welcher die Hörer vom Lehrenden trennt und auf welchem in der Zeichensprache sichtbarer Bewegung oder stofflicher Veränderung das Leben selbst zu uns redet, ist die Scene von ihrem die verschiedenen Vorbereitungen bergenden Hintergrund durch eine sich auseinander schiebende Thür getrennt, durch welche unser For-

169 Hochadel, Oliver: Öffentliche Wissenschaft. Elektrizität in der deutschen Aufklärung. Göttingen 2003.

170 Dierig, Sven: Wissenschaft in der Maschinenstadt. Göttingen 2006. S. 93.

171 Vossische Zeitung, 12. Juli 1896. Nachlass DuBois-Reymond, Kiste 1, Mappe 5: Berliner Literarisches Auskunfts-Bureau C. Freyer: »15 Zeitungsausschnitte zum 50-jährigen Doktorjubiläum 13. Juli 1896«.

> scher lautlos eintritt und vor einem […] Pulte am Demonstriertische Platz nimmt. Eine packende Erscheinung auf den ersten Blick […].[172]

Dass es sich bei dem theatralen Vokabular um mehr als den metaphorischen Trott des unbekannten Feuilletonisten »E.S.« handelt, hat Sven Dierig rekonstruiert. Von der Eintrittskarte mit Sitzplatzanweisung über den effektvoll platzierten Auftritt des Experimentators bis hin zur Leitung der Zuschauerströme an der Garderobe vorbei lassen sich die Vorbilder des Institutsneubaus von 1877 konkretisieren.[173] Der Aufwand erzielte seinen Effekt, was sich an der Leichtigkeit zeigt, mit der dem Rezensenten dieser ›physiologischen Bühne‹ ein bestimmter Satz über die Lippen kommt: dass nämlich hier das Leben selbst spräche.

Das Materialtheater, also die Vorführung von Instrumenten und Stoffen, steht nicht mehr im Verdacht der Scharlatanerie, also der geschickten Ausnutzung und Verführung der Einbildungskraft, wie noch bei den selbsternannten Magiern, den Mesmer, Cagliostro, Schröpfer und Gassner. Geister und ungeahnte Naturkräfte werden durch diese Vorführung gerade bis in die letzten Winkel ausgeschlossen. Diese optischen Spektakel bedienen sich traditioneller Schaumedien, vor allem der Projektionsmöglichkeiten, evozieren aber nicht Ambivalenzen, Zweideutigkeit und unbekannte Mächte, sondern inszenieren als *theaters of proof* vielmehr die Gültigkeit des Bekannten. DuBois-Reymonds Paradeversuch erreicht ebenfalls die Feuilletons:

> Aber kehren wir zu unserer physiologischen Bühne zurück. Sie hat ein eigenthümliches Wahrzeichen. Über der Thür, durch welche der Professor eintrat, zieht sich eine lange schmale weiße Tafel hin. Sie ist bedeckt mit schwarzen senkrechten Theilstrichen und sie abtheilenden Ziffern; in der Mitte ist eine Null, rechts gehen Theilziffern von fünf bis etwa dreißig, und dasselbe wiederholt sich nach links. Auf einmal sehen wir einen thalergroßen runden Lichtfleck auf der Tafel, und zwar auf dem Nullpunkt der selben […]. Er tanzt nach rechts und schwebt sogar etwas über die Tafel hinaus, nach einer Weile kehrt er

172 E.S.: Emil DuBois-Reymond. In: Neue Freie Presse Nr. 68/8 vom 20. Oktober 1883. Auch in: Nachlass Emil DuBois-Reymond Kiste 2, Mappe 1, Berichte über DuBois-Reymond, Nr. 16.

173 Dierig, Sven: Physiologisches Theater. In: Die Wissenschaft in der Maschinenstadt. Göttingen 2006. S. 262 ff.

> zurück und bleibt kurze Zeit auf seinem alten Platz, dem Nullpunkt, dann plötzlich tanzt er nach links.[174]

Ausgelöst wird diese für alle sichtbare Bewegung eines Sonnenfleckens durch einen Froschnerv der unter Strom gesetzt wird. Der Versuch zeigt »eine schon zwar vor DuBois erkannte, aber für uns immerhin neue Thatsache; welche sich durchaus nicht von selbst verstehet, nämlich dass der Nerv Electricität leitet«.[175] Im Anschluss an diese effektvolle Ableitung magnetischer Nadeln eines Galvanometers durch Nerven- oder Muskelströme bot DuBois-Reymond dem Publikum die Gelegenheit, selbst zu experimentieren. Es ging eine Froschpistole von Hand zu Hand. Löste man sie aus, so schloss sich ein Stromkreis, der einen im Lauf angebrachten Froschschenkel zu Zuckungen veranlasste bzw. den Einfluss der physikalischen, bekannten, handhabbaren Größe Elektrizität auf Lebenserscheinungen zeigte. Allerdings handelt es sich bei diesem extrem rhetorischen Einsatz der Experimente, der Untersuchung geradezu ausblendet, um ein Vorlesungsangebot, das sich nicht ausschließlich an Medizinstudenten richtete, sondern vielmehr allgemein popularisierend ausgelegt war.

Die Lehre, die sich konkret an die Studenten der Physiologie richtete, ging über diese Spektakel hinaus. Diese Form des direkteren Kontakts von studentischem Publikum und Naturobjekt, die Betonung des Umgangs, der auch immer ergebnisoffene Erfahrung und Auseinandersetzung bedeutete, hatte Müller in die Berliner Physiologie eingeführt. Er hielt die Vorlesung, und DuBois-Reymond veranstaltete die Übungen, zu denen der Zugang allerdings bis Ende der 50er Jahre nur einer exklusiven Anzahl von Studenten ermöglicht wurde.[176] Henning Schmidgen sieht hier neben der gewählten Nähe zu den Experimentalkulturen der Chemie und Physik noch eine weitere Tradition am Werk, nämlich das Lehrprogramm Jan Evangelista Purkinjes, der 1839 in Breslau ein erstes Institut für Physiologie gründete. Hier allerdings ist die Betonung der Experimente für den Lernprozess auch einem Einfluss Johann Heinrich Pestalozzis geschuldet, dessen Pädagogik die Hände und Sachen im Verhältnis zu den Augen und Ohren stärker gewichtete. Schmidgen zufolge

174 E.S.: Emil DuBois-Reymond. Ebd.

175 Ebd.

176 Schmidgen, Henning: Lebensräder, Spekatorien, Zuckungstelegraphen: Zur Archäologie des physiologischen Blicks. In: H. Schramm, H.-C. v. Herrmann, F. Nelle, W. Schäffner, H. Schmidgen und B. Siegert (Hg.): Bühnen des Wissens. Interferenzen zwischen Wissenschaft und Kunst. Berlin 2003. S. 273.

verselbständigt sich die Entwicklung des physiologischen Demonstrationsversuches in Richtung Visualität. Der Purkinje-Schüler Johann Nepomuk Czermak beispielsweise überführte in seinem um 1870 errichteten Spektatorium die Physiologie vor allem in visuelle Szenen. Die eindrücklichste wissenschaftliche Projektion war bei ihm der etwa zwei Meter groß projizierte Schattenriss eines schlagenden Froschherzens.[177]

Allen diesen physiologischen Kunstwerken ist gemeinsam, dass sie demonstrativ und nicht investigativ angelegt sind, wie im Forschungsversuch notwendig. Die Akteure waren sich dabei der Ambivalenz der rhetorisch eingesetzten Experimente vollauf bewusst. Die Eigendynamik des Spektakulären schafft Anhänger, ja Sponsoren, ist aber das epistemologische Gegenteil von Forschung. Helmholtz schreibt 1864 über einen Meister des rhetorischen Versuchs:

> [D]ie Konkurrenz der populären Vorlesungen in London ist so groß, dass sie im Begriff sind, in die allergemeinste Effekthascherei herabzusinken. Die englischen Physiker beschuldigen namentlich Tyndall, dass er in dieser Beziehung den schlechten Neigungen des Publikums zu viel nachgebe, und die Royal Institution auf das Niveau der Polytechnical Institution bringe, in welcher letzteren man denn doch für glänzende optische Experimente und elektrisches Feuerwerk noch größere Mittel aufbringen könne, und ich muß sagen, dass ich eine Friday evening lecure von ihm hörte, die allerdings zu einer solchen Beschuldigung viel Gelegenheit bot. B. Jones entschuldigte ihn für dieses Mal mit der Anwesenheit des Prinzen von Wales, auf den man hätte Rücksicht nehmen müssen. Es ist um so mehr schade darum, als er in der Tat ein ausgezeichnetes Talent für populäre Vorträge hat und im Publikum sehr anerkannt ist. Ein Medium für Klopfgeister ließ neulich seinen Namen im Himmel buchstabieren, welcher war: »Poet of Science«.[178]

Erneut sekundiert die Poesie oder Ästhetik dem Versuchsaufbau und wird zu Überzeugungszwecken genutzt, um die Öffentlichkeit oder gar Geldgeber für die modernen Naturwissenschaften zu gewinnen. Stärker als die Rhetorik verweist die Hygiene des Versuchs auf wissenschaftliche Ansprüche einerseits, auf Resonanzen des modernen Körperbildes

177 Ebd. S. 273.

178 Herman Helmholtz an DuBois-Reymond, Heidelberg, 15. Mai 1864. In: Dokumente einer Freundschaft. Briefwechsel zwischen Hermann von Helmholtz und Emil DuBois-Reymond 1846-894. Hg. v. Christa Kirsten u.a. Berlin 1986.

und der sich industrialisierenden Städte andererseits. All dies ist für die Verhandlung der wissenschaftlichen Arbeitsweise in dem Nachruf auf Müller ein wichtiger kultureller Kontext. Es ist aber auch zentral, um die Hauptwertungsbewegung zu verstehen, mit der DuBois-Reymond die wissenschaftliche Autorität seines Vorgängers auf das eigene Forschungsprogramm umzulenken versteht. Dies geschieht vor allem, indem er Müller zu einer transformatorischen Figur aufbaut.

Typus: Der Überwinder der Naturphilosophie

Interessant an der Figur des ›Überwinders der Naturphilosophie‹, zu dem DuBois-Reymond Müller mit viel Wortmacht aufbaut, ist die Krisenhaftigkeit des Prozesses. An Stelle einer einfachen Entwicklung zum Besseren ist von Kampf und existenziellen Krisen, von Krankheit und Katharsis die Rede, wobei religiöse Erzählmuster und sogar Nervenzusammenbrüche eingesetzt werden, um die Naturphilosophie gegen eine materialistische Physiologie auszuspielen. Der wichtigste Argumentationsstoff für diese Verschaltung von Biographie und wissenschaftlicher Methode ist eine biographisch verbürgte Krise Müllers im Jahr 1827.

Das Jahr 1827 ist für den jungen Bonner Privatdozenten Müller alles andere als einfach: »Müller fiel in einen Zustand nervöser Reizbarkeit, worin er unter anderem kleine Stöße in den Fingern empfand, sobald er die Hand und die Finger zu sehr anstrengte, verbunden mit einem Gefühl äußerster Abspannung.«[179] Hinzu kamen Gehbeschwerden, die sich bis in die Furcht vor einer tödlichen Lähmung steigerten, und Gerüchte über Müllers Tobsucht, die bis Berlin zum Minister Altenstein vordrangen. All dies ist durch Ministerialkorrespondenz sowie ein Gutachten von Müllers Arzt, Friedrich von Walther, belegt. Abschriften dieser Ministerial-Dokumente sind von DuBois-Reymond konsultiert worden und finden sich im Nachlass. Sie sind zudem in den Anmerkungen zu dem Nachruf vollständig zitiert. Müller erholt sich allerdings von diesem drohenden Zusammenbruch. Die »medizinische Behandlung« besteht in einem Urlaub mit seiner Frau, und »tägliches Schwimmen im Rhein, auch als der Strom schon mit Eis ging, und Reiten vollendeten seine Genesung«.[180]

Die Erkenntnis, dass Müller psychisch alles andere als robust gewesen zu sein scheint, wäre weniger interessant, wenn DuBois-Reymond sie

179 DuBois-Reymond: Gedächtnisrede. S. 157.
180 Ebd.

nicht mit Müllers bisher naturphilosophischem bzw. von Selbstversuchen geprägtem Forschungsstil verschalten würde:

> Hier endet die subjektiv-physiologisch-philosophische Periode von Müllers Entwicklung, um der objektiv-physiologisch-anatomischen Platz zu machen. Eine tiefe Scheu vor Beschäftigung mit übersinnlichen Dingen, vor Betrachtungen seiner selbst, vor seiner eigenen Phantasie, hat sich seiner bemächtigt. So leicht und gern er früher in seinen Schriften zu weitumblickenden Gedankenflügen sich erhob, so karg und streng erscheint er fortan in allgemeinen Äußerungen. [...] Dem ihm eingepflanzten Triebe zur Beobachtung aber erteilt er mit verdoppelter Gewalt die gesunde Richtung auf das mannigfache Objektive der Natur.[181]

Auf dieser biographisch-existenziellen Ebene ist die Methodenwahl nicht länger eine Frage von Kongruenz der Theorie mit den Fakten, von Spekulation oder Empirie. Sie wird zur Frage von Gesundheit und Krankheit, wenn nicht von Tod oder Leben. Müller entkommt der Gefahr und wird als »gleichsam neugeborner Jüngling« zum Begründer der Naturwissenschaften stilisiert. Seine Rettung von der Naturphilosophie wird lebhaft weiter tradiert, und die moderne naturwissenschaftliche Methode wird zum Heilmittel.[182]

Die Lebenskrise und Heilung Müllers zur nüchternen Objektivität wird also in DuBois-Reymonds Darstellung zu einer epochalen Konversion, von der sich die modernen Naturwissenschaften herschreiben lassen. Genauer gesagt werden gleich zwei vorgängige Wissenschaftspraktiken damit für obsolet erklärt. Zunächst die romantische Naturforschung, denn Müller war zunächst »ganz versunken in einem Traummeer jener mit polaren Gegensätzen spielenden falschen Naturphilosophie«.[183] In einem zweiten Schritt, den DuBois-Reymond höflich als »eingelegte Pause« auf dem Weg zur wahren reformierten Wissenschaft bezeich-

181 Ebd. S. 158.

182 Als ein Beispiel für die Haltbarkeit der Formulierungen folgt eine ungekennzeichnete Paraphrase aus Wilhelm Haberlings Biographie: »Froh nahm er seine Arbeit wieder auf, aber ihn hatte ein Grauen erfasst vor der tiefsinnigen Gedankenarbeit, vor dem Hineinblicken in sich selbst. Nicht mehr auf diesem Wege suchte er in Zukunft die Seele zu erforschen, sondern dadurch, dass er sich allein auf seine scharfen, unermüdlichen Augen verließ, mit denen er nun alles Beseelte vom kleinsten Lebewesen bis zum Menschen hinsichtlich seines Baues und seiner Funktionen durchforschte.« S. 80.

183 DuBois-Reymond: Gedächtnisrede. S. 143.

net, überwindet Müller eine damals durchaus von Purkinje, Goethe und Darwin praktizierte Physiologie des ›subjektiven Sehens‹, die sich auf überraschende Weise zwischen innerer und äußerer Wissenschaft positionierte.[184]

Ob der Bruch mit diesem Forschungsprogramm 1827 tatsächlich so rigide war, wie DuBois-Reymond in seinem Nachruf glauben macht, ist mehrfach angezweifelt worden. Auch andere Nachrufe erwähnen die Krise von 1827. Rudolf Virchow erklärt sie in seinem Nachruf dadurch, dass der anfangs in chronischer Geldnot lebende Müller sich überfordert habe, als er sich mit Kaffee bis spät in die Nacht wach hielt. Er gibt aber ansonsten ein Echo der DuBois-Reymond'schen Läuterungsgeschichte – glaubt man diesem Nachruf, so liegen Müllers bedeutendste Verdienste allerdings auf dem Feld der Pathologie und bestehen nicht in der Einführung des Experiments in die Physiologie.[185] Neben den finanziellen Sorgen erscheint Müllers Nervosität zwei Wochen vor seiner Hochzeit nicht als krankhaft und außergewöhnlich.

Andererseits legt ein Blick in Müllers damals gerade abgeschlossene Arbeit »Über die phantastischen Gesichtserscheinungen« nahe, dass Kaffee nicht die einzige Substanz blieb, mit der Müller damals experimentierte. Die spezifische Form der wissenschaftlichen Arbeit könnte insofern doch zu Müllers Destabilisierung beigetragen haben. Dann müsste man DuBois-Reymond aber entgegenhalten, dass nicht die romantische Spekulation oder der Ästhetizismus Goethes die Krise ausgelöst haben, sondern dass der kritische Faktor dabei genau das Moderne der vorgängigen Wissenschaftspraktiken war: das (Selbst-)Experiment.

Theodor Ludwig Bischoff, ein weiterer Müller-Schüler, übergeht in seinem Nachruf die Krise von 1827 und betont dagegen einen ganz anderen Bruch in den Arbeiten Müllers. Tatsächlich fällt auf, dass Müller ab 1840 die experimentelle Physiologie gänzlich anderen überließ und sich ausschließlich der Morphologie widmete. Bischoff, der stets Abstand zu den ›physikalischen Physiologen‹ hielt, geht so weit, Müllers Abschied von der Physiologie auf ein Missfallen an den Arbeiten DuBois-Reymonds, Helmholtz' und Brückes zurückzuführen.[186]

184 Vgl. zur Geschichte der Nachbilder: Ladewig, Rebekka: Augenschwindel. Nachbilder und die Experimentalisierung des Schwindels um 1800. In: Werner Busch/Carolin Meister (Hg.): Nachbilder. Das Gedächtnis des Auges in Kunst und Wissenschaft. Berlin 2010. S. 109-128.

185 Virchow, Rudolf: Johannes Müller. Eine Gedächtnisrede gehalten bei der Todtenfeier am 24. Juli 1858 in der Aula der Universität zu Berlin. Berlin 1858.

186 Theodor Ludwig Bischoff über Müllers radikale Abkehr vom Experiment um 1840: »Ich möchte nicht zweifeln, dass der Hauptgrund dieser anscheinend auf-

Wenn dies auch alles gegen die zu einfache Begründung der Lebenskrise durch romantische Naturwissenschaft spricht, so ist dennoch nicht von der Hand zu weisen, dass sich Müllers Arbeiten geändert haben. Jutta Schickore konstatiert einen zeitlich verlagerten Bruch im Sinne DuBois-Reymonds und weist ihn am Stil der Müller'schen Veröffentlichungen nach, leider ohne die Publikationsorte und die veränderten Rezeptionshaltungen der wissenschaftlichen Öffentlichkeit zu berücksichtigen.[187]

Bereits der Biograph Wilhelm Haberling hatte das Ausbleiben philosophischer Bemerkungen nach 1830 als ein stillschweigendes Festhalten am gleichen Programm verstanden wissen wollen, das allerdings in den veränderten Forschungskontexten Berlins aus Vorsicht nicht explizit gemacht wurde.[188] Schickore konstatiert den Wechsel zwischen der philosophisch eingeleiteten Bildungsgeschichte der Genitalien (1830) und den nüchternen Beobachtungen zur Analyse der Lymphe, des Bluts und des Chylus (1832). Schließlich findet sie nicht in der romantischen Naturphilosophie, sondern in der neukantianischen Universitätsphilosophie eine übergeordnete Klammer für die Kontinuität in der Arbeit Müllers: das Verhältnis von Subjekt und Objekt. Was sich aber hier auf den ersten Blick eignet, einen roten Faden durch die gesamten Arbeiten eines

fallenden Abwendung vorzüglich in der Abneigung lag, die wohl jeder, zumal schöpferische Genius empfindet, ein einmal mit aller Umsicht und Energie durchgearbeitetes Thema noch zum zweiten Male zu bearbeiten und sich dadurch gewissermaßen selbst zu verbessern. [...] Dann aber war daran wohl unzweifelhaft auch die neue Richtung in der Bearbeitung der Physiologie beteiligt, die Müller zwar selbst mit herbeigeführt hatte, *die indessen entschieden über den von ihm eingehaltenen Standpunkt hinausging*. Mit seiner ganzen Energie, seiner rastlosen Thätigkeit und seinem genialen Scharfblick warf sich Müller daher von jetzt an fast ausschließlich auf vergleichende Anatomie und Zoologie. Daß er sich gerade diesen zuwandte, wurde, neben seiner ursprünglichen Liebe zur ersterer Disciplin, gewiß auch durch den äußeren Umständen fast nothwendig herbeigeführt, dass er sich in Berlin von einem Reichthum an Material umgeben sah, welches Keiner gerne aus der Hand geben würde, wenn es ihm zu Gebote stände.« Bischoff, Theodor Ludwig: Über Johannes Müller und sein Verhältnis zum jetzigen Standpunkt der Physiologie. Festrede zur Feier des Geburtsfestes S.M. Maximilian II. Königs von Bayern. Gehalten in der öffentlichen Sitzung der Kgl. Akademie der Wissenschaften am 27. November 1858. München 1858. S. 9. (Kursive A.E.)

187 Schickore, Jutta: The ›Philosophical Grasp of the Appearances‹ and Experimental Microscopy. Johannes Müller's Microscopical Research 1824-1832. In: Studies in History and Philosophy of Biology and Biomedical Sciences 34/2003. S. 569-592.

188 Haberling, Wilhelm: Johannes Müller. Leipzig 1924.

(Sinnes-)Physiologen zu legen, scheitert an den von Müller zitierten philosophischen Bezügen. Müller wie auch andere ›subjektive Physiologen‹ arbeiteten praxis- und empiriegetränkt in Selbstversuchen und zitierten in ihren Arbeiten mit Goethe, Spinoza und Giordano Bruno die dezidierte Gegenposition des kantischen Kritizismus. Diese thematische Kontinuität hilft zudem wenig, die veränderte Form von Müllers Veröffentlichungen um das Jahr 1830 einzuschätzen.

Auch die soziale Verankerung Müllers als Sekretär der *Leopoldina* und seine direkte Zusammenarbeit mit Nees von Esenbeck erwähnt Schickore nicht. Müller veröffentlicht nach wie vor 1827 in der romantischen Zeitschrift »Isis«, er behält spinozistische Konzepte bei[189] und bleibt zeitlebens Vitalist. Auch seine Theorie der Sinnesenergien, die er auf dem Wege der subjektiven Physiologie bestätigt hatte, bleibt nach 1827 und vor allem nach 1831 ein Anliegen Müllers. In dem großen Standardwerk der Physiologie, das Müller auch außerhalb Deutschlands berühmt machte, sind die subjektiven Phänomene durchaus mit aufgelistet. Sie dienen an zentraler Stelle zur Fundierung von der für Müller zentralen Lehre der spezifischen Nervenenergien und werden im »Handbuch der Physiologie des Menschen« mehrfach erwähnt.[190] Losgesagt hat

189 Hagner, Michael: Sinnlichkeit und Sittlichkeit. Spinozas ›grenzenlose Uneigennützigkeit‹ und Johannes Müllers Entwurf einer Sinnesphysiologie. In: Johannes Müller und die Philosophie. Hg. v. Michael Hagner und Bettina Wahrig-Schmidt. Berlin 1992. Hagner macht etwa auf die konstante Benutzung des »Gleichgewichts« bei Müller aufmerksam, das im Rückgriff auf Spinoza entwickelt wurde. S. 41.

190 »Die spezifische Reizbarkeit der Sinnesnerven reicht also zur Erklärung der Facta nicht hin, und wir sind genöthigt, jedem Sinnesnerven bestimmte Energien im Sinne des Aristoteles zuzuschreiben, welche seine vitalen Qualitäten sind, wie die Zusammenziehung die vitale Eigenschaft der Muskel ist. Diese Thatsache wurde in der neuern Zeit durch die Bearbeitung der sogenannten subjectiven Sinneserscheinungen durch Elliot, Darwin, Ritter, Goethe, Purkinje, Hjort mehr und mehr erkannt. So nennt man nämlich jetzt diejenigen Sinneserscheinungen, welche nicht durch den gewöhnlichen homogenen Reiz eines Sinnesnerven, sondern andere ihm gewöhnlich fremde hervorgebracht werden. Lange haben diese wichtigen Erscheinungen unter dem Namen der Sinnestäuschungen figuriert und sind unter einem falschen Gesichtspunkte missachtet worden, dagegen sie als eigentliche Sinneswahrheiten und Grundphänomene bei der Zergliederung der Sinne studiert werden müssen« (S. 255). An dieser Stelle wird auch der physikalischen Erklärung der Sinne ein Riegel vorgeschoben, denn die bloß mechanischen Abläufe können nach Müller nicht die Wahrnehmung erklären: »Das reine Factum ist dies, dass wenn eine gewisse Zahl von Stössen oder Schwingungen dem Gehörnerven mitgetheilt wird, der Ton als Empfindung entsteht, aber der Ton als Empfindung ist himmelweit von einer

sich Müller also keineswegs von diesen über die Introspektionsverfahren der subjektiven Physiologie erlangten Erkenntnissen. Im Gegenteil, er fügt noch Abschnitte über »subjektive Gefühlsempfindungen« und »subjektive Geschmäcke« hinzu, also Nerveneindrücke, die nicht von außen ausgelöst werden und deshalb für Müller Anzeichen für eine Selbsttätigkeit der Nerven sind. Wahr ist allerdings auch, dass Müller auf diesem Gebiet nicht mehr veröffentlicht. Zudem gibt es Anzeichen, dass Müller die subjektiven Sinnesphänomene für ein etwas heikles Gebiet hielt, ungeeignet zumindest, um mit solchen Forschungen an die Öffentlichkeit zu treten, wie ein Student berichtet:

> Über ein mir eigentümliches subjektives Phänomen, das Einbilden von Gehörempfindungen in die räumliche Vorstellung, hab' ich jedoch eine circa zwei Bogen lange Arbeit halb physiologischen, halb psychologischen Inhalts geschrieben, die unter anderem Müllers Anerkennung gefunden hat, der sie jedoch nicht drucken wollte, weil es sein Wunsch ist, dass ich mit etwas Objektivem und Bedeutendem zuerst auftrete, womit ich nur einverstanden sein konnte.[191]

Anzahl von Schwingungen verschieden. Dieselbe Zahl der Schwingungen einer Stimmgabel, die dem Gehörnerven jene Empfindung mittheilt, wird von den Gefühlsnerven als Kitzel empfunden. Es muss also zu den Schwingungen noch etwas ganz Anderes hinzukommen, wenn ein Ton empfunden werden soll, und dies Erforderliche liegt nur im Gehörnerven« (S. 255). Müllers Ablehnung eines physikalischen Empirismus, der noch nicht das Gehirn als Black Box bedient, sondern von der Idee einer dezentralen Verteilung der Erkenntnis im ganzen Körper geleitet zu sein scheint, beansprucht nicht mehr und nicht weniger als die Sinnesenergie, also eine Markierung dessen, was man nicht weiter erklären kann. Mit dieser Energie, der in einem physikalischen Bezugsrahmen unerhörte Fähigkeiten zukommen, ließen sich womöglich theologische Motive verknüpfen. Bei Müller hat man aber eher den Eindruck, dass diese Theorie der Sinnesenergien im Zeichen des Agnostizismus steht: »Das Wesen dieser Zustände der Nerven, vermöge welcher sie Licht sehen, Ton empfinden, die wesentliche Natur des Tons als Eigenschaft des Hörnerven, des Lichts als Eigenschaft des Sehnerven, des Geschmacks, Geruchs, Gefühls bleibt wie die letzten Ursachen in der Naturlehre ewig unbekannt. Über die Empfindung des Blauen lässt sich nicht weiter resoniren; sie ist eine Thatsache, wie viele andere, die die Grenze unseres Witzes bezeichnen.« Müller, Johannes: Handbuch der Physiologie des Menschen. Koblenz 1840. Bd. 2. S. 255f.

191 DuBois-Reymond an Eduard Hallmann, Berlin 26. Dezember 1840. In: Jugendbriefe von Emil DuBois-Reymond an Eduard Hallmann. Hg. v. Estelle DuBois-Reymond. Berlin 1918. S. 79.

Natürlich ist es kein anderer als DuBois-Reymond selbst, der hier im Jahre 1840 von seinen ersten eigenständigen Forschungsarbeiten berichtet. Wichtig für die Einschätzung des Nachrufs ist also erstens, dass Müller im 1832 bezogenen Berliner Forschungskontext seine älteren Studien nicht verwirft, aber der wissenschaftlichen Reputation für abträglich hält. Zweitens belegt das Zitat, dass DuBois-Reymond die biographische Krise instrumentalisiert und mit einem radikalen Methodenwechsel verbunden hat, den er selbst an seinem Lehrer so nicht erlebt haben kann.

Renato Mazzolini hat die Rolle der Aristotelesrezeption bei der Überwindung romantischer und neuhumanistischer Forschungsbeimengungen in den Naturwissenschaften herausgestellt. Er macht diese Orientierung am sachlichsten antiken Philosophen auch für Müller plausibel,[192] etwa für die zoologische Enzyklopädie und die sorgfältig etablierten Einzelheiten. Es ist allerdings Aristoteles' »Fragment über den Traum«, welches Müller seiner Schrift »Über phantastische Gesichtserscheinungen« anhängt, das als Fundament seiner Lehre von den Nervenenergien von größtem Einfluss auf Müllers Denken war.

Ein weiterer, bisher unerwähnter Faktor für Müllers Wandlung wurde von Hans-Jörg Rheinberger vorgeschlagen. Er besteht in der verstärkten Nutzung des Mikroskops. Zwar klingt Müllers Gedächtnisrede auf Rudolphi so, als habe Letzterer seinem Schüler das Mikroskop bereits 1823 nach Bonn mitgegeben.[193] Aber Haberling malt, leider wie üblich ohne Belege, für die Zeit der Arbeit an dem Drüsenwerk eine Familienidylle aus, die vollkommen durch das Instrument geprägt ist.[194] Die Arbeit an diesem Mikroskop konnte aber Müller vor Überanstrengung nicht bewahren:

> Schon früher neigte er zu Schwindelanfällen, und pflegte ihnen beim Mikroskopieren stundenlang zu trotzen, indem er sich am Tisch fest-

192 Mazzolini, Renato: Müller und Aristoteles. In: Johannes Müller und die Philosophie. Hg. v. Michael Hagner und Bettina Wahrig-Schmidt. Berlin 1992.

193 Müller, Johannes: Gedächtnisrede auf Carl Asmund Rudolphi. Berlin 1837. S. 12.

194 »Das Drüsenwerk ist es, das ihn hauptsächlich beschäftigt. Wir finden ihn Tag für Tag mit dem von Rudolphi geschenkten Mikroskop beschäftigt, welches von Frau Nanny höchst eigenhändig blitzsauber gehalten wird. Tag für Tag aber wandert er auch über eine Viertelstunde Wegs hinaus nach Poppelsdorf, nach dem Naturhistorischen Seminar, um dort ein vorzügliches Mikroskop von Utzschneider und Fraunhofer benutzen zu können, auf dem er mikrometrische Messungen vornahm.« Haberling: Müller. S. 81.

hielt. Sie wurden jetzt so häufig, dass er sich nicht mehr auf seine Bücherleiter wagte.[195]

Es bleibt zu resümieren, dass Müller zwar unter gesundheitlichen und nervlichen Krisen litt und dass sich der Stil seiner Publikationen mehrfach änderte: Nach 1827 macht sich das Mikroskop bemerkbar, das Konzept der Publikationen ändert sich aber erst um 1831, wie Jutta Schickore analysiert. Schließlich beginnt 1840 die morphologische Phase Müllers und mit der experimentellen Physiologie ist es gänzlich vorbei. DuBois-Reymonds Engführung der Gesundung und der Hinwendung zur objektiven Wissenschaft ist eine Überspitzung, die bezeichnend und gelungen zu nennen ist, Müllers Arbeit aber verzerrt, um die Figur eines Überwinders der Naturphilosophie installieren zu können.

Reichweite: Reformation der Feindseligkeit

Bereits mehrfach hatten sich gesellschaftliche Dimensionen als unabtrennbar mit den im Nachruf auf Müller vorgetragenen Wissenschaftselementen erwiesen – etwa die Aufladung des Experimentbegriffs mit den veränderten Machbarkeiten des Industriezeitalters. Auch die rhetorische Verknüpfung von Selbstexperiment und Selbstzerstörung argumentiert bereits auf einer Ebene, in der Methode in ihrer Tauglichkeit als Lebensform beurteilt wird. Ein ganz entscheidender Rückhalt des Vitalismus bzw. der experimentellen Physiologen war dabei mehrfach angeklungen, soll aber nochmals eingehend dargestellt werden: Es geht um den problematischen Zusammenhang von Lebenskraft, Introspektion und Subjektivität im Forschungsprozess. Konzepte also, die zuweilen weit jenseits der Physiologie liegen, die aber durch den Diskurs, den dieser Nachruf auf Müller mit etabliert, stark betroffen sind.

Antivitalismus

Die von DuBois-Reymond effektvoll erzählte Krise Müllers ist für den Umgang mit dem Vitalismus in dem Nachruf zentral, denn die Lehre von der Lebenskraft ist für DuBois-Reymond ein Element der Naturphilosophie und gehört von daher zum Komplex des krankmachenden Wissens. Müller allerdings blieb bekanntlich zeitlebens Vitalist.[196] Den-

195 DuBois-Reymond: Gedächtnisrede. S. 218.
196 Ebd. S. 205.

noch gelingt DuBois-Reymond anhand von Müllers Biographie ein wirkungsvolles Verdikt gegen genau diese Tendenzen.

So wird es zumindest in der Öffentlichkeit rezipiert. Anlässlich einer Rezension des Müller-Nachrufs in einem Fachjournal hat Rudolph Wagner konstatiert, dass der Vitalismus tatsächlich ins Hintertreffen zu geraten scheint: »Diese Lehre ist unter der Wucht der Hiebe der neuesten Zeit gefallen und als ein bedeutungsloser mystischer Ausdruck mit Recht erkannt worden.«[197] Wagner nutzt seine Besprechung allerdings als Aufruf zu einem neuen Vitalismus. Die kurze Rezension folgt den Argumenten des Müller-Nachrufs, der als Bollwerk des Mechanismus behandelt wird, und wendet sie auf die Gegenseite zurück. Beide Texte konstruieren beispielsweise Epochen. DuBois-Reymond datiert von Müllers Konversion zur objektiven Forschung ein neues Zeitalter. Wagner gibt ebenfalls zu, dass eine neue Zeit angebrochen sei, aber er erklärt auch ihr baldiges Ende für wahrscheinlich und macht sie so zur nächsten Episode. Ein weiterer Schachzug Wagners ist es, die empiristische Arroganz nicht den Gegnern zu überlassen. Nicht die spukende Lebenskraft gerät hier in die Kritik, sondern die ›mechanistischen Phantasiegebilde‹ einer verirrten Biologie, die den Mechanismus postuliert, bevor sie seine Wirkungsweise benennen kann.[198] Wagner ist es, der vom Boden der Tatsachen aus die Mechanisten zu Lösungsaskese und Geduld in Theoriefragen auffordert. Schlussendlich entzieht er der Partei DuBois-Reymonds mit dem Segen Müllers auch die Autorität des verstorbenen Wissenschaftlers:

> Diese Vertheidigung sind wir den Manen des grossen Physiologen und Zoologen schuldig gewesen, [...] der unter seinen vielen Verdiensten auch das hatte, in seiner Wissenschaft mit seinen theoretischen Behauptungen nicht weiter zu gehen, als die Thatsachen erlaubten, dabei nichts in Aussicht zu stellen, nichts zu versprechen, was er nicht halten konnte.[199]

197 Wagner, Rudolph: Bericht über die Arbeiten in der allgemeinen Zoologie und der Naturgeschichte des Menschen im Jahre 1861. In: Archiv für Naturgeschichte XXVIII(2)/1861. S. 45.

198 Für eine Passage des Müller-Nachrufes hat Wagner nur Spott übrig: »Das Leben, oder wie unser Verfasser sich ausdrückt: ›Der Molekularmechanismus, dessen Verwickelung unseren Bemühungen zu seiner Enträthselung vielleicht noch lange spotten wird, der aber darum nicht minder als ein Mechanismus erkannt ist‹ wird von dem jetzigen Standpunkt aus in seiner Totalität durchaus unverständlich bleiben.« Ebd. S. 46.

199 Ebd. S. 48.

Müller steht gegen DuBois-Reymonds Partei als der umsichtigere Forscher da. Wagner zeigt aber dort, wo er aus der Deckung geht, auch, dass er als Verfechter der Lebenskraft mit einer weitaus größeren Reichweite der Wissenschaftskonzeption operiert als DuBois-Reymond. Wagners Alternative, eine Biologie, die höhere Zoologie und vergleichende Anatomie in sich vereint, ist durchsetzt von außerwissenschaftlichen Loyalitäten. So führt er gegen den Mechanismus in den Lebenswissenschaften ein privates Unbehagen an, dem er sehr große Bedeutung zumisst:

> Die beharrlichen Widersprüche des Gemüths gegen die ›Errungenschaften‹ des Verstandes können unmöglich mit der Phrase von ›ästhetischen Forderungen‹ abgemacht werden. Der Mechanismus, den man jetzt auf den Thron des abgesetzten und absetzungswerthen Vitalismus in den Naturwissenschaften gesetzt hat, ist nicht nur nicht fähig, die Harmonie des Weltlaufs im Grossen zu erklären, er macht die Annahme einer solchen Harmonie, die doch vorhanden ist, unmöglich. Er kann daher auch der Wissenschaft nicht genügen; diese Hypothese kann nicht richtig sein, da sie schliesslich zu einem Nonsens der Weltgeschichte führt.[200]

Wagners Missbehagen wird bei ihm zu einem Argument. Er fürchtet die unabsehbaren gesellschaftlichen Folgen einer mechanistischen Lebenswissenschaft. Es steht nicht nur die richtige Erklärung eines einzelnen Lebewesens auf dem Spiel, sondern die harmonische Struktur der Welt und der Sinn der Geschichte: »Nicht einmal die Erscheinungen der Naturprozesse der organischen Körper, viel weniger die ebenso realen Phänomene in der Geschichte des Geistes, in dem objektiven Gange der Weltbegebenheiten, können dadurch vollgültig angefasst, geschweige denn erklärt werden.«[201] Die affektive Verstörung, die Wagner an sich bemerkt, wird als unzweideutiges Warnsignal eines philosophischen Fehlers gedeutet. Sein Bezugssystem ist also keineswegs auf Fachfragen beschränkt, sondern vermengt Natur, Philosophie und metaphysikkorrelierte Selbsterfahrungen. Einen weiteren klassischen Verankerungspunkt des Vitalismus, die theologischen Argumente, verwendet Wagner sparsam. Sie klingen an, wenn er sich über eine nihilistische Wendung DuBois-Reymonds echauffiert, dass Müller von einem »sinnlosen Schicksal« dahingerafft worden sei. Eifersüchtige Verteidigung der auf

200 Ebd. S. 45.
201 Ebd.

die Geschichte und auf die Lebewesen gewendeten Teleologie verträgt sich bei Wagner lediglich mit »der einen großen Kausalursache«.[202]

Anders bei DuBois-Reymond: in seinen Anmerkungen zu dem 1858 verlesenen Nachruf vermerkt er den interessanten Fall, dass die Veröffentlichung der »Origin of Species« von 1859 tief in Müllers späte Arbeitsgebiete eingegriffen hätte. Die ältere Zoologie, zu der auch Müller zählt, sei »plötzlich der Herrschaft beraubt« gewesen und es sei »fast schade, dass er jenen unermesslichen Umschwung nicht erlebte«.[203] Es ist dieser Zoologenschule nicht gelungen, sich »aus den umschnürenden Banden der angeblichen Unveränderlichkeit der Spezies, der Unvollständigkeit des paläontologischen Archivs, vollends der Teleologie [...] zu befreien«.[204] Es braucht keinen Verweis auf DuBois-Reymonds Nachruf auf Darwin, um zu belegen, dass DuBois-Reymond den Verlust der geschichtlich gedachten Teleologie durch die Entwicklungslehre begrüßt und weder dem Sinn der Geschichte noch den ganzheitlichen Ordnungen den geringsten Kredit beimisst. DuBois-Reymonds Loyalitäten gelten den wissenschaftlichen Sachfragen. Mehr noch, die Rücksichten, die der Vitalismus auf gesellschaftliche Verträglichkeit der produzierten Wahrheiten nimmt, hält er für eine Märchenkomödie, an der er nur unter dem Zwang einer Prüfungssituation partizipiert, wie er in einem Brief an Hallmann berichtet:

> Am Sonnabend den 10. Februar [1843] fand endlich meine durch mancherlich Umstände so lange aufgeschobene Promotion in der Dir im Voraus beschriebenen Weise statt. Die Disputation zwischen Brücke und mir, eine Art von Tollhäuslerunterhaltung à la Tieck über die schrecklichen Folgen des Unglaubens an die Lebenskräfte, woraus sogar ein Bürgerkrieg entstehen dürfte, wird Dir zur guten Stunde hier noch aufgetischt werden können [...].[205]

Diese Verstellungsleistung lässt tief blicken. Offensichtlich fühlte sich DuBois-Reymond genötigt, ein Lippenbekenntnis für einen Zusammenhang abzulegen, der zur Zeit seiner Prüfungen noch als hoheitliche Meinung galt, ihm aber bereits unsinnig vorkam. Das vorgebrachte Hauptargument zur Stützung einer Lebenskraft innerhalb der Physiologie lag

202 Ebd. S. 46.
203 DuBois-Reymond: Gedächtnisrede. S. 283.
204 Ebd. S. 283.
205 DuBois-Reymond an Eduard Hallmann, Berlin am 1. April 1843. In: Jugendbriefe. Hg. v. Estelle DuBois-Reymond. Berlin 1918. S. 115.

dabei offensichtlich weit außerhalb des Forschungsrahmens, nämlich in einer Logik der harmonischen Gesellschaft begründet.

Antiromantik

Über die gesamte Länge des Nachrufs ist die romantische Naturphilosophie als Gegner präsent, obwohl Johannes Müller ihr nur bedingt zuzurechnen ist. Die Universität Bonn, an der Müller promovierte und habilitierte, galt als zutiefst romantische Gründung. Er hörte bei Arndt das Nibelungenlied. August Wilhelm Schlegel, Johann Jacob Nöggerath, Georg August Goldfuß und Christian Gottfried Nees von Esenbeck prägen die Lehre in der Naturgeschichte. Die Naturhistoriker der Philosophischen Fakultät stiften eine besondere Form der Lehre, wie Nees von Esenbeck berichtet:

> Der Plan, alle Anstalten für die Naturwissenschaft in einer kleinen Entfernung vor der Stadt, der Natur näher, in dem weit berühmten Garten der Nachtigallen zu Poppelsdorf zu vereinigen, hat für die Wissenschaft selbst eine tiefe und vielleicht folgenreiche Beziehung. Die Naturwissenschaft ist ihrem Wesen nach so gesellig, daß ihre Verehrer im engsten Sinne des Worts für einen Mann stehen müssen. [...] Wer dieses Sehnen in sich ertödtet, schlägt die Natur in sich, wie durch einen chemischen Prozeß, nieder, und fängt ein egoistisches Spiel mit Vorstellungen und Begriffen von natürlichen Dingen an, das mit dem ganzen Menschen nichts mehr zu thun hat.[206]

Bärbel Bohley und Gert Schubring haben unisono die Geselligkeit als zentralen Bestandteil der Bonner Wissenschaftsdidaktik ausgemacht. Aus der zitierten Passage geht auch hervor, wie bereitwillig man den ›französischen‹ Materialismus mit Egoismus und Atomismus verschaltete. Die naturkundliche Geselligkeit sollte also nichts Geringeres leisten, als den Einzelnen moralisch vor Egoismus zu schützen und epistemologisch

206 Nees von Esenbeck: Etwas über die naturwissenschaftlichen Anstalten zu Poppelsdorf. In: Jahrbuch der Preußischen Rhein-Universität 1(1)/1819. S. 46. Der Garten war noch zusätzlich umgeben von einem Wassergraben und wurde angepflanzt nach dem natürlichen System des Hallenser Botanikers Kurt Sprengel. Hier fanden die Exkursionen statt. Innerhalb des Schlosses wurden ›Naturhistorische Gespräche‹ angeboten, und Goldfuß hatte die zoologische Sammlung der *Leopoldina* in 8 Räumen untergebracht, die um eine Rotunde angeordnet waren. Ebd. S. 49f.

vor dem Verlust der Ganzheit und Allgemeinheit.[207] Auch die Gründung des ersten naturhistorischen Seminars, an dem angehende Lehrer durch Bestimmungsübungen, Exkursionen und Referate auf den Schulunterricht vorbereitet wurden, verdankt sich diesem Kontext.[208]

Wenn Müller auch in diesem Umfeld studiert und anschließend lehrt, von seinen Veröffentlichungen rechnet selbst DuBois-Reymond nur zwei unter die Naturphilosophie. In seiner Antrittsvorlesung von 1825 grenzt sich Müller klar, aber nicht phobisch von spekulativen Zugängen ab, ebenso wie er sich nicht mit Magendies Experimentalphysiologie gemein machen will. Wie bereits mehrfach erwähnt, sollte auch die Wissenschaftskultur der *Leopoldina*, der Goethe als Mitglied mehr zu- als übergeordnet ist, nicht mit der Naturphilosophie Schellings verwechselt werden. Erarbeitet Erstere eine pantheistisch und empirisch grundierte Naturgeschichte, erweitert die Naturphilosophie der Romantik das Spektrum der Naturwissenschaft auf alle Wissenschafts- und Lebensbereiche durch enzyklopädische und theoretische Zugänge.

Auf DuBois-Reymonds Berliner Umfeld bezogen stellt sich ebenfalls die Frage, ob die Naturphilosophie überhaupt noch ein Gegner war. Hegel war zum Zeitpunkt von DuBois-Reymonds Attacke fast zwei Jahrzehnte tot,[209] und aus DuBois-Reymonds Schilderung von Schellings Einzug nach Berlin geht alles andere als eine naturphilosophische Bedrohung aus:

> Schelling ist seit mehreren Wochen hier und wird Philosophie der – Offenbarung lesen. Dahin ist der Nestor der Naturphilosophie zur großen Erbauung aller gläubigen Seelen, wie z.B. meines Alten, end-

207 Hagner, Michael/Laubichler, Manfred (Hg.): Der Hochsitz des Wissens. Das Allgemeine als wissenschaftlicher Wert. Zürich 2006. Die romantische Kooperation liegt also quer zu den häufiger vorliegenden Absichtserklärungen der Akademien, in einer Metawissenschaft die Disziplinen versammeln zu wollen und Allgemeinheit als ein Gesamtprodukt aus vielen Teilwissensträgern anzubieten.

208 Schubring, Gert: The Rise and Decline of the Bonn Natural Sciences Seminar. In: Science in Germany. The Intersection of Institutional and Intellectual Issues. Hg. v. Kathryn M. Olesko. S. 57-93. (= Osiris 5/1989) Zwar sind die Preisaufgaben, von denen Müller eine gewinnt, Teil dieses Seminars, in den Listen existiert aber kein Hinweis auf Müllers Teilnahme, der zudem bereits an der Medizinischen Fakultät studierte.

209 Für Schnädelbach setzt die Wende 1832 mit Hegels Tod ein. Aber auch das Jahr 1828 bringt mit den Kosmos-Vorlesungen des zurückgekehrten Alexander von Humboldt und der erstmalig fachlich organisierten *Versammlung Deutscher Naturforscher und Ärzte* viel Aufmerksamkeit für die Naturwissenschaft in Berlin.

> lich gelangt. Dieser sagt: C'est une forte tete; il a fit le tour. Mit le tour meint er nämlich den Katzenjammer, in den so dunkle Köpfe wie Steffens und Consorten am Ende aus ihrer Spekulation geraten, und zum Glauben zurückkehren. Dieser Unzucht ungeachtet bleibt Schelling ein sehenswürdiges altes Gebäude, und da ein guter Freund von mir [...] ihn von München her genau kennt, so werd' ich mich durch diesen in seine Soireen einführen lassen.[210]

Was die Philosophische Fakultät angeht, scheint es eher DuBois-Reymond selbst zu sein, der sich der Ruinensehnsucht schuldig macht. Anders steht es mit der florierenden Populärkultur des Mesmerismus. Zwar schreibt DuBois-Reymond diese keineswegs Müller zu. Aber sie wird als romantisches Erbe rubriziert und als solches bekämpft. Dieses Gebiet kreuzt sich eng mit DuBois-Reymonds eigenen polemischen Forschungen. Gescheitert war die tierische Elektrizität nicht als Phänomen, sondern durch die Kontexte ihrer Ausdeutung. DuBois-Reymond wird hier auf die Populärkultur des Mesmerismus ebenso anspielen wie auf die Elektrizitätslehre der romantischen Naturforschung, in der die tierische Elektrizität zum Lebensprinzip ausgebaut wurde und ein und dieselbe mentale Repräsentation für Physik und Physis gelten sollte.[211] Nach einigen Jahren, in denen das Interesse an diesen Themen zurückgegangen war, wird mit Carlo Matteuccis »Essai sur les phénomènes électriques des animaux« das Lebensprinzip in der Nerven- und Muskelelektrizität neu aufgeworfen, und es war DuBois-Reymond selbst, der in einer vierbändigen Widerlegung eine physikalische Erklärung dagegenhielt. Im Kampf gegen den Mesmerismus hat DuBois-Reymond einen Vorläufer, dem er ebenfalls eine Gedächtnisrede widmet:

> Als es dann so weit gekommen war, dass ihre Grenzen gegen die wüsten Gebiete des Somnambulismus, der Rhabdomantie, der Schwefelkiespendelversuche kaum mehr unterschieden werden konnten, stemmte Erman sich mit Macht wider den Unsinn. [...] Eine in Berlin sehr bekannte, den besseren Ständen angehörige Somnambule, der schon die bloße Nähe irgendwelcher Metallmassen, wie der Geldstücke in den Taschen der Besucher, fürchterliche Krämpfe verur-

210 DuBois-Reymond an Hallmann. In: Jugendbriefe von Emil DuBois Reymond an Eduard Hallmann. Hg. v. Estelle DuBois-Reymond. Berlin 1918. S. 103.

211 Ritter, Johann Wilhelm: Die Physik als Kunst. Ein Versuch, die Tendenz der Physik aus ihrer Geschichte zu deuten. Zur Stiftungsfeyer der Königlich-baierischen Akademie der Wissenschaften am 28. März 1806. München 1806.

> sachte, entlarvte der dadurch, dass er sie, ohne dass sie es merkte, mit den durch die Ärmel herausgeführten Leitungsdrähten eines galvanischen Plattenpaares berührte, welches er auf der Brust versteckt trug; und als auch dies nichts half, griff er zum Stachel der Satire, indem er in einer pseudonymen Flugschrift, als Hofrat Namré, die angeblichen Erfolge des tierischen Magnetismus auf die Seele eines weiblichen Orang-Utang schilderte.[212]

Paul Erman, der ab 1791 an der Berliner Kriegsschule Physik unterrichtete und 1810 den Lehrstuhl an der neu gegründeten Universität erhielt, widmete sich der Kunst des polemischen Versuches in einer detaillierten Widerlegung Ritters.[213] Er wird zwar von DuBois-Reymond hoch dafür gelobt, dass er den »Schritt von der Studierlampe zum eignen wirklichen Handanlegen im Laboratorium« fast ohne Vorbilder unternommen haben soll,[214] aber die romantische Umgebung lässt ihn ins falsche Extrem überpegeln:

> Eine ihn beherrschende ›skeptische Idiosynkrasie‹ – wiederum stammt der Ausdruck von ihm her – war vielleicht die Folge seiner anhaltenden Beschäftigung mit der kritischen Philosophie. […] Unstreitig aber hemmte sie seinen Fortschritt, wenn sie ihn beispielsweise trieb, seine Kräfte an der nutzlosen Wiederholung der Fallversuche zu vergeuden, um sich von der Richtigkeit der Galilei'schen Gesetze zu überzeugen. Denn bei der Naturforschung kommt es weniger darauf an, dass stets und überall, als darauf, dass zur rechten Zeit, am rechten Ort gezweifelt werde.[215]

Obwohl Paul Erman also offensichtlich sogar an den richtigsten Experimenten zweifelt, gilt er doch in erster Linie als Widersacher der romantischen Naturwissenschaft, und in dieser Generation der akademi-

212 DuBois-Reymond: Gedächtnisrede auf Paul Erman. Gehalten in der Leibniz-Sitzung der Akademie der Wissenschaften am 7. Juli 1853. In: ders.: Reden. Bd. 2. S. 71.

213 Ebd. S. 70.

214 Ebd. S. 59.

215 Ebd. S. 61. So erklärt zumindest DuBois-Reymond das Ausbleiben von anhaltenden Entdeckungen. Da man dem Nachruf aber auch entnehmen kann, dass der erklärte Rabelais-Fan sich nach eigenen Angaben an »paradoxen Erscheinungen« erfreute, steht noch eine andere Deutungsmöglichkeit im Raum.

schen Lehrer DuBois-Reymonds hat der eigentliche Abgrenzungsbedarf bestanden.[216]

Dennoch gibt sich DuBois-Reymond wiederholt kämpferisch, beispielsweise, wenn er Müller zum mythischen Helden der Naturwissenschaften stilisiert und immer wieder daran erinnert,

> [...] dass es in Deutschland einmal eine Zeit gab, in der die Überwucherung der Wissenschaft mit Ästhetik, eine solche Verwilderung herbeigeführt hatte, dass sogar ein Talent ersten Ranges gleich ihm der Gefahr der Verirrung nicht entging. Für uns ward Müller Sieger in diesem Kampf; dies Land, das wir fröhlich bauen, hat er von den Drachen befreit und urbar gemacht![217]

Von daher ist Gert Schubring zuzustimmen, wenn er die Bedeutung der Kategorie romantische Naturwissenschaft neben der Geselligkeit noch auf einem ganz anderen Feld aufsucht. Die Naturphilosophie ist für ihn ein Ort, an dem die deutsche Naturwissenschaft über Denunziation zu sich selbst findet.[218]

Antisubjektivismus

Nach der innerbiologischen Debatte um den Kraftbegriff des Vitalismus und die Sprachkämpfe mit der Naturphilosophie in populärwissenschaftlichem Hoheitsgebiet soll ein letzter Bereich nachgetragen werden, der durch das Verdikt von der Krise Müllers betroffen ist. Es handelt sich um die Ansätze einer subjektiven Physiologie, die in den 20er und 30er Jahren des 19. Jahrhunderts einen schnell unmöglich werdenden Balanceakt zwischen subjektiven Zugängen und objektiven Ergebnissen versucht. Abgewertet wird in dem Nachruf auf Müller aber nicht nur die ›geisteswissenschaftliche Physiologie‹ des subjektiven Sehens, sondern auch das Verfahren der Introspektion. Damit entfaltet der Nachruf

216 Rudolphi engagiert sich in der Kommission zur Untersuchung des Magnetismus. Bei Magnus führt seine Konzentration auf das Faktische zu einer Verachtung der mathematisch-theoretischen Physik, und er trägt mit seiner Untersuchung »Über die Gase des Blutes« zur Widerlegung vitalistischer Positionen bei. Dove veröffentlicht eine Widerlegung der Goethe'schen Farbenlehre. Helmholtz, Hermann: Gedächtnisrede auf Gustav Magnus. In: Abhandlungen der Akademie der Wissenschaften 1871. S. 62.

217 DuBois-Reymond: Gedächtnisrede. S. 151.

218 Schubring, Gert: The rise and decline of the Bonn natural sciences seminar. In: Science in Germany. The intersection of institutional and intellectual issues. Hg. v. Kathryn M. Olesko. S. 57-93. (= Osiris 5/1989)

einen Subtext, der im Zusammenhang mit der Trennung der zwei Kulturen zu sehen ist.

Müllers letzte Veröffentlichung, die allerdings fast ein Jahr vor der Krise im Druck erscheint, ist die Studie »Über phantastische Gesichtserscheinungen« von 1826. Sie stellt einen wichtigen Beitrag zur Theorie des subjektiven Sehens dar und begründet zudem eine der zentralen Theorien Müllers, die Lehre von den spezifischen Sinnesenergien. Auch sie wird durch DuBois-Reymond zu einer falschen Wissenschaftspraxis erklärt. Für das Thema dieses Kapitels ist aber auch wichtig, dass nicht nur alleine eine bestimmte Form der Sinnesphysiologie verdächtig wird, sondern dass der Bereich des Subjektiven in der Forschung auf breiter Front in Mitleidenschaft gezogen wird, was die Phantasie auf einer sehr ungünstigen Systemstelle zurücklässt.

DuBois-Reymond macht in dem Nachruf explizit diese physiologische Tradition für Müllers Zusammenbruch verantwortlich:

> Den übermäßigen Anstrengungen, denen er sich jahrelang, die Nacht in den Tag, den Tag in die Nacht verwandelnd, unausgesetzt hingegeben hatte, erlag endlich vorübergehend seine sonst so zähe Natur. Vorzüglich scheinen jene subjektiven Beobachtungen, mit denen schon Rudolphi ihn ungern beschäftigt sah, jenes Sichselbstbelauschen seiner Sinnesorgane, gleichsam deren Verdoppelung, ihn zerrüttet zu haben.[219]

Es werden viele Forscher benannt, die sich mit den vermeintlichen Augentäuschungen beschäftigt haben; unter anderem Erasmus, Robert Waring, Purkinje,[220] die beiden Darwin, Gruithuisen[221] und immer wieder Goethe, der Müller als »Sirene«[222] in ein gefährliches Forschungsgebiet gelockt haben soll, an dem schon andere zerbrochen waren:

> Wie denn infolge ähnlicher Versuche Hr. Plateau erblindete, Hr. Fechner an den Rand des nämlichen Verderbens geriet. Nur Hrn. Purkinje ist es vergönnt gewesen, dem Naturgesetz, welches sich hierin ausspricht, ungestraft zu trotzen; wie Goethe von ihm sagt, in sich hineinzublicken, ohne sich zu untergraben. Genug, Müller verfiel in einen Zustand nervöser Reizbarkeit […].[223]

219 DuBois-Reymond: Gedächtnisrede. S. 156.
220 Ebd. S. 151.
221 Ebd. S. 194.
222 Ebd. S. 150.
223 Ebd. S. 156.

Es ist zunächst verwirrend, dass Goethe von DuBois-Reymond als Verführer und warnende Autorität zugleich eingesetzt wird, wobei er unterschlägt, dass Goethe seine Methode der Naturbetrachtung immer als Antidot gegen grüblerische Subjektivität und unfruchtbare Zweifel verstanden wissen wollte, als Sirene also falsch tituliert ist. Goethe, der seinerseits sein empirisches Credo häufig mit Gesundheit identifiziert und gegen die bei ihm »kranke« Romantik ausspielt, wird von DuBois-Reymond umgewendet. Wichtig ist aber, dass die Naturforschung, die Müller zum Verhängnis geworden sein soll, kein solitäres Unterfangen war.

In seinen »Beiträgen zur Kenntnis des Sehens in subjectiver Hinsicht« von 1819 liefert der in Breslau lehrende Physiologe Jan Evangelista Purkinje 400 Seiten voller Untersuchungsberichte. In diesen Selbstversuchen und Selbstbeobachtungen beschäftigt sich Purkinje vor allem mit Nachbildern seines eigenen Sinnesorgans. So systematisch geht er mit Reizungen, leichten Vergiftungen, Lichtspielen und Pappkärtchen vor, dass er den blinden Fleck, also den Austritt des Sehnervs aus der Retina, an sich selbst zu beobachten vermag, was ihm einen Platz in der Wissenschaftshistoriographie sicherte.[224]

Das Untersuchungsfeld wird also auf den ersten Blick empirischphysiologisch konfiguriert: Die anatomischen Kenntnisse des Auges begrenzen den Gegenstand, und man will über sorgfältige Empirie und gezieltes Überprüfen in Versuchen zu Ergebnissen kommen. Sieht man aber genauer hin, so handelt es sich um eine Übertragung der naturwissenschaftlichen Methoden auf einen Zwischenbereich, denn es wird nicht die Anatomie des Auges betrachtet, sondern es werden die Nachbilder, Lichtpünktchen und dort erscheinenden Muster registriert. Purkinje schwankt selbst, welchen Ort er der neuen Disziplin zuschreiben würde:

> Besser ließe sich der Gegenstand, der an den äußeren Grenzen der Empirie steht, in die beschreibende Naturkunde einordnen. Es gäbe auch eine Naturgeschichte der Sinne und ein Sinnenreich, innerhalb dessen Grenzen die Empfindungen in harmonischen Gruppen gegen einander gestellt in ihren verschiedenartigen Beziehungen entwickelt würden.[225]

224 Dies auch dann, wenn Peter Bexte eine frühere Beschreibung des blinden Flecks ausfindig gemacht hat. Bexte, Peter: Blinde Seher. Wahrnehmung von Wahrnehmung in der Kunst des 17. Jahrhunderts. Mit einem Anhang zur Entdeckung des Blinden Flecks im Jahre 1668. Dresden 1999.

225 Purkinje, Jan Evangelista: Beiträge zur Kenntnis des Sehens in subjektiver Hinsicht. Prag 1819. S. 6.

Dies bedeutet eine enorme Erweiterung des Feldes, auf dem die Physiologie tätig ist. Purkinje will der »gegenwärtigen, blos objektiven Sphäre auch eine subjective zugewinnen« und diese durch sehr strenge Methoden analog zur objektiven Sphäre erschließen.[226]

Sowohl Purkinje, der seine Schrift Goethe widmet, als auch später Müller beziehen sich in ihren Studien positiv auf das erste Kapitel der Farbenlehre über physiologische Farben. Dort nimmt Goethe diese Sondererscheinungen innerhalb des Auges, die für ihn allerdings Sondererscheinungen der Farbe sind, als Forschungsgebiet erstmalig ernst:

> Diese Farben, welche wir billig obenan setzten, weil sie dem Subject, weil sie dem Auge, theils völlig, theils größtens zugehören, diese Farben, [...] wurden bisher als außerwesentlich [...] als Täuschungen und Gebrechen betrachtet. Die Erscheinungen derselben sind von frühern Zeiten her bekannt, aber weil man ihre Flüchtigkeit nicht haschen konnte, so verbannte man sie in das Reich der schädlichen Gespenster und bezeichnete sie in diesem Sinne gar verschiedentlich. Also heißen sie colores adventicii nach Boyle, imaginarii und phantastici nach Rizzetti, nach Buffon couleurs accidentielles, nach Scherffer Scheinfarben; Augentäuschungen und Gesichtsbetrug nach mehreren, nach Hamberger vitia fugitiva, nach Darwin ocula spectra.[227]

Goethe lässt seine Farbenlehre programmatisch im Auge beginnen, bei den flüchtigsten Farberscheinungen, die häufig nur als Fehler oder Täuschungen angesehen worden waren. Wo Goethe allerdings nur die Tradition erwähnt, diese Nachbilder im Auge als Phantasmen, Krankheiten oder Wahnvorstellungen abzutun, und einige Beobachtungen liefert, gehen Müller und Purkinje ausschließlich mit diesen Phänomenen um. Sie wenden sich keinesfalls gegen Newton, sondern verfolgen die Randbereiche der Sichtbarkeit auf je eigene Art. Allen drei Zugängen gemeinsam ist dieser Phänomenbereich, der über Selbstversuche erschlossen wird. Verbindend ist darüber hinaus, dass Phänomene, die seit dem aufklärerischen Kampf gegen den Aberglauben und der romantischen Vorliebe für Erscheinungen zum Austragungsort von Realitätsdebatten wurden, auf einem dritten, vornehmlich empirischen Weg sehr viel kleinteiliger angegangen werden. Die subjektive Physiologie entwirft

226 Ebd. S. 8.

227 Goethe, Johann Wolfgang: Farbenlehre. Didaktischer Teil. § 1 und 2. In: Goethe Sämtliche Werke. Briefe, Tagebücher und Gespräche. 40 Bde. Frankfurt a. M. 1987/ 88 und 1994. Bd. 23,1. S. 23.

eine empirische Phantasieforschung, die allerdings unausgesprochen an innere Bildlichkeit und mentale Repräsentation gefesselt ist und das innere Subjekt analog zur Materialität erschließen will. Damit stehen diese Versuche der subjektiven Sinnesphysiologen auf unübliche Art quer zur Ordnung der Geistes- und Naturwissenschaften.

Mitte der 20er Jahre beschäftigt sich Müller ausgehend von der Sinnesphysiologie mit dem Phänomen des inneren Sehens. Bereits in seiner Antrittsrede von 1825 bekennt er sich in weiten Teilen zu Goethes ästhetischer Empirie und erneuert diese Anhängerschaft durch ein Zitat, dass der Schrift »Über die phantastischen Gesichtserscheinungen« vorangestellt ist. Ausdrücklich bezieht sich Müller auch auf Purkinjes Versuche, die durchaus nüchtern erklärt werden: »Hysterische, hypochondrische Personen sehen Nebel, Spinnengewebe, Gitterwerk und die durch Purkinje näher bekannt gewordenen subjektiven Druckbilder, wenn ihre Verdauung oder eine andre Function gestört ist.«[228] Auch Reizung der Netzhaut und Blutdruck im Gehirn erzeugen ein Leuchten.

Damit ist allerdings der Phänomenbereich für Müller gleichzeitig noch nicht erschöpft oder abgetan. Ausgehend von eigenen Kindheitserinnerungen, wo Wasserspuren an einer Wand gegenüber des Elternhauses sich zu Gespenstern verselbständigt hatten, gruppiert auch Müller die Nachbilder mit den Nachtgestalten zusammen in ein Register.[229] Zumindest werden in den Selbstbeschreibungen die Erscheinungen zu Akteuren und entwickeln eine gewisse Unbeherrschbarkeit. Über seine Versuche berichtet Müller nicht ohne Andacht:

> Es erhellt sich nach und nach die Dunkelheit des Sehfeldes zu einer Art von innerem matten Tageslicht. Gleich darauf erscheinen dann auch die Bilder. […] Ich sehe nicht, was ich sehen möchte; ich kann mir nur gefallen lassen, was ich ohne alle Anregung leuchtend sehen muss.[230]

Ein erster Schritt zur Beseitigung der Bedeutung dieser unwillkürlich erscheinenden Figuren ist die Ausgrenzung der Einbildungskraft. Müller spricht von einem »im Sehfelde haftenden Lichtflecken und Nebel, […]

228 Müller, Johannes: Über die phantastischen Gesichtserscheinungen. Koblenz 1826. § 22, S. 15.

229 Dies geschieht vor allem in der historischen Sektion der Schrift »Über die phantastischen Gesichtserscheinungen«, die unter dem Titel: »Die Lebensgeschichte der phantastischen Gesichtserscheinungen« verschiedene Visionen von Heiligen, Wahnsinnigen und Hexen versammelt.

230 Müller: Gesichtserscheinungen. § 22, S. 15.

in dem die Einbildung bald eine Wolke, bald ein Thier sah [...]. Er verschwand nicht bei allem Wechsel des Eingebildeten, er blieb, und ich konnte bei seiner Ausdauer über die Unwahrheit des Eingebildeten reflectieren«.[231] Die Phantasie schmückt nur aus, was den Kern der Erscheinung bildet: ein Leuchten im Auge. Die Ursache ist jetzt im Organ verortet. Keineswegs aber direkt auf der Netzhaut, wie sich an erscheinungsgeplagten Früherblindeten zeigen lässt, etwa einer Nonne, der Engel erscheinen, oder einem Flötenspieler, der Fratzen sieht. Auch der Vergleich des inneren Leuchtens mit Blendungsbildern wird durchgeführt, schematisch erläutert und zu einer massiven Konklusion geführt: Die Netzhaut kann als Austragungsort der Erscheinungen deshalb ausgeschlossen werden, weil Blendungsbilder, im Gegensatz zu den Phantasiebildern, wandern, sobald man die Augäpfel bewegt.

Müller geht es nicht um eine schlichte Reduktion der visuellen Erscheinung auf eine Verwirrung des Sehorgans. Ihm liegt vielmehr an einer Koppelung des »inneren Leuchtens« an die von ihm so benannte »Sehsinnsubstanz«. Diese Lehre von den spezifischen Sinnesenergien, die Müller von puren Netzhauteffekten oder ausgestalteten Einbildungen wie Gespenstern scharf unterscheidet, ist das Fundament der müllerschen Sinnesphysiologie.[232]

Die Lehre vom subjektiven Sehen ist von Müller nicht nur beibehalten worden, sondern in seinem »Handbuch der Physiologie des Menschen« durch Erweiterung auf alle Sinne zu einer subjektiven Physiologie ausgebaut worden. Interessant an dieser etwas abwegigen Form der Erforschung des inneren Menschen, die somatische Regungen und Vorstellungen zu systematisieren hätte, ist ihre methodische Sonderstellung. Es handelt sich bei Müllers früher Schrift nicht um ein Sichselbstbelauschen im Universum des psychisch Möglichen, sondern bereits um eine Selbstbetrachtung der eigenen Organe. Die subjektive Physiologie ist eine an das Körperliche gekettete Form von innerlicher Objektivität, ein Anlauf zu einer empirischen Geisteswissenschaft, die sich der Phantasie gleichwohl stellt.[233]

231 Ebd. § 52. S. 29.

232 Wichtig ist auch das »Fragment über den Traum« des Aristoteles, das Müller der Schrift in Neuübersetzung angehängt hat.

233 Müller wie DuBois-Reymond staunen über eine Bemerkung Goethes, aus der hervorgeht, dass er sehr willkürlich über diese Nachbilder im Auge verfügen konnte, was als Beweis für seine Dichtungskraft gesehen wird. Müller: Gesichtserscheinungen. § 48. S. 27f. Sowie: DuBois-Reymond: Müller. S. 153. Zudem ist bei Müller die Phantasie Teil des Wissenserwerbs, wie er in dem Abschnitt »Das nach Ideen tätige Einbilden der Künstler und Naturwissenschaftler« zeigt:

DuBois-Reymond referiert Müllers Theorie der Sehsinnsubstanz korrekt, schlägt aber vor allem Kapital aus der aberglaubenskritischen Tendenz der Schrift seines Lehrers:

> Der Mönch, der nach langer Askese den inbrünstig gerufenen Heiligen endlich in leuchtender Wolke zu sich herabsteigen sieht; das abergläubisch buhlerische Weib, dem sich der Versucher zuletzt wirklich vor Augen stellt: Sie sind für Müller nur noch Opfer der leidenschaftlich erregten Zustände ihrer Sehsinnsubstanz, deren Gaukelspiel sie nicht [...] in ihrer objektiven Nichtigkeit zu erkennen vermögen.[234]

DuBois-Reymond fügt hier nichts Grundlegendes hinzu, dennoch klingt derselbe Sachverhalt in Müllers Worten auffällig anders.[235] Die Gefahren der Phantasie werden erst bei DuBois-Reymond als Schreckgespenster evoziert.

Eine weitere Front, die DuBois-Reymond eröffnet, ist die zum romantischen Selbstversuch. Schon in der Aussage, dass es nur Purkinje gelungen sei, in sich hineinzusehen, ohne sich zu untergraben, klingt das Desaströse dieser zeittypischen Forschungspraktik an. Zwar wirken die Versuchsbeschreibungen in Müllers sinnesphysiologischer Studie kaum bedrohlicher als Goethes beschauliche Farbmusterungen, und auch DuBois-Reymond entnimmt der Schrift nur Hinweise auf Fasten, Wein-

»Nur wo die Phantasie und die Herrschaft des Verstandes gleich gesteigert sind, bleibt es in harmonischer Lebensbewegung beider. [...] In allem dem sind wir nicht rein sinnlich; denn in keiner Sinnestäuschung irrt die Sinnlichkeit. Der Sinn ist immer wahr und nothwendig wirkend, nur der Verstand irrt. [...] So auch im Moralischen [...]. Auch in dem letzteren (dem Bösen) ist nicht die Sinnlichkeit der Sündenbock, die genießt in der Schuld, wie in der Unschuld mit gleicher Unbefangenheit der Empfindung. Die Schuld tritt ein, wo unsere Organe afficiert werden, ohne dass der freie Wille für das Gute vorhanden ist, wo nicht genossen werden kann ohne das Schweigen, ohne das Vergeben der sittlichen Freiheit.« § 160 und § 163, S. 88f.

234 DuBois-Reymond: Gedächtnisrede. S. 153.

235 »Wundern wir uns aber nicht, wenn der einfache phantasiereiche Mensch den Verschwendungen dieses seines Reichthums unterliegt, wenn er der Selbsterscheinung äußere Objektivität giebt. Er steht hierin doch fast auf gleicher Stufe mit dem erwachsenen gesunden Menschen nach der vollendeten Erziehung der Sinne. Auch wir verwechseln ja die Energien unseres Sinnes in der ihm zukommenden Lebensform des Lichtes, die Affection der Netzhaut, das subjective Sehfeld, mit den äußeren Dingen, die nur veranlassende Ursachen zur Verwirklichung innern Lebens sind.« Müller: Gesichtserscheinungen. Ebd. S. 160. S. 88.

geist und absolute Stille.[236] Dennoch steht der Versuch in einer romantischen Tradition, die sehr exzessive Selbstexperimente kennt, wie Stuart Walker Strickland aufgearbeitet hat. Er zeigt dies vor allem an Johann Wilhelm Ritter, der den eigenen Körper mit den zumeist elektrischen Instrumenten verschaltete und in einem regelrechten Wettlauf mit anderen Physikern die Grenzen des Machbaren austestete.[237] Dieser heroische Exzess führte bei vielen Experimentatoren zu tatsächlichen Gesundheitsschäden und vielleicht ist es im Falle Ritters nicht übertrieben, von einem Zusammenhang der existenziell gewordenen Versuchspraktik mit seiner auch DuBois-Reymond geläufigen »Zerrüttung« zu sprechen.[238]

All dies halte ich für einen Hintergrund der Wirksamkeit dieser zentralen rhetorischen Wendung von Müllers Krankheit, denn in der Beschreibung seiner methodischen Gesundung vom Selbstexperiment zum Experiment wird in allgemeinen Worten sehr viel vermengt:

> Hier nämlich endet die subjektiv-physiologisch-philosophische Periode von Müllers Entwicklung, um der objektiv-physiologisch-anatomischen Platz zu machen. Eine tiefe Scheu vor Beschäftigung mit übersinnlichen Dingen, vor Betrachtung seiner selbst, vor seiner eigenen Phantasie, hat sich seiner bemächtigt.[239]

Dieses unscharfe Verdikt betrifft neben der falschen, nämlich philosophischen und subjektiven Physiologie zugleich die Metaphysik, die Phantasie und die Introspektion.

Es ist nicht schwierig, Parallelen in DuBois-Reymonds Festreden zu finden. Vor allem in seinem Kölner Vortrag über »Kulturgeschichte und Naturwissenschaft« von 1877 wendet er sich in ähnlich ikonoklastischer Absicht gegen die Ausrichtung des Subjekts auf Innerlichkeit, Religion und Philosophie. DuBois-Reymonds Introspektions-Verbot wird in diesem Text mit dem Curiositas-Verbot sinnvoll kontrastiert, wie es in dem Brief Petrarcas vom Mont Ventoux auf die ersten Ansätze zu einer Naturästhetik trifft.[240] Der Dichter malt in schönsten Farben die Freude an dem Ausblick auf die Natur aus. Dann erinnert sich Petrarca reuig an die

236 DuBois-Reymond: Gedächtnisrede. S. 153.

237 Strickland, Stuart Walker: The Ideology of Self-Knowledge and the Practice of Self-Experimentation. In: Eighteenth-Century Studies 31(4)/1998. S. 453-471.

238 DuBois-Reymond führt Ritter gelegentlich als abschreckendes Beispiel an: Gedächtnisrede auf Paul Erman. S. 70.

239 DuBois-Reymond: Gedächtnisrede. S. 158.

240 Groh, Ruth/Groh, Dieter: Weltbild und Naturaneignung. Frankfurt a. M. 1996.

Lehre des Augustinus, die die Augenlust und Naturschau als Ablenkung von sich selbst beschreibt, und wendet sich wieder von der Außenwelt ab, was DuBois-Reymond zu folgendem Kommentar veranlasst:

> Der Ärmste hat einen Augenblick, seines Seelenheils uneingedenk, dem unschuldigsten Genuss sich hingegeben: statt düster in sein Inneres sich zu versenken, hinaus in die blühende Sinnenwelt geschaut. So seelenkrank war damals die abendländische Menschheit, dass diese genügte, um einen gewissenhaften, fein fühlenden, nicht sehr kräftig denkenden Mann wie Petrarca in den schmerzlichsten Widerspruch mit sich selber zu versetzen.[241]

DuBois-Reymond findet in seinem populären Vortrag über die Superiorität der Naturwissenschaft harte Worte für alle Epochen, die sich in der Erkenntnis nicht von der Natur anleiten ließen: Es ist die Rede von dem »vor unerträglichem Unsinn strotzenden Timaeus« oder der »Unterscheidung des Sinnlosen vom Unsinn« in der Scholastik, die stets »ein warnendes Beispiel davon bleiben [wird], wohin, abgelöst vom Wirklichen, ohne die Offenbarung der Natur, der sich selber überlassene menschliche Geist sich verirren kann«.[242]

Irrtum wird eine Kategorie für all dasjenige Wissen, was nicht direkt auf Natur bezogen ist. Das ebenfalls von DuBois-Reymond eingesetzte Bewertungskriterium der technischen Lebensverbesserung marginalisiert weitere Wissensbereiche der klassischen Geisteswissenschaften. DuBois-Reymond konzentriert Geschichtsschreibung auf die Entwicklung der menschlichen Naturerkenntnis, die das einzige Prinzip ist, was den Fortschritt des Menschen sichert:

> […] seine wachsende Herrschaft über die Natur, seinen täglich sich mehrenden Wohlstand, seine Befreiung aus den Fesseln des Aberglaubens, mit einem Worte, seine stetige Annäherung an die Ziele […], welche den Menschen zum Menschen machen. Wir sagen, Naturwissenschaft ist das absolute Organ der Kultur, und die Geschichte der Naturwissenschaft die eigentliche Geschichte der Menschheit.[243]

241 DuBois-Reymond: Kulturgeschichte und Naturwissenschaft. In: ders.: Reden. S. 567.

242 Ebd. S. 587.

243 Ebd. S. 596. Im Verlauf der Rede beteiligt sich DuBois-Reymond an der Konstruktion eines utilitaristisch-barbarischen Amerikabildes. Gegen die Tendenzen der Neobarbarei, denen eine einseitig betriebene Naturwissenschaft Vorschub

DuBois-Reymonds fröhlich-blasphemische Vernachlässigung aller anderen Bereiche der Geschichte zeugt von einem usurpatorischen Selbstbewusstsein der Naturwissenschaften, das der populäre Redner mit seinen physikalischen Vereinskollegen teilt. Irmeline Veit-Brause sieht mit diesen Forschern nicht nur den endgültigen Schub der Naturwissenschaft in Richtung moderne Wissenschaft getan, sondern konstatiert zugleich ein Nachbeben für die Geisteswissenschaften:

> I am arguing, that the attack on a defeat of vitalist principles in physiology and biology in favor of a neo-causal-mechanistic epistemology sealed the disjunction between the so-called rationalist spirit of science and the allegedly non-scientific, or even anti-scientific habitus conventionally associated with German historicism.[244]

Die von Veit-Brause angesprochene Trennung der zwei Kulturen im 19. Jahrhundert wird von ihr stellvertretend an den Disziplinen Biologie und Geschichte untersucht. Dabei gruppiert sie den Vitalismus und die Geschichtswissenschaften (den Historismus) auf einer Seite, was sich leicht nachweisen lässt, da Gustav Droysen sich in seinem »Grundriss der Historik« direkt auf Müllers Theorie der Sinnesenergien bezieht.[245] Auch formuliert Droysen bereits einen entschlossenen Widerspruch gegen Versuche, die Geschichte als Naturwissenschaft zu konfigurieren, wie es Thomas Buckle 1861 in seiner »History of Civilization in England« ver-

leisten kann, soll die Antike zum Einsatz kommen. Diese an die Kompensationsthese erinnernde Formulierung wurde DuBois-Reymond häufig als ein Einlenken ausgelegt, was den harten Kurs gegen die Geisteswissenschaften angeht. Dennoch klammert DuBois-Reymond im Verlauf der Rede das Griechische vom Schulunterricht aus.

244 Veit-Brause, Irmeline: Scientists and the Cultural Politics of Academic Disciplines in late Nineteenth-Century Germany: Emil DuBois-Reymond and the Controversy over the Role of the Cultural Sciences. History of the Human Sciences 14/2001. S. 31-56. S. 42.

245 »Alle Empirie beruht auf der ›spezifischen Energie‹ der Sinnesnerven, durch deren Erregung der Geist nicht ›Abbilder‹, aber Zeichen von den Dingen draußen, die diese Erregung hervorgebracht haben, empfängt. Er entwickelt sich so Systeme von Zeichen, in denen ihm sich die Dinge draußen entsprechend darstellen, – eine Welt von Vorstellungen, in denen er, fort und fort sie in neuen Wahrnehmungen berichtigen, erweiternd steigend, die Welt draußen hat, so weit er sie haben kann, sie haben muss, um sie zu fassen und wissend, wollend, formend zu beherrschen.« Droysen, Johann Gustav: Grundriss der Historik. Halle 1925 (1858) S. 8.

sucht hatte. Von der anderen Seite der Wertungsskala, also im positiven Anschluss an Buckle, schildert DuBois-Reymond denselben Prozess:

> Auch Wissenschaften, deren Kreise früher kaum je sich schnitten, näherten sich einander. Die Spektralanalyse schlug eine Brücke zwischen Astronomie und Chemie. Die Siege der induktiven Methode machten Historiker und Sprachforscher, wie Thomas Buckle und Max Müller, begierig, sich derselben Vorteile zu bemeistern, da sich denn ergab, dass zwischen ihrer Tätigkeit und der des Naturforschers im Grunde kein so großer Unterschied ist; natürlich nicht, denn Induktion ist in der Praxis nur scharfsinnig angewendeter gesunder Menschenverstand.[246]

Es gibt also zwei Tendenzen innerhalb der Historiographie, die mit unterschiedlichen Lebenswissenschaften kongruent sind. Droysens Urteil über die von ihm bekämpften induktivistischen Tendenzen in der Geschichtschreibung lautet wie folgt:

> Die Energie dieser Disziplinen besteht darin, daß sie sich ihrer Aufgaben, ihrer Mittel, ihrer Methode völlig klar bewußt sind und daß sie die Dinge, welche sie in den Bereich ihrer Forschungen ziehen, unter den Gesichtspunkten und nur unter denen betrachten, auf welche ihre Methode gegründet ist.[247]

Droysen diagnostiziert einen Zuschnitt der Stoffe, der nach der Autorität der neuen Methode vorgenommen wird. Dieser Methodenabsolutismus begründet für ihn die Trennung der ›zwei Kulturen‹.

Über die Verschaltung der biographischen Krise Müllers mit bestimmten Wissenschaftsmethoden und der Frage der Objektivität gelingt es DuBois-Reymond, einen sehr wirksamen Hebel anzusetzen. Auf die Seite der disqualifizierten subjektiven Physiologie geraten neben der romantischen Naturwissenschaft die geisteswissenschaftlichen *sources of knowledge* unter Verdacht. Das Misstrauen gegen die Introspektion und die Phantasie sind weder bei Goethe noch bei Müller zu finden. Sie werden erst bei DuBois-Reymond pathogen. Demontiert wird zugleich derjenige Ort des Wissenserwerbs, von dem man sich lange Zeit einige

246 DuBois-Reymond: Über die wissenschaftlichen Zustände der Gegenwart. In: ders.: Reden. Bd. II. S. 147.

247 Droysen: Erhebung der Geschichte zum Rang einer Wissenschaft. In: ders.: Grundriss der Historik. S. 45. Die Kritik an Buckle entstammt einer späteren Auflage von 1862.

Aufschlüsse versprochen hatte: Vorstellungen und Selbstreflexion. Eine Aufwertung des an materiellen Untersuchungsobjekten gewonnenen Wissens, das in den empirischen Bemühungen der Physiologen durchaus auch erkennbar ist, zu Lasten der Möglichkeit kultureller Fakten zeichnet sich ab und kündigt die Trennung der ›zwei Kulturen‹ an. Massiv wird DuBois-Reymonds Ablehnung des Irrationalen vor allem dadurch, dass sie selbst als »Scheu vor der Introspektion«, also als irrationale Abwehr daherkommt und auf diese Art zu einem konstitutiven Nicht-Sehen führt.

DuBois-Reymond versteht sich unmissverständlich als Vertreter der naturwissenschaftlichen Avantgarde. Es sind gerade die bewussten Einschnitte in die Tradition, die halfen, eine neue Praxis zu konstituieren und die Naturwissenschaften als Disziplinen stärker hervortreten zu lassen. Die Ausgrenzungen vormals zur Philosophie gehöriger Bereiche sind einerseits wichtig, um auf der rhetorischen Ebene des Nachrufs Wertungen zu generieren. Andererseits zeigt sich durch DuBois-Reymonds vertrackten Dialog mit Goethe und durch den Anspielungsreichtum des Nachrufs, dass der literarische Kanon durchaus noch Gültigkeit besaß. Die jungen und finanziell noch schlecht ausgerüsteten Naturwissenschaften stehen in der universitären Hierarchie noch unter den dominierenden, aber seit 1832 geschwächten Systemphilosophien. Ebenso sind die sozialen Belange eines aufstrebenden Berufsstandes wie auch theologische Implikationen in dieser Kampfschrift gegen Vitalismus und Naturphilosophie auffällig. Was an diesem Nachruf, der sehr viele Elemente der späteren Reden DuBois-Reymonds vorwegnahm, besonders bemerkenswert ist, ist die Intensität der Aversionsgestaltung und die Benennung von Gegnern.

Fixierung: Rigorose Kausalität

Sprachliche Gewalt

Die Wertungsebene des Nachrufs auf Müller ist häufig extrem bis zur Ausfälligkeit. Dabei kommt dem Ton der Rede eine wichtige Bedeutung zu: DuBois-Reymond ist kein Vertreter der naturwissenschaftlichen Methode, er ist ihr Propagandist, Historiograph und Mystagoge. Zeitgenossen haben dies bemängelt.[248] Theodor W. Engelmann geht in seinem Nachruf auf die »Kraft des Hasses« ein, die DuBois-Reymond als Reformator ausgezeichnet habe, und fügt an: »Man meint den streitbaren

248 Kloppe, Wolfgang: DuBois-Reymonds Rhetorik im Urteil seiner Zeitgenossen. In: Deutsches medizinisches Journal 9/1958. S. 80-82.

Apostel einer *sciencia militans* zu hören.«[249] Der kirchliche Vorläuferbegriff evoziert die Zeit der Kreuzritter und des Glaubenskampfes.

Dieser ebenso überzeugte wie scharfe Ton, diese Wertungsebene, dürfte gleichzeitig mit den Sachinhalten des Textes ihre Rezipienten gefunden haben: DuBois-Reymond nutzt Autoritäten in seinen Akademiereden (Müller im Modus Vereinnahmung, Goethe im Modus des Vatermordes, Voltaire als eigentlichen Vorläufer der Moderne) und mobilisiert Parteilichkeit – ja er stiftet Ressentiment. Er rechtfertigt diese Lizenz zum rigorosen Ausschluss anhand von Müller: »Zum Reformator gehört, neben der Gunst der Umstände, der Hass gegen den Irrtum, der im Verhältnis zur Mühe steht, mit der man ihm entrann.«[250]

Bis in die kleineren Wendungen, mit denen DuBois-Reymond beispielsweise Müller beschreibt, ist seine Sprache dabei gewaltsam: Sein Tod hat »den Festesten zum Beben gebracht«,[251] er gebietet über »brausenden Eifer, biegsames Geschick und erschöpfende Ausdauer«[252] und ist in der Lage, die »gewaltigsten Kräfte aufzubieten; scheinbar nicht bloß sich zu verdoppeln, nein sich zu vervielfachen«.[253] Es heißt weiterhin über Müller: »Der Gewalt seiner Tatkraft erliegen die Widersacher, Nebenbuhler stehen in der Ferne entmutigt, die Gleichgültigen werden hingerissen« von diesem »siegesgewissen starken Streiter«, »dem Riesen im erstaunten Gehege der Medizinischen Fakultät«[254] ist die Rede, dem es durch seine Experimentalmethode gelingt, dass »alte Probleme fallen wie Stadtmauern vor Kriegsmaschinen«.[255] Müller selbst erscheint den Studenten wie eine fast mythische Autorität[256] oder ein »angebeteter Feldherr«.[257]

249 Engelmann, Theodor W.: Gedächtnisrede auf DuBois-Reymond. Gehalten in der Sitzung am 30. Juni 1898. In: Abhandlungen. Berlin 1898. S. 16.

250 DuBois-Reymond: Gedächtnisrede. S. 205.

251 Ebd. S. 136.

252 Ebd. S. 196.

253 Ebd. S. 183.

254 Ebd. S. 155.

255 Ebd. S. 204.

256 »Zergliedern lässt sich dieser Zauber seiner Natur nach nicht. Versucht man es, so bleibt zuletzt nichts übrig als der begeisternde Anblick und das hinreißende Beispiel einer unerreichbar hoch gestiegenen, schon im Leben wie mit einem mythischen Hauch umwobenen Persönlichkeit, die man jeder anderen Rücksicht, jeden Lebensgenusses, jeder Bequemlichkeit vergessend, mit ans Düstere grenzendem Ernst und alles besiegender Leidenschaft, ein ideales Ziel verfolgen sah.« Ebd. S. 274.

257 »Er wirkte, wie Goethe von der Schönheit sagt, durch seine bloße Gegenwart. Es hing um ihn, in den Augen seiner Schüler, ein dämonischer Zauber, wie in

Die Sprachbilder, derer sich DuBois-Reymond bedient, um seiner größenverliebten Zeit moderne Identifikationsangebote zu liefern, sind dabei zumeist aus dem Bereich der Naturkatastrophe oder des Krieges gewählt. In dieser hohlen Erschütterungsverliebtheit zeigt sich nach Jochen Zwick eine der typischen Figuren der Festrede im 19. Jahrhundert.[258] Er folgert, dass die Sprachgewohnheiten der Festrede es in Teilen erzwangen, dass DuBois-Reymond die Naturwissenschaft durch so pompöse Rhetorik auflud. Wenn man die Stelle benennen sollte, an der DuBois-Reymond die intensivste Arbeit leistet, so ist es nicht im Ausfeilen oder gar Durchdenken von Forschungsprogrammatiken, sondern in ihrer rhetorischen Durchsetzung.

Mechanische Kräfte

Die Anwendung der Physik auf das Leben eröffnete ein fruchtbares Forschungsfeld für die organischen Physiker. Aber es ist nicht die Übertragung der Elektrizität auf die Nerven, der Hebelgesetze auf die Muskeln, der Optik und Akustik auf die Sinne, die das Paradigma dieser Forschungsrichtung stellen. Das idealste Projekt der organischen Physiker ist der Satz von der Erhaltung der Kraft, wie Hermann Helmholtz ihn formuliert hat. Es gibt kaum eine Rede DuBois-Reymonds, in der nicht mit diesem mechanischen Naturkreislauf, mit dieser »Aufstellung von […] unermesslicher Tragweite, durch welche die materielle Welt zu einem verständlichen Mechanismus wird«,[259] argumentiert würde. So auch in dem Nachruf auf Müller:

> Durch die Einsicht, dass die Kraft, mit der wir unsere Glieder bewegen, wie nach George Stephenson die seiner Lokomotive, nichts ist, als durch die Pflanzen verwandeltes Sonnenlicht […] durch diese Einsicht ist über den chemischen Mechanismus des Tier- und Pflanzenleibes eine Tageshelle verbreitet, welche das blasse Gespenst der früher hier spukenden Lebenskraft nicht mehr sichtbar werden lässt.[260]

den Augen der Krieger um einen angebeteten Feldherrn, und die Vorstellung, dass vielleicht sein Blick auf uns ruhte, genügte, um uns zu den höchsten Anstrengungen zu spornen.« Ebd. S. 273.

258 Zwick, Jochen: Akademische Erinnerungskultur, Wissenschaftsgeschichte und Rhetorik im 19. Jahrhundert. Über Emil DuBois-Reymond als Festredner. In: Sciencia Poetica 1997. S. 120-139.

259 DuBois-Reymond: Gedächtnisrede auf Helmholtz. S. 72.

260 Ebd. S. 208.

DuBois-Reymond kommt auf diese Szene im Zusammenhang mit dem Sturz des Vitalismus zu sprechen, den der Energieerhaltungssatz deshalb traf, weil das Theorem den Stoffwechsel im Tierkörper erklären konnte.[261] Das physikalische Gesetz bietet dabei die Möglichkeit, die organischen Körper in das Reich des mechanisch Erklärbaren zu überführen. Es ging zusammen mit dem Experiment, das innerhalb der Wissenschaft vom Organischen jetzt dazu eingesetzt werden konnte, am narkotisierten, beatmeten Versuchstier die Gültigkeit der mechanischen Erklärung in Demonstrationsversuchen zu inszenieren.

1858, als DuBois-Reymond dies schreibt, ist das Gesetz von der Erhaltung der Kraft bereits in erster Linie ein physikalisches Grundgesetz. Es bedurfte allerdings formaler Anstrengungen, bis es als solches erkennbar wurde. Zumindest schreibt Helmholtz an DuBois-Reymond während der Entstehungsphase, dass er »alles über Bord geworfen habe, was nach Philosophie roch«.[262] Dennoch wurde es zunächst nicht als Physik akzeptiert.[263]

261 Emil DuBois-Reymond: Gedächtnisrede auf Hermann von Helmholtz. S. 74. Ein weiteres in diesem Zusammenhang zitiertes Theorem ist Schwanns Zelllehre, die »die Möglichkeit einer Erklärung dieser Vorgänge aus den allgemeinen Eigenschaften der Materie von ferne zeigte«. S. 208.

262 »Lieber Freund, ich übersende Dir beiliegend meinen Versuch einer Einleitung zur Konstanz der Kraft, nicht weil ich damit fertig zu sein glaube, denn ich habe eben beim Durchlesen gesehen, daß vielleicht nichts darin bleiben kann, sondern weil ich noch nicht absehe, wie oft ich ihn noch umarbeiten muß ehe er fertig ist, und weil ich zu erfahren wünsche, ob Du die Art der Darlegung für eine solche hältst, die bei Physikern Eingang finden kann. Ich habe mich bei der letzten Ausarbeitung zusammengenommen und alles über Bord geworfen, was nach Philosophie roch, soweit es nicht dringend nötig war, darum mögen einige Gedankenlücken geblieben sein.« Hermann von Helmholtz an Emil Du-Bois-Reymond, Potsdam, den 12. Feb. 1847. In: Dokumente einer Freundschaft. Briefwechsel zwischen Hermann von Helmholtz und Emil DuBois-Reymond 1846-894. Hg. v. Christa Kirsten u.a. Berlin 1986.

263 Christian Poggendorff lehnte eine Veröffentlichung in den »Annalen der Physik und Chemie« ab, wie er es 1841 bereits bei Julius Robert Mayer getan hatte. In einer Rede zu DuBois-Reymonds 50stem Doktorjubiläum erinnert sich Helmholtz dankbar an dessen damalige Unterstützung: »Ich war unvorsichtig genug gewesen, meine Broschüre über die Erhaltung der Kraft zu schreiben. Dergleichen galt damals noch als Spekulation. DuBois gelang es, den Mathematiker Jacobi dafür zu interessieren, und diesem gegenüber schwiegen alle Zweifler still.« Ausschnitte aus Helmholtz' Rede. Zit. n. Neue Freie Presse, Wien 23. Feb. 1893. Nachlass DuBois-Reymond, Kiste 3, 1841. Emil DuBois-Reymonds 50-jähriges Doktorjubiläum, Bl. 68.

Vor allem die Mitglieder der *Physikalischen Gesellschaft*, in der Helmholtz seine Ideen zuerst vortrug, aber übernahmen das Gesetz schnell, und DuBois-Reymond zitiert diesen Satz häufig weltanschaulich. Einen vielversprechenden jungen Mitarbeiter empfiehlt er Helmholtz etwa als

> [...] ausgezeichneten Schüler Ludwigs, Mathematiker und Mediziner, der sich die Welt nie anders als nach dem Prinzip der Erhaltung der Kraft vorgestellt hat und der berufen ist, dereinst die Firma der organischen Physik fortzusetzen.[264]

Der rote Faden der mechanischen Kausalerklärung, der sich durch die gesamte Natur legen ließ, erweist sich zugleich als soziales Band. Everett Mendelsohns Kontextualisierung des Energieerhaltungssatzes geht sogar noch einen Schritt weiter. Er eröffnet eine politische Perspektive auf den entschlossenen Mechanizismus der organischen Physiker. Den Satz von der Erhaltung der Kraft verfolgt er bis in Arbeiterreden John Tyndalls, Carl Ludwigs Lehrbücher und Ludwig Büchners Bestseller »Kraft und Stoff« hinein, mit folgendem Fazit über die Idee des physikalisch-mechanischen Reduktionismus:

> Es ist klar, dass sie nachweisbare intellektuelle Wurzeln hatte (die meisten Ideen haben sie); aber es scheint ebenso offenkundig, dass die Ideen des physikalisch-mechanischen Reduktionismus als Teil eines Prozesses der Sicherung der institutionellen Identität für die Physiologie innerhalb des deutschen Kontextes scharf in den Blickpunkt traten. Und es ist der deutsche Kontext der 1840er Jahre, einer Periode heftiger sozialer und politischer Krise und Neuordnung, der eine Vor-

264 DuBois-Reymond über Adolf Fick in einem Brief an Hermann von Helmholtz vom 30. Dezember 1849. In: Dokumente einer Freundschaft. Briefwechsel zwischen Hermann von Helmholtz und Emil du Bois-Reymond 1846-894. Hg. v. Christa Kirsten u.a. Berlin 1986. Auch Helmholtz sieht und nutzt die Attraktivität seiner physikalischen Theorie für populäre Vorlesungen später noch: »Ich habe diesen Winter dem Publicum gefröhnt, und die Erhaltung der Kraft als nährene Kuh behandelt, um die Kosten unserer neuen Einrichtung in den stattlichen Räumen des neuen naturwissenschaftlichen Instituts zu decken. Ich habe erst in Karlsruhe einen Kursus von 8 Vorlesungen, wöchentlich eine, gehalten und werde dieselben auf 6 zusammengezogen in der Royal Institution vortragen. Außer dem schnöden Mammon folgt zwar auch noch mancher bessere Nutzen aus solchen Vorlesungen, aber ohne die äußere Veranlassung würde ich mich doch nicht so tief damit eingelassen haben und werde mich künftig hüten, es wieder zu tun.« Aus einem Brief Hermann von Helmholtz' an DuBois-Reymond. Ebd. 26. Februar 1864.

stellung von Dringlichkeit lieferte, die Voraussetzung für die neuproklamierte mechanische Wissenschaftsphilosophie war.[265]

Mendelsohn bringt die Rigorosität, mit der das wissenschaftliche Programm der organischen Physik vertreten wird, mit politischer Radikalität und der Erfahrung von Gestaltungsräumen in Verbindung. Dieser Nexus ist bei dem Abgeordneten Rudolf Virchow auf den ersten Blick naheliegender als bei DuBois-Reymond.[266] Es zeichnet Mendelsohns These allerdings aus, nicht nur die Ebene der politisch wirksamen Absichten zu berücksichtigen, sondern flankierend die Parallelbewegung des Fortschritts in den Naturwissenschaften.

Diese liefern auch dort ein Modell der radikalen Neugestaltung, wo sie nicht angewandte Wissenschaften sind, denn sie machen einen tiefgreifenden Umbau gedanklich möglich. Hinzu kommt der gewollt burschenschaftliche Ton in DuBois-Reymonds Reden, der den 40er Jahren viel verdankt. Mit Mendelsohn soll also der Veränderungswille, die Rigorosität und letztlich Radikalität des Umbaus der Physiologie, wie DuBois-Reymond sie fordert, als Verlagerung aus dem politischen Bereich verstanden werden. Abweichend von Mendelsohn, der die Phase, von der Wissenschaftsgeschichte herkommend, unter die Formel ›physikalischer Reduktionismus‹ bringt, möchte ich den Begriff ›rigorose Kausalität‹ einsetzen, um die Betonung von den wissenschaftstheoretischen Aspekten des Problems hin auf kollektive, epistemologische Präferenzen für Erklärungsstandards zu lenken. Mitten im Induktivismus zeigt sich, überraschenderweise, eine irrationale Emphase für eine Kultur der Schärfe: »Von unserem Denken, das vor keiner Consequenz zurückscheut, löst sich das Weltganze daher auf in bewegte Materie.«[267]

265 Mendelsohn, Everett: Revolution und Reduktion. Die Soziologie methodologischer und philosophischer Interessen in der Biologie des 19. Jahrhunderts. In: Wissenschaftssoziologie 2. Determinanten wissenschaftlicher Entwicklung. Hg. v. Peter Weingart. Frankfurt a. M. 1974. S. 258.

266 DuBois-Reymond war kein Revolutionär: Im Jahre 1848 blieb er an entscheidenden Tagen »krank« im Bett, und er bezeichnet selbst eine Initiative zur Demokratisierung der Berliner *Akademie der Wissenschaften* als seine einzige politische Tat. DuBois-Reymond an Hallmann, Januar 1849. In: Jugendbriefe von Emil DuBois-Reymond an Eduard Hallmann. Hg. v. Estelle DuBois-Reymond. Berlin 1918. S. 128. »Meine einzige politische Tat im vorigen Sommer ist die gewesen, eine Adresse an die Akademie der Wissenschaften zu organisieren, in welcher um Öffentlichkeit ihrer Sitzungen gebeten wurde.« Ebd. S. 132.

267 DuBois-Reymond: Vorrede. In: ders.: Untersuchungen über thierische Elektrizität. Berlin 1848. S. XLII.

Es ist interessant zu beobachten, wie sich aus den Erfahrungen mit den Experimenten, dem physikalischen Theorem und der mathematischen Exaktheit dennoch eine konstante Bildwelt generieren lässt, in der Dampfmaschinen[268] und quantitativ erzählte Naturkreisläufe[269] eine große Rolle spielen. Es scheint mir keineswegs nebensächlich zu sein,

268 In »Über tierische Bewegung« (1851) versucht beispielsweise ein »Ureinwohner«, sich das »Spiel der Maschine« zu erschließen: »Tag um Tag durchsucht er im Stillen die kalten regungslosen Reste des Schiffsrumpfes, der sich noch jüngst so lebensfeurig auf den Wogen tummelte. Er erkennt den Wellbaum, an dem die Räder saßen, die Krummzapfen und Bläulstangen, die den Wellbaum drehten; den Kessel mit den Spuren der Feuerung unter ihm; er verzeichnet verschiedene andere Organe, von deren Bedeutung er noch nichts ahnt; mit einem Wort, er erforscht vor allem den Bau der Maschine, deren Tätigkeit er begreifen möchte, und erst dann unternimmt er es, sich eine Vorstellung davon zu machen, wie dieser Bau zum Treiben des Schiffes dienen konnte [...]. Ein Lichtstrahl dämmert unserem Forscher; er wagt den Versuch, die Gluth unter dem Kessel zu erneuern, und wer beschreibt seine Genugtuung, wie mit eherner Brust die Maschine erst langsam, dann schneller und schneller aufstöhnt und gleichzeitig ihre gewaltigen Glieder sich taktmässig unwiderstehlich zu regen beginnen. Nun verfolgt er ihren Gang; nun begreift er, während der Lageänderung der Teile, den Zusammenhang, der ihm früher entging; nun versucht er die Wirkung bald dieses bald jenes Hebels, öffnet hier, schließt dort einen Hahn; und wenn nicht sein böses Geschick will, dass er das Sicherheitsventil zu schwer belastet und, ein Opfer seiner Wissbegier, mit dem Kessel in die Luft fliegt, so kann es ihm gelingen, sich eine annähernd richtige Vorstellung vom Spiel einer Dampfmaschine zu bilden.« DuBois-Reymond, Emil: Über tierische Bewegung. Im Verein für wissenschaftliche Vorträge zu Berlin am 22. Februar 1851 gehaltene Rede. In: Reden. Hg. v. Estelle DuBois-Reymond. Leipzig 1912. S. 30f. Dierig (S. 99) weist darauf hin, dass der angeblich so vorurteilsfreie und investigative Wilde hier zur Allegorie des Physiologen gerät.

269 »Ein Eisentheilchen ist und bleibt zuverlässig ein und dasselbe Ding, gleichviel ob es im Meteorstein den Weltkreis durchzieht, im Dampfwagenrade auf den Schienen dahinschmettert, oder in der Blutzelle durch die Schläfe eines Dichters rinnt. So wenig, als in dem Mechanismus von Menschenhand, ist in dem letzteren Falle irgend etwas hinzugetreten zu den Eigenschaften jenes Theilchens, irgend etwas davon entfernt worden. Diese Eigenschaften sind von Ewigkeit, sie sind unveräußerlich, unübertragbar. Es kann daher nicht länger zweifelhaft bleiben, was zu halten sei von der Frage, ob der von uns als einzig möglich erkannte Unterschied zwischen den Vorgängen der todten und unbelebten Natur auch wirklich bestehe. Ein solcher Unterschied findet nicht statt.« DuBois-Reymond: Vorrede. In: ders.: Untersuchungen über thierische Elektrizität. Berlin 1848. S. XLIII. Der ursprüngliche Titel der Untersuchung sollte zunächst eindeutiger auf die Identität der Nerven- und Muskelkraft mit der Elektrizität hinweisen: »Exposé des recherches d'electricité animale qui ont conduit à étabilir l'identité des forces musculaire et nerveuse et de l'electricité«.

dass sich aus der wissenschaftlichen Kausalität ein Narrativ bildet, dass in DuBois-Reymonds Reden ebenso prominent figuriert wie in der Populärkultur der Zeit.

Der Kraftbegriff Müllers ist genau vor dem Hintergrund des Energieerhaltungssatzes nicht mehr haltbar, wie DuBois-Reymond ihm im Nachruf vorwirft:

> Bei einiger Vertrautheit mit den Grundbegriffen der analytischen Mechanik wäre Müller das Unstatthafte einer Kraft nicht entgangen, die an kein bestimmtes Substrat geknüpft, auf keinen bestimmten Punkt wirkt; die Billionen von Molekeln aufs Mannigfaltigste verschiebt und doch Eine sein soll; die zur Materie hinzugefügt und wieder davon getrennt; die ohne Gegenwirkung vernichtet, und ohne Stoffverbrauch vermehrt werden kann.[270]

In der Negativfolie zeigt sich der physikalische Kraftbegriff, wie er von Helmholtz durch die Natur gezogen worden war. Kraft knüpft sich ihm zufolge an eine Substanz, wirkt nur auf Punkte, hat keine übergeordnete Funktion, ist nicht von der Materie trennbar, hat keine teleologische Fundierung, kann nicht von sich aus vernichten und nicht »aus eigener Kraft« etwas schaffen, sondern ist auch hier an die Bedingungen der Stoffe gebunden.

In der Vorrede zu DuBois-Reymonds wissenschaftlichem Hauptwerk, den »Untersuchungen über thierische Elektrizität« von 1848, bekennt er sich auf fast kritizistische Weise zum Kraftbegriff, zieht jedoch eine agnostische Grenze gegen jegliche vitalistische Position.[271] Die Arbeit ist Müller höflich gewidmet und veränderte Müllers Verhalten zu seinem

DuBois-Reymond an Hallmann. In: Jugendbriefe von Emil DuBois-Reymond an Eduard Hallmann. Hg. v. Estelle DuBois-Reymond. Berlin 1918. S. 130.

270 DuBois-Reymond: Gedächtnisrede. S. 206.

271 DuBois-Reymond ist in dieser Passage, anders als in seinen Popularisierungsschriften, erstaunlich bereit, die mechanische Erklärung fast durchsichtig zu machen, wie er auch weiter unten im Text die Grundlagenbegriffe Kraft und Materie als letztlich unerklärlich präsentiert: »Wir haben oben für einen Augenblick gelten lassen die Bestimmung der Kraft als der Ursache der Bewegung. Es ist dies eine bequeme Redeweise, deren man sich nicht leicht entschlagen kann, und sich ihrer auch immerhin bedienen mag. Nur darf man nie vergessen, dass der Kraft in diesem Sinne keine Wirklichkeit zukommt, sowie man an den Grund der Erscheinungen denkt. Geht man auf diesen Grund, so erkennt man bald, dass es weder Kräfte, noch Materie giebt. Beides sind von verschiedenen Standpunkten aus aufgenommene Abstractionen der Dinge wie sie sind.« DuBois-Reymond: Vorrede. Ebd. S. XL.

Schüler angeblich nicht, was ihm DuBois-Reymond im Nachruf deshalb so hoch anrechnet, weil er in der Vorrede eine »unumwundene Kritik seiner Lehre« hatte drucken lassen.[272]

Insgesamt transportiert DuBois-Reymonds Nachruf auf Müller das Programm der organischen Physiker mit erstaunlicher Vehemenz. Dennoch gelingt es zugleich, ein erhebliches Ausmaß an historischen Details über Johannes Müllers Arbeit zu vermitteln. DuBois-Reymonds Bild des Überwinders der Naturphilosophie ist so unzweifelhaft gesetzt, dass er sogar einen kurzen Dialog mit seinem Lehrer einflechten kann, in dem die divergierenden Positionen der beiden mehr als deutlich werden. DuBois-Reymond dankt für die Unterstützung seines Hauptwerkes, und Müller antwortet: »O gehen Sie doch, Sie stehen auf einem ganz anderen Standpunkt.«[273]

272 DuBois-Reymond: Gedächtnisrede. S. 210.
273 Ebd. S. 210.

Ergebnisse

Die Arbeit kartiert die soziale Einbettung der Wissenschaft. Diese ausgeübten, eingeübten und heute zumeist vergessenen Praktiken lassen sich in das Spektrum einordnen, das zwischen Kompliment und Denkmal aufgespannt ist: Akademische Lobreden werden gehalten, Festsäle für Versammlungen dekoriert, Orden verliehen, Anekdoten erzählt, Gedenkmedaillen gestiftet, Mitgliedschaftsurkunden ausgestellt, Portraits getauscht und versendet, Parkanlagen mit Büsten ausgestattet, biologische Arten nach Vorbildern benannt, Stammbücher mit Freundschaftsbekenntnissen versehen, Personenlexika herausgegeben, Titel verliehen. All diesen medial gestützten Praktiken ist mehr als nur ihre Eignung zur Erinnerungsstiftung gemeinsam. Sie intensivieren und konstruieren vielmehr hierarchische oder horizontale Verstrebungen und verknüpfen Akteure zu Handlungskollektiven.

Bei der vergleichenden Analyse dieser Zeugnisse erweisen sich die Nachrufe auf verstorbene Wissenschaftler als besonders aussagekräftiger Quelltypus. Wie auch die anderen Formen von Gelegenheitsliteratur und Gebrauchskunst stellen sie den Schlüssel zu einer wesentlichen, aber kaum dokumentierten Ebene wissenschaftlicher Rationalität bereit – nämlich all der sozialen Praktiken, mündlich getroffenen oder gar stillschweigend eingehaltenen Übereinkünfte, die in der Wissenschaftsprosa des *contexts of justification* systematisch ausgeblendet werden. Die These dabei ist, dass die Reputation der Naturwissenschaft, die sich im Untersuchungszeitraum von 1710 bis 1860 unter Berufung auf die exakten Methoden der Physik institutionalisiert, erst erzeugt werden musste. Das noch keinesfalls hergestellte Prestige dieser universitären Fächer entstand nicht automatisch als notwendige Folge publizierter Ergebnisse und erfasster Theorien. Dem Einfluss der Instrumente und Materialität auf die Forschung werden in der vorliegenden Arbeit die Auswirkungen eines vieldimensionalen konzertanten Prozesses sozialer Vermittlungen zur Seite gestellt.

Hélène Metzger hat in einer Pionierstudie auf das flankierende Ineinandergreifen von naturwissenschaftlicher Methode und nationalem Diskurs hingewiesen. Sie führte das 1870/71 zu konstatierende Schisma in der Disziplin der Chemie auf einen Nationalitätenkonflikt zurück, der im Kontext des Deutsch-Französischen Krieges stand und tiefe Gräben in die europäische Chemiegeschichte einzog, wissenschaftliche und nationale Belange also vermischte. Die »modernen«, »harten« Forschungsmethoden Marie Lavoisiers gerieten dabei plötzlich in Frontstellung zu den »vormodernen«, »dunklen« Vermutungen Georg Ernst Stahls.[1] Unbestreitbar liegt in dieser Zuordnung ein national-wissenschaftliches Hybrid vor, das die Besetzungsenergien der exakten Methode und des politischen Feldes zugleich kanalisiert.

Im Falle einer solchen chiastischen Verschränkung methodischer Elemente mit gesellschaftlichen Interessen spricht Yehuda Elkana von *images of knowledge*. In seinem stratifizierten Wissensmodell stehen sie über dem *body of knowledge* – dem unübersehbaren Feld der etablierten Tatsachen und Theorien – und den evidenzerzeugenden *sources of knowledge*, als drittem Faktor.[2] Die *images of knowledge* gehören als ideologisches Element unabtrennbar zu bestimmten Wissenschaftsformen, die allerdings nicht außerhalb ihrer »Trägerkulturen« gedacht werden, weshalb die entstehenden *images* auf einem Kontinuum zwischen externen und internen Faktoren der Wissenschaftsentwicklung angesiedelt werden können. Im Vergleich zu dem, was Peter Galison *multiple constraints* nennt, also »admixtures of what might be classified as the ›social‹ and the cognitive«,[3] wird in Elkanas Modell nicht die Funktion einer Limitierung und Lenkung der wissenschaftlichen Praxis durch kulturelle Kontexte betont, sondern die Entwicklung einer eigenständigen und semantisch wirksamen Bildwelt, die sich einem Forschungsprogramm anlagert. Im Gegensatz zu der limitierenden Funktion der lokal verfügbaren, kulturell bedingten Kenntnisse, die Galison zu Recht für die direkte Forschungspraxis in Anschlag bringt, bilden Elkanas *images* einen Wissenskomplex, der die soziale Verortung der Forscher, nicht die Handgriffe der Forschung, betrifft. Die Orientierung durch angereicherte Konzepte funktioniert häufig über die Verleihung einer temporalen Dimension, da sie Perspektiven bieten, Präferenzen lenken und Zukunftsentwürfe implizieren können.

Das aufgespannte, durchaus kleinteilige Panorama solcher Interferenzen von gesellschaftlichen mit innerwissenschaftlichen Richtungsstreits verweist auf eine hochgradig aktive Grauzone, in der epistemologische Präferenzen erzeugt werden. Anhand formaler und inhaltlicher Analysen

1 Metzger, Hélène: Introduction à l'étude du rôle de Lavoisier dans l'histoire de la chimie. In: Archeion 14/1932. S. 35.

2 Elkana, Yehuda: Anthropologie der Erkenntnis. Ein programmatischer Versuch. In: ders.: Anthropologie der Erkenntnis. Die Entwicklung des Wissens als episches Theater einer listigen Vernunft. Frankfurt a. M. 1986. S. 11-125. [1981]

3 Galison, Peter: Context and Constraints. In: Scientific Practice. Theories and Stories of Doing Physics. Hg. von Jed Z. Buchwald. Chicago 1995. S. 20.

der Textsorte »Nachruf«, aber auch anderer genealogischer Inskriptionen, zeigt sich das determinierende Gewicht und der formierende Einfluss sozialer Vermittlungen. Die Untersuchungsebene liegt demnach weit unterhalb theoretischer Entitäten wie Diskurs, Dispositv oder Denkstil, die den Rahmen des Denkmöglichen bezeichnen, und betont die Frage, wie auf Akteursebene Anhängerschaft an bestimmte Forschungsprogramme generiert wird.

Die gesellschaftlichen, geselligen, ja zuweilen fast folkloristischen Praktiken des wissenschaftlichen Umfeldes sind anhand der Zwischenstation der Memorialmedien zugänglich. Ein erster möglicher Weg der Rekonstruktion dieser Praktiken verläuft über die Kontextualisierung und den Umgang mit den verschiedenen Formen von akademischer Gebrauchsliteratur und -kunst. Zu denken ist beispielsweise an die festlichen Inszenierungen des Kollektivs, die sich in den Nachrufen dokumentiert haben, oder das Versenden von Portraitstichen an Kollegen. Zweitens ist die Berücksichtigung der formalen Struktur der jeweiligen Text- oder Bildsorte ein wichtiger Ansatzpunkt. Denn eine Information, die in die Form einer Anekdote gebracht wird, provoziert fast zwangsläufig Beurteilungen der Über- und Unterlegenheit. Eine Doktorurkunde, um ein anderes Beispiel zu nennen, ist mit legaler Bindungskraft ausgestattet, die neben den Rechten auch Zugehörigkeiten organisiert. Die sozialen Praktiken der Wissenschaft werden denjenigen Vollzügen zur Seite gestellt, deren Einfluss auf die Forschung bereits in anderen Publikationen hervorgehoben wurde: den alltäglichen Verrichtungen der Wissenschaftler mit ihren Schreibszenen, präferierten Objekten und Experimentalsystemen.

Eine praxeologische Perspektive bedeutet weitaus mehr als eine Berücksichtigung dieser schlecht dokumentierbaren Handlungsebene der Wissenschaft und ihrer sozialen Settings. Theorien der Praxis – Michel Polanyis *tacit knowing*, Pierre Bourdieus *sens pratique*, Bruno Latours Mensch-Ding-Hybride, Horst Bredekamps Bildakttheorie – betonen aus unterschiedlichen Motivationen heraus einen Zugriff auf Geschichte und Gesellschaft, der Grundannahmen klassischer Theoriebildung grundsätzlich revidiert. Objekte determinieren Ereignisse, Bildern wird eine eigene Macht zugesprochen, propositionales Wissen rahmt und lenkt damit den explizierbaren theoretischen Inhalt des Denkens, oder gesellschaftliche Strukturen schreiben sich in Körper ein. Berücksichtigt man die Impulse materialistischer und praxistheoretischer Perspektiven, so sind Umweltfaktoren und die gewordene Sozialstruktur ubiquitäre Gegenspieler, die die notwendig bedingte Rationalität betreffen und deren Einfluss es möglichst genau zu taxieren gilt.

Die Studie erweitert die in der Wissenschaftsforschung schon früh wie in wenigen Forschungsrichtungen umgesetzte praxeologische Perspektive[4] um eine weitere Grauzone. Nicht die Praxis, die als forschungsnotwendiges Hantieren zu fassen wäre, sondern diejenigen sozialen Praktiken stehen im Zentrum, die in der Kommunikation über Forschung entstehen: Der wissenschaftliche Epitext, das informelle Gespräch auf dem Institutsflur oder die Begräbnisrede müssen als integrale Bestandteile der Wissensproduktion gesehen werden. Schon das meisterhafte Taktieren DuBois-Reymonds mit der gegebenen wissenschaftlichen Autorität seines Vorgängers Johannes Müller beweist, wie im Schatten des Lobes vieles an epistemischer Perspektive entworfen und verbreitet wird, was mit den Vorstellungen des Verstorbenen nur schwer in Deckung zu bringen ist. Auffällig unter den untersuchten Fällen sind vor allem drei Strategien, die als Kernelemente eine rhetorische Umwertung enthalten und die daher als genealogische Praktiken angesprochen werden. In der älteren Bedeutung des Wortes ist die Genealogie eine Technik, die Autoritätslinien, Abstammungen und (patrilineare) Familienzugehörigkeiten stiftet. In der jüngeren Diskussion bezeichnet Genealogie die prinzipielle Flexibilität moralischer Selbstverhältnisse, die einerseits als wesentlicher Ansatzpunkt der politischen Macht, andererseits als potentielle Orte tatsächlicher Neuerungen und Umstrukturierungen interessieren.

Vertikalen errichten

Viele der präsentierten genealogischen Praktiken wirken dort, wo sie durch mediale Fixierung in Texten, Münzen, Bildern und öffentlichen Inschriften sichtbar werden, auf den ersten Blick wie bloße Erinnerungsstiftung. Ein entscheidender Aspekt dieser Zeugnisse ist jedoch in der Verteilung und Anordnung sozialen Prestiges in der jeweiligen historischen Gegenwart ihrer Entstehungsphase zu sehen. Das Ansehen wird in diesen Memorialmedien sichtbar gemacht, und die Verknüpfung methodischer Vorstellungen mit existierenden sozialen Hierarchien hat als eine

4 Wissenschaft als kulturelle Praxis, 1750-1900. Hg. v. Hans Erich Bödeker, Peter H. Reill, Jürgen Schlumbohm. Göttingen 1999. (= Veröffentlichungen des Max-Planck-Instituts für Geschichte 154). Pickering, Andrew: The Mangle of Practice. Time, Agency, and Science. Chicago 1995. Klein, Ursula/Lefèvre, Wolfgang: Materials in Eighteenth-Century Science. A Historical Ontology. Cambridge, Mass. 2007. Rheinberger, Hans-Jörg/Hagner, Michael/Schmidt-Wahrig, Bettina: Räume des Wissens. Repräsentation, Codierung, Spur. Berlin 1997.

der dominanten Strategien zu gelten, die im Zusammenhang mit der gesellschaftlichen Verankerung epistemischer Verfahren zu verzeichnen ist. Nicht umsonst ist die hier greifende Logik der Bourdieu'schen Felder mit ihrer Konkurrenz um verschiedene Kapitalformen gewinnbringend auf die Wissenschaftsgeschichte und Kulturgeschichte der Universität bezogen worden, etwa mit der Konstellationsforschung oder Marian Füssels Analyse frühneuzeitlicher Gelehrtentypen.[5]

Es gilt jedoch zu präzisieren, woraus die metaphorisch gewendete Kategorie des Kapitals jeweils konstituiert ist, wie sich die Rückhalte wandeln und ob tatsächlich um ein Gut konkurriert wird. Das Kopieren aristokratischer Repräsentationsmonopole wie die Ersetzung der *éloge funèbre* durch die *éloge académique* oder die Herausgabe von Gedenkmedaillen, bei denen die Nähe zu politischen Eliten sinnfällig gemacht wird, folgt einer Logik der Konkurrenz in bestehenden sozialen Hierarchien. Diese Strategien zählen aber zu den weniger interessanten rhetorischen Winkelzügen der naturwissenschaftlichen Laudatoren. Gerade in der Soziabilität der französischen Akademien lässt sich jedoch ein weiterer Prozess aufzeigen, der direkt aus der medialen Dynamik der optimistischen Geschichtsschreibung ableitbar ist und der gegenüber der Einpassung in bestehende Rangfolgen nur als Errichtung neuer Vertikalen, als Entstehung eigener Wertungshierarchien gefasst werden kann.

Die französischen Akademieredner begannen, sich an eine neue Öffentlichkeit zu richten und etablierten eine meritokratische Skala in den Lobreden, auf der die wissenschaftsnahe Kategorie des *désintéressement* hoch veranschlagt wurde. Distanziertes Urteil und vermeintliche Abwesenheit privater Vorteilsnahme sowie dadurch bedingte Freiheit zu neutralen Urteilen, die die Interessen des Einzelnen transzendieren, entsprachen der propagierten Haltung, die unter offensichtlicher Vermischung methodischer und politischer Ansprüche zu einer breiteren kulturellen Sichtbarkeit avancierte. Wie der Spott der »Lettres persanes«, aber auch die Studien Dorinda Outrams zeigen: Ausgerechnet dieser Bescheidenheitsbeteuerung, deren realer historischer Hintergrund angestrengte Konkurrenz um die wenigen Plätze der Akademien war, muss unbedingt politisches Kalkül und massives Eigeninteresse unterstellt werden.

Der Applaus auf diesen Versammlungen und die Rezensionen des Geschehens in den Theaterrubriken der Zeitungen tun ein Übriges, um den Prozess als ein »Theater der listigen Vernunft« (Elkana) auszuweisen.

5 Mulsow, Martin, Stamm, Marcelo (Hg.): Konstellationsforschung. Frankfurt a. M. 2005. Füssel, Marian: Gelehrtenkultur als symbolische Praxis. Rang, Ritual und Konflikt an der Universität der Frühen Neuzeit. Darmstadt 2006.

Nicht die Ratio eines fairen Vergleichs und Verdienstes, sondern die Metis, als das Vermögen strategischer Vorteilsnahme, wird eingesetzt. Das Resultat der rhetorischen Installation wissenschaftlicher Überzeugungen ist die Einführung neuer Kollektive bzw. das Neuarrangement der »social fiction«.[6] Aus einer Untersuchungsperspektive, die sich für die Umbesetzung existierender Wertungssysteme interessiert, ist es nicht unwesentlich, dass diese Vertikale nach einem neuen Set von Qualitäten berechnet und von einem erweiterten Personenkreis akzeptiert wird.

Genau diese Entwicklung einer nach den eigenen Vorzügen bespielbaren sozialen Hierarchie ist auch im deutschsprachigen Raum zu verzeichnen. Interessanterweise sind es jedoch zunächst nicht die akademischen Lobreden, die von diesem Prozess zeugen. Deutlich wird die Umwertung vielmehr anhand anderer Dokumentarten, beispielsweise an den verschiedenen Typen von Gedenkmedaillen, die mit Christian Wolff in Zusammenhang gebracht werden. Einige von ihnen waren Geschenke verschiedener Fürsten, die Gefolgschaft gegen die ideellen und materiellen Werte des geprägten Edelmetalls einforderten. Diese Gaben zeugen von der Logik bestehender politischer Rangfolgen, deren Glanz auf den Empfänger abfärben soll. Anders bei der Medaille, die auf Wolff selbst geprägt und anlässlich seiner Rückkehr nach Halle herausgegeben wurde. Der Skandal um Wolffs Vertreibung stellte eine dramatische Erzählung der Entwertung und sich anschließenden Apotheose der mathematischen, logischen und deduktiven Philosophie zur Verfügung. Der Vorfall reichte über eine lokale Universitätsranküne weit hinaus und generierte philosophische Parteigänger, für die politische Empörung und logische Deduktion eng verknüpft waren.

Ähnliche Prozesse lassen sich an der *Historia eruditorum* beobachten. Die unter diesem Banner um sich greifende enzyklopädische Verzeichnung und Kommentierung aller Bücher sowie der mit ihnen verknüpften Institutionen und Personenkreise bot ebenfalls einen Kommunikationsraum über neue und eigene Konditionen des wissenschaftlichen Anstandes. Dies enthielt eine Neupositionierung der Akteure im gesellschaftlichen Feld, die allerdings nicht spezifisch naturwissenschaftlich ausfiel. Es ist jedoch bezeichnend, dass in dem Moment, in dem sich im deutschsprachigen Raum eine verstärkte Institutionalisierung naturwissenschaftlicher Disziplinen vollzieht, bei der die experimentelle Physiologie als Leitwissenschaft gilt, sofort Nachrufe entstehen, in denen

6 Bourdieu, Pierre: The Specificity of the Scientific Field and the Social Conditions of the Progress of Reason. In: The Science Studies Reader. Hg. v. Mario Biagioli. London, New York 1999. S. 32.

die exakten Methoden zum integrativen Credo aufsteigen. Eine Besonderheit der großen Akademiereden DuBois-Reymonds ab den 1850er Jahren ist zudem, dass das Propagieren eigener methodischer Standards auf Kosten der geisteswissenschaftlichen Arbeitsweisen vor sich geht, die abqualifiziert werden und eine Art Abstoßungsmasse bilden. Auch diese Perspektive lässt sich als eine neue Vertikale beschreiben, der auf Seiten der Laudatoren und Schriftführer die Erfindung eines neuen Kollektivs entspricht, für das Alte Sprachen, Neuhumanismus und Theologie an Bedeutung verlieren.

Die Eignung der Panegyrik zur Unterbreitung eines neuen Konsens ist, wie immer wieder betont wurde, in der formalen Struktur der verwendeten Textformen angelegt, zu deren inhärenten Skripten die Positivierung der dargestellten Sachverhalte gehört. Dieser optimistische Zug der Kommunikation über die zunächst abstrakten Belange der naturwissenschaftlichen Theorie hat sich zudem in die Geschichtsschreibung der Wissenschaften übertragen. Akademische Lobreden, die als Vorform der Wissenschaftsgeschichte angesehen werden müssen, bilden zugleich ein Muster für die über lange Zeit mit hagiographischer Tendenz ausgeführte Wissenschaftsgeschichtsschreibung. In beiden Bereichen sind es höchst absichtliche Setzungen, behauptete Geltungen und eingeklagte Gültigkeiten, die der naturwissenschaftlichen Methode zu ihrem heutigen Status verhelfen.[7]

Die sorgfältig austarierte und aneignende Distanz zu den üblichen Zeichen des sozialen Prestiges hängt mit sozialen wie epistemischen Elementen zusammen und geht in diesem Zwischenbereich vor sich. Das Spektrum der Umwertungsbewegungen ist durch diese Strategien, die mit der außerhalb der Wissenschaft bestehenden sozialen Geltung von Personenkreisen taktieren, jedoch keinesfalls erschöpft. Herausgehoben werden müssen zudem Wertungspraktiken, in denen nicht der gesellschaftliche Status der Akteure den Ausschlag gibt, sondern epistemische Verfahren direkt gesellschaftlich angereichert werden. Ihre Bedeutung lässt sich mit der Konkurrenz um soziale Geltung nicht beschreiben.

Perspektivierte Konzepte

Das herangezogene Material liefert wiederholt Beispiele dafür, dass einzelnen methodischen Konzepten in der Diskussion besonderes Gewicht beigemessen wird. Ihnen kommt deshalb eine Eigendynamik zu, weil sie

7 Canguilhem, Georges: Der Gegenstand der Wissenschaftsgeschichte. In: ders.: Gesammelte Aufsätze. Hg. v. Wolf Lepenies. Frankfurt a. M. 1979. S. 25f.

mit erweiterten Bedeutungen versehen werden, also Perspektiven erhalten, die über die Forschung hinausgehen. Zu erinnern ist beispielsweise an die Kategorie der *certitude*, die bei Samuel Formey zum hintergründigen Telos jeglicher Forschung erklärt wurde – einer Erfahrung von absoluter Gewissheit, über die unter der Hand die Wissenschaft wieder im Glauben verankert werden soll. Bei DuBois-Reymond erreichte die rigoros durchgesetzte Kausalität einen vergleichbaren Status. Auffällig ist, dass nicht direkt den Inhalten, sondern den Effekten und Qualitäten der Evidenzerzeugung (absolute Sicherheit, Schärfe und Härte der logischen Kausalität) allgemeinere Bedeutung auch für andere Bereiche zugesprochen wurde. Naheliegend ist, dass diese Fixierungen von den verfügbaren Arbeitsmitteln, den materiellen Gegebenheiten und den Arbeitspraktiken mitdiktiert werden. Zudem erweisen sich diese Konzepte als Statthalter für nicht angesprochene Ordnungen des Unsichtbaren, zu denen natürlich auch die Negation jeglicher übersinnlicher Verursachungsprinzipien als Sonderfall gehört. Aus diesem Reservoir nicht ausgesprochener, aber mitschwingender metaphysischer Überzeugungen erklärt sich ihre zentrale Stellung. Zudem eröffnen sich über diese verschwiegenen Rückhalte auch Zukunftsperspektiven für die gesamte Gesellschaft, wie sich an Condorcets Auffassung des ›esprit juste‹ zeigen lässt oder an der Anekdote, die DuBois-Reymond über seine Prüfung an einen Freund schreibt: Er habe vor seinen vitalistisch denkenden Dozenten unbedingt so getan, als gefährde der Materialismus in der Physiologie den sittlichen Anstand und damit das Fundament der Gesellschaft. Einige naturwissenschaftliche Konzepte werden so diskutiert, als stünde mit ihnen das Ganze auf dem Spiel, was ihnen eine existenzielle Bedeutung zuspricht.

Die Ergebnisse zu DuBois-Reymonds Einsatz des Experiments sollen dies verdeutlichen: In der Gedenkrede auf seinen Vorgänger Johannes Müller wird der Versuch sukzessive mit einer ganzen Reihe von Valenzen angereichert, bis es den Dreh- und Angelpunkt der Argumentation bildet. Das Experiment bei DuBois-Reymond entspricht den kulturellen Gegebenheiten der industriellen Moderne mit ihrer Machbarkeitseuphorie, es generiert im Labor Erfolge, es greift als Hygiene des Versuchs in die Körperroutinen ein, wo es eine Entsinnlichung der Beobachtung fördert, und wird schlussendlich sogar ins Existenzielle gewendet, mit der Behauptung, Müller sei durch die experimentelle Physiologie von einer Lebenskrise gesundet, die das vorgängige Forschungsparadigma des ›subjektiven Sehens‹ in ihm ausgelöst habe. Mit gewaltsamen Vokabeln verteidigt wird der auf mechanischen Prinzipien beruhende Versuch als Garant säkularer Kausalitätsverhältnisse. Diese und den Energieerhaltungssatz schildert nun DuBois-Reymond seinerseits mit einer Art religiöser Verehrung. Auf einer ebenso fundamentalen wie uneingestandenen Ebene verbürgt das Experiment zudem die Überwindung jeglicher metaphysischer Spuren, wie sie in den zeitgleich existierenden vitalistischen Kraftbegriffen postuliert wurden. Es ist unmöglich, diese stets mitgemeinten Loyalitäten aus dem Kredit des methodischen Konzepts zu subtrahieren. Vielmehr waren und sind diese Schattengefechte im Nachruf auf Müller ein Zeichen für eine grundlegende Verschiebung, die sich unabhängig von dem Prestige sozialer Gruppen ereignet. Bei der Verschiebung und Neubesetzung bestimmter methodischer Konzepte wird vielmehr eine emotionale Logik durch die Überlagerung mit gesellschaftlichen Perspektiven erzeugt, deren Dynamik sich auf andere Art als durch bloße Konkurrenz um das knappe Gut des sozialen Vorranges erklärt.

Bemerkenswert bleibt, dass sich an bestimmte Verfahren der Evidenzproduktion Erzählungen und Bedeutungen anlagern, die der wissenschaftlichen Praxis eine wesentlich größere semantische Reichweite verleihen. Die in rationalen Operationen eingesetzten Verfahren stehen nicht isoliert und wären isoliert ohne Rückhalt, wenn sie nicht durch das Ineinandergreifen mit gesellschaftlichen Zukunftsperspektiven neue Bedeutung erhielten. Sie versprechen innerhalb der Forschung Neues, zugleich aber zeichnen sie sich dadurch aus, dass gesellschaftliche oder metaphysische Ordnungen durch sie aufgerufen sind. Aus einem wissenschaftlichen Handlungsalgorithmus oder theoretischen Versatzstück kann so unversehens eine Kategorie von existenziellem Gewicht entstehen. Durch zumeist arbiträre Kopplung wird eine einfache wissenschaftliche Praxis auf der Ebene von Recht und Unrecht verhandelbar. Diese erst hergestellte ›Ver-Wertbarkeit‹ in einem allgemeineren Rahmen macht das genealogische Element der perspektivischen Konzepte aus und ist die Grundlage der oft erbittert verteidigten und vehement umstrittenen Methodenelemente. Die aggressive Parteilichkeit der Diskussionen ist zudem als Zeugnis anzusehen, dass die behaupteten Geltungen in die sozialen Praktiken und Auffassungen von Kollektiven eingelassen sind und keine isolierte Rhetorik darstellen. Neben der Anreicherung der wissenschaftlichen Konzepte mit grundsätzlich eifersüchtigen Streits über die möglichen Verursachungsprinzipien (metaphysische Reichweite) und ihrer Stellung zum gesamtgesellschaftlichen Wohlergehen (politische Reichweite) existiert noch ein dritter Typus genealogischer Praktiken.

Selbstverhältnisse

Das gewählte Untersuchungsmaterial koppelt die Wissenschaft schon von der formalen Anlage der meisten akademischen Gebrauchstexte und

Memorialmedien her ungewöhnlich stark an die Forscherpersönlichkeit. Neben der unübersehbaren Kreation großer Männer und wissenschaftlicher Prominenz lässt sich hier eine Strategie beobachten, die als Anbindung der Methode an Selbstverhältnisse bezeichnet werden soll.

Ein Blick auf die Geschichte der Totenrede zeigt, dass diese sehr häufig dazu verwendet wurde, auf die Moralität der Zuhörer Einfluss zu nehmen. Genutzt wurde dabei eine für die Situation des Gedenk- oder Trauerfalles charakteristische Bereitschaft zu einer intensivierten Form von Rezeptionshaltung. Bilder und Texte evozieren in Trauersituationen die verstorbene Person wie in Form einer intermediären Existenz und verleihen den verhandelten methodischen Präferenzen des verstorbenen Wissenschaftlers so eine höchst eigene Autorität, bei der die Grenzen von realer und fiktiver Präsenz verschliffen werden. Das Kapitel zur »Säkularisierung des hagiographischen Diskurses« trat den Beweis an, dass die Schilderungen der christlichen und wissenschaftlichen Märtyrertode eine vergleichbare Strategie verfolgen. Seit Sokrates fungieren in Kauf genommene Schmerzen und Verluste als Garant der Wirksamkeit eines zu inaugurierenden Gedankensystems. Vor allem um die Mitte des 18. Jahrhunderts werden Berichte wie der von der Verscharrung des Atheisten Voltaire auf dem Schindeanger legendär. Erstaunlich ist die Leichtigkeit, mit der die erzähltechnische Maske des christlichen Märtyrers in ihr metaphysisches Gegenteil, den Atheisten, transponierbar ist.

Diese Strukturparallele zwischen der religiösen und der naturwissenschaftlichen Nutzung der literarischen Form Grabrede lässt sich auf inhaltlicher Ebene bestätigen. Auch in anderen Typen akademischer Gebrauchsliteratur kann der personalisierte Gebrauch epistemischer Konzepte nachgewiesen werden. Ein Beispiel lieferte das vormoderne Konzept der Metamorphose der Pflanzen. Verzeichnet von mehreren Kollegen und Weggefährten in Martius' Stammbuch, wird die Formvorgabe, die das wissenschaftliche Ergebnis auf ein prozessual gedachtes Urbild festlegt, zu mehr als einer wissenschaftlichen Entität. Schon die Textsorte, in der auf die Metamorphose hingewiesen wird, nämlich der Eintrag in ein Buch, das die Freundschaft von Kollegen und Bekannten dokumentiert, verweist auf einen überindividuellen Zug. Einer der ersten Beiträger, der Naturhistoriker Franz von Paula Schrank, weist sich selbst mit diesem Konzept aus. Etwas gravitätisch setzt er durch seine Sentenz den Anspruch, dass dieses Konzept auch in Zukunft als ein allgemeingültiger Maßstab fungieren soll: »Die Pflanzen-Metamorphose ist unser Bild.«[8] Das methodische Konzept, das ursprünglich nur eine

8 Martiusiana IV, A, 1, Stammbücher, Bd. 1, S. a.

Formvorgabe naturkundlicher Ergebnisse und ein intellektuelles Instrument war, wird zu einem Vorsatz erklärt, der tendenziell auch das Leben und das Arbeiten betrifft. Insofern kann derjenige, der dieses Bild der Metamorphose anstrebt und erreicht, sich einer mehr als bloß intellektuellen Leistung rühmen. Die gerade eingeforderte bzw. ausgerufene Treue zu dieser speziellen Form der Wissenschaft ist es, mit der sich von Paula Schrank selbst in diesem Eintrag verewigt und sichtbar macht. Insofern erzeugt der Stammbucheintrag eine Transformation des wissenschaftlichen Konzeptes in die Form einer moralischen Selbstverpflichtung, die wie ein Vorsatz für ein gelungenes Leben aufgestellt wird und durch dessen Einhaltung sich die verpflichtete Person als gerechtfertigt erweist. Signalwirkung muss dieser frühe Eintrag auch für alle späteren Freundschaftsbekundungen des Stammbuches gehabt haben. Er wird in diesem intimen und dennoch für viele sichtbar ausgestellten Medium zum Anfang eines roten Fadens, den viele der Naturhistoriker, die Martius trifft und zum Eintrag auffordert, verbindet. Sie rekrutieren sich vor allem aus dem Umfeld der *Königlich-Bayerischen Botanischen Gesellschaft zu Regensburg* sowie der *Gesellschaft deutscher Naturforscher und Ärzte.*

Gegen diese Lesart kann eingewendet werden, dass die am Beispiel von Martius' Stammbuch herausgearbeiteten Kriterien nur deshalb über das Wissenschaftliche hinausgehen, weil die Metamorphose bei Goethe von vornherein kein bloß wissenschaftliches, sondern schon immer ein weltanschauliches Projekt war, das auf eine spinozistische Naturauffassung, eine empirische Psychologie und eine Naturwissenschaft der Selbstbildung abzielte.

Vergleicht man aber die am auffälligsten zur öffentlichen Argumentation herangezogenen methodischen Konzepte etwa bei Gauß, so zeigen sich vergleichbare Dynamiken. Gerade die Fehlerrechnung, die jeglicher weltanschaulicher Bezüge unverdächtig ist, wird bei Gauß zu einer Frage extremer persönlicher Reaktionen, die von der Anstößigkeit begangener Fehler bis hin zum Segen sauberer Arbeitstechniken nicht anders als im Vokabular von Sünde und Verzeihung formulierbar sind. Methodische Konzepte und Arbeitsnotwendigkeiten eines vollkommen abstrakten und den Alltagsvollzügen entfremdeten Stoffgebietes entwickeln sich in diesen Momenten, in denen der Forscher an seinen methodischen Ansprüchen gemessen wird, zu einem möglichen Rahmen der Selbstlegitimation.

Die an dieser Stelle vorgeführte Perspektive deckt sich mit einem Wechsel der Personendarstellung in akademischen Lobreden aus der Mitte des 19. Jahrhunderts. Die zuweilen neurotisch wirkende Übererfüllung eines wissenschaftlichen Verfahrens, wie sie bei Gauß zu verzeichnen ist, wurde als Ausweis der zu Autorität aufgestiegenen wissenschaftlichen Methode verstanden, deren Einhaltung zu einem Maßstab für das Lob des Verstorbenen gerät. Dies ist vor allem im Vergleich zu den Nachrufen des 18. Jahrhunderts bezeichnend, in denen die gesonderte Beurteilung des Charakters eines verstorbenen Forschers in einem eigenen Textabschnitt erfolgte, der durchaus nichts mit Wissenschaft zu tun hatte. Wissenschaftler wurden in der älteren Panegyrik einerseits nach ihren Leistungen für die Familie und das soziale Umfeld beurteilt, andererseits nach ihrer Einhaltung des christlichen Moralkodex.

Im 19. Jahrhundert hingegen finden sich immer wieder Beispiele dafür, dass bestimmte Elemente der wissenschaftlichen Methode derselben Psychodynamik von Anspruch und Selbstlegitimation unterworfen sind wie es ethischen Vorsätzen zukommt, auf die auch die Moralerziehung der Priester und christlichen Grabredner abzielte.

In diesen Beispielen zeigt sich ein strategischer Gebrauch methodischer Konzepte, der in der Durchsetzung dieser Elemente mit Selbstverhältnissen besteht. Dies ist vor dem Hintergrund der Theorie epistemischer Werte zu sehen, wie sie von Lorraine Daston, Peter Galison und anderen entwickelt wurde. Die epistemischen Werte Objektivität, Empirie oder Allgemeinheit sind ebenfalls als Querverstrebungen gedacht, die von der Wissenschaft bis in die Persönlichkeitsstruktur reichen. Der bei Daston in einer Fußnote hergestellte Teilbezug zur Aufstandsforschung Edward P. Thompsons betont das Moment der Rechtfertigung als zentralen Bestandteil auch der *moral economy of science*.[9] Demzufolge besteht die Fähigkeit eines Kollektivs, auch gegen Widerstände eine eigene Position durchzusetzen, vor allem in der noch so rudimentären Existenz eines alternativen Legitimationssystems – etwa fast vergessener historischer Rechtsvorstellungen bei Thompson. In der genealogischen Autoritätspolitik der Nachrufe zeigt sich eine kulturelle Strategie, die wissenschaftliche Methode zu befestigen. Sie werden nicht ausschließlich unter dem Gesichtspunkt richtig / falsch verhandelt, sondern zu Objekten der Selbstführung stilisiert, wodurch eine wesentlich höhere Lenkungsfunktion durch Sympathie und Antipathie erzeugt werden kann. Durch den Wechsel in ein Register, das analog zum moralischen Feld funktioniert, unterliegen die methodischen Einheiten der Naturwissenschaft den Mechanismen der Selbstkonditionierung.

9 Daston bezieht sich in einer Fußnote auf: Thompson, Edward Palmer: The Moral Economy of the English Crowd in the Eighteenth Century. In: Past and Present 50/1971. S. 76-136. Daston, Lorraine: The Moral Economy of Science. In: Osiris 10/1995. S. 3-24.

Die Rolle, die methodische Konzepte in diesem Zusammenhang übernehmen, ist in der von Martin Saar mit Michel Foucault entworfenen genealogischen Perspektive höchst relevant. Denn die Gedenkliteratur der Nachrufe zeigt evident, dass mit der exakten Methode ein neuer und bislang nicht moralisch besetzter Bereich, der zudem wenig zu einer individuellen Relation einlädt, erfolgreich in Selbstverhältnisse eingelassen wurde.

Von den geschilderten Ankoppelungen epistemischer Grundsätze an soziale Praktiken stellte die Errichtung eigener Wertungshierarchien, bei denen soziales Prestige auf die Wissenschaft abfärbt, den klarsten Ausgriff auf die Sozialstruktur dar. In den perspektivischen Konzepten ist einerseits die temporale Struktur der gesellschaftlichen Entwicklung zu einem Argument geworden, wie der transformatorische Wissensbegriff der Aufklärung belegt. Konzepte erhalten so das ganze Gewicht gesellschaftlicher Einflussfaktoren, ohne deshalb inhaltlich determiniert zu werden, da sich die Semantisierung an intellektuelle Verfahren koppelt. Fast unzertrennlich von der Argumentation mit gesellschaftlicher Zukunft erwiesen sich andererseits die Vorannahmen über die Struktur und Bedeutung des Unsichtbaren, wie sie sich in der Diskussion um die nicht-kausalen Verursachungsprinzipien des Vitalismus zeigen, die Du-Bois-Reymond umfassend zu annihilieren trachtete. Als weitere orientierende Attraktoren innerhalb eines *style of reasoning* konnten schließlich Selbstverhältnisse, die methodische Elemente zum Ziel haben, benannt werden. Insgesamt wurde der Aufschwung der exakten Methode nicht als Einschreibung in das kulturelle Gedächtnis aufgefasst, was Nachrufe zweifelsohne leisten. Der Akzent lag vielmehr auf den sozialen Praktiken, mit denen sich Subjekte stabilisieren und Kollektive dirigieren lassen – vor allem in dem Moment, wo ihr Umbau, ihre Genese oder Geltung einsetzt. Nachrufe und die funktional parallelisierbaren Dokumententypen, die in dieser Arbeit als genealogische Inskriptionen bezeichnet werden, öffnen von ihrer formalen Logik her immer wieder die Arena für die Neusetzung von Wertungssystemen. Nachrufe, so das Fazit, sind auch im deutschsprachigen Raum ein wichtiger Motor der Produktion von Wissenschaft, nicht nur ihrer Geschichte. Sie bieten die Vorlage für Statustechniken, die die wissenschaftliche Rationalität flankieren, kulturell verankern und sie aufbauen helfen. Sie leiten auf verschwiegene Rückhalte der wissenschaftlichen Methode, die dennoch orientierend wirken.

Insofern ist es ein sprechender Umstand, dass die Wissenschaftskritiker des *Collège de 'Pataphysique* als erste Publikation einen Nachruf auf ein verstorbenes Mitglied veröffentlichten,[10] Wissenschaft also von ihren akademischen Ritualen und sozialen Praktiken her persiflierten, nicht in ihren theoretischen Aussagen.

10 Sandomir, I. L.: Oraison funèbre de Mélanie Le Plumet. Collège de 'Pataphysique 26. Gueules 76 E.P. (Das Datum ist in 'pataphysischer Zeitrechnung angegeben und bezeichnet den 26. Januar 1949). Zit. n. Ferentschik, Klaus: 'Pataphysik – Versuchung des Geistes. Die 'Pataphysik und das Collège de 'Pataphysique. Definitionen, Dokumente, Illustrationen. Berlin 2007. S. 108.

Literaturverzeichnis

Abkürzungen

Histoire = Histoire de l'Académie Royale des Sciences et Belles Lettres
Nouveaux = Nouveaux Mémoires de l'Académie Royale des Sciences et Belles-Lettres.
Mémoires = Mémoires de l'Académie Royale des Sciences et Belles-Lettres
Sammlung = Sammlung der deutschen Abhandlungen, welche der Königlichen Akademie der Wissenschaften zu Berlin vorgelesen worden in den Jahren
Abhandlungen = Abhandlungen der Königlichen Preußischen Akademie der Wissenschaften zu Berlin

Nachrufe

Die recherchierten Nachrufe auf Naturwissenschaftler konnten nicht vollständig aufgelistet werden. Die großen Akademien in Berlin und München sind aber sorgfältig bibliographisch erschlossen. Von den selbständig erschienenen Nachrufen und solchen, die an anderen Sozietäten entstehen (den Akademien in München, Prag und Göttingen oder Vereinen wie der Gesellschaft Naturforschender Freunde Berlin), wurden nur einzelne Beispiele mit aufgenommen. Ein wichtiges Instrument zur Erschließung der Nachrufe ist, neben dem Poggendorff,[1] eine Bibliographie zu den Veröffentlichungen literarischer Gesellschaften, die der Göttinger Gelehrtenhistoriker Jeremias David Reuß in 16 Bänden herausgegeben hat und die eine eigene Sektion zu Gedenkreden enthält.[2]

Ancillon, Friedrich: Éloge de Jean Bernard Mérian. In: Abhandlungen 1804-11. Berlin 1815. S. 52-90.

Anonym: Todtenschau der Friedrich Wilhelms Universität zu Bonn. Umfassend die Jahre 1818 bis 1838. Bd. 4. S. 89-94.

Anonym: Georg Christoph Lichtenberg. In: Nekrolog auf das Jahr 1799. Enthaltend Nachrichten von dem Leben merkwürdiger in diesem Jahre verstorbener Deutschen. Gesammelt von Friedrich Schlichtegroll 10,2/1805. Gotha S. 97-220.

Arago, Dominique François Jean: Gedächtnißreden und Biographien. In: Franz Arago's sämmtliche Werke. Hg. v. W. G. Hankel. Bde. 2-3. Leipzig 1854-55.

Baldinger, Ernst Gottfried: Rede auf den Tod Hallers. In: Göttinger Universitätsreden aus zwei Jahrhunderten (1737-1934). Hg. v. Wilhelm Ebel. Göttingen 1987. S. 107-118. (Anlässlich der Rektoratsübergabe vom 2.2.1778) (Auch als: Oratio in laudes meritorum Alberti de Haller. Göttingen 1778.)

Baldinger, Ernst Gottfried: Herr Abraham Gotthelf Kästner. In: Biographien jetzt-

1 Poggendorff, Johann C.: Biographisch-Literarisches Handwörterbuch zur Geschichte der exakten Wissenschaften. Leipzig 1864-1940.

2 Reuß, Jeremias David: Repertitorium commentatiorum a societatibus literariis editarum. 16 Bde. Göttingen 1801-1821.

lebender Aerzte und Naturforscher in und ausser Deutschland. Jena 1768-1772. Heft 1. S. 46-74.

Baldinger, Ernst Gottfried: Herr Jacob Reinhold Spielmann. In: Biographien jetztlebender Aerzte und Naturforscher in und ausser Deutschland. Jena 1768-1772. Heft 1. S. 74-80.

Baldinger, Ernst Gottfried: Herr Joh. Andreas Murray. In: Biographien jetztlebender Aerzte und Naturforscher in und ausser Deutschland. Jena 1768-1772. Heft 3. S. 69-80.

Balthasar, Joseph Anton Felix: Lobrede auf Herrn Albrecht von Haller. Basel 1778.

Bessel, Friedrich Wilhelm: Über Olbers. In: Astronomische Nachrichten 521/1845. Sp. 265-270. (Auch in: Borchard, Rudolf: Deutsche Denkreden. München 1925. S. 199-205. Biographische Skizzen verstorbener Bremischer Aerzte und Naturforscher. Hg. v. dem ärztlichen Verein zu Bremen. Festgabe für die 22ste Versammlung der Naturforscher und Ärzte. Bremen 1845.)

Biester, Johann Erich: Denkschrift auf Friedrich Nicolai. In: Abhandlungen 1812/13. Berlin 1816. S. 20-32.

Bischoff, Theodor Ludwig: Über Johannes Müller und sein Verhältnis zum jetzigen Standpunkt der Physiologie. Festrede zur Feier des Geburtsfestes S. M. Maximilian II. Königs von Bayern. Gehalten in der öffentlichen Sitzung der Kgl. Akademie der Wissenschaften am 27. November 1858. München 1858.

Boeckh, August: Reden. Gehalten an der Universität und in der Akademie der Wissenschaften. Hg. v. Ferdinand Aserson. Leipzig 1966.

Borchard, Rudolf (Hg.): Deutsche Denkreden. München 1925.

Brandis, C. A.: Gedächtnissrede auf F.W.J. von Schelling. Berlin 1856. (Auch in: Abhandlungen 1856).

Brücke, Ernst Wilhelm: Johannes Müller. In: Wiener medizinische Wochenschrift 24/1858 (12. Juli). S. 419-423.

Buch, Leopold von: Lobrede auf Kasten. Berlin: Realschulbuchhandlung 1814. (Auch in: Abhandlungen 1814.)

Carus, Carl Gustav: Nekrolog auf Martius. In: Leopoldina 6/1869. S. 103-111.

Castillon, Friedrich von: Éloge de M. de Castillon, père. Lu dans l'assemblée publique du 26.1.1792. In: Mémoires 1792/93. Berlin 1798. S. 38-60. (Auch selbständig Berlin 1798.)

Condorcet, Jean Antoine Nicolas de Caritat de: Éloges des Académiciens de l'Académie Royale des Sciences. Morts depuis 1666 jusqu'en 1699. Paris 1773.

Condorcet, Jean Antoine Nicolas de Caritat de: Éloges Des Académiciens De L'Academie Royale Des Sciences. Bearbeitet von Christa Kirsten und Hans-Günther Körber. Berlin 1979. (Auch in: Condorcet, Jean Antoine Nicolas de Caritat de: Œuvres. Bd. 2 und 3. Paris 1847-1749.)

Cuvier, Georges: Recueil des éloges historiques lus dans les séances publiques de l'Institut Royale de France. Erster Teil für die Jahre 1800 bis 1810 und zweiter Teil für die Jahre 1811 bis 1818 Paris, Strasbourg 1819. Dritter Teil für die Jahre 1820 bis 1827 Paris, Strasbourg 1827. (Auch in der Ausgabe: Cuvier, Georges: Recueil des éloges historiques lus dans les séances publiques de l'Institut de France. Nouvelle édition précédé de l'éloge historique de Georges Cuvier par Flourens. 3 Bde. Paris 1861.)

D'Alembert, Jean le Rond: Éloges lus dans les séances publiques de l'Académie. Paris 1779. Auch in: Œuvres complètes de d'Alembert. Bd. 2 und 3. Genf 1967. (Nachdruck der Ausgabe 1821-1822).

Demersay, Alfred: Aimé Bonpland. In: Bonplandia. Zeitschrift für die gesamte Botanik. Officielles Organ der K. Leopold.-Carol. Akademie der Naturforscher 2 (22)/1854 vom 15. November. S. 259-270.

Döllinger, Ignaz von: Akademische Vorträge. Nördlingen 1889.

Dove, Heinrich Wilhelm: Gedächtnisrede auf Alexander von Humboldt. Berlin 1869.

DuBois-Reymond, Emil: Reden von Emil DuBois-Reymond. Hg. v. Estelle DuBois-Reymond. 2 Bde. Leipzig 1912.

Dumas, Jean Baptiste André: Discours et éloges académiques. 2 Teile. Paris 1885.

Ehrenberg, Gottlieb Christian: Gedächtnisrede auf Alexander von Humboldt. Gehalten in der Leibnizsitzung vom 7. Juli 1859. Berlin 1870.

Einstein, Albert: Gedächtnisrede auf Karl Schwarzschild. In: Sitzungsberichte 34/1916. S. 768-770.

Encke, Johann Franz: Gedächtnisrede auf Bessel. In: Abhandlungen 1846. Berlin 1848. S. XXI-XLII.

Encke, Johann Franz: Gedächtnisrede auf Johann Elert Bode. In: Abhandlungen 1827. Berlin 1830. S. XI-XXI. (Auch selbständig 1827, 1830.)

Engelmann, Theodor Wilhelm: Gedächtnisrede auf DuBois-Reymond. In: Abhandlungen. Berlin 1898. S. 3-24.

Flourens, Pierre: Recueil des éloges historiques lus dans les séances publiques de l'académie des sciences. Bd. 1-3. Paris 1856-1862.

Fontenelle, Bernard le Bovier de: Éloges Des Académiciens De l'Académie Royale Des Sciences. Morts depuis l'an 1699. 2 Bde. LaHaye 1731. [1766] (Auch in: Œuvres complèts. Genf 1968.)

Fontenelle, Bernard le Bovier de: Histoire du Renouvellement de l'Académie des Sciences en 1699 et des éloges historiques de tous les Académiciens morts depuis ce Renouvellement. Bd. 1. Paris 1708. Bd. 2. Amsterdam 1720.

Formey, Johann Heinrich Samuel: Éloges des Académiciens de Berlin et de divers autres savans. 2 Bde. Berlin 1757.

Formey, Samuel: Éloge de M. Achard. In: Nouveaux 1772. Berlin 1774. S. 58-68. (Auch selbständig Berlin 1774.)

Formey, Johann Heinrich Samuel: Éloge de M. Lamprecht. In: Histoire 1745. Berlin 1746. S. 120-122.

Formey, Samuel: Éloge de Mme Gottsched, suivi du Triomphe de la philosophie par la même. Berlin 1767.

Formey, Samuel: Éloge de Monsieur de Maupertuis. In: Histoire 1759. Berlin 1766. S. 464-512.

Formey, Samuel: Éloge du Marquis d'Argens. In: Nouveaux 1771. Berlin 1773. S. 46-52. (Auch selbständig Berlin 1773.)

Formey, Samuel: Éloges de Messieurs Les Comtes de Podewils et de Gotter, et de Messieurs Jacobi, Sproegel, Becmann, et Humbert, précédés d'un Discours prononcé dans l'assemblée publique de l'Académie Royale des Sciences et Belles-Lettres, le Jeudi 27. Janv. 1763. Berlin 1763. (= Formey 1763).

Friedrich II.: Éloge de M. de La Mettrie. In: Histoire 1750. Berlin 1752. S. 3-8. (Auch selbständig La Haie 1752.)

Friedrich II.: Éloge de M. Du Han. In: Histoire 1746. Berlin 1748. S. 475-478.

Friedrich II.: Éloge de Monsieur Jordan. In: Histoire 1746. Berlin 1748. S. 457-464.

Friedrich II.: Éloge de Voltaire. Lu à L'Académie Royale Des Sciences Et Belles-Lettres De Berlin, Dans Une Assemblée Publique Extraordinairement Convoquée Pour Set Objet, Le 26. Novembre 1778. In: Nouveaux 1778. Berlin 1780. S. 5-23. (Auch selbständig Berlin 1780.)

Friedrich II.: Éloge du Baron de Knobelsdorf. In: Histoire 1751. Berlin 1753. S. 1-11.

Friedrich II.: Éloge du Général de Goltze. In: Histoire 1747. Berlin 1749. S. 9-17.

Friedrich II.: Éloge du Général de Still. In: Histoire 1751. Berlin 1753. S. 152-154.

Fuss, Nicolaus: Lobrede auf Herrn Leonhard Euler. In der Versammlung der Kayserlichen Akademie der Wissenschaften zu St. Petersburg den 23. October 1783 vorgelesen. Von dem Verfasser selbst aus dem Französischen übersetzt und mit verschiedenen Zusätzen vermehrt, nebst einem vollständigen Verzeichnis der Schriften. Basel 1786. [1783] Auch in: Leonhardi Euleri Opera Omnia. Hg. v. Ferdinand Rudio, Andreas Speiser, Heinrich Weber u.a. 77 Bde. Leipzig, Berlin 1911-1960. Bd. I. 1. S. IX-XCV.

Gessner, Matthias: Biographia academica Göttingensis. 3 Bde. Halle 1768.

Gottsched, Johann Christian: Historische Lobschrift des weiland hoch- und wohlgebornen Herrn Christians des H.R.R. Freyherrn von Wolf[f]. In: Wolff. Gesammelte Werke. Hg. v. Hans Werner Arndt u.a. Abt. 1: Deutsche Schriften. Bd. 10. Hildesheim 1980. [Halle 1715]

Grandjean de Fouchy, Jean Paul: Éloges des Académiciens de l'Académie Royale des Sciences, morts depuis l'an 1744. Paris 1761.

Grimm, Jacob: Reden in der Akademie. Hg. v. Werner Neumann und Hartmut Schmidt. Berlin 1984.

Gryphius, Andreas: Dissertationes funebres oder Leichabdankungen. Hg. v. Anselm Steiger. Tübingen 2007. [1666]

Hallbauer, Friedrich Andreas: Zehenen der auf der Jenaischen Academie gehaltenen Parentationen. Nebst einer fortgesetzten Anweisung zum Parentieren. 2 Theile. New Haven, Microfilm 1973. [Jena 1724, 1727 (erster Teil in zweiter Auflage von 1725)].

Helmholtz, Hermann: Gedächtnisrede auf Gustav Magnus. Gehalten in der Akademie der Wissenschaften am 6. Juli 1871. In: Abhandlungen S. 1-17. (Auch in: Physiker über Physiker II.)

Heyne, Christian Gottlob: Elogium Kaestneri. In: Commentationes Soc. Gott. XV. Dt. (Auch in: Schlichtegroll: Nekrolog auf das Jahr 1800. Gotha 1806. Sowie in: Göttinger Universitätsreden aus zwei Jahrhunderten (1737-1934). Hg. v. Wilhelm Ebel. Göttingen 1978. S. 195-203.)

Hilpert, David: Zum Gedächtnis Karl Weierstraß'. In: Nachrichten von der Königlichen Gesellschaft der Wissenschaften zu Göttingen. Geschäftliche Mitteilungen aus dem Jahre 1897. S. 60-69.

Hofmann, August Wilhelm: Zur Erinnerung an Gustav Magnus. Nach einem am 14. December 1870 in der General-Versammlung der deutschen Chemischen Gesellschaft zu Berlin gehaltenen Vortrage. Berlin 1871.

Kästner, Abraham Gotthelf: Lobrede auf Georg Christoph Lichtenberg. In: Göttinger Universitätsreden aus zwei Jahrhunderten (1737-1934). Hg. v. Wilhelm Ebel. Göttingen 1978. S. 187-195. [1799]

Kästner, Abraham Gottlob: Lobschrift auf den Herrn Leibniz. Altenburg 1769. (Auch in: Göttinger Anzeigen 147/1769. Sowie in: Jenaische gelehrte Zeitung 27/1769. Sowie in: Hallische gelehrte Zeitung 19/1770.)

Leonhard, Karl Caesar: Zu Werners Andenken. Gesprochen in der Versammlung der Königlichen Akademie der Wissenschaften zu München am 25. Oktober 1817. Frankfurt 1817. Auch in: Schweiggers Journal der Chemie und Physik 23(1)/1818.

Mappes, Johann Michael: Festreden. Gehalten im naturgeschichtlichen Museum zu Frankfurt mit einem Beitrag zur Feier der 25-jährigen Stiftung der Senckenbergischen Naturforschenden Gesellschaft am 22. November 1842. Frankfurt a. M. 1842.

Martius, Carl Friedrich Philipp: Akademische Denkreden. Leipzig 1866.

Martius, Carl Friedrich Philipp: Caspar Graf von Sternberg. In: Augsburger Allgemeine Zeitung, 7. Januar 1839. Beilage No 7. (Auch in: Akademische Denkreden. Leipzig 1866. S. 83-95.)

Marx, Karl Friedrich Heinrich: Zum Andenken an Johann Friedrich Blumenbach. Eine Gedächtnisrede gehalten in der Sitzung der Königlichen Societät der Wissenschaften den 8. Februar 1840. Göttingen 1840.

Mascaron, Jules: Les oraisons funèbres. Hg. v. Bernhard Gallina. Paris 2002.

Maupertuis, P. M. Louis de: Éloge de M. de Borck. In: Histoire 1747. Berlin 1749. S. 18-21.

Maupertuis, P. M. Louis de: Éloge de M. de Keyserlingk. In: Histoire 1746. Berlin 1748. S. 469-473.

Maupertuis, P. M. Louis de: Éloge de M. le Maréchal de Schmettau. In: Histoire. Berlin 1750. S. 31-44.

Maupertuis, P. M. Louis de: Éloge de Monsieur de Montesquieu. In: Histoire 1754. Berlin 1756. S. 445-468. (Auch in: Hamburgisches Magazin, oder gesammlete Schriften, aus der Naturforschung und den angenehmen Wissenschaften überhaupt 16/1756. S. 372-409.)

Meier, Georg Friedrich: Alexander Gottlieb Baumgartens Leben. Halle 1763.

Merian, Johann Bernhard: Éloge de Monsieur d' Anières. In: Mémoires 1803. Berlin 1805. S. 22-34. (Auch selbständig Berlin 1805.)

Merian, Johann Bernhard: Éloge de Monsieur Formey. In: Mémoires 1797. Berlin 1800. S. 49-82. (Auch selbständig Berlin 1800.)

Merian, Johann Bernhard: Éloge de Monsieur Gedike. In: Mémoires 1804. Berlin 1807. S. 18-30.

Merian, Johann Bernhard: Éloge de Monsieur Moennich. In: Mémoires 1801. Berlin 1804 S. 29-33.

Merian, Johann Bernhard: Éloge du Comte de Finkenstein. In: Mémoires 1801. Berlin 1804. S. 15-28.

Méry, Joseph: Biographie des Quarante de *l'Académie française*. Paris 1826.

Moehsen, Johann Karl Wilhelm: Rede dem Andenken des Geheimen Raths Cothenius gewidmet. In: Sammlung 1788/89. S. I-VIII.

Moser, Christoph Ferdinand: Leichen- und Hochzeit-Abdankungsreden. Nebst einer dazu dienlichen Anleitung. 2 Bde. Ulm 1788-1794.

Müller, August: Johannes Müller. In: Leipziger Illustrierte Zeitung 784/10. Juli 1858. S. 19.

Müller, Johannes: Gedächtnisrede auf Carl Asmund Rudolphi, gehalten in der öffentlichen Sitzung der Akademie der Wissenschaften zu Berlin am 6. August 1835. Berlin 1837.

Murray, Johann Philipp: Rede welche im Namen der Königlichen deutschen Gesellschaft zum Gedächntisse ihres verklärten Mitgliedes der Frau Professorin Sophien Eleonoren Achenwall gebohrnen Walther in derselben Versammlungssale gehalten worden von ihrem Sekretär. Göttingen 1754.

Nicolai, Friedrich: Gedächtnisschriften und philosophische Abhandlungen. Bearbeitet von Alexander Košenina. In: Sämtliche Werke, Briefe, Dokumente. Kritische Ausgabe mit Kommentar. Bd. 6. Hg. v. P. M. Mitchell, Hans-Gert Roloff, Erhard Weidl. Bern 1995.

Palacky, Franz: Die Grafen Kaspar und Franz Sternberg und ihr Wirken für die Kunst in Böhmen. Abhandlungen der königlichen böhmischen Gesellschaft der Wissenschaften 1840. V. Folge, 2. Bd. S. 1-54.

Physiker über Physiker II. Antrittsreden, Erwiderungen bei der Aufnahme von Physikern in die Berliner Akademie, Gedächtnisreden 1870-1929. Bearbeitet von Christa Kirsten und Hans-Günther Körber. Berlin 1979.

Poggendorff, Johann Christian: Gedächtnissrede auf Thomas Johann Seebeck. In: Abhandlungen 1839. Berlin 1841. S. XIX-XXXVIII.

Pohl, Gerhart (Hg.): Unsterblichkeit. Deutsche Denkreden aus zwei Jahrhunderten. Berlin 1942.

Quételet, Adolphe: Gauss. In: Correspondance mathématique et physique 6/1830, S. 126-148, 161-178, 224-239.

Recueil des harangues prononcées par Messieurs de l'Académie française. 2 Bde. Amsterdam 1709.

Reichardt, Hans/Dirichlet, Peter (Hg.): Nachrufe auf Berliner Mathematiker des 19. Jahrhunderts. C.G.J. Jacobi, P.G.L. Dirichlet, E. E. Kummer, L. Kronecker, K. Weierstrass. Leipzig 1988.

Reuschen, Erhard: Trauer-Bühne, auf der hochlöblichen Universität Altorf bei wolansehnlichen Leich-Begängnissen verschiedener in Gott seel. entschlafener Herren Professoren und anderer, meist Academischer Mitgliedern in etlichen Trauer-Reden und Leich-Gedichten vormahls aufgerichtet, und anjetzo erneuert. Nürnberg, Altdorf 1722.

Rose, Heinrich: Gedächnissrede auf Berzelius. In: Abhandlungen 1851. Berlin 1852. S. XVII-LXXVII.

Rosenthal, Isidor: Emil DuBois-Reymond. Gedächtnisrede, gehalten am 22. Januar 1897 in der gemeinsamen Sitzung der Physikalischen und der Physiologischen Gesellschaft zu Berlin. In: Archiv für die Physiologie 1897. S. I-VII.

Roth, Friedrich: Sammlung etlicher Vorträge des Präsidenten von Roth in öffentlichen Sitzungen der Akademie der Wissenschaften zu München. München 1851.

Sartorius von Waltershausen, Wolfgang: Gauss zum Gedächtnis. Leipzig 1856. [1872, 1965, 1981]

Schelling, Friedrich Wilhelm Joseph: Döllinger. In: Gelehrte Anzeigen München 64/1841. S. 513-520.

Schleiermacher, Friedrich: Gedächtnisrede auf Philipp Buttmann. In: Abhandlungen 1830. Berlin 1832. S. XI-XXII.
Schreiber, Heinrich: Gedächtnisreden. Als Beiträge zur Geschichte der Albert-Ludwigs-Universität zu Freiburg im Breisgau. Freiburg 1832.
Schriften der Naturforschenden Gesellschaft in Danzig. N.S. 9. 1896/98 – 20. 1935/38 Nebst Hauptverz. aller Veröffentl. bis 1922.
Schubert, Gotthilf Heinrich von: Ehrengedächtnis des Heinrich Steffens. In: Münchner Gelehrte Anzeigen 22/1846. S. 617-648.
Schweikert, Dr. med: Ärztlicher Bericht über die letzten Lebenstage des Verstorbenen [Nees von Esenbeck]. In: Bonplandia 6/1858 vom 15. Mai Nr. 8 u. 9. S. 145-152.
Sendel, Christian: Leben Herrn Balthasar Hagemeisters. In: Neue Sammlung von Versuchen und Abhandlungen der Naturforschenden Gesellschaft in Danzig 1/1778. S. 298-303.
Senebier, Jean: Éloge historique d'Albert de Haller. Avec un catalogue complet de ses Œuvres. Genf 1778. [Frz. Basel 1778, Dt. Bern 1778]
Theissier, Antoine: Les éloges des hommes savans, tirez de l'histoire de M. de Thou. Avec des additions, contenant l'abrégé de leur vie, le jugement & le catalogue de leurs ouvrages. 2 Bde. Genf 1683. [2 Bde. Lyon 1696, 4 Bde. Leiden 1715 enthält über 500 Elogen mit längeren Kommentaren]
Thou, Jacques Auguste de: Grande Histoire latine. 1604-1608.
Tscharner, V[inzenz] B[ernhard] von: Lobrede auf Hrn. Albert Haller. Welche auf Veranstaltung der löblichen ökonomischen Gesellschaft den 25. März öffentlich abgelesen worden. Bern 1778.
Verworn, Max: Zum Gedächtnis Emil DuBois-Reymonds. In: Leopoldina 54/1918. S. 78-80.
Vicq d'Azyr, Felix: Éloge de M. de Haller lu le 20 Octobre 1778. In: Œuvres de Félix Vicq d'Azyr. Hg. v. Jacques Louis Moreau. Paris 1805. Bd. 2. S. 304-352. (Auch in: Histoire de la Société Royale de Médecine année 1776. 1/1779. S. 19-53.)
Virchow, Rudolf: Johannes Müller. Eine Gedächtnisrede gehalten bei der Todtenfeier am 24. Juli 1858 in der Aula der Universität zu Berlin. Berlin 1858. (Auch als: Obituary Notice read in the Anniversary meeting of the Royal Society of London 30th November. Proceedings of the Royal Society of London IX/1858.)
Voltaire: Éloge funèbre des officiers qui sont morts dans la guerre de 1741. Paris 1749.
Wagner, Rudolph: Zur Erinnerung an Albrecht von Haller und zur Geschichte der Sozietät der Wissenschaften. In: Abhandlungen der Königlichen Gesellschaft der Wissenschaften zu Göttingen 5/1852. S. 1-34.
Wagner, Rudolph: Zur Erinnerung an Karl Friedrich Gauss. Hannoversche Zeitung 13. März 1855. S. 374-437.
Wallon, Henri Alexandre: Éloges académiques. 2 Teile. Paris 1882.
Weitenweber, Wilhelm Rudolph: Denkrede auf Prof Franz Adam Petrina. Abhandlungen der k. böhm. Gesellschaft der Wissenschaften. V. Folge. 9. Bd. Prag 1856. S. 3-21.
Wieland, Christoph Martin: Rezension von Tscharner, V. B. v.: Albrecht von Haller. Kurzgefasste Nachrichten von dessen Leben, Charakter und Werken. In: Der Teutsche Merkur 2 / 1778. S. 248-266.
Will, Georg Andreas: Sammlung einiger Trauerreden, welche auf der hohen Schule zu Altorf sind gehalten. Onolzbach 1752.

Willdenow, Karl Ludwig: Ehrendenkmal des Herrn Oberforstmeisters von Burgsdorff. In: Abhandlungen 1804-11. Berlin 1815. S. 30-39.

Wißmayr, Joseph: Lorenz Hübner's biographische Charakteristik vorgetragen in der öffentlichen Sitzung der k. Akademie der Wissenschaften zu München am 15. Juni 1822. München 1822.

Wittstein, Theodor: Gedächtnißrede auf Carl Friedrich Gauß. Hannover 1877.

Zimmermann, Johann Georg: Das Leben des Herrn von Haller. Zürich 1755.

vor 1900

Anonym: Etwas über den Nekrolog A.H.F. Schlichtegroll. In: Der neue teutsche Merkur 3/1793. S. 249-259.

Anonym: Quasi-Introduktion zu einem teutschen Gelehrtennekrolog. In: historisch-litterarisch-bibliographisches Magazin. Hg. Johann Georg Meusel. Bd. 1(1). Zürich 1788. S. 96-99.

Anonym: Über Lobreden mit Anwendungen auf Friedrich den Grossen und Rousseau. In: Deutsches Gemeinnütziges Magazin 1/1787. Leipzig S. 2-120.

Babbage, Charles: Reflections on the Decline of Science in England and on some of its Causes. In: The Works of Charles Babbage. Hg. v. Martin Campbell-Kelly. London 1989. Bd. 7. S. 101-112. [1830]

Boureau-Deslandes, André François: Réflexions sur les grands hommes qui sont morts en plaisantant. Avec des poesies diverses. Rochefort 1712. [1714, 1755] [Dt. 1747]

Carlyle, Thomas: On Heroes, Hero-Worship, and the Heroic in History, London 1974. [1841]

D'Alembert, Jean le Rond: Versuch über die Gesellschaft der Gelehrten und der Großen, über den Ruhm, die Mäcenen und die gelehrten Belohnungen. In: Hamburgisches Magazin 13/1754. S. 563-624. Erstveröffentlichung: Essai sur la société des gens de lettres et des grands. In: ders.: Mêlanges de Littérature, d'Histoire et de Philosophie. Berlin 1753.

D'Alembert, Jean le Rond: Réflexions sur les éloges académiques. In: Œuvres complètes. Reprint der Ausgabe 1821-1822. Bd. 2. Genf 1967. S. 150-154.

Dove, Heinrich Wilhelm: Rectoratsreden (15.10.1858 und 3.8.1859). Berlin 1859. (= Sammlung von Reden der Staatsbibliothek Berlin: Orationes Habitae in Universitate Litt. Berolinensi 1811-1859).

DuBois-Reymond, Estelle (Hg.): Jugendbriefe von Emil DuBois-Reymond an Eduard Hallmann. Zu seinem hundertsten Geburtstag dem 7. November 1918. Berlin 1918.

DuBois-Reymond, Emil: Kritik Müllers. In: Fortschritte der Physik im Jahre 1847. Dargestellt von der physikalischen Gesellschaft Berlin 3/1850. S. 414.

Fabricius, Johann Andreas: Vernünftige Grund-Regeln zum Parentieren. Mit einigen auserlesenen Exempeln erläutert. Jena 1728.

Faßmann, David: Parentation. Wie sie auf allergnädigsten Befehl, Bey einer sehr Volckreichen Versammlung gehalten worden. Als man den am 11. Aprilis 1731 zu Potsdam verstorbenen, Freyherrn von Gundlich [...] mit einer höchst-rühmlichen Leichprozession hinaus nach Borgstedt gebracht und dort beerdigt. O. J.

Flögel, Carl Friedrich: Geschichte des menschlichen Verstandes. Breßlau 1765. [1773, 1776]
Flögel, Karl Friedrich: Geschichte der Hofnarren. Hildesheim 1977. [Leipzig 1789]
Formey, Samuel: Discours sur l'Esprit Philosophique. In: Le Triomphe de l'Evidence. 2 Bde. Berlin 1756. S. III-XXII.
Formey, Samuel: Métaphysique. Projet d'une Encyclopédie négative. In: Nouveaux 1773. Berlin 1775. S. 14-18.
Formey, Samuel: Souvenirs d'un citoyen. Berlin 1789.
Friedrich II.: Le Renouvellement de l'Académie des Sciences. Ode. Histoire 1747. Berlin 1749. S. 5-8.
Gassendi, Pierre: The mirrour of true nobility & gentility. Being the life of the renowned Nicolaus Claudius Fabricius Lord of Peiresk, Senator of the parliament at Aix. Written by the learned Petrus Gassendus, Professor of the Mathematicks to the King of France. Englished by W. Rand, Doctor of Physick. London 1657. [Vita Peireskii 1641]
Gauß, Carl Friedrich: Werke. Hg. v. d. Ges. d. Wissenschaften Göttingen. Göttingen, Berlin 1863-1933.
Gottsched, Johann Christoph: Vorrede zu Lob- und Trauerreden von Esprit Flechier. In: Ausgewählte Werke. Hg. v. P. M. Mitchell. Berlin 1980. Bd. 10. S. 329-350. [1749]
Hallbauer, Friedrich Andreas: Anweisung zur verbesserten Teutschen Oratorie. Nebst einer Vorrede von den Mängeln der Schul=Oratorie. Kronberg 1974. [Jena 1725]
Hiller, Johann Adam (Hg.): Anecdoten zur Lebensgeschichte berühmter französischer, deutscher, italienischer, holländischer und anderer Gelehrten. Erw. Übers. v. Guillaume Thomas François Raynal. 7 Bde. Leipzig 1762.
Kirsten, Christina u.a. (Hg.): Dokumente einer Freundschaft. Briefwechsel zwischen Hermann von Helmholtz und Emil DuBois-Reymond 1846-1894. Berlin 1986.
Lünig, Johann Christian: Theatrum Ceremoniale Historico-Politicum. Oder Historisch und Politischer Schau=Platz des Europäischen Canzley=Ceremoniels. 3 Bde. Leipzig 1719-1720.
Maupertuis, Pierre Louis Moreau de: Des devoirs de l'académicien. In: Histoire 1753. Berlin 1755. S. 511-521.
Maupertuis, Louis Moreau de: Sur la manière d'écrire et de lire la vie des Grands Hommes. In: Histoire 1755. Berlin 1757. S. 507-513.
Meier, Georg Friedrich: Abbildung eines wahren Weltweisen. Halle 1745. [1762]
Meier, Georg Friedrich: Gründliche Anweisung wie jemand ein neumodischer Weltweiser werden könne in einem Sendschreiben an einen jungen Menschen. Frankfurt, Leipzig 1745.
Mendelssohn, Moses: Rezension von: Historische Lobschrift des weiland hoch- und wohlgebohrnen Herrn Hrn. Christian des H.R.R. Freyherrn von Wolf[f] u.s.w. von Johann Christian Gottscheden. Halle 1755. Rezension in: Bibliothek der schönen Wissenschaften und der freyen Künste 2/1757. S. 123-133.
Müller, Johannes: Über die phantastischen Gesichtserscheinungen. Eine physiologische Untersuchung mit einer physiologischen Urkunde des Aristoteles über den Traum, den Philosophen und Ärzten gewidmet. Koblenz 1826.
Müller, Johannes: Von dem Bedürfnis der Physiologie nach einer philosophischen

Naturbetrachtung. Eine öffentliche Vorlesung gehalten auf der Rhein=Univeristät Bonn am 19. Oktober 1824. Bonn 1825.

Pfaff, Carl: Johann Friedrich Pfaff in seinem Verhältnis zu Gauß bei dessen letzteren Aufenthalte in Helmstädt. In: Arch. Math. u. Physik 27/1856. Lit. Ber. CVII S. 4-10.

Pfannenstiel, Max: Kleines Quellenbuch zur Geschichte der Gesellschaft Deutscher Naturforscher und Ärzte. Berlin, Göttingen, Heidelberg 1958.

Quetélet, Adolphe: Notes Extraites d'un Voyage Scientifique fait en Allemagne pendant l'été 1829. Brüssel 1830.

Schlosser, Johann Georg: Anzeige von Herrn Professor Jacobis zu Freiburg Trauerrede auf den Kaiser Joseph II. samt einem Vorschlag, wie die Trauerreden bei den Todesfeierlichkeiten verstorbener Regenten am besten einzurichten sein mögten. In: Hamburgisches Magazin oder gesammelte Schriften zum Unterricht und Vergnügen aus der Naturforschung und den angenehmen Wissenschaften überhaupt 1/1748. S. 1053-1082.

Schmidt, Franz/Stäckel, Paul (Hg.): Briefwechsel zwischen Carl Friedrich Gauss und Wolfgang Bolany. Leipzig 1899.

Schulz, Friedrich: Zwei Briefe über eine öffentliche Sitzung der Academie Françoise. In: Neues Deutsches Museum 1/1789. Leipzig 1789. S. 86-121.

Thomas, Antoine Léonard: Essay sur les éloges. In: Œuvres complètes. Bd. III. und IV. Paris 1803.

Vasari, Giorgio: Lebensläufe der berühmtesten Maler, Bildhauer und Architekten. Aus dem Italienischen von Trude Fein. Zürich 1985. [1567]

Wagner, Rudolph: Gespräche mit Carl Friedrich Gauss in den letzten Monaten seines Lebens. Hg. v. Heinrich Rubner. Göttingen 1975. (Auch in: Nachrichten der Akademie der Wissenschaften in Göttingen. Phil.-hist. Klasse. 1975. S. 141-171.)

Zell, Karl: Die römischen Elogien und König Ludwigs Walhallagenossen. Eine literaturhistorische Abhandlung. Stuttgart 1847.

nach 1900

Abir-Am, Pnina/Clark A. Elliot (Hg.): Commemorative Practices in Science. Historical Perspectives on the Politics of Collective Memory. Chicago 1999. (= Osiris 14)

Abir-Am, Pnina G. (Hg.): La mise en mémoire de la science. Pour une ethnographie historique des rites commemoratifs. Paris 1998.

Algazi, Gadi: Scholars in Households: Refiguring the Learned Habitus, 1480-1550. In: Daston, Lorraine, Sibum, Otto (Hg.): Scientific Personae. Cambridge 2003. S. 9-43. (= Science in Context 16/2003, Nr. 1-2)

Assmann, Jan: Das kulturelle Gedächtnis. Schrift, Erinnerung und politische Identität in frühen Hochkulturen. München 2002. [1997]

Aubin, David/Bigg, Charlotte: Neither Genius nor Context Incarnate. Norman Lockeyer, Jules Janssen and the Astrophysical Self. In: The History and Poetics of Scientific Biography. Hg. v. Thomas Söderqvist. Bodmin 2007. S. 51-71.

Bachelard, Gaston: Die Bildung des wissenschaftlichen Geistes. Beitrag zu einer

Psychoanalyse der objektiven Erkenntnis. Mit einer Einleitung von Wolf Lepenies. Frankfurt a. M. 1978 (1938).

Baumbach, Manuel: Lukian in Deutschland. Eine forschungs- und rezeptionsgeschichtliche Analyse vom Humanismus bis zur Gegenwart. München 2002.

Becker, Peter/Clark, William (Hg.): Little Tools of Knowledge. Historical Essays on Academic and Buerocratic Practices. Ann Arbor 2001.

Beetz, Manfred: Der anständige Gelehrte. In: Res publica Litteraria. Die Institutionen der Gelehrsamkeit in der frühen Neuzeit. Hg. v. Sebastian Neumeister u. Conrad Wiedemann. Wiesbaden 1987. Bd. 1. S. 155-173.

Ben-David, Joseph: The Scientist's Role in Society. A Comparative Study. With a new Introduction. Chicago, London 1971.

Bensaude-Vincent, Bernadette: Sciences et Publics au XXème Siècle. Éclairages et Réflexions. Séminaire du CRHSST. Paris 1994.

Berghaus, Peter (Hg.): Graphische Porträts in Büchern des 15. bis 19. Jahrhunderts. Wiesbaden 1995.

Berghaus, Peter (Hg.): Numismatische Literatur 1500-1864. Die Entwicklung der Methoden einer Wissenschaft. Wiesbaden 1995.

Biermann, Kurt-R.: Über die statistischen Zahlenregister von C. F. Gauss. In: Actes du XIIIe Congrès International d'Histoire des Sciences 1971. 5/1974. S. 150-157.

Blum, Rudolf: Nationalbibliographie und Nationalbibliothek. Die Verzeichnung und Sammlung der nationalen Buchproduktion, besonders der deutschen, von den Anfängen bis zum Zweiten Weltkrieg. Frankfurt a. M. 1990.

Boge, Birgit/Bogner, Ralf Georg (Hg.): Oratio Funebris. Die katholische Leichenpredigt der frühen Neuzeit. Amsterdam 1999. (= Chloe Beihefte zur Daphnis 30)

Bogner, Ralf Georg: Der Autor im Nachruf. Formen und Funktionen der literarischen Memorialkultur von der Reformation zum Vormärz. Tübingen 2006.

Bogner, Ralf Gorg: Der Nachruf als literatrische Gattung. Möglichkeiten und Grenzen einer Definition. In: Textsorten deutscher Prosa vom 12./13. bis 18. Jahrhundert und ihre Merkmale. Akten zum Internationalen Kongress in Berlin 20. bis 22. September 1999. Hg. v. Franz Simmler. Bern 2002. S. 39-53.

Böhme, Hartmut: Der Wettstreit der Medien im Andenken der Toten. In: Der zweite Blick. Bildgeschichte und Bildreflexion. Hg. v. Hans Belting u. Dietmar Kamper. München 2000. S. 23-43.

Böhme, Hartmut: Fetischismus und Kultur. Eine andere Theorie der Moderne. Reinbek 2006.

Böhme-Kaßler, Katrin: Gemeinschaftsunternehmen Naturforschung. Modifikation und Tradition in der Gesellschaft Naturforschender Freunde zu Berlin (1773-1906). Stuttgart 2005.

Bonnet, Jean-Claude: Les morts illustres. Oraison funèbre, éloge académique, nécrologie. In: Les lieux de mémoire. Hg. v. Pierre Nora. Bd. 2. Paris 1997. S. 1831-1854.

Bonnet, Jean-Claude: Naissance du Panthéon. Essai sur le culte des grands hommes. Paris 1998.

Boschung, Urs: Albrecht von Hallers Krankheiten in seiner Korrespondenz. In: Hallers Netz. Ein europäischer Gelehrtenbriefwechsel zur Zeit der Aufklärung. Hg. v. Martin Stuber, Stefan Hächler u. Luc Lienhard. Basel 2005. (= Studia Halleriana IX) S. 221-277.

Bourdieu, Pierre: L'illusion biographique. In: Actes de la recherches en sciences sociales 62,63/1986. S. 69-72. Dt. in: BIOS 3/1990. S. 75-88.

Bourdieu, Pierre: Die Regeln der Kunst. Genese und Struktur des literarischen Feldes. Frankfurt a. M. 1999.

Bourdieu, Pierre: Homo academicus. Frankfurt a. M. 1992.

Bredehorn, Uwe: Marburger Universitätslehrer im Spiegel der Trauerschriften. In: Leichenpredigten als Quelle historischer Wissenschaften. Hg. v. Rudolf Lenz. Bd. 3. Marburg 1984. S. 163-193.

Burschel, Peter: Sterben und Unsterblichkeit. Zur Kultur des Martyriums in der frühen Neuzeit. München 2004.

Büschel, Hubertus: Untertanenliebe. Der Kult um deutsche Monarchen 1770-1830. Göttingen 2006.

Canguilhem, Georges: Fontenelle, philosophe et historien des sciences. In: ders.: Études d'histoire et de philosophie des sciences. Paris 1968. S. 51-59.

Certeau, Michel de: Eine Variante. Hagiographische Erbauung. In: ders.: Das Schreiben der Geschichte. Deutsch von S. M. Schomburg-Scherff. Frankfurt a. M. 1991. S. 198-217.

Clark, William: Academic Charisma and the Origins of the Research University. London, Chicago 2006.

Cooter, Roger/Pumfrey, Stephen: Separate Spheres and Public Places: Reflection on the History of Science Popularization and Science in Popular Culture. In: History of Science 32/1994. S. 238-265.

Cristin, Claude: Aux origines de l'histoire littéraire française. ›Les éloges des Hommes sçavans. Tirez de l'histoire de M. de Thou par Antoine Teissier‹ (1683-1715). In: Revue d'histoire littéraire de la France 2/1972. S. 238-246.

Crombie, Alistair Cameron: Styles of Scientific Thinking in the European Tradition. The History of Argument and Explanation Especially in the Mathematical and Biomedical Sciences and Arts. 3 Bde. London 1994.

Därmann, Iris: Tod und Bild. Eine phänomenologische Mediengeschichte. München 1995.

Daston, Lorraine/Galison, Peter: Objectivity. Frankfurt a. M. 2007.

Daston, Lorraine, Sibum, Otto (Hg.): Scientific Personae. In: Science in Context 16(1,2)/2003.

Daston, Lorraine: The Moral Economy of Science. In: Osiris 10/1995. S. 3-24.

Daum, Andreas: Wissenschaftspopularisierung im 19. Jahrhundert. Bürgerliche Kultur, naturwissenschaftliche Bildung und die deutsche Öffentlichkeit 1848-1914. München 1998.

Davidson, Arnold Ira: Styles of Reasoning. From the History of Art to the Epistemology of Science. In: ders.: The Emergence of Sexuality. Historical Epistemology and the Formation of Concepts. Cambridge 2001. S. 125-141.

Davidson, Arnold Ira/Chandler, James/Harootunian, Harry (Hg.): Questions of Evidence. Proof, Practice, and Persuation across the Disciplines. Chicago 1991.

Davidson, Arnold: Über Epistemologie und Archäologie. Von Canguilhem zu Foucault. In: Michel Foucault. Zwischenbilanz einer Rezeption. Frankfurter Foucault-Konferenz 2001. Hg. v. Axel Honneth/Martin Saar. Frankfurt a. M. 2003. S. 192-210.

Döhner, Otto: Krankheitsbegriff, Gesundheitsverhalten und Einstellung zum Tod im 16. bis 18. Jahrhundert. Eine historisch-medizinsoziologische Untersuchung anhand von gedruckten Leichenpredigten. Frankfurt a. M. 1986. (= Marburger medizinhistorische Schriften 17).

Döring, Detlef/Nowak, Kurt (Hg.): Gelehrte Gesellschaften im mitteldeutschen Raum (1650-1820). Bd. 3. Stuttgart 2002. (= Abhandlungen der Sächsischen Akdademie der Wissenschaften zu Leipzig. Phil-his. Klasse 76).

Elkana, Yehuda: Anthropologie der Erkenntnis. Ein programmatischer Versuch. In: ders.: Anthropologie der Erkenntnis. Die Entwicklung des Wissens als episches Theater einer listigen Vernunft. Frankfurt a. M. 1986. S. 11-125.

Febvre, Lucien: Comment et pourquoi se forment les thèmes hagiographiques. In: ders.: Pour une histoire à part entière. Paris 1962.

Fiedler, Annett: Die Physikalische Gesellschaft zu Berlin. Vom lokalen naturwissenschaftlichen Verein zur nationalen Deutschen Physikalischen Gesellschaft 1845-1900. Aachen 1998.

Fineman, Joel: The History of the Anecdote. Fiction and Friction. In: The New Historicism. Hg. v. Harold A. Veeser. London 1989. S. 49-76.

Fleck, Ludwik: Entstehung und Entwicklung einer wissenschaftlichen Tatsache. Einführung in die Lehre vom Denkstil und Denkkollektiv. Hg. v. Lothar Schäfer u. Thomas Schnelle. Frankfurt a. M. 1980. [1935]

Flügel, Ewald: Bacon's Historia Literaria. In: Anglia N.F. 9=21, Heft 3/1899. S. 259-288.

Fontius, Martin: Der Tod eines ›philosophe‹. Unbekannte Nachrufe auf La Mettrie. In: Beiträge zur romanischen Philologie 6/1967. S. 5-28 und 226-261.

Forster, Leonard: ›Charlataneria eruditorum‹ zwischen Barock und Aufklärung in Deutschland. In: Res publica Litteraria. Die Institutionen der Gelehrsamkeit in der frühen Neuzeit. Hg. v. Sebastian Neumeister u. Conrad Wiedemann. Wiesbaden 1987. Bd. 1. S. 203-220.

Fournier, Michel: ›Allons allègrement mourir en philosophe‹. De la mort du philosophe à la mort du libertin. In: Papers on French Seventeenth Century Literature 33(65)/2006. S. 389-401.

Fürstenwald, Maria: Andreas Gryphius Dissertationes Funebres. Studien zur Didaktik der Leichenabdankungen. Bonn 1967.

Füssel, Marian: ›Charlataneria Eruditorum‹. Zur sozialen Semantik des gelehrten Betrugs im 17. und 18. Jahrhundert. In: Berichte zur Wissenschaftsgeschichte 27/2004. S. 119-135.

Füssel, Marian: Gelehrtenkultur als symbolische Praxis. Rang, Ritual und Konflikt an der Universität der Frühen Neuzeit. Darmstadt 2006.

Geißler, Rolf: Boureau-Deslandes. Ein Materialist der Frühaufklärung. Berlin 1967. (= Neue Beiträge zur Literaturwissenschaft 30)

Gierl, Martin: Pietismus und Aufklärung. Theologische Polemik und die Kommunikationsreform der Wissenschaft am Ende des 17. Jahrhunderts. Göttingen 1997. (= MPI Geschichte 129)

Goebel, Eckart: Charis und Charisma. Gewalt und Grazie von Winckelmann bis Heidegger. Berlin 2006.

Goldenbaum, Ursula: Appell an das Publikum. Die öffentliche Debatte in der deutschen Aufklärung 1687-1796. Berlin 2004.

Graevenitz, Gerhard von: Geschichte aus dem Geist des Nekrologs. Zur Begründung der Biographie im 19. Jahrhundert. In: DVjs 54/1980. S. 105-170.

Grau, Conrad: Die Preussische Akademie der Wissenschaften zu Berlin. Eine deutsche Gelehrtengesellschaft in drei Jahrhunderten. Heidelberg 1992.

Grimm, Gunter E.: Literatur und Gelehrtentum in Deutschland. Untersuchungen zum Wandel ihres Verhältnisses vom Humanismus bis zur Frühaufklärung. Tübingen 1983.

Guthke, Karl S.: Letzte Worte. Variationen über ein Thema der Kulturgeschichte des Westens. München 1990.

Haberling, Wilhelm: Johannes Müller. Das Leben des rheinischen Naturforschers. Auf Grund seiner Quellen und seiner Briefe dargestellt. Leipzig 1924.

Hacking, Ian: ›Style‹ for Historians and Philosophers. In: ders.: Historical Ontology. Cambridge, Mass. 2002. S. 178-226.

Hacking, Ian: Making Up People. In: The Science Studies Reader. Hg. v. Mario Biagioli. London 1999. S. 161-171.

Hadot, Pierre: Philosophy as a Way of Life. Spiritual Exercises from Socrates to Foucault. Hg. v. Arnold Ira Davidson. Oxford 1995.

Hagner, Michael: Geniale Gehirne. Zur Geschichte der Elitegehirnforschung. Göttingen 2004.

Hagner, Michael/Laubichler, Manfred (Hg.): Der Hochsitz des Wissens. Das Allgemeine als wissenschaftlicher Wert. Zürich 2006.

Hagner, Michael/Wahrig-Schmidt, Bettina (Hg.): Johannes Müller und die Philosophie. Berlin 1992.

Hagner, Michael/Pogliano, Claudio/Mazzolini, Renato (Hg.): Biographies of Scientific Images. In: Nuncius. Journal of the History of Science 24/2 2009.

Hahn, Roger: The Anatomy of a Scientific Institution. The Paris Academy of Sciences 1666-1803. Berkeley 1971.

Halbwachs, Maurice: Les cadres sociaux de la mémoire. Paris 1925.

Hammerstein, Notker/Herrmann, Ulrich (Hg.): Handbuch der deutschen Bildungsgeschichte. 6 Bde. München 2005.

Harnack, Adolf von: Geschichte der Königlich-Preußischen Akademie der Wissenschaften zu Berlin. 3 Bde. Berlin 1900.

Hartkopf, Werner/Wangermann, Gert (Hg.): Dokumente zur Geschichte der Berliner Akademie der Wissenschaften von 1700 bis 1990. Heidelberg 1991.

Hartmann, Rolf: Das Autobiographische in der Baseler Leichenrede. Basel 1963.

Häseler, Jens: Formey et Crousaz, ou comment fallait-il combattre le scepticisme? In: The Return of Scepticism from Hobbes and Descartes to Bayle. Hg. v. Gianni Paganini. Dordrecht 2003. S. 449-461.

Hentschel, Klaus: Gaußens unsichtbare Hand. Der Universitäts-Mechanikus und Maschinen-Inspector Moritz Meyerstein. Ein Instrumentenbauer im 19. Jahrhundert. Göttingen 2005. (= Abhandlungen der Akademie der Wissenschaften zu Göttingen 52)

Herse, Wilhelm: Literärgeschichte (Gelehrtengeschichte) als Wissenszweig des Bibliothekars. In: Zentralblatt für Bibliothekswesen 50/1933. S. 528-535.

Hoffmann, Christoph/Schickore, Jutta: Introduction. In: Secondary Matters. On

Disturbances, Contamination, and Waste as Objects of Research. Special Issue of Perspectives on Science 9(2)/2001. S. 173-196.

Hoffmann, Christoph: Constant Differences. Friedrich Wilhelm Bessel, the Concept of the Observer in Early Nineteenth-Century Practical Astronomy and the History of the Personal Equation. In: British Society for the History of Science 40(3)/2007. S. 1-33.

Horn, Eva: Trauer schreiben. Die Toten im Text der Goethezeit. München 1998.

Horstmann, Axel: Die Klassische Philologie zwischen Humanismus und Historismus. F. A. Wolf und die Begründung der modernen Altertumswissenschaft. In: Berichte zur Wissenschaftsgeschichte 1/1978. S. 51-70.

Hummel, Pascale: Histoire de l'histoire de la philologie. Étude d'un genre épistémologique et bibliographique. Genève 2000.

Hummel, Pascale: Mœurs érudites. Étude sur la micrologie littéraire (Allemagne, XVIe – XVIIIe siècles). Genf 2002.

Jardine, Nicholas: The Mantle of Müller and the Ghost of Goethe. Interactions between the Sciences and their Histories. In: History and the Disciplines. The Reclassification of Knowledge in Early Modern Europe. Hg. v. Donald R. Kelly. Rochester 1997. S. 297-317.

Jardine, Nicholas: The Scenes of Inquiry. On the Reality of Questions in the Sciences. Oxford 2000.

Jones, Matthew I.: The Good Life in the Scientific Revolution. Descartes, Pascale, Leibniz and the Cultivation of Virtue. Chicago 2006.

Kant, Horst: Physik in Berlin – Stationen ihrer personellen und institutionellen Entwicklung. In: Wissenschaft und Fortschritt 37/1987. S. 225-228.

Kazmaier, Martin: Die deutsche Grabrede im 19. Jahrhundert. Aspekte ihrer Funktion innerhalb der bürgerlichen Bestattungsfeierlichkeiten. Tübingen 1977.

Kelly, George Amstrong: The History of the New Hero. Eulogy and its Sources in Eighteenth-Century France. In: Eighteenth Century. Theory and Interpretation 21/1980. S. 3-24.

Kocka, Jürgen (Hg.): Die Königlich Preußische Akademie der Wissenschaften zu Berlin im Kaiserreich. Berlin 1999.

Köhler, Christoph: Adolf Heinrich Friedrich Schlichtegrolls ›Nekrologe der Teutschen‹. Zum Genre der Biographie im Zeitalter der Spätaufklärung. In: Beiträge zur Geschichte der Literatur in Thüringen. Hg. v. Detlef Ignasiak. Rudolstadt 1995. S. 180-190.

Košenina, Alexander: Der Gelehrte Narr. Gelehrtensatire seit der Aufklärung. Göttingen 2003.

Košenina, Alexander: Friedrich, die Morgensonne der Aufklärung. Sechs deutsche Gedichte, dem König von Preussen gewidmet (1781) von Karl Philipp Moritz. In: Geist und Macht. Friedrich der Große im Kontext der europäischen Kulturgeschichte. Hg. v. Brunhilde Wehinger. Berlin 2005. S. 113-129.

Krummacher, Hans-Henrik: Das barocke Epicedium. Rhetorische Tradition und deutsche Gelegenheitsdichtung im 17. Jahrhundert. In: Jahrbuch der deutschen Schillergesellschaft 18/1974. S. 89-147.

Kühn, Sebastian: Wissen, Arbeit, Freundschaft. Ökonomien und soziale Beziehungen an den Akademien in London, Paris und Berlin um 1700. Göttingen 2011 (= Berliner Mittelalter- und Frühneuzeitforschung Bd. 10)

Latour, Bruno: Wir sind nie modern gewesen. Berlin 1995.

Laudan, Larry: Science and Values. The Aims of Science and their Role in Scientific Debate. Berkeley 1984.

Laverrenz, C.: Die Medaillen und Gedächtniszeichen der deutschen Hochschulen. Ein Beitrag zur Geschichte aller seit dem XIV. Jahrhundert in Deutschland errichteten Universitäten. 2 Bde. Berlin 1885.

Lenz, Rudolf (Hg.): Leichenpredigten als Quelle historischer Wissenschaften. 3 Bde. Köln – Wien und Marburg 1975, 1979, 1984.

Lenz, Rudolf: ›De mortuis nil nisi bene?‹ Leichenpredigten als multidisziplinäre Quelle. Sigmaringen 1990. (= Marburger Personalschriften-Forschungen 10)

Lepenies, Wolf: Das Ende der Naturgeschichte. Wandel kultureller Selbstverständlichkeiten in den Wissenschaften des 18. und 19. Jahrhunderts. München, Wien 1976.

Levine, George: Dying to Know. Scientific Epistemology and Narrative in Victorian England. Chicago 2002.

Ley, Hermann: Geschichte der Aufklärung und des Atheismus. 4 Bde. Berlin 1980.

Loraux, Nicole: L'invention d'Athènes. Histoire de l'oraison funèbre dans la ›cité classique‹. Paris 1981.

Macho, Thomas: Tod und Trauer im kulturwissenschaftlichen Vergleich. In: Jan Assmann. Der Tod als Thema der Kulturtheorie. Todesbilder und Totenriten im Alten Ägypten. Frankfurt a. M. 2000. S. 89-120.

Macho, Thomas: Todesmetaphern. Zur Logik der Grenzerfahrung. Frankfurt a. M. 1987.

Malter, Rudolf (Hg.): ›Denken wir uns aber verpflichtet …‹ Königsberger Kant-Ansprachen 1804-1945. Erlangen 1992.

Manger, Klaus: Nekrolog als Biographie. Lohensteins Rede von 1679 auf Hoffmanswaldau. In: Biographie zwischen Renaissance und Barock. Hg. von Walter Berschin. Heidelberg 1993. S. 277-309.

Marchal, Roger: L'institution littéraire des lumières d'après les éloges de Fontenelle et de d'Alembert. In: Travaux de Littérature 19/2006. S. 327-338.

Maurer, Michael: Die Biographie des Bürgers. Lebensformen und Denkweisen in der formativen Phase des deutschen Bürgertums (1680-1815). Göttingen 1996. (= MPI Geschichte 127).

Mauss, Marcel: Die Gabe. Form und Funktion des Austauschs in archaischen Gesellschaften. Frankfurt a. M. 1990.

Mauss, Marcel: Une categorie de l'esprit humain. La notion de personne celle de ›Moi‹. In: The Journal of the Royal Anthropological Institute of Great Britain and Ireland 68 (2)/1938. S. 263-281.

McManamon, John M.: Funeral Oratory and the Cultural Ideals of Italian Humanism. Chapel Hill 1989.

Meinel, Christoph (Hg.): Fachschrifttum, Bibliothek und Naturwissenschaft im 19. und 20. Jahrhundert. Wiesbaden 1997.

Meinel, Christoph: Enzyklopädie der Welt und Verzettelung des Wissens. Aporien der Empirie bei Joachim Jungius. In: Enzyklopädien der Frühen Neuzeit. Beiträge zu ihrer Erforschung. Hg. v. Franz M. Eybl, Wolfgang Harms, Hans-Henrik Krummacher und Werner Welzig. Tübingen 1995.

Meinel, Christoph: German History of Science Journals and the German History of Science Community. In: Journals and the History of Science. Hg. v. Marco Baretta/Claudio Pogliani/Pietro Redoni. Florenz 1998. S. 77-95. (= Bibliotheca di Nuncius. Studi e Testi XXXII)

Mendelsohn, Everett: Revolution und Reduktion. Die Soziologie methodologischer und philosophischer Interessen in der Biologie des 19. Jahrhunderts. In: Wissenschaftssoziologie 2. Determinanten wissenschaftlicher Entwicklung. Hg. v. Peter Weingart. Frankfurt a. M. 1974. S. 241-261.

Merton, Robert K.: The Normative Structure of Science. Science and Technology in a Demoratic Order. In: Journal of Legal and Political Sociology 1/1942. S. 115-126.

Metzger, Hélène: Indroduction à l'étude du rôle de Lavoisier dans l'histoire de chimie. In: Archeion 14/1932. S. 31-50.

Metzger, Hélène: La Méthode philosophique en histoire des sciences. 1914-1939. Hg. v. Gad Freudenthal. Paris 1987.

Momigliani, Arnaldo: The Development of Greek Biography. Expanded Edition. Cambridge, Mass. 1993. [1971]

Moor, Rudolf: Der unverhoffte Tod. Theologie- und kulturgeschichtliche Untersuchungen zu außergewöhnlichen Todesfällen in Leichenpredigten. Marburg 1982.

Moureau, François: Sociabilité savante et autobiographie ›à la dérobée‹. Les éloges de Fontenelle pour l'Académie des Sciences. In: Travaux de Littérature 19/2006. S. 237-249.

Müller, Johannes (Hg.): Die wissenschaftlichen Vereine und Gesellschaften Deutschlands im neunzehnten Jahrhundert. Bibliographie ihrer Veröffentlichungen seit ihrer Begründung bis auf die Gegenwart. 3 Bde. Berlin 1983-1987.

Mulsow, Martin: Die unanständige Gelehrtenrepublik. Wissen, Libertinage und Kommunikation in der Frühen Neuzeit. Stuttgart 2007.

Mulsow, Martin: Moderne aus dem Untergrund. Radikale Frühaufklärung in Deutschland 1680-1720. Hamburg 2002.

Mulsow, Martin/Stamm, Marcelo (Hg.): Konstellationsforschung. Frankfurt a. M. 2005.

Nicosia, Emanuela: Paolo Frisie l'elogei della scienza. In: Intersezzioni 9/1989. S. 529-533.

Nye, David: The Invented Self. An Anti-Biography from Documents of Thomas A. Edison. Odense 1983.

Oexle, Otto Gerhard: Die Gegenwart der Toten. In: Death in the Middle Ages. Hg. v. Herman Braet u. Werner Verbeke. Leiden 1983. S. 19-77.

Olesko, Kathryn M.: The Meaning of Precision. The Exact Sensibility in Early Nineteenth-Century Germany. In: The Values of Precision. Hg. v. Norton Wise. Princeton 1995. S. 103-135.

Otis, Laura: Müller's Lab. Oxford 2007.

Outram, Dorinda: Scientific Biography and the Case of Georges Cuvier. With a Critical Bibliography. In: The History of Science 14/1976. S. 101-137.

Outram, Dorinda: The Language of Natural Power. The ›Eloges‹ of Georges Cuvier and the Public Language of Nineteenth Century Science. In: History of Science 36/1978. S. 153-178.

Ozouf, Mona: Le Panthéon. L'ecole normale des morts. In: Les lieux de mémoire. Hg. v. Pierre Nora. Bd. 1. La Republique. Paris 1984. S. 139-166.

Papenheim, Martin: Erinnerung und Unsterblichkeit. Semantische Studien zum Totenkult in Frankreich (1715-1794). Stuttgart 1992. (= Sprache und Geschichte 18).

Paul, Charles, B.: Science and Immortality. The Éloges of the Paris Academy of Sciences (1699-1791). Berkeley 1980.

Paulsen, Friedrich: Die deutschen Universitäten und das Universitätsstudium. Hildesheim 1966. [Berlin 1902]

Poggendorff, Johann C.: Biographisch-Literarisches Handwörterbuch zur Geschichte der exakten Wissenschaften. Leipzig 1864-1940.

Polany, Michael: Implizites Wissen. Frankfurt a. M. 1966.

Prinz, Karl: Epitaphios Logos. Struktur, Funktion und Bedeutung der Bestattungsreden im Athen des 5. und 4. Jahrhunderts. Frankfurt a. M. 1997.

Pyka, Marcus: Religion und die Popularisierung ›ewiger Wahrheiten‹. Das Beispiel christlicher und islamischer Häresiographien. In: Wissenspopularisierung. Konzepte der Wissensverbreitung im Wandel. Hg. v. Carsten Kretschmann. Berlin 2003. S. 47-77.

Rave, Paul Ortwin: Paolo Giovio und die Bildnisvitenbücher des Humanismus. In: Jahrbuch der Berliner Museen 1/1959. S. 119-154.

Rheinberger, Hans-Jörg: Experimentalsysteme und epistemische Dinge. Eine Geschichte der Proteinsynthese im Reagenzglas, Göttingen 2001.

Rheinberger, Hans-Jörg: Vom Urphänomen zum System der pelagischen Fischerei. über das Verhältnis von Physiologie und Philosophie bei Johannes Müller. In: Johannes Müller und die Philosophie. Hg. v. Michael Hagner u. Bettina Wahrig-Schmidt. Berlin 1992. S. 125-143.

Rheinberger, Hans-Jörg: On Historicizing Epistemology. An Essay. Stanford 2010.

Ribard, Dinah: Raconter Vivre Penser. Histoire de philosophes 1650-1766. Paris 2003.

Richter, Karl: Literatur und Naturwissenschaft. Eine Studie zur Lyrik der Aufklärung. München 1972.

Ringer, Fritz K.: Die Gelehrten. Der Niedergang der deutschen Mandarine 1890-1933. Stuttgart 1983.

Roche, Daniel: Le Siècle des Lumières en province. Académies et académiciens provinciaux 1680-1789. Paris 1978.

Rupke, Nicolaas: Der Wissenschaftler als Nationalheld. Die deutsche Alexander von Humboldt-Biographik 1848-1871. In: Wissenschaft und Nation in der europäischen Geschichte. Hg. v. Ralph Jessen/Jakob Vogel. Frankfurt a. M. 2002. S. 168-187.

Sarasin, Philipp/Tanner, Jacob: Physiologie und industrielle Gesellschaft. Studien zur Verwissenschaftlichung des Körpers im 19. und 20. Jahrhundert. Frankfurt a. M. 1998.

Schickore, Jutta: ›Through Thousand Errors we Reach the Truth‹ – But How? On the Epistemic Roles of Error in Scientific Practice. In: Studies in History and Philosophy of Science 36/2005. S. 539-556.

Schings, Hans-Jürgen: Die patristische und stoische Tradition bei Andreas Gryphius. Untersuchungen zu den ›Dissertationes funebres‹ und Trauerspielen. Weimar 1966.
Schlögl, Rudolf: Die Moderne auf der Nachtseite der Aufklärung. Zum Verhältnis von Freimaurerei und Naturphilosophie. In: Das achtzehnte Jahrhundert. Mitteilungen der Deutschen Gesellschaft für die Erforschung des achtzehnten Jahrhunderts 21/1997. S. 33-60.
Schmidgen, Henning: Lebensräder, Spektatorien, Zuckungstelegraphen. Zur Archäologie des physiologischen Blicks. In: Bühnen des Wissens. Interferenzen zwischen Wissenschaft und Kunst. Hg. v. H. Schramm, H.-C. v. Herrmann, F. Nelle, W. Schäffner, H. Schmidgen u. B. Siegert. Berlin 2003. S. 268-299.
Schmidgen, Henning: Pictures, Preparations, and Living Processes. The Production of Immediate Visual Perception (Anschauung) in late-19th-Century Physiology. In: Journal of the History of Biology 37/2004. S. 477-513.
Schmidt-Biggemann, Wilhelm: Topica universalis. Eine Modellgeschichte humanistischer und barocker Wissenschaft. Hamburg 1983.
Schmidt-Grave, Horst: Leichenreden und Leichenpredigten Tübinger Professoren (1550-1750). Untersuchungen zur biographischen Geschichtsschreibung in der frühen Neuzeit. Tübingen 1974.
Schmode, Martina: Zwischen Elfenbeinturm und Staatsdienst. Naturwissenschaftler des Ancien Régime im Spiegel von Condorcets Éloges des Académiciens. Berlin 1995.
Schmölders, Claudia: Die Totenmaske. Zum Reliquiar der Physiognomik. In: Tod, Jenseits und Identität. Perspektiven einer Kulturwissenschaftlichen Thanatologie. Hg. v. Jan Assmann u. Rolf Trauzettel. Freiburg, München 2002. S. 173-193.
Schröder, Volker: Entre l'oraison funèbre et l'éloge historique. L'hommage aux morts à l'Académie française. In: MLN 116/2001. S. 666-680.
Schubring, Gert: The Rise and Decline of the Bonn Natural Sciences Seminar. In: Science in Germany. The Intersection of Institutional and Intellectual Issues. Hg. v. Kathryn M. Olesko. S. 57-93. (= Osiris 5/1989)
Schwarz, Andrea: Der Schlüssel zur modernen Welt. Wissenschaftspopularisierung in Großbritannien und Deutschland im Übergang zur Moderne (1870-1914). Stuttgart 1999.
Schwarzbach, Martin: Auf den Spuren unserer Naturforscher. Denkmäler und Gedenktafeln. Ein Reiseführer. Stuttgart 1981.
Segebrecht, Wulf: Das Gelegenheitsgedicht. Ein Beitrag zur Geschichte und Poetik der deutschen Lyrik. Stuttgart 1977.
Sengle, Friedrich: Die literarische Formenlehre. Vorschläge zu ihrer Reform. Stuttgart 1967. (Antrittsvorlesung von 1966).
Shapin, Steven/Thackray, Arnold: Prosopography as a Research Tool in History of Science. The British Scientific Community 1700-1900. In: History of Science 32/1974. S. 1-28.
Shapin, Steven: Understanding the Merton Thesis. In: Isis 79/1988. S. 594-605.
Shortland, Michael/Yeo, Richard (Hg.): Telling Lives in Science. Essays on Scientific Biography. Cambridge 1996.
Sibum, Otto H.: Experimentalists in the Republic of Letters. In: Science in Context 16(1/2)/2003. S. 89-120.

Söderquist, Thomas (Hg.): The History and Poetics of Scientific Biography. Bodmin 2007.

Souchal, François: Les Slodtz sculpteurs et décorateurs du Roi (1685-1764). Paris 1967.

Stichweh, Rudolf: Zur Entstehung des modernen Systems wissenschaftlicher Disziplinen. Physik in Deutschland 1740-1890. Frankfurt a. M. 1984.

Strickland, Stuart Walker: The Ideology of Self-Knowledge and the Practice of Self-Experimentation. In: Eighteenth-Century Studies 31(4)/1998. S. 453-471.

Till, Dietmar: Transformationen der Rhetorik. Untersuchungen zum Wandel der Rhetoriktheorie im 17. und 18. Jahrhundert. Tübingen 2004.

Totok, Wilhelm: Geschichte der älteren Fachbibliographie am Beispiel der Philosophie. In: Die Erforschung der Buch- und Bibliotheksgeschichte in Deutschland. Hg. v. Werner Arnold. Wiesbaden 1987. S. 3-19.

Uytfanghe, Marc van: L'hagiographie. Un ›Genre‹ chrétien ou antique tardif? In: Analecta Bollandiana 111/1993. S. 135-188.

Vogl, Joseph: Kalkül und Leidenschaft. Poetik des ökonomischen Menschen. München 2002.

Vogl, Joseph (Hg.): Poetologien des Wissens um 1800. München 1999.

Vollhardt, Friedrich, Grunert, Frank (Hg.): Historia literaria. Neuordnungen des Wissens im 17. und 18. Jahrhundert. Berlin 2007.

Wagener, Silke: Pedelle, Mägde und Lakaien. Das Dienstpersonal der Georg-August-Universität Göttingen 1737-1866. Göttingen 1996.

Weigel, Sigrid: Die Stimme der Toten. In: Rauschen und Offenbarung. Zur Kultur- und Mediengeschichte der Stimme. Hg. v. Friedrich Kittler, Thomas Macho u. Sigrid Weigel. Berlin 2002. S. 73-92.

Weingart, Peter: Die Stunde der Wahrheit? Zum Verhältnis der Wissenschaft zu Politik, Wirtschaft und Medien in der Wissensgesellschaft. Weilerswist 2001.

Weisz, George. The Self-Made Mandarin. The Éloges of the French Academy of Medicine (1824-47). In: History of Science XXVI/1988. S. 13-40.

White, Hayden V.: Metahistory. The Historical Imagination in Nineteenth Century Europe. Baltimore 1993.

Williams, Bernard: Wahrheit und Wahrhaftigkeit. Übers. v. Joachim Schulte. Frankfurt a. M. 2003.

Winkler, Eberhard: Die Leichenpredigt im deutschen Luthertum bis Spener. München 1967.

Winko, Simone: Wertungen und Werte in Texten. Axiologische Grundlagen und literaturwissenschaftliches Rekonstruktionsverfahren. Braunschweig, Wiesbaden 1991.

Wise, Norton (Hg.): The Values of Precision. Princeton 1995.

Yeo, Richard: Encyclopaedic Visions. Scientific Dictionaires and Enlightenment Culture. Cambridge 2001.

Yeo, Richard: Science in the Public Sphere. Natural Knowledge in British Culture 1800-1860. Aldershot, Singapore, Sidney 2001.

Zilsel, Edgar: Die Geniereligion. Ein kritischer Versuch über das moderne Persönlichkeitsideal, mit einer historischen Begründung. Frankfurt a. M. 1990. [1918]

Zimmermann, Alexandra: Von der Kunst des Lobens. Eine Analyse der Textsorte Laudatio. München 1993.

Zittel, Claus (Hg.): Wissen und soziale Konstruktion. Berlin 2002. (= SFB Wissenskultur und gesellschaftlicher Wandel 2).

Zwick, Jochen: Akademische Erinnerungskultur, Wissenschaftsgeschichte und Rhetorik im 19. Jahrhundert. Über Emil DuBois-Reymond als Festredner. In: Sciencia Poetica 1997. S. 120-139.

Bildnachweise

Abb 1: © Bibliothek Max-Planck-Institut für Wissenschaftsgeschichte, Berlin

Abb 2: © Bibliothek Max-Planck-Institut für Wissenschaftsgeschichte, Berlin

Abb. 3: © Bibliothek Max-Planck-Institut für Wissenschaftsgeschichte, Berlin

Abb. 4: Pfannenstiel, Max: Kleines Quellenbuch zur Geschichte der Gesellschaft Deutscher Naturforscher und Ärzte. Berlin, Göttingen, Heidelberg 1958.

Abb. 5 und Abb. 6: Gottsched, Johann Christian: Historische Lobschrift des weiland hoch- und wohlgebornen Herrn Christians des H.R.R. Freyherrn von Wolf[f]. In: Wolff. Gesammelte Werke. Hg. v. Hans Werner Arndt u.a. Abt. 1: Deutsche Schriften. Bd. 10. Hildesheim 1980. [Halle 1715] Abb. 5: S. 53, S.105 / Abb.6: S. 104, S. 52, S. 152.

Abb. 7: © Staatsbibliothek Preußischer Kulturbesitz, Berlin

Abb. 8: Apin, Sigmund Jacob: Anleitung, wie man Bildnisse berühmter und gelehrter Männer mit Nutzen sammlen und denen dagegen gemachten Einwendungen gründlich begegnen soll. Nürnberg 1728. S. 3.

Abb. 9: Nachlass C.F.P. Martius, Martiusiana IV. A Stammbücher, einliegend in Bd. 1, Archiv der Bayerischen Staatsbibliothek, München

Abb. 10: Nachlass C.F.P. Martius, Martiusiana IV. A Stammbücher, Bd. 1, S. a, Archiv der Bayerischen Staatsbibliothek, München

Abb. 11: Terrall, Mary: The Man Who Flattened the Earth. Maupertuis and the Sciences in the Enlightenment. Chicago, London 2002.

Abb. 12: Nachlass Gauß, Cod. Ms Gauß Varia 10. S. 23. Handschriftenabteilung der Staats- und Landesbibliothek Göttingen

Dank

Unter den Paratexten sticht die Danksagung durch den geradezu prismatischen Reichtum an Unaufrichtigkeiten und Strategemen hervor, die an dieser Stelle möglich werden und Verwendung fanden: Unerwünschte Vereinnahmung klangvoller Namen, mögliche Misslektüren, spät entfaltete Bedeutungen, üble Unterlassungen, insinnuierte Stellenbewerbungen und sprechende Nuancen – vieles steht dem Versuch entgegen, mich im richtigen Ton an all diejenigen zu wenden, die mir in vielen Fällen bereits weit vor der ersten Zeile dieses Buchs geholfen haben. Es ist also nicht ohne Misstrauen der verzerrenden Eigendynamik des Genres gegenüber, dass ich diesen letzten Satz zu Papier bringe, und nicht ohne genuines Interesse an seiner prosozialen Dynamik.

Mein erster Dank gilt Hartmut Böhme für seine intensive Betreuung und das Klima intellektueller Neugierde, das in Gesprächen und Kolloquien stehts auf die Sache und niemals auf diskursive Disziplinierung gerichtet war, zudem Lorraine Daston für die Eröffnung vieler Horizonte sowie ein Predoc-Stipendium am Max-Planck-Institut für Wissenschaftsgeschichte. Die Gerda Henkel Stiftung förderte die Arbeit nicht nur durch ein unbürokratisch gewährtes Promotionsstipendium, sondern zudem ihr Erscheinen durch einen Druckkostenzuschuss. Auch der VG-Wort möchte ich für die Förderung der Drucklegung danken. Hans-Jörg Rheinberger und Michael Hagner haben wertvolle Kritik beigesteuert und das Buch in einem Verlag untergebracht, den ich vom Schulweg her kannte. Schließlich gilt mein Dank allen, die mich während der Arbeit lange nicht gesehen und dennoch unterstützt haben, namentlich: Ulla und Manfred, Iris Därmann, Rebekka Ladewig, Jürgen Müller, Eva Johach, Sebastian Gießmann, Anja Osterhelt, Margrit Vogt, Viktoria Tkaczyk, Marius Hug (.sty), Peter Krüger, Michael Brake und Andreas Wolfsteiner.